高职高专“十一五”规划教材

机械设计基础

·第2版·

主　编　丁守宝　李　皖
副主编　王　韬　龚厚仙
参　编　凌文曙　李海容　孙明江
主　审　朱家诚

合肥工业大学出版社

内容简介

本书是根据教育部制定的《高职高专教育机械设计基础课程教学基本要求》，结合多所院校近几年的教改经验编写而成的。主要介绍了常用机构的工作原理、运动特性、设计方法、应用场合及选择，通用零件在一般工作条件下的工作原理、结构特点、使用要求、设计原理与选用方法等内容。全书除绪论外共十六章，各章配有一定数量的思考题与练习题，供学习时选用。

本书突出高职教育的特点，并贯彻最新的国家标准。

本书为高职高专院校机械类及近机类专业的教学用书，也可以作为成人高等学校用书及有关工程技术人员的参考用书。

图书在版编目(CIP)数据

机械设计基础/丁守宝，李皖主编．—2版．—合肥：合肥工业大学出版社，2011.9

ISBN 978-7-5650-0555-8

Ⅰ.①机… Ⅱ.①丁…②李… Ⅲ.①机械设计—高等职业学校—教材 Ⅳ.①TH122

中国版本图书馆CIP数据核字(2011)第157379号

机械设计基础(第2版)

主编 丁守宝 李 皖　　　责任编辑 汤礼广

出　版	合肥工业大学出版社	版　次	2005年12月第1版
地　址	合肥市屯溪路193号		2011年9月第2版
邮　编	230009	印　次	2012年8月第7次印刷
电　话	总编室：0551-2903038	开　本	787毫米×1092毫米　1/16
	发行部：0551-2903198	印　张	21　　字　数　500千字
网　址	www.hfutpress.com.cn	印　刷	合肥工业大学印刷厂
E-mail	press@hfutpress.com.cn	发　行	全国新华书店

ISBN 978-7-5650-0555-8　　　定价：39.00元

如果有影响阅读的印装质量问题，请与出版社发行部联系调换。

前　言

本书为安徽省高等学校“十一五”省级规划教材（见安徽省教育厅教秘高〔2007〕9号文件）。

本书是根据教育部制定的《高职高专教育机械设计基础课程教学基本要求》，并结合多所院校近几年的教改经验编写而成的，主要用于机械类、近机类各专业的教学，参考学时数为90～100学时。本书主要有以下特点：

（1）从培养实用型技能人才应具有的基本技能出发，在教材内容的取舍上，充分考虑目前职业院校的生源状况，力求实用、够用，并适当考虑知识的连续性和学生今后继续学习的需要。在内容的编排上，力图有利于先修课和后续课的衔接、有利于教师组织教学、有利于学生自学。在语言阐述上，力求通俗易懂，将问题交待清楚。

（2）各章节基本上按照工作原理、典型结构、强度计算、使用维护的顺序安排内容，着重于现场实施应用和解决实际问题能力的培养。

（3）适当介绍了现代设计方法以及机械零部件的新型式和新结构。

（4）一律采用法定计量单位和已正式颁布的最新国家标准。

参加本书编写的有：丁守宝（绪论、第一章、第四章、第五章），凌文曙（第十四章、第十六章），李皖（第二章、第三章、第六章），李海容（第七章、第八章），王韬（第十三章、第十五章），龚厚仙（第九章），孙明江（第十章、第十一章、第十二章）。本书由丁守宝、李皖任主编，王韬、龚厚仙任副主编。

本书由合肥工业大学朱家诚教授担任主审。朱家诚教授认真细致地审阅了本书，提出很多宝贵的修改意见和建议，编者对此谨致以深深的谢意。

本书的所有编者在编写过程中都得到所在学校的大力支持，在此一并表示感谢。

此次再版之前，根据读者反馈的意见，丁守宝老师对本书进行了认真地修订。由于编者水平有限，书中难免仍有误漏和不妥之处，恳请读者批评指正。

编　者

目　录

绪　论 …… 1

思考与练习 …… 3

第一章　机械设计概述 …… 4

第一节　机械设计的基本要求和一般程序 …… 4

第二节　机械零件的失效形式和设计准则 …… 5

第三节　机械设计方法简介 …… 7

第四节　摩擦、磨损及润滑 …… 9

思考与练习 …… 22

第二章　平面机构的结构分析 …… 23

第一节　机构的组成 …… 23

第二节　平面机构的运动简图 …… 25

第三节　平面机构的自由度 …… 28

思考与练习 …… 32

第三章　平面连杆机构 …… 34

第一节　概述 …… 34

第二节　平面四杆机构的基本型式及其演化 …… 34

第三节　平面四杆机构的基本特性 …… 41

第四节　平面四杆机构的设计 …… 45

思考与练习 …… 50

第四章　凸轮机构 …… 52

第一节　凸轮机构的特点、类型及应用 …… 52

第二节　从动件的运动规律 …… 55

第三节　盘形凸轮轮廓的设计与加工方法 …… 58

第四节　凸轮机构基本尺寸的确定 …… 62

思考与练习 …… 65

第五章　间歇运动机构 …… 66

第一节　棘轮机构 …… 66

第二节　槽轮机构 …… 69

第三节　其他间歇运动机构简介 …… 71

思考与练习 …… 73

第六章　螺纹联接与螺旋传动 …… 74

第一节　螺纹联接的基本知识 …… 74

第二节　螺纹联接的基本类型、预紧和防松 …… 76

第三节　单个螺栓联接的强度计算 …… 82

第四节　螺纹联接件的材料和许用应力 …… 86

第五节　螺栓组联接的结构设计和受力分析 …… 87

第六节　提高螺栓联接强度的措施 …… 95

第七节　螺旋传动简介 …… 97

思考与练习 …… 100

第七章　带传动 …… 103

第一节　带传动的类型、特点和应用 …… 103

第二节　V带和带轮结构 …… 106

第三节　带传动的工作能力分析 …… 111

第四节　V带传动的设计计算 …… 116
第五节　带传动的张紧、安装与维护…………………… 129
第六节　其他带传动简介…………… 133
思考与练习…………………………… 134
第八章　链传动…………………… 135
第一节　链传动的类型、特点和应用……………………… 135
第二节　滚子链和链轮……………… 136
第三节　链传动的运动特性………… 140
第四节　滚子链传动的设计计算…… 143
第五节　链传动的布置、张紧及润滑……………………… 148
思考与练习…………………………… 152
第九章　齿轮传动………………… 153
第一节　齿轮传动的特点、类型和齿廓啮合基本定律………… 153
第二节　渐开线齿廓的啮合特点…… 155
第三节　渐开线标准直齿圆柱齿轮的主要参数及几何尺寸计算 … 158
第四节　渐开线标准直齿圆柱齿轮的啮合传动…………………… 162
第五节　渐开线齿轮的加工原理与根切现象…………………… 166
第六节　变位直齿圆柱齿轮传动…… 168
第七节　齿轮传动的失效形式与设计准则…………………… 170
第八节　齿轮常用材料及许用应力…………………… 172
第九节　齿轮传动的精度…………… 176
第十节　标准直齿圆柱齿轮传动的强度计算…………………… 178
第十一节　斜齿圆柱齿轮传动……… 183
第十二节　直齿圆锥齿轮传动……… 188
第十三节　齿轮的结构设计及齿轮传动的润滑和效率…………… 192
第十四节　标准齿轮传动的设计计算…………………… 195
思考与练习…………………………… 200
第十章　蜗杆传动………………… 202
第一节　蜗杆传动的类型和特点…… 202
第二节　蜗杆传动的主要参数和几何尺寸计算……………… 204
第三节　蜗杆传动的失效形式、材料及结构………………… 208
第四节　蜗杆传动的强度计算……… 211
第五节　蜗杆传动的效率、润滑及热平衡计算……………… 214
第六节　常用各类齿轮传动的选择………………………… 219
思考与练习…………………………… 220
第十一章　齿轮系………………… 222
第一节　齿轮系及其分类…………… 222
第二节　定轴轮系传动比的计算…… 224
第三节　行星轮系传动比的计算…… 226
第四节　复合轮系传动比的计算…… 229
第五节　轮系的功用………………… 230
第六节　其他新型齿轮传动装置简介…………………… 233
第七节　减速器……………………… 235
思考与练习…………………………… 238
第十二章　机械传动设计………… 240
第一节　概述………………………… 240
第二节　常用机械传动机构的选择………………………… 243
第三节　机械传动的特性和参数…… 244

第四节　机械传动的方案设计……… 247

第五节　机械传动的设计顺序……… 249

思考与练习…………………………… 250

第十三章　轴和轴毂联接………………… 251

第一节　概述………………………… 251

第二节　轴的材料与选择…………… 252

第三节　轴的结构设计……………… 253

第四节　轴的尺寸确定和强度校核…………………… 257

第五节　轴毂联接…………………… 262

思考与练习…………………………… 267

第十四章　轴承………………………… 268

第一节　轴承的功用和类型………… 268

第二节　滚动轴承的结构、类型和特点………………………… 269

第三节　滚动轴承的代号…………… 272

第四节　滚动轴承类型的选择……… 275

第五节　滚动轴承的失效形式和设计准则……………………… 275

第六节　滚动轴承的寿命计算……… 277

第七节　滚动轴承的静强度计算…… 282

第八节　滚动轴承的组合设计……… 284

第九节　滑动轴承简介……………… 294

思考与练习…………………………… 303

第十五章　其他常用零部件…………… 306

第一节　联轴器……………………… 306

第二节　离合器……………………… 310

第三节　弹簧………………………… 313

思考与练习…………………………… 315

第十六章　机械的平衡与调速………… 316

第一节　回转件的平衡……………… 316

第二节　机械速度波动的调节……… 316

思考与练习…………………………… 324

参考文献………………………………… 325

绪 论

一、机器的组成及其相关概念

在长期的生产实践中，人类为了减轻劳动强度、改善劳动条件、提高劳动生产率，创造了各种机器，例如洗衣机、汽车、机床、电动机、起重机等。尽管这些机器的结构、性能和用途各不相同，但它们具有一些共同的特征。

图 0-1 所示为单缸内燃机，它由汽缸体 1、活塞 2、进气阀 3、排气阀 4、连杆 5、曲轴 6、凸轮 7、顶杆 8、齿轮 9 和齿轮 10 等组成。燃气推动活塞移动时，经过连杆使曲轴作连续转动，从而将燃气的热能转换为曲轴转动的机械能。

图 0-2 所示为颚式破碎机，它由电动机 1、带轮 2 和带轮 4、V 带 3、偏心轴 5、动颚板 6、肘板 7、定颚板 8 等组成。电动机的转动经带传动带动偏心轴转动，从而使动颚板作平面运动，与定颚板一起实现轧碎矿石的功能。

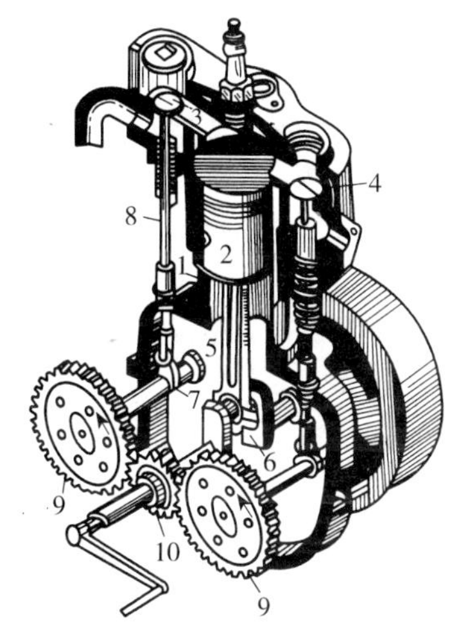

图 0-1 单缸内燃机

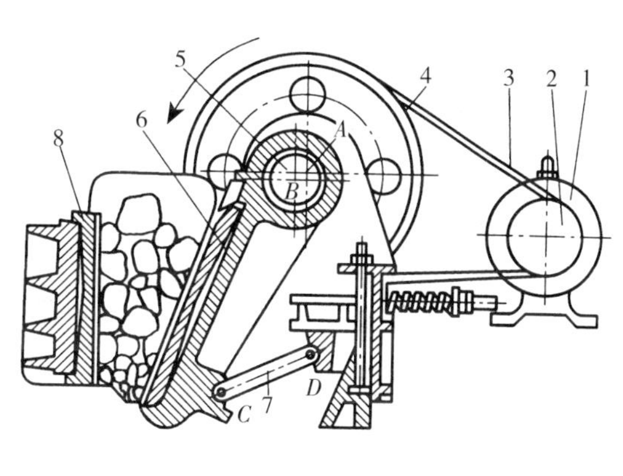

图 0-2 颚式破碎机

以上仅举了两个实例。再对其他不同机器分析可知，机器具有如下共同的特征：

(1) 它们都是由各制造单元（通常称为零件）经装配而成的组合体。

(2) 组合体中各运动单元之间都具有确定的相对运动。

(3) 组合体能变换或传递能量、物料和信息。例如，电动机、内燃机用来变换能量；颚式破碎机用来传递能量；起重机用来传送物料；计算机用来变换信息等。

由此可得出机器的定义是：一种用来转换或传递能量、物料和信息的，能执行机械运动的装置。仅具备上述（1)、(2）两个特征的称为机构。机构是具有确定的相对运动，能实现一定运动形式转换或动力传递的实物组合体。机器与机构的根本区别在于：机构的功能只是用于传递运动和力，而机器的功能除传递运动和力外，还能实现能量、物料和信息的转换与传递。当仅从运动的观点来看时，机构与机器并无区别，工程上习惯将机构与机器统称为机械。

从功能角度分析，任何一种机器都主要由原动部分、工作部分和传动部分等所组成。原动部分是机器的动力源，最常用的原动机有电动机、内燃机等；工作部分是直接完成机器预定功能的部分，例如图0－2中颚式破碎机的动、定颚板；传动部分是机器中将原动机的运动和动力传递给工作部分的中间部分，常由凸轮机构、齿轮机构、带传动等组成。除此以外，对于较复杂和自动化程度较高的机器，往往还包括各种动作的操纵控制系统和信息处理、传递系统。

从传递力和运动的角度来分析，机器是由机构所组成。如图0－1所示的内燃机中，活塞2、连杆5、曲轴6和汽缸体1组成一个曲柄滑块机构，可将活塞的往复移动变为曲轴连续转动；凸轮7、顶杆8和汽缸体1组成凸轮机构，将凸轮的连续转动转换为顶杆有规律的往复移动；凸轮轴与曲轴上的齿轮9、齿轮10和汽缸体1组成齿轮机构，使两轴保持一定的转速比，以保证进气阀3、排气阀4和活塞2之间具有协调动作。可见，内燃机主要由曲柄滑块机构、凸轮机构和齿轮机构组合而成。一台机器常包含几个机构，至少也有一个机构，如电动机就是一个由转子和定子组成的二杆机构。

机器的种类很多，但是组成机器的机构种类却是有限的。机器中普遍使用的机构称为常用机构，如齿轮机构、连杆机构和凸轮机构等。

组成机构的各个相对运动的单元称为构件，机器中不可拆的制造单元称为零件。构件可以是单一的零件，如图0－1所示内燃机中的曲轴；也可以是由几个零件装配而成的刚性结构，如图0－1所示内燃机中的连杆，由连杆体、连杆盖、螺栓以及螺母等几个零件组成。

在机器中普遍使用的零件称为通用零件，如螺栓、轴、齿轮、键等；只在某些机器中使用的零件称为专用零件，如汽轮机中的叶片、内燃机中的活塞、起重机中的吊钩等。另外，把为完成共同任务而结合起来的一组零件称为部件。部件是机器的装配单元，也可分为通用部件和专用部件，如减速器、轴承、联轴器等属于通用部件，而汽车转向器等则属于专用部件。

用制造的观点看机器，可以认为机器是由零部件组成的，这不仅有利于装配，也有利于机器的设计、运输、安装和维修等。用运动的观点看机器，可以认为机器是由机构组成的，这为机器的运动分析与设计带来了方便。

二、本课程研究的对象、内容和任务

本课程研究的对象为机械中的常用机构及一般工作条件下和常用参数范围内的通用零部件，研究其工作原理、结构特点、运动和动力性能、基本设计理论、计算方法以及一些零部件的选用和维护。本课程是一门介于基础课和专业课之间的重要的技术基础课，综合运用先修课程（如机械制图、金属工艺学、工程力学等）的基本知识，解决常用机构及通用零部件的分析和设计问题，起着“从理论过渡到实际、从基础过渡到专业”的承前启后的桥梁作用，是机械类及近机械类专业的主干课程之一，也是工程技术人员的必修课程。

本课程的任务是：

（1）使学生了解常用机构及通用零部件的工作原理、类型、特点及应用等基本知识。

（2）使学生掌握常用机构的基本理论和设计方法，掌握通用零部件的失效形式、设计准则与设计方法。

（3）使学生具备设计简单机械及传动装置的基本技能。

（4）使学生具备运用标准、规范、手册、图册等有关技术资料的能力。

三、本课程的学习方法

本课程是从理论性、系统性很强的基础课和专业基础课向实践性较强的专业课过渡的一个转折点，因此，学习本课程时除传统的学习方法外，需要注意以下几点：

（1）理论联系实际。对日常所遇到的各种机器结合所学理论进行观察与分析。

（2）由于机器是由许多零部件组成的有机整体，各零部件之间既相互联系，又相互制约，因此学习时，应从整体去理解，不应孤立地片面地学习和研究。

（3）设计计算公式与数据都是有条件的，学习时要着重理解各量的物理意义，了解其取值范围、应用条件以及各量之间的相互关系，掌握其内在规律。

（4）要充分重视结构设计。本课程实践性很强，结构设计尤为重要，不应只重视理论而轻视结构设计。要多观察现有机器及其零部件的实物和图样，了解结构特点，分析相互间的关系，以丰富结构设计方面的知识，逐步提高机械设计的能力。

思考与练习

0-1　机器有哪些特征？机器与机构的主要区别是什么？

0-2　何谓构件、零件、通用零件和专用零件？

0-3　构件与零件有何异同点？

第一章 机械设计概述

第一节 机械设计的基本要求和一般程序

机械设计是指规划和设计实现预期功能的新机械或改进原有机械的性能。

一、机械设计的基本要求

尽管机械的种类很多，但设计的基本要求都基本相同，主要有以下几个方面：

（1）要满足使用要求 要求机器在规定的使用期内能有效地实现预期的使用目的，即实现预定的功能，满足运动性能、动力性能以及可靠性与安全性要求。

（2）要满足市场需要与经济性要求 在产品设计中，应始终把经济效益与社会效益紧密联系起来，即把产品设计、销售、制造三方面作为一个整体考虑。只有在市场需求、设计、生产中寻求最佳关系，才能获得满意的经济效益与社会效益。

（3）要满足工艺性及标准化、系列化、通用化的要求 机械及其零部件应具有良好的工艺性，即制造容易、装拆方便、加工精度及表面粗糙度适当。设计时零部件和机器的参数应尽量标准化、系列化、通用化，以提高设计质量，降低制造成本。

（4）要造型美观、减少污染 机械产品的设计除了要满足上述要求外，还应满足人们的精神需求，这就要求产品美观、舒适和时尚。尽可能降低噪声，减少污染，提倡并推广绿色设计。

二、机械设计的一般程序

机械设计是一项复杂细致的工作，要提供性能好、质量高、成本低、竞争力强、深受用户欢迎的新产品，必须有一套科学的工作程序。机械产品的设计一般可按如下程序进行：

（1）产品规划 主要工作是提出设计任务，明确设计要求，一般包括：机械产品的名称、功用、生产率、主要性能指标、可靠性、使用和维护要求、工作条件、生产批量、预定成本、完成日期，以及其他特殊要求等。

（2）方案设计 根据设计任务书的要求，构想出多种设计方案，进行分析比较，从中优选出一种较好的方案（包括功能、可靠性、结构、成本等方面）。设计方案包括整体方案、传动系统方案、工作机选择等，它是下一步技术设计的基础。

（3）技术设计 在既定设计方案的基础上，完成机械产品的运动设计、动力设计、结构设计、零件设计。这一阶段要完成装配图、零件工作图及设计说明书等技术文件。技术设计是把设计方案变成技术文件的过程，显然这一阶段的工作是非常重要的。

（4）样机制造与试验　根据技术设计所提供的图样等技术文件，进行样机试制，对已制造出的样机进行试运行或在生产现场试用，以检验样机是否达到设计要求，还存在什么问题，为进一步修改设计提供依据。

（5）修改设计　针对样机试验和技术经济评价中所暴露出来的问题，修改原来的设计方案，使设计更加完善。

（6）生产设计　根据修改后的图样等技术文件，考虑生产批量，进行工艺流程和工艺装备的设计，以确保产品的性能和质量。

（7）正式投产　根据修改后的图样等技术文件确定的生产批量，正式组织生产合格的机械产品，投放市场，并不断搜集用户意见，总结经验，为将来修改设计提供依据。

第二节　机械零件的失效形式和设计准则

机械零件丧失预定功能或预定功能指标降低到许用值以下的现象，称为机械零件的失效。由于强度不够引起的破坏是最常见的零件失效形式，但并不是零件失效的惟一形式。进行机械零件设计时必须根据零件的失效形式分析失效的原因，提出防止或减轻失效的措施，根据不同的失效形式提出不同的设计计算准则。

一、失效形式

机械零件最常见的失效形式大致有以下几种：

1. 断裂

机械零件的断裂通常有以下两种情况：

（1）零件在外载荷的作用下，某一危险截面上的应力超过零件的强度极限时将发生断裂（如螺栓的折断）；

（2）零件在循环变应力的作用下，危险截面上的应力超过零件的疲劳强度而发生疲劳断裂。

2. 过量变形

当零件上的应力超过材料的屈服极限时，零件将发生塑性变形。当零件的弹性变形量过大时也会使机器的工作不正常，如机床主轴的过量弹性变形会降低机床的加工精度。

3. 表面失效

表面失效主要有疲劳点蚀、磨损、压溃和腐蚀等形式。表面失效后通常会增加零件的摩擦，使零件尺寸发生变化，最终造成零件的报废。

4. 破坏正常工作条件引起的失效

有些零件只有在一定的工作条件下才能正常工作，否则就会引起失效，如带传动因过载发生打滑，使传动不能正常地工作。

二、设计计算准则

同一零件对于不同失效形式的承载能力也各不相同。根据不同的失效原因建立起来的工作能力判定条件，称为设计计算准则，主要包括以下几种：

1. 强度准则

强度是零件应满足的基本要求。强度是指零件在载荷作用下抵抗断裂、塑性变形及表面失效（磨粒磨损、腐蚀除外）的能力。强度可分为整体强度和表面强度（接触与挤压强度）两种。

整体强度的判定准则为：零件在危险截面处的最大应力（σ，τ）不应超过允许的限度（称为许用应力，用 $[\sigma]$ 或 $[\tau]$ 表示），即

$$\sigma \leqslant [\sigma]$$

或

$$\tau \leqslant [\tau]$$

另一种表达形式为：危险截面处的实际安全系数 S 应大于或等于许用安全系数 $[S]$，即

$$S \geqslant [S]$$

表面接触强度的判定准则为：在反复的接触应力作用下，零件在接触处的接触应力 σ_H 应小于或等于许用接触应力值 $[\sigma_H]$，即

$$\sigma_H \leqslant [\sigma_H]$$

对于受挤压的表面，挤压应力不能过大，否则会发生表面塑性变形、表面压溃等。挤压强度的判定准则为：挤压应力 σ_P 应小于或等于许用挤压应力 $[\sigma_P]$，即

$$\sigma_P \leqslant [\sigma_P]$$

2. 刚度准则

刚度是指零件受载后抵抗弹性变形的能力，其设计计算准则为：零件在载荷作用下产生的弹性变形量应小于或等于机器工作性能允许的极限值。各种变形量计算公式可参考工程力学课程，本书不再赘述。

3. 耐磨性准则

设计时应使零件的磨损量在预定期限内不超过允许量。由于磨损机理比较复杂，通常采用条件性的计算准则为：零件的压强 p 不大于零件的许用压强 $[p]$，即

$$p \leqslant [p]$$

4. 散热性准则

零件工作时如果温度过高将导致润滑剂失去作用，材料的强度极限下降，引起热变形及附加热应力等，从而使零件不能正常工作。散热性准则为：根据热平衡条件，工作温度 t 不应超过许用工作温度 $[t]$，即

$$t \leqslant [t]$$

5. 可靠性准则

可靠性用可靠度表示，对那些大量生产而又无法逐件试验或检测的产品，更应计算其可靠度。零件的可靠度用零件在规定的使用条件下、在规定的时间内能正常工作的概率来表示，即用在规定的寿命时间内能连续工作的件数占总件数的百分比表示。如有 N_T 个零件，在预期寿命内只有 N_S 个零件能连续正常工作，则其系统的可靠度为

$$R=N_S/N_T$$

三、机械零件设计的基本要求

零件工作可靠且成本低廉是设计机械零件应满足的基本要求。设计机械零件还必须坚持经济观点，力求综合经济效益高。为此要注意以下几点：

(1) 合理选择材料，降低材料费用；

(2) 零件结构要合理，工艺性能要好，降低制造与装配费用；

(3) 尽量采用标准化、通用化设计，简化设计过程从而降低成本。

四、机械零件设计的一般步骤

机械零件设计的一般步骤如下：

(1) 根据机器的具体运转情况和简化的计算方案确定零件的载荷。

(2) 根据零件工作情况的分析，判定零件的失效形式，从而确定其计算准则。

(3) 进行结构设计。

(4) 绘制零件工作图，制订技术要求，编写计算说明书及有关技术文件。

对于不同的零件和工作条件，以上这些设计步骤可以有所不同。此外，在设计过程中，这些步骤又是相互交错、反复进行的。

应当指出，在设计机械零件时往往是将较复杂的实际工作情况进行一定的简化，才能应用力学等理论解决机械零件的设计计算问题。因此，这种计算或多或少带有一定的条件性或假定性，称为条件性计算。机械零件设计基本上是按条件性计算进行的，如注意到公式的适用范围，一般计算结果具有一定的可靠性，并充分考虑了机械零件的安全性。为了使计算结果更符合实际情况，必要时可进行模型试验。

第三节　机械设计方法简介

机械设计过程中思维活动的组织方式及解决问题所采取的手段等称为设计方法。机械设计的方法很多，但大致可分为两大类，即传统（或常规）设计方法和现代设计方法。

一、传统设计方法的特点

传统设计方法是以经验总结为基础，运用力学和数学或实验而形成的经验、公式、图表、设计手册等作为设计依据，通过经验公式、简化模型或类比改造等方法进行设计。传统设计在长期运用中得到不断地完善和提高，是符合当代技术水平的有效设计方法之一，故本课程介绍的机构和零件设计方法大多属于传统设计。

传统设计方法在设计机械产品时，首先凭借设计者直接的或间接的经验，通过类比分析等方法来确定机械的传动方案，对于特别重要的设计或简单的设计，有时可拟定几个方案，并对其进行分析评价；采用解析法、作图法或实验法进行机构尺寸综合，但往往只能近似满足运动和动力要求；其次按近似的力学公式或经验公式确定主要零件的基本尺寸，不重要的零件（或结构复杂的零件）则进行类比设计。

由此可见，传统设计方法具有很大的局限性，主要表现在：①方案的拟定很大程度上取决于设计者的个人经验，即使同时拟定了少数几个方案，也难获得最优方案；②在分析计算工作中，由于受人工计算条件的限制，只能采用静态的或近似的方法，故影响了设计质量；③设计工作周期长，效率低，成本高。因此，传统设计方法正在逐渐被现代设计方法所取代。

二、现代设计方法的特点

20世纪60年代以来，由于科学技术的飞速发展和计算机的普及应用，给机械设计带来了新的变化。随着科技发展，新工艺、新材料的出现，微电子技术、信息处理技术及控制技术等新技术对机械产品的渗透和有机结合，与设计相关的基础理论的深化和设计思想的更新，使机械设计跨入了现代设计阶段，该阶段使用的新兴理论和方法称为现代设计方法。

与传统设计方法相比，现代设计方法的主要特点是：①研究设计的全过程；②突出设计者的创造性；③用系统工程处理人—机—环境的关系；④寻求最优的设计方案和参数；⑤动态地、精确地分析和计算机械的工作性能；⑥将计算机全面地引入设计全过程。

现代设计是在传统设计基础上发展起来的，它继承了传统设计的精华。由于传统设计发展到现代设计有一定的时序性和继承性，所以当前正处在两者共存阶段。

三、现代设计方法的内容简介

现代设计方法所包含的内容十分丰富，且在不断发展中，现将其主要几种常见方法简介如下：

1. 计算机辅助设计

计算机辅助设计（Computer Aided Design），简称CAD，是用计算机完成机械设计中的选型、计算、资料检索、绘图及其他作业的一种现代设计方法。它应包括分析计算和自动绘图两部分功能，甚至扩展到具有逻辑能力的智能CAD。一个完整的机械产品CAD系统，应首先能够确定机械结构的最佳参数和几何尺寸，这就要求具有进行机构运动学分析及综合、有限元分析和优化设计、可靠性设计等功能，然后能够由分析计算结果自动显示和绘制机械的装配图和零件图，并可进行动态修改。

CAD的基础工作是建立常用算法的程序库、设计资料的数据库和参数化的图形库。在此基础上，依据机械产品的具体要求，建立该产品的数学模型和设计程序，在计算机上自动或人—机交互地完成设计工作。

2. 优化设计

优化设计（Optimal Design）是把最优化理论应用于解决工程设计问题，在所有可行方案中寻求最佳设计方案的一种现代设计方法。进行机械优化设计时，首先需要建立设计问题的数学模型，然后选用合适的优化方法在计算机上对数学模型进行寻优求解，最后得到机械设计的最优方案。

在建立优化设计数学模型的过程中，把影响设计方案选取的那些参数称为设计变量；设计变量应当满足的条件称为约束条件；而设计者选定来衡量设计方案优劣并期望得到改进的产品性能指标称为目标函数。设计变量、约束条件和目标函数组成了优化设计的数学模型。将数学模型和优化算法编写成计算机程序，即可寻优求解。

3. 可靠性设计

可靠性设计（Reliability Design）是以概率论和数理统计为理论基础，以失效分析、

失效预测及各种可靠性试验为依据，以保证产品的可靠性为目标的一种现代设计方法。传统设计中将设计参数（载荷、材料性能和零件尺寸等）均视为常量，用安全系数反映零件的安全程度。但实际上许多设计参数都是随机变量，所以不能简单地用安全系数判定零件安全与否，而应当用可靠度说明安全的概率有多大。基于应力—强度干涉理论，可靠性设计确定零件在随载荷下保证给定可靠度时的疲劳寿命。也可以确定在预定寿命内机械的可靠度，或确定在预定寿命和可靠度条件下零件的结构尺寸等。

4. 有限元法

有限元法（Finite Element Method）是以计算机为工具的一种现代数值计算方法。该方法用来进行机械的静态和动态受力分析，能准确地计算复杂零件的应力分布和变形，成为现代设计中确定复杂零件强度和刚度的有力工具。

有限元法的基本思想是：首先假想将连续的结构分割成数目有限的单元，各单元之间仅在有限个指定结点处相联接，用所有单元的集合体近似代替原来结构，此过程称为结构离散化。然后对每个单元，选择一个简单的函数（一般为坐标的多项式函数）来近似地描述单元内位移的分布规律，并按弹性力学中的变分原理建立单元结点力与结点位移（或速度、加速度）的关系，得单元质量（或阻尼、刚度）矩阵，此过程称为单元特性分析。最后把所有单元的这种关系集合起来，形成以结节位移为基本未知量的动力学方程，引入初始条件和边界条件即可求解，此过程称为单元特性集成。所以，有限元法的基本思想是“先分后合”，先分是为了进行单元分析，后合则是为了对整个结构进行综合分析。

5. 摩擦学设计

摩擦学设计（Tribology Design）就是利用摩擦、磨损及润滑理论，解决机械中具有相对运动的两接触零件的结构与形态设计等问题。由于机械零件的失效绝大部分是摩擦磨损过度造成的，因此将摩擦学理论应用到机械设计中，不仅具有学术意义，而且会产生巨大的经济效益。目前，摩擦学正在从机理研究、实验研究阶段进入实际设计和工程应用阶段，如在齿轮传动、滚动轴承设计中，采用了考虑接触部位弹性变形和润滑剂动压效应的弹性流体动压润滑理论。此外，在大型发电机组和高速精密机床中的动压和静压轴承以及人工关节、宇航飞行器中的密封等的设计中，都用到了摩擦学设计。

除上述几种方法之外，现代设计方法还有动态设计、相似设计、疲劳设计、绿色设计、并行设计、反求设计等，而且随着科学技术的不断发展，新的设计方法和理论也不断产生，如虚拟设计、异地设计、智能设计等，这些技术和方法的采用，将会极大地推动机械科学的发展。

第四节 摩擦、磨损及润滑

各类机器在工作时，作相对运动的零件的接触部分都存在着摩擦，摩擦是机器运转过程中不可避免的物理现象。摩擦不仅造成能量损耗，还会使零件发生磨损和因摩擦发热产生其他形式的表面失效。据统计，世界上 1/3～1/2 的能源消耗在摩擦上，而因磨损失效的各种机械零件约占全部失效零件的一半以上。磨损是摩擦的结果，润滑则是减小摩擦和磨损的有力措施，这三者相互联系不可分割。

一、摩擦

1. 摩擦的状态

在外力的作用下，紧密接触的两个物体作相对运动或具有相对运动趋势时，其接触面间会产生阻碍这种运动的阻力，这种现象称为摩擦。仅有相对运动趋势时的摩擦称为静摩擦。静摩擦力的大小随作用于物体的外力的变化而变化。当外力克服了最大静摩擦力，物体间产生相对运动时的摩擦称为动摩擦。根据摩擦的运动形式的不同，动摩擦又分为滑动摩擦和滚动摩擦。根据摩擦副表面间润滑状态的不同，滑动摩擦又分为干摩擦、液体摩擦、边界摩擦和混合摩擦。不同的摩擦状态具有不同的摩擦阻力、功率损耗、使用寿命和工作可靠性，所以，研究摩擦状态并进行合理的设计和维护是机械设计中的一个重要课题。

（1）干摩擦　如果两物体的滑动表面为无任何润滑剂或保护膜时，这两个物体直接接触时的摩擦称为干摩擦，如图 1-1a 所示。干摩擦状态产生较大的摩擦功耗及严重的磨损，因此应严禁出现这种摩擦。

（2）液体摩擦　两摩擦表面不直接接触，被油膜（油膜厚度一般在 1.5～2μm 以上）隔开的摩擦称为液体摩擦，如图 1-1b 所示。在液体摩擦状态下，摩擦系数很小，零件之间没有磨损，使用寿命长，是理想摩擦状态。

（3）边界摩擦　两摩擦表面被吸附在表面的边界膜（油膜厚度小于 1μm）隔开，处于干摩擦与液体摩擦之间的状态，这种摩擦称为边界摩擦，如图 1-1c 所示。

（4）混合摩擦　在实践中有很多摩擦副是处于干摩擦、液体摩擦与边界摩擦的混合状态，称为混合摩擦，如图 1-1d 所示。

由于液体摩擦、边界摩擦、混合摩擦都必须在一定的润滑条件下才能实现，因此这三种摩擦又分别称为液体润滑、边界润滑和混合润滑。

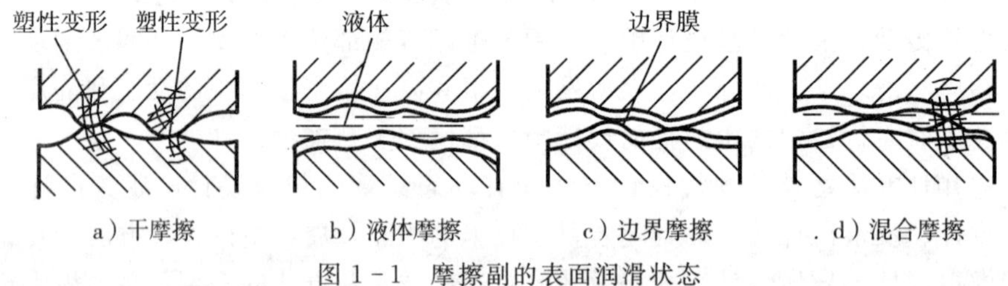

a）干摩擦　b）液体摩擦　c）边界摩擦　d）混合摩擦

图 1-1　摩擦副的表面润滑状态

2. 移动副中的摩擦

如图 1-2 所示，F 为作用在平滑块上的外力的合力。它与接触面法线间的夹角为 α。该力可分解为切向分力 F_x 和法向分力 F_y。由图可知，$F_x = F_y\tan\alpha$。滑块 1 将在 F_x 作用下向右运动或具有运动趋势。此时导路 2 对滑块 1 有正压力 F_{N21} 和摩擦力 $F_{f21} = fF_{N21} = fF_y$，$F_{N21}$ 和 F_{f21} 的合力即导路 2 对滑块 1 的总反作用力 F_{R21}，F_{R21} 和 F_{N21} 之间的夹角 φ 称为摩擦角。由图知

$$\tan\varphi = F_{f21}/F_{N21} = f \tag{1-1}$$

综上所述可知，总反作用力 F_{R21} 与相对速度 v_{12} 之间呈 $90°+\varphi$ 的钝角，摩擦角 φ 的大小决定于摩擦因数 f。

在图 1－2 中，可得 $F_x = F_{f21}\tan\alpha / \tan\varphi$

可见，当 $\alpha > \varphi$ 时，$F_x > F_{f21}$，滑块 l 以加速度运动；当 $\alpha = \varphi$ 时，$F_x = F_{f21}$，滑块 1 以等速运动或静止不动；当 $\alpha < \varphi$ 时，$F_x < F_{f21}$，若滑块原来在运动，则将减速而终于静止，若滑块原来不动，则无论外力 F 多大，滑块 1 都不能运动。这种无论驱动力多大，机械都不能运动的现象称为机械的自锁。

对于楔形滑块，如图 1－3 所示，楔形夹角为 2θ。根据力的平衡，两接触面的正反力在铅垂方向的分力等于 F_y，即 $F_{N21}\sin\theta = F_y$，于是得摩擦力 $F_{f21} = fF_{N21} = fF_y/\sin\theta = f_vF_y$。式中 $f_v = f/\sin\theta$，称为楔形滑块的当量摩擦因数，其值恒大于 f，即楔形滑块的摩擦总大于平滑块的摩擦。与平滑块相同，使 $f_v = \tan\varphi_v$，其中 φ_v 称为当量摩擦角。作用于楔形滑块的总反力 F_{R21} 与相对速度 v_{12} 之间呈 $90° + \varphi_v$ 的钝角。

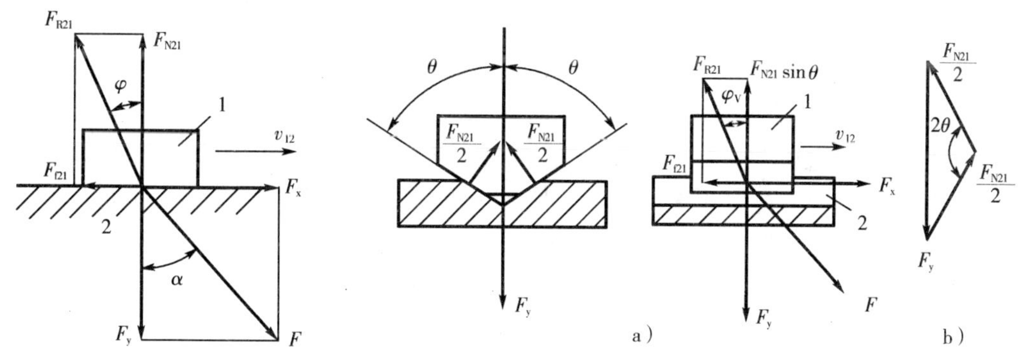

图 1－2 移动副中的摩擦

图 1－3 楔形滑块的摩擦

3. 转动副中的摩擦

机械中最常见的转动副为轴与轴承以及各种铰链。轴安装在轴承中的部分称为轴颈，按受载方向，可分为图 1－4a 所示的径向轴颈和止推轴颈。下面研究径向轴颈的摩擦。

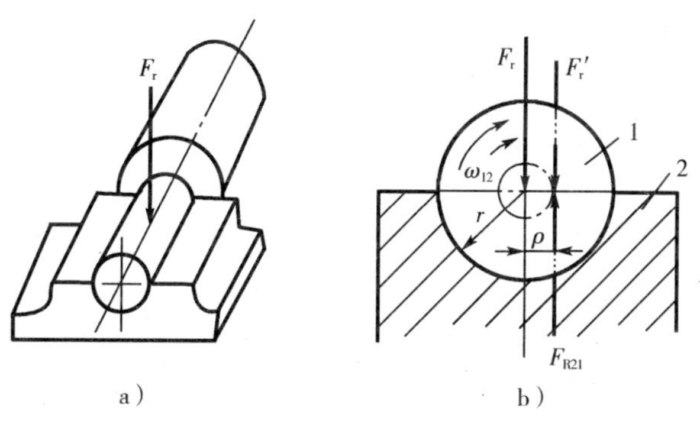

图 1－4 转动副的摩擦

设 r 为轴颈的半径，F_r 为径向载荷，轴颈 1 在驱动力偶矩 M 的作用下在轴承内等速回转时，必将产生摩擦力阻止轴颈相对于轴承的滑动，此摩擦力对轴颈形成的摩擦力矩 M_f 的大小为

$$M_f = f_vF_rr \tag{1-2}$$

式中，f_v 为当量摩擦因数，其值为 $f_v =$（1～1.57）f（对于配合紧密且未经磨合的转动副

取较大值，而对于有较大间隙的转动副取较小值)。

又如图 1-4b 所示，将接触面上的总法向反力及摩擦力用总反力 F_{R21} 来表示，则根据轴颈 1 所受诸力的平衡条件可知，应有 $F_{R21}=-F_r$，$M=-F_{R21}\rho=-M_f$。即总反力 F_{R21} 对轴颈中心的力矩即为摩擦阻力矩 M_f。将此式与式（1-2）比较可得

$$\rho=rf_v \tag{1-3}$$

对于一个具体的轴颈，由于 f_v 及 r 均为一定，所以 ρ 是一个固定长度。现以轴颈中心为圆心、ρ 为半径作圆，则此圆为一定圆，称为摩擦圆，ρ 称为摩擦圆半径。由此可知：只要轴颈相对轴承滑动，则轴承对轴颈的总反力 F_{R21} 将始终切于摩擦圆；又因摩擦力矩阻止相对运动，所以 F_{R21} 对轴心的力矩的方向必与 ω_{12} 相反，总反力 F_{R21} 的大小等于径向载荷 F_r。

若将径向载荷 F_r 与驱动力偶矩 M 合成为一个合力 F'_r，其大小仍为 F_r，但其作用线已偏移了一个距离 ρ，如图 1-4b 中双点划线所示。这个合力 F'_r 也就是轴颈 1 加于轴承 2 的总的作用力 F_{R21}。

由上述可知，当外力合力的作用线在摩擦圆之外时，驱动力矩大于摩擦力矩，此时轴颈将加速转动；当外力合力的作用线与摩擦圆相切时，驱动力矩等于摩擦力矩，轴颈将等速转动或静止；当外力合力的作用线与摩擦圆相割时，驱动力矩小于摩擦力矩，若轴颈原来在转动，则将减速而终于静止，若轴颈原来不动，则必发生自锁。

二、磨损

运动副之间的摩擦将导致零件表面材料的逐渐损失，这种现象称为磨损。单位时间内材料磨损量称为磨损率。磨损量可以用体积、质量或厚度来衡量。

机械零件严重磨损后，将降低机器的工作效率和可靠性，使机器提早报废。因此，预先考虑如何避免或减轻磨损，是设计、使用、维护机器的一项重要内容。但另一方面，磨损也并非全都是无用的，工程上常利用磨损的原理来减小零件的表面粗糙度，如磨削、研磨、抛光、跑合等。

1. 磨损过程

零件磨损过程可用磨损量与运转时间的关系（磨损曲线）来表示。图 1-5 所示为工况不变条件下的典型磨损曲线。它由磨合、稳定磨损和剧烈磨损三个阶段组成。在磨合阶段，随着表面逐渐磨平，磨损速度由快逐渐减缓，为零件的正常运转创造条件。磨合结束后应更换润滑油。在稳定磨损阶段，磨损缓慢，它的长短代表零件使用寿命的长短。在剧烈磨损阶段，磨损急剧增加，机械效率下降，精度损失，最终导致完全失效。

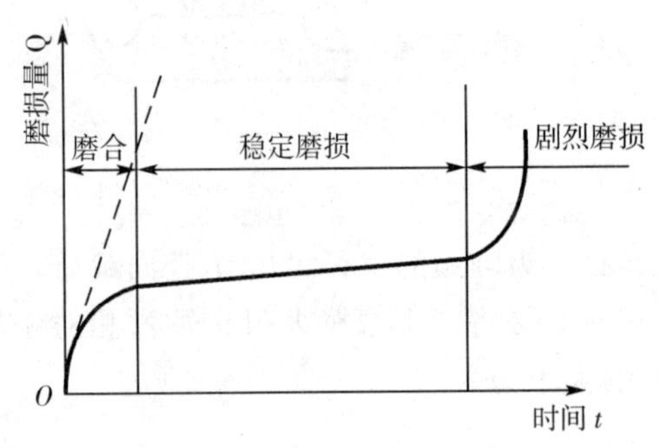

图 1-5　磨损曲线

2. 磨损分类

按照磨损的机理以及零件表面磨损状态的不同，一般工况下把磨损分为磨粒磨损、粘着磨损、疲劳磨损、腐蚀磨损等。

（1）磨粒磨损　由于摩擦表面上的硬质突出物或从外部进入摩擦表面的硬质颗粒，

对摩擦表面起到切削或刮擦作用，从而引起表层材料脱落的现象，称为磨粒磨损。这种磨损是最常见的一种磨损形式，应设法减轻这种磨损。为减轻磨粒磨损，除注意满足润滑条件外，还应合理地选择摩擦副的材料，降低表面粗糙度值以及安装防护密封装置等。

（2）粘着磨损　当摩擦副受到较大正压力作用时，由于表面不平，其顶峰接触点受到高压力作用而产生弹性、塑性变形，附在摩擦表面的吸附膜破裂、温度升高后使金属的顶峰塑性面牢固地粘着并熔焊在一起，形成冷焊结点。当两摩擦表面相对滑动时，材料便从一个表面转移到另一个表面，成为表面凸起，促使摩擦表面进一步磨损。这种由于粘着作用引起的磨损称为粘着磨损。

粘着磨损按程度不同可分为五级：轻微磨损、涂抹、擦伤、斯脱、咬死。如气缸套与活塞环、曲轴与轴瓦、轮齿啮合表面等，皆可能出现不同程度的粘着磨损。涂抹、擦伤、斯脱又称为胶合，胶合往往发生于高速、重载的场合。

合理选择配对材料（如选择异种金属）、采用表面处理（如表面热处理、喷镀、化学处理等）、限制摩擦表面的温度、控制压强及采用含有油性极压添加剂的润滑剂等，都可减轻粘着磨损。

（3）疲劳磨损（又称点蚀）　当两摩擦表面为点或线接触时，由于局部弹性变形形成小的接触区。这些小的接触区形成的摩擦副如果受变化接触力的反复作用，表层将产生裂纹。随着裂纹的扩展与相互连接，表层金属产生脱落，形成许多月牙形的凹坑，这种现象称为疲劳磨损，也称点蚀。

合理选择材料及材料的硬度（硬度高则抗疲劳磨损能力强）、选择高粘度润滑油、加入极压添加剂或 MoS_2 及减小摩擦表面的粗糙度值等，均可提高零件抗疲劳磨损的能力。

（4）腐蚀磨损　在摩擦过程中，摩擦表面与周围介质发生化学或电化学反应而产生物质损失的现象，称为腐蚀磨损。腐蚀磨损可分为氧化磨损、特殊介质磨损、气蚀磨损等。腐蚀也可以在没有摩擦的条件下形成，这种情况常发生于钢铁类零件，如化工管道、泵类零件、柴油机缸套等。

三、润滑

在摩擦副间加入润滑剂以减小摩擦、减少磨损的措施称为润滑。润滑的主要作用有：减小摩擦系数，提高机械效率；减轻磨损，延长机械的使用寿命；冷却；防尘；吸振；防锈蚀等。

要保持理想的摩擦润滑状态，除了正确的设计外，还必须要正确选择润滑剂、采用正确的润滑方式以及对润滑进行合理的日常维护。

1. 润滑剂的性能与选择

常用的润滑剂除了润滑油和润滑脂外，还有固体润滑剂（如石墨、二硫化钼等）、气体润滑剂（如空气、氢气、水蒸气等）。

（1）润滑油

润滑油是目前使用最多的润滑剂，主要有矿物油、合成油、动植物油等，其中应用最广泛的为矿物油。

润滑油最重要的一项物理性能指标为粘度，它是选择润滑油的主要依据。粘度的大小表示了液体流动时内摩擦阻力的大小，粘度越大，内摩擦阻力就越大，液体的流动性就越差。

粘度可用动力粘度、运动粘度、条件粘度（恩氏粘度）等表示。我国石油产品常用运动粘度来标定。一般地，润滑油的牌号就是指该润滑油在40℃（或100℃）时运动粘度（以mm^2/s为单位）的平均值。如L－AN46全损耗系统用油在40℃时的运动粘度为41.4～50.6mm^2/s，其平均值约为46mm^2/s。

除粘度外，润滑油的主要物理性能指标还有凝点、闪点、燃点和油性等。润滑油的粘度并不是固定不变的，而是随着温度和压强而变化。粘度随温度的升高而降低，而且变化很大，因此，在注明某种润滑油的粘度时，必须同时标明它的测试温度，否则便毫无意义。粘度随压强的升高而加大，但当压强小于20MPa时，其影响甚小，可不予考虑。

常用润滑油的性能和用途见表1－1。

表1－1　常用润滑油的主要性能和用途

<table>
<tr><th rowspan="2">名　称</th><th rowspan="2">代　号</th><th colspan="2">运动粘度/（mm^2/s）</th><th rowspan="2">倾点/℃</th><th rowspan="2">闪点/℃</th><th rowspan="2">主要用途</th></tr>
<tr><th>40℃</th><th>100℃</th></tr>
<tr><td rowspan="10">全损耗系统用油（GB443—1989）</td><td>L—AN5</td><td>4.14～5.06</td><td rowspan="10">—</td><td rowspan="10">−5</td><td>80</td><td rowspan="3">用于各种高速轻载机械轴承的润滑和冷却（循环式或油箱式），如转速在10 000r/min以上的精密机械、机床及纺织纱锭的润滑和冷却</td></tr>
<tr><td>L—AN7</td><td>6.12～7.48</td><td>110</td></tr>
<tr><td>L—AN10</td><td>9.00～11.0</td><td>130</td></tr>
<tr><td>L—AN15</td><td>13.5～16.5</td><td rowspan="3">150</td><td rowspan="2">用于小型机床齿轮箱、传动装置轴承，中小型电机，风动工具等</td></tr>
<tr><td>L—AN22</td><td>19.8～24.2</td></tr>
<tr><td>L—AN32</td><td>28.8～35.2</td><td>用于一般机床变速箱、中小型机床导轨及100kW以上电机轴承</td></tr>
<tr><td>L—AN46</td><td>41.4～50.6</td><td rowspan="2">160</td><td>主要用在大型机床、大型刨床上</td></tr>
<tr><td>L—AN68</td><td>61.2～74.8</td><td rowspan="3">主要用在低速重载的纺织机械及重型机床、锻压、铸工设备上</td></tr>
<tr><td>L—AN100</td><td>90.0～110</td><td rowspan="2">180</td></tr>
<tr><td>L—AN150</td><td>135～165</td></tr>
<tr><td rowspan="7">工业闭式齿轮油（GB5903—1995）</td><td>L—CKC68</td><td>61.2～74.8</td><td rowspan="7">—</td><td rowspan="6">−8</td><td rowspan="2">180</td><td rowspan="7">适用于煤炭、水泥、冶金工业部门大型封闭式齿轮传动装置的润滑</td></tr>
<tr><td>L—CKC100</td><td>90.0～110</td></tr>
<tr><td>L—CKC150</td><td>135～165</td><td rowspan="4">200</td></tr>
<tr><td>L—CKC220</td><td>198～242</td></tr>
<tr><td>L—CKC320</td><td>288～352</td></tr>
<tr><td>L—CKC460</td><td>414～506</td></tr>
<tr><td>L—CKC680</td><td>612～748</td><td>−5</td><td>220</td></tr>
</table>

（续表）

名　称	代　号	运动粘度/（mm^2/s）		倾点/℃	闪点/℃	主要用途
		40℃	100℃			
液压油（GB11118—1994）	L—HL15	13.5～16.5	—	—12	140	适用于机床和其他设备的低压齿轮泵，也可以用于使用其他抗氧防锈型润滑油的机械设备（如轴承和齿轮等）
	L—HL22	19.8～24.2		—9		
	L—HL32	28.8～35.2		—6	160	
	L—HL46	41.4～50.6			180	
	L—HL68	61.2～74.8				
	L—HL100	90.0～110				
汽轮机油（GB11120—1989）	L—TSA32	28.8～35.2	—	—7	180	适用于电力、工业、船舶及其他工业汽轮机组、水轮机组的润滑和密封
	L—TSA46	41.4～50.6				
	L—TSA68	61.2～74.8			195	
	L—TSA100	90.0～110				
QB汽油机润滑油（GB485—1984）（1988年确认）	20号		6～<9.3	—20	185	用于汽车、拖拉机汽化器发动机汽缸活塞的润滑，以及各种中、小型柴油机等动力设备的润滑
	30号		10～<12.5	—15	200	
	40号		12.5～<16.3	—5	210	
L—CPE/P蜗轮蜗杆油（SH0094—1991）	220	198～242		—12		用于铜—钢配对的圆柱型、承受重载荷、传动中有振动和冲击的蜗轮蜗杆副
	320	288～352				
	460	414～506				
	680	612～748				
	1000	900～1100				
仪表油（GB487—1984）		12～14		—60（凝点）	125	适用于各种仪表（包括低温下操作）的润滑

（2）润滑脂

润滑脂是在润滑油中加入稠化剂（如钙、钠、锂等金属皂基）而形成的脂状润滑剂，又称为黄油或干油。

润滑脂的主要物理性能指标为滴点、锥入度和耐水性等。润滑脂的流动性小，不易流失，所以密封简单，不需经常补充。润滑脂对载荷和速度变化不是很敏感，有较大的适应范围，但因其摩擦损耗较大，机械效率较低，故不宜用于高速传动的场合。

① 滴点　是指润滑脂受热后从标准测量杯的孔口滴下第一滴油时的温度。滴点标志着润滑脂的耐高温能力，润滑脂的工作温度应比滴点低20～30℃。

② 锥入度　即润滑脂的稠度。将重量为1.5N的标准锥体在25℃恒温下，由润滑脂表面自由沉下，经5s后该锥体可沉入的深度值(以0.1mm为单位)即为润滑脂的锥入度。

锥入度表明润滑脂的内阻力的大小和流动性的强弱。锥入度越小，表明润滑脂越稠，承载能力越强，密封性越好，但摩擦阻力也越大，流动性越差，因而不易填充较小的摩擦间隙。

目前使用最多的是钙基润滑脂，其耐水性强，但耐热性差，常用于在60℃以下工作的各种轴承的润滑，尤其适用于在露天条件下工作的机械轴承的润滑。钠基润滑脂的耐热性好，可用于115℃～145℃以下工作的情况，但其耐水性差。锂基润滑脂的性能优良，耐水耐热性均好，可以在－20℃～150℃的范围内广泛使用。

常用润滑脂的主要性能和用途见表1-2。

表1-2　常用润滑脂的主要性能和用途

名　称	代　号	滴　点/℃不低于	工作锥入度(25℃，150g)/(1/10mm)	主要用途
钙基润滑脂(GB491－1987)	L－XAAMHA1	80	310～340	有耐水性能。用于工作温度低于55℃～60℃的各种工农业、交通运输机械设备的轴承润滑，特别是有水或潮湿处
	L－XAAMHA2	85	265～295	
	L－XAAMHA3	90	220～250	
	L－XAAMHA4	95	175～205	
钠基润滑脂(GB492－1989)	L－XACMGA2	160	265～295	不耐水(或潮湿)。用于工作温度在－10℃～110℃的一般负荷机械设备轴承润滑
	L－XACMGA3		220～250	
通用锂基润滑脂(GB7324－1987)	ZL－1	170	310～340	有良好的耐水性和耐热性。适用于温度在－20℃～120℃范围内各种机械的轴承及其他摩擦部位的润滑
	ZL－2	175	265～295	
	ZL－3	180	220～250	
钙钠基润滑脂(ZBE36001－1988)	ZGN－1	120	250～290	用于工作温度在80℃～100℃、有水分或较潮湿环境中工作的机械润滑，多用于铁路机车、列车、小电动机、发电机滚动轴承的润滑。不适用于低温工作
	ZGN－2	135	200～240	
石墨钙基润滑脂(ZBE36002－1988)	ZG－S	80	—	人字齿轮，起重机、挖掘机的底盘齿轮，矿山机械、铰车钢丝绳等高负荷、高压力、低速度的粗糙机械润滑及一般开式齿轮润滑。能耐潮湿
滚珠轴承脂(SY1514－1982)	ZGN69－2	120	250～290(－40℃时为30)	用于机车、汽车、电机及其他机械的滚动轴承润滑
7407号齿轮润滑脂(SY4036－1984)		160	75～90	适用于各种低速、中载载荷和重载荷的齿轮、链、联轴器等的润滑，使用温度≤120℃，可承受冲击载荷

（续表）

名 称	代 号	滴 点 /℃ 不低于	工作锥入度 (25℃，150g) / (1/10mm)	主要用途
高温润滑脂 (GB11124－1989)	7014－1	280	62～75	适用于高温下各种滚动轴承的润滑，也可用于一般滑动轴承和齿轮的润滑。使用温度为－40℃ ～200℃
工业用凡士林 (GB6731－1986)		54	—	适用于作金属零件、机器的防锈，在机械的温度不高和负荷不大时，可用作减摩润滑脂

（3）润滑剂的选用

润滑剂选用的基本原则是：在低速、重载、高温、间隙大的情况下，应选用粘度较大的润滑油；而在高速、轻载、低温、间隙小的情况下应选用粘度较小的润滑油。润滑脂主要用于速度低、载荷大、不需经常加油、使用要求不高或灰尘较多的场合。气体、固体润滑剂主要用于高温、高压、防止污染等一般润滑剂不能使用的场合。对于润滑剂的具体选用，可参阅有关手册。

2. 润滑方法和润滑装置

机械设备的润滑，主要集中在传动件和支承件上。各种零部件（齿轮、蜗轮、链、轴承等）的润滑将在相关章节中介绍，这里仅就常见的润滑方法和润滑装置作简略介绍。

机器的润滑方法有分散润滑和集中润滑方法两大类。分散润滑是各个润滑点各自单独润滑，这种润滑可以是间断的或连续的，压力润滑或无压力润滑。集中润滑是一台机器的许多润滑点由一个润滑系统同时润滑。

（1）油润滑装置

油润滑方法的优点是油的流动性较好、冷却效果好，易于过滤除去杂质，可用于所有速度范围的润滑，使用寿命较长，容易更换，油可以循环使用。其缺点是密封比较困难。

油润滑方法的常用装置有以下几种：

① 手工给油润滑装置　这种润滑装置是最简单的，只要在需要润滑的部位上开个加油孔即可用油壶、油枪进行加油。这种方法一般只能用于低速、轻负荷的简易小型机械，如各种小型电动机和缝纫机等。

② 滴油润滑装置　滴油润滑装置主要是滴油式油杯，如图1－6所示为依靠油的自重向润滑部位滴油。这种润滑装置构造简单，使用方便，其缺点是给油量不易控制，机械的振动、温度的变化和液面的高低都会改变滴油量。

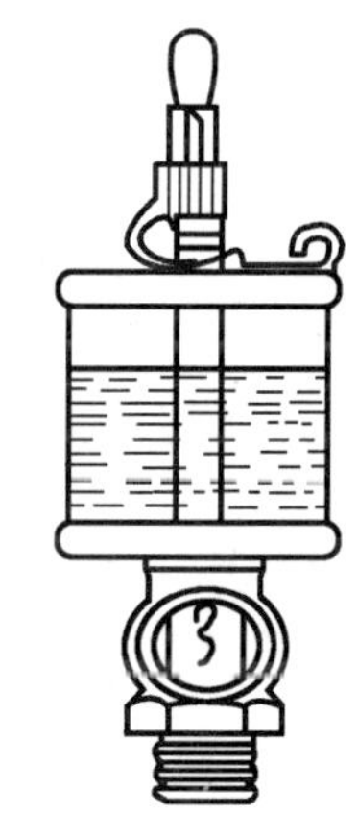

图1－6　滴油式油杯

③ 油浴润滑装置　油浴润滑装置是将需要润滑的部件设置在密封的箱体中，使需要润滑零件的一部分浸在油池中。采用油浴

润滑的零件有齿轮、滚动轴承和止推滑动轴承、链轮、凸轮、钢丝绳等。

油浴润滑的优点是自动可靠，给油充足。缺点是油的内摩擦损失较大，且引起发热，油池中可能积聚冷凝水。

④ 飞溅润滑装置　当回转件的圆周速度较大（5m/s<v<12m/s）时，润滑油飞溅雾化成小滴飞起，直接散落到需要润滑的零件上，或先溅到集油器中，然后经油沟流入润滑部位，这种润滑方式称为飞溅润滑。齿轮减速器中的轴承常采用这种润滑方法。这种润滑装置简单，工作可靠。

⑤ 油绳、油垫润滑装置　这种润滑装置是用油绳、毡垫或泡沫塑料等浸在油中，利用毛细管的虹吸作用进行供油。图 1－7 所示为油绳式油杯；图 1－8 所示为采用油绳润滑的推力轴承；图 1－9 所示为采用毡垫润滑的滑动轴承，毡垫靠弹簧压力或自身弹性紧靠所润滑的表面。

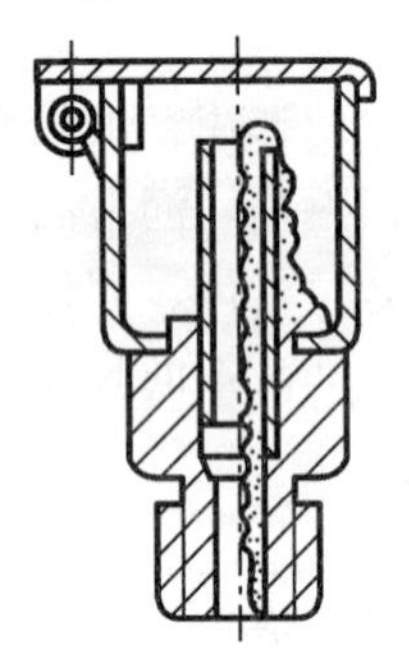
图 1－7　油绳式润滑

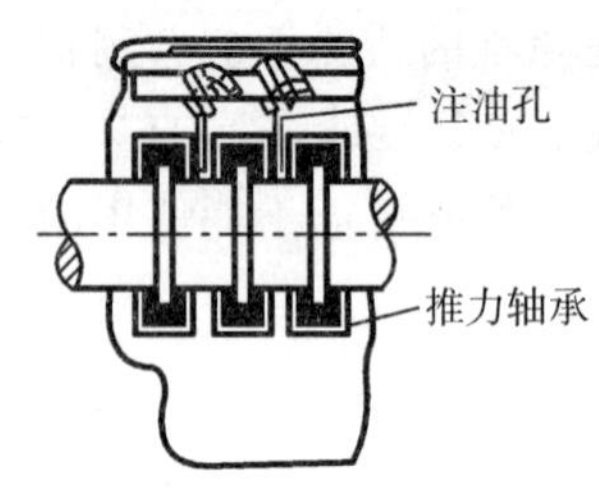

图 1－8　用油绳润滑的推力轴承

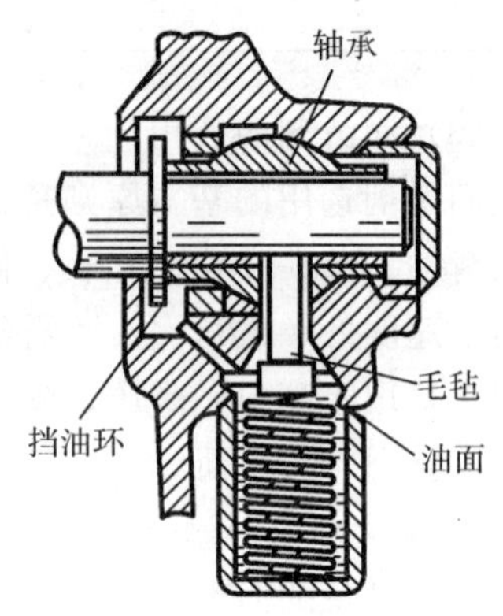

图 1－9　用毡垫润滑的滑动轴承

油绳和油垫本身可起到过滤作用，因此能使油保持清洁，而且是连续均匀的。其缺点是油量不易调节。另外，当油中的水分超过 0.5%时，油绳就会停止供油。

油绳不能与运动表面接触，以免被卷入摩擦面间。为了使给油量比较均匀，油杯中的油位应保持在油绳全高的 3/4，最低也要在 1/3 以上。

这种装置多用在低速、中速的机械上。

⑥ 油环、油链润滑装置　油环或油链润滑是依靠套在轴上的环或链把油从油池中带到轴上再流向润滑部位。如能在油池中保持一定的油位，这种方法是非常简单和可靠的。其示意图如图 1－10 和图 1－11 所示。

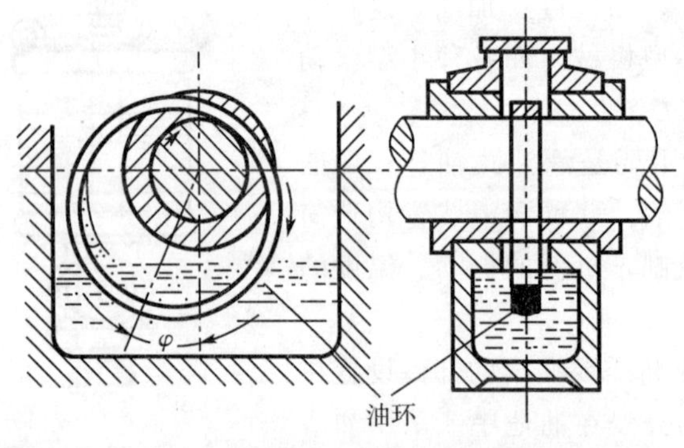

图 1－10　油环润滑

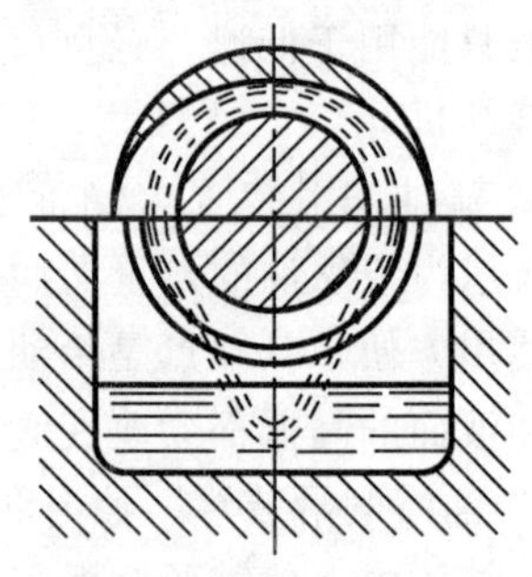
图 1－11　油链润滑

油环最好做成整体，为了便于装配也可做成拼凑式的，但接头处一定要平滑以免妨碍转动，油环的直径一般比轴大 1.5～2 倍，通常采用矩形断面，如果想增大给油量可以在内表面车几个圆槽，当需油量较少的情况下也可以采用圆形断面。

油环润滑适合于转速为 50～3 000r/min 的水平轴，如转速过高，环将在轴上激烈地跳动，而转速过低时油环所带的油量将不足，甚至油环将不能随轴转动。

由于链子与轴、油的接触面积都较大，所以在低速时也能随轴转动和带起较多的油，因此油链润滑最适于低速机械。但在高速运转时油被激烈地搅拌，内摩擦增大，且链易脱节，所以不适于高速机械。

⑦ 喷油润滑装置　当回转件的圆周速度超过 12m/s 时，采用喷油润滑装置。它是用喷嘴将压力油喷到摩擦副上，由油泵以一定的压力供油。

⑧ 油雾润滑装置　油雾润滑是利用压缩空气将油雾化，再经喷嘴（缩喉管）喷射到所润滑表面。由于压缩空气和油雾一起被送到润滑部位，因此有较好的冷却效果。而且由于压缩空气具有一定的压力，可以防止摩擦表面被灰尘污染。其缺点是排出的空气中含有油雾粒了，造成污染。油雾润滑主要用于高速滚动轴承（速度因素 $dn>600\ 000$）及封闭的齿轮、链条等。

（2）脂润滑装置

润滑脂是非牛顿型流体，与油润滑相比较，脂的流动性、冷却效果较差，杂质也不易除去。因此，脂润滑多用于低速、中速机械。但如果密封装置或罩的设计比较合理并采用高速型润滑脂，也可以用于高速部位的润滑。

① 手工润滑装置　手工润滑主要是利用脂枪把脂从注油孔注入或者直接用手工填入润滑部位。这种润滑方法也属于压力润滑方法，可用于高速运转而又不需要经常补充润滑脂的部位。

② 滴下润滑装置　滴下润滑是将脂装在脂杯里向润滑部位滴下润滑脂进行润滑。脂杯有受热式和压力式两种形式。

③ 集中润滑装置　集中润滑是由脂泵将脂罐里的脂输送到各管道，再经过分配阀将脂定时定量地分送到各润滑点去。这种润滑方法主要用于有很多润滑点的车间或工厂。

3. 润滑方式的选取原则

选择润滑方式主要考虑机器零部件的工作状况、采用的润滑剂及所需供油量。为了保证良好的润滑效果，润滑方式应满足：供油可靠并根据工作情况的变化进行调节；使用、维护简单和安全可靠；防止泄漏污染，保证机器的清洁等。

通常，低速、轻载或不连续运转的机械需要油量少，可采用简单的手工定期加油、加脂，或采用滴油、油垫等较简单的连续润滑方式。各种油嘴、油杯及油枪都有国家标准，可按标准选用。

中速、中载和较重要的机械，要求连续供油并起一定冷却作用，常用油浴（浸油）、油杯、溅油润滑或压力供油润滑。

高速、轻载齿轮及轴承发热量大，用喷雾润滑效果好。

高速、重载、供油量要求大的重要部件应采用压力供油润滑。

当机械设备中有大量润滑点或建立车间自动化润滑系统时，可采用集中润滑装置。

四、密封装置

机械设备中的润滑系统都必须设置密封装置，密封的作用是为了防止灰尘、水分及有害介质侵入机器，阻止润滑剂或工作介质的泄漏，有效地利用润滑剂。通过密封还可节约润滑剂，提高机器使用寿命，改善工厂环境卫生和工作条件。

密封装置的类型很多，根据被密封构件的运动形式可分为静密封和动密封。两个相对静止的构件之间结合面的密封称为静密封，如减速器的上下箱之间的密封、轴承端盖与箱体轴承座之间的密封等。实现静密封的方法很多，最简单的方法是将接合面加工平整，在一定的压力下贴紧密封；一般情况下，静密封是在结合面之间加垫片或密封圈，还有在结合面之间涂各类密封胶。两个具有相对运动的构件结合面之间的密封称为动密封，根据其相对运动的形式不同，动密封又可分为旋转密封和移动密封，如减速器中外伸轴与轴承端盖之间的密封就是旋转密封。旋转密封又分为接触式密封和非接触式密封两类。本节只研究旋转轴外伸端的密封方法。

1. 接触式密封

接触式密封是靠密封元件与接合面的压紧产生接触摩擦而起密封作用的，此种密封方式不宜用于高速。

(1) 毡圈密封

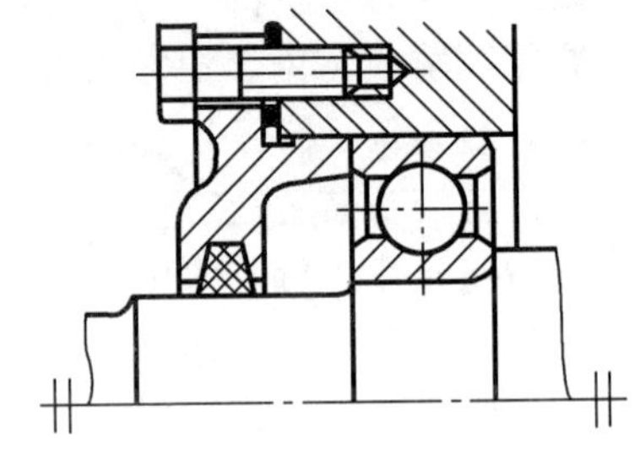

图 1-12　毡圈密封

如图 1-12 所示，将断面为矩形的毡圈压入轴承端盖的梯形槽中，使之产生对轴的压紧作用而实现密封。毡圈内径略小于轴的直径，尺寸已标准化。毡圈材料为毛毡。安装前，毡圈应先在粘度较高的热矿物油中浸渍饱和。毡圈密封结构简单、安装方便、成本较低，但易磨损、寿命短。一般适用于脂润滑和密封处圆周速度$v<4\sim5\text{m/s}$的场合，工作温度不超过 90℃。

(2) 唇形密封圈密封

如图 1-13a 所示，密封圈一般由耐油橡胶 1、金属骨架 2 和弹簧 3 三部分组成，也有的没有骨架，密封圈是标准件。靠材料本身的弹力及弹簧的作用，以一定的收缩力紧套在轴上起密封作用。使用唇形密封圈时应注意唇口的方向，图 1-13b 所示为密封圈唇口朝内，主要是防止漏油；图 1-13c 所示为密封圈唇口朝外，主要是防止灰尘、杂质侵入。这种密封方式既可用于油润滑，也可用于脂润滑，轴的圆周速度要求小于 7m/s，工作温度范围为-40℃～100℃。

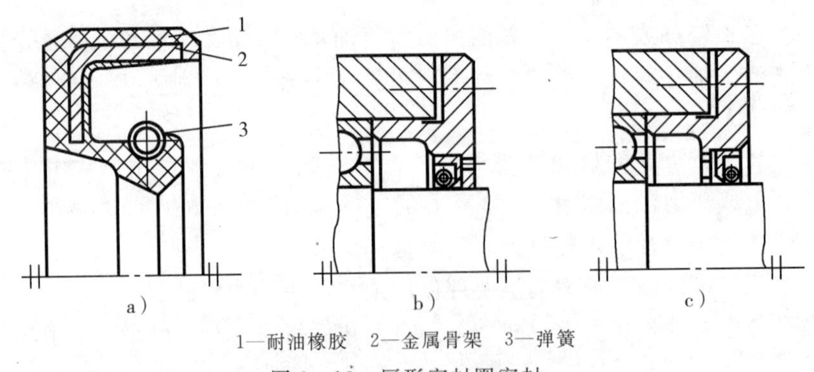

1—耐油橡胶　2—金属骨架　3—弹簧

图 1-13　唇形密封圈密封

2. 非接触式密封

非接触式密封方式的密封部位转动零件与固定零件之间不接触，留有间隙，因此对轴的转速没有太大的限制。

（1）间隙密封

如图 1-14 所示，间隙式密封（亦称防尘节流环式），在转动件与静止件之间留有很小的间隙（0.1～0.3mm），利用节流环间隙的节流效应起到防尘和密封作用。可在轴承端盖内加工出螺旋槽，并在螺旋槽内填充密封润滑脂，密封效果会更好。间隙的宽度越长，密封的效果越好。适用于环境比较干净的脂润滑。

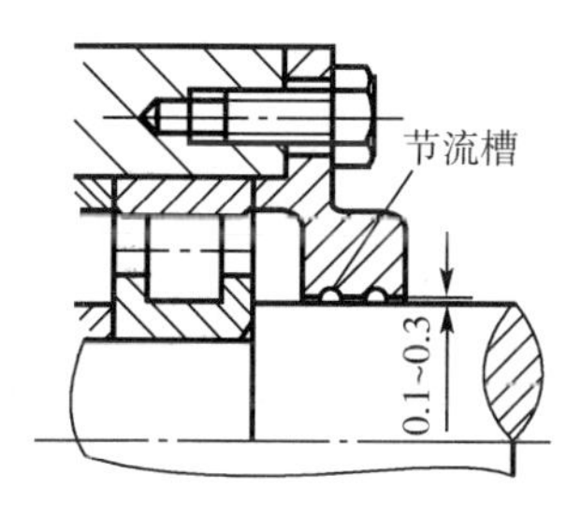

图 1-14　间隙密封

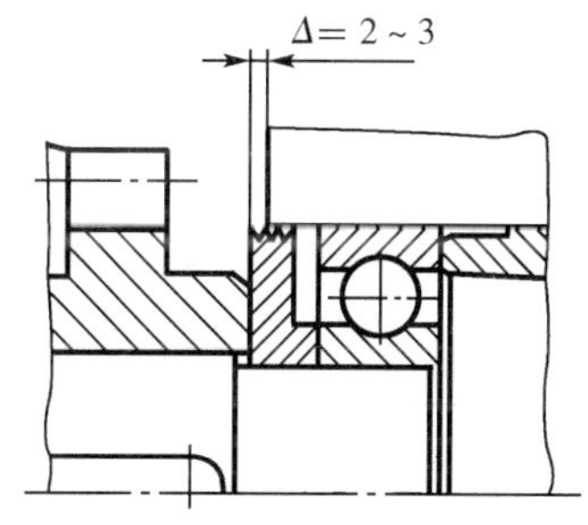

图 1-15　挡油环密封

（2）挡油环密封

如图 1-15 所示，在轴承座孔内的轴承内侧与工作零件之间安装一挡油环，挡油环随轴一起转动，利用其离心作用，将箱体内下溅的油及杂质甩走，阻止油进入轴承部位，多用于轴承部位使用脂润滑的场合。

（3）迷宫式密封

如图 1-16 所示，轴上的旋转密封零件与固定在箱体上的密封零件的接触处做成迷宫间隙，对被密封介质产生节流效应而起密封作用，可分为轴向迷宫、径向迷宫、组合迷宫等，若在间隙中填充密封润滑脂，密封效果更好。迷宫式密封结构简单，使用寿命长，但加工精度要求高，装配较难，适用于脂或油的润滑场合，多用于一般密封不能胜任要求较高的场合。

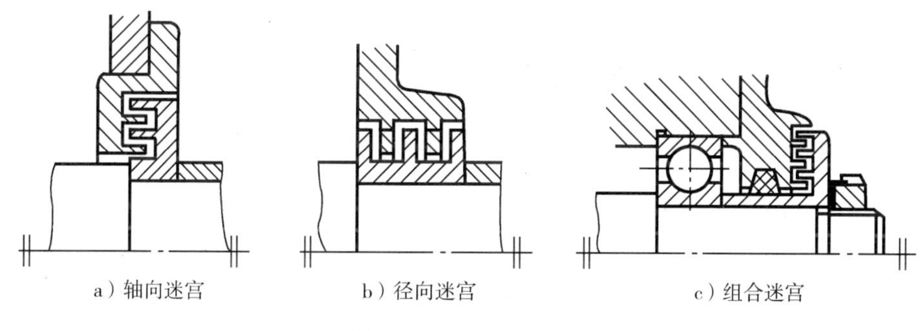

a）轴向迷宫　b）径向迷宫　c）组合迷宫

图 1-16　迷宫式密封

思考与练习

1-1 按摩擦副表面间的润滑状态，摩擦可分为哪几类？各有何特点？

1-2 磨损过程分几个阶段？各阶段的特点是什么？

1-3 按磨损机理不同，磨损有哪几种类型？

1-4 哪些磨损是有益的？为什么？

1-5 润滑剂的种类有哪些？如何选择适当的润滑剂？

1-6 密封的种类有几种？各有哪些方式？

第二章 平面机构的结构分析

第一节　机构的组成

一、运动副

机构是由许多构件组合而成的。在机构中，每个构件都以一定的方式与其他构件相互联接。这种联接不同于铆接和焊接之类的刚性联接，它能使相互联接的两构件之间存在着一定的相对运动。这种使两个构件直接接触并能产生一定相对运动的联接称为运动副。在图 2-1 中，轴承中的滚动体与内、外圈滚道之间为点接触（图 2-1a），互相啮合的轮齿之间为点或线接触（图 2-1b），滑块与导槽之间为面接触（图 2-1c）。构件上参与接触的点、线、面称为运动副元素。

按照机构各构件的相对运动情况，可将机构分为平面机构和空间机构。平面机构的各个构件在同一平面或互相平行的平面上运动。由于常用的机构大多数为平面机构，因此本书仅就平面运动副和平面机构进行讨论。

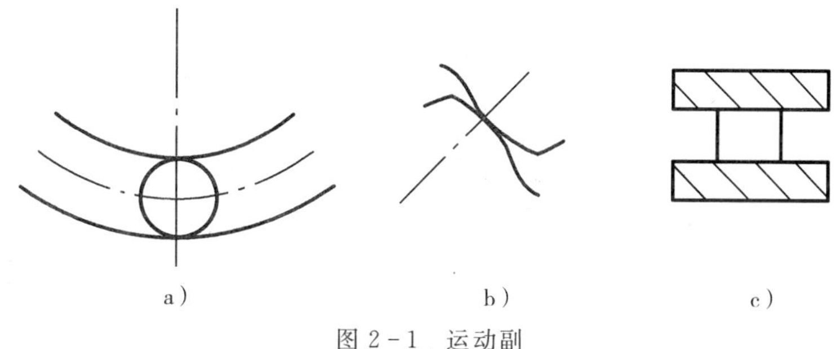

a)　　b)　　c)

图 2-1　运动副

二、自由度和运动副约束

一个作平面运动的构件，其运动可分解为三个独立运动：沿 x 轴的移动、沿 y 轴的移动和绕垂直于 xoy 平面的轴的转动。这三个独立运动可以用图 2-2 所示的三个独立参数 x、y、α 来描述。我们把构件相对于参考系所具有的独立运动参数的数目称为自由度。显然，作平面运动的构件具有三个自由度。

两个构件通过运动副联接以后，由于构件间的直接接触，使某些独立运动受到限制，自由度便随之减少。通常将运动副对构件的独立运动所加的限制称为约束。每加上一个约束，构件便失去一个自由度。两构件间约束的多少和约束的特点取决于运动副的形式。

1. 转动副

如图 2－3 所示的运动副限制了轴颈 2 沿 x 轴和 y 轴的移动，只允许轴颈绕轴承相对转动，这种运动副称为转动副。转动副引入了 2 个约束，保留了 1 个自由度。

2. 移动副

如图 2－4 所示的运动副，构件之间只能沿 x 轴作相对移动，这种沿 1 个方向相对移动的运动副称为移动副。移动副也引入了 2 个约束，保留了 1 个自由度。

转动副和移动副都是面接触，统称为低副。

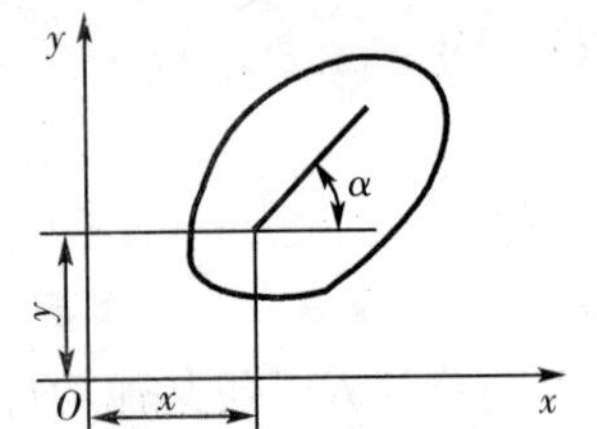

图 2－2　平面运动构件的自由度

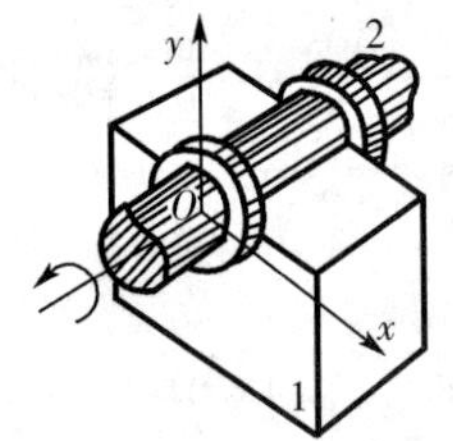

图 2－3　转动副

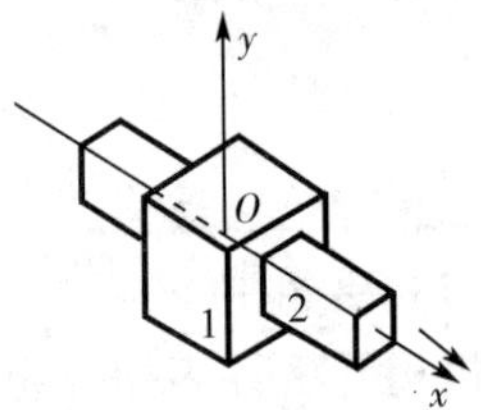

图 2－4　移动副

3. 平面高副

如图 2－5 所示，在曲线构成的运动副中构件 2 相对于构件 1 既可沿接触点 A 的切线 $t-t$ 方向移动，又可绕接触点 A 转动，运动副保留了 2 个自由度，引入了 1 个约束。这种点接触或线接触的运动副称为高副。

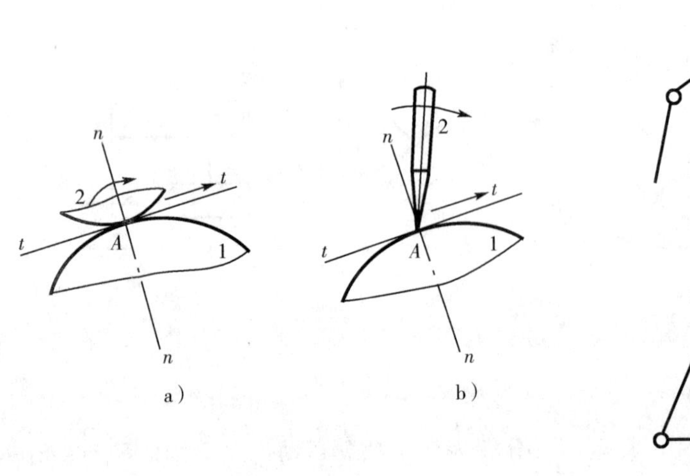

图 2－5　平面高副

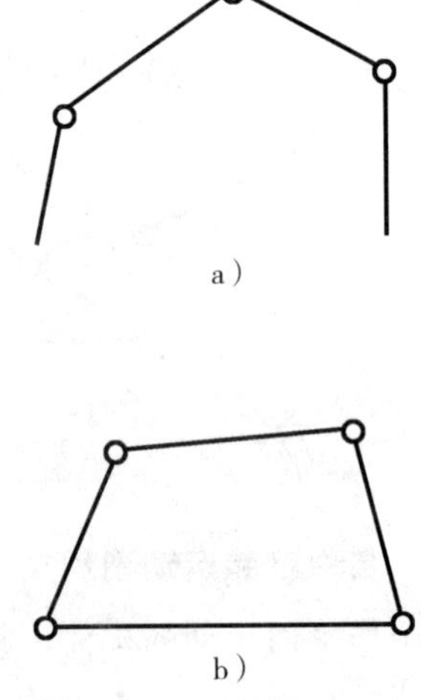

图 2－6　运动链

三、运动链

两个以上的构件通过运动副联接而构成的系统称为运动链。如果运动链中各构件组成首末相连的封闭形式，则此运动链称为闭链（图 2－6a），否则称为开链（图 2－6b）。一般机械中都采用闭链。

四、机构

如果将运动链中的一个构件加以固定，并使另一个构件（或少数几个构件）按给定的运动规律运动，而其余构件都能随之作确定的相对运动，则这种运动链就成为机构。由此可知，机构中有以下几类构件：

（1）主动件　机构中按事先给定的运动规律运动的构件。如图 2-7 中的构件 1 就是主动件（也称为原动件），在主动件上须标上带箭头的圆弧或直线。

（2）从动件　机构中随主动件作确定的相对运动的构件。如图 2-7 中的构件 2 和 3 就是从动件。

（3）机架　机构中固定不动的构件。如图 2-7 中的构件 4 就是机架。

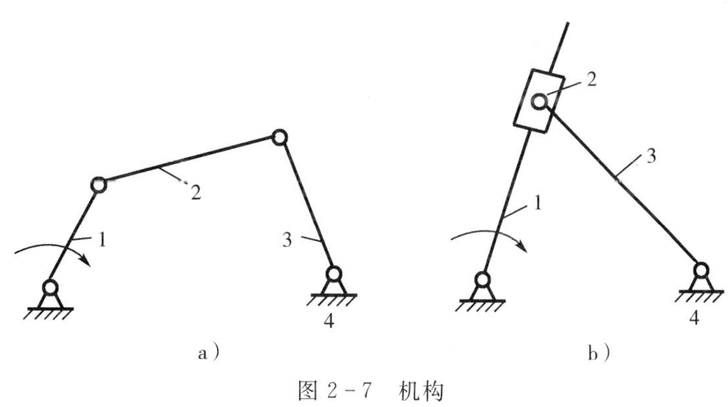

图 2-7　机构

第二节　平面机构的运动简图

对机构进行分析和综合时，并不需要了解机构的真实外形和形状结构，只需用简单的线条和符号来代表构件和运动副，并按一定的比例尺定出各运动副的相对位置。这种用规定的简化画法表示构件和运动副的工程图形称为机构运动简图。

机构运动简图所要表示的主要内容有：构件的数目；运动副的数目和类型；构件之间的联接关系；与运动变换相关的构件尺寸参数等。

一、运动副及构件的表示方法

1. 构件

构件用直线或小方块等来表示，画有斜线的构件表示机架。

2. 转动副

图 2-8 所示的是两构件组成转动副时几种情况的表示方法。其中图 2-8a 表示转动轴线垂直于纸面，轴线位置在转动副的圆圈中心；图 2-8b 表示轴线位于纸平面内；图 2-8c 表示一个构件具有多个转动副，则用直线把它们连接成多边形，并在两条线交接处涂黑，或在其内画上斜线；图 2-8d 表示同一构件上的三个转动副正好位于一直线上，则用跨越半圆符号来连接两段直线。

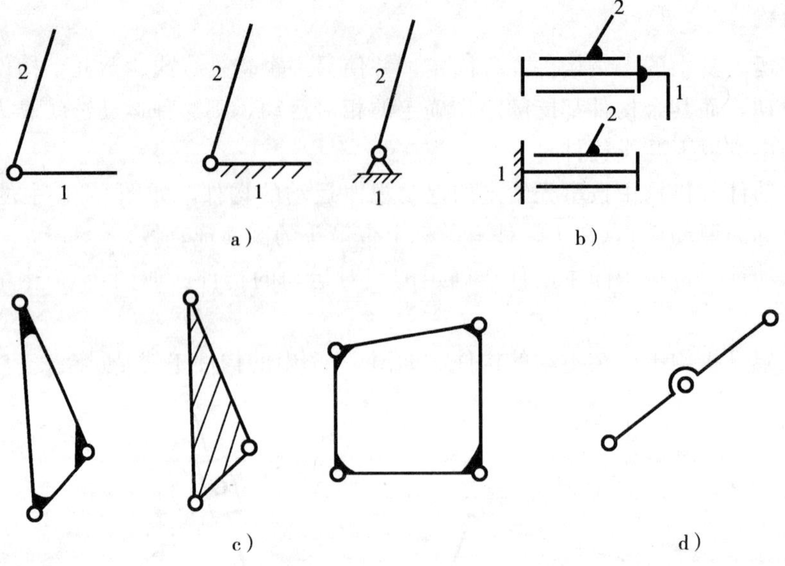

图 2-8　转动副的表示方法

3. 移动副

两构件组成移动副的表示方法如图 2-9 所示，其导路必须与相对移动方向一致。

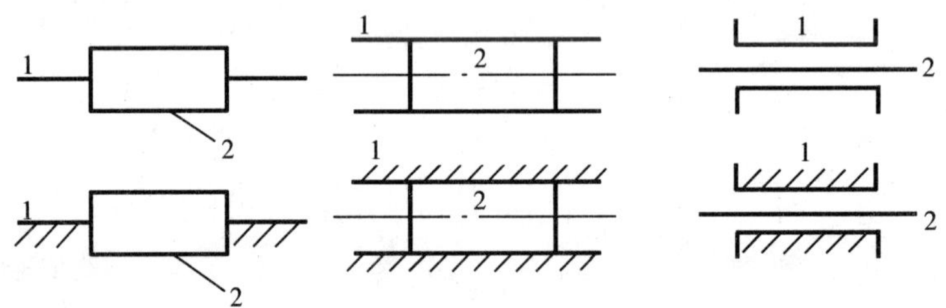

图 2-9　移动副的表示方法

4. 平面高副

两构件组成平面高副时，应画出两构件在接触处的轮廓曲线，对于凸轮、滚子，习惯上画出其全部轮廓；对于齿轮啮合，常用点划线画出其节圆，如图 2-10 所示。

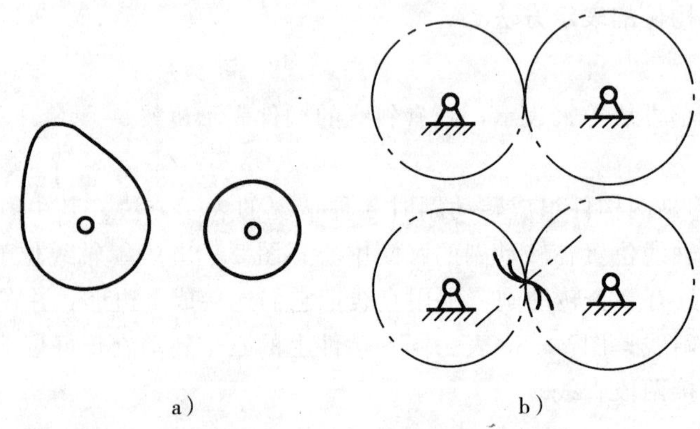

图 2-10　平面高副的表示方法

二、机构运动简图的绘制

以下通过实例来说明绘制机构运动简图的方法与步骤。

【例 2-1】 绘制图 2-11a 所示颚式破碎机主体机构运动简图。

【解】 (1) 分析机构的运动，识别机构的结构

图示的颚式破碎机中，带轮 5 和偏心轴 2 固接在一起绕轴心 A 转动，偏心轴 2 带动动颚板 3，而动颚板 3 与机架 1 之间装有肘板 4，动颚板运动时就可不断地破碎矿石。由此可知，机架 1、主动件（偏心轴）2、从动件（动颚板）3 和肘板 4 等四个构件组成四杆机构。

偏心轴 2 与机架 1 绕轴心 A 相对转动，偏心轴 2 与动颚板 3 绕轴心 B 相对转动，动颚板 3 与肘板 4 绕轴心 C 相对转动，肘板 4 与机架 1 绕轴心 D 相对转动。由此可知，整个机构有 A、B、C、D 四个转动副。

(2) 选择视图平面和适当的比例尺，绘制机构运动简图

对于平面机构，选构件运动平面为视图平面，因其已将平面机构表达清楚，故不需再选辅助视图平面。所以本例选图 2-11b 所在平面为视图平面。

根据图纸的大小、实际机构的大小和能清楚表达机构的结构为依据，选择长度比例尺

$$\mu_l=\frac{\text{构件实际长度}}{\text{构件图示长度}}\ \left(\frac{\text{m}}{\text{mm}}\right)$$

在图 2-11b 中，过机架 A、D 两点作坐标系 xAy，画转动副 A、B、C、D，各转动副间距离

$$AD=\frac{l_{AD}}{\mu_l}\text{mm},\ AB=\frac{l_{AB}}{\mu_l}\text{mm},\ CD=\frac{l_{CD}}{\mu_l}\text{mm}$$

主动件 2 与 y 轴的夹角 φ 可自行决定。

用简单线条连构件 2、3、4 及机架 1，在主动件 2 上标注带箭头的圆弧，在机架 1 上画出斜线，便得图 2-11b 所示的机构运动简图。

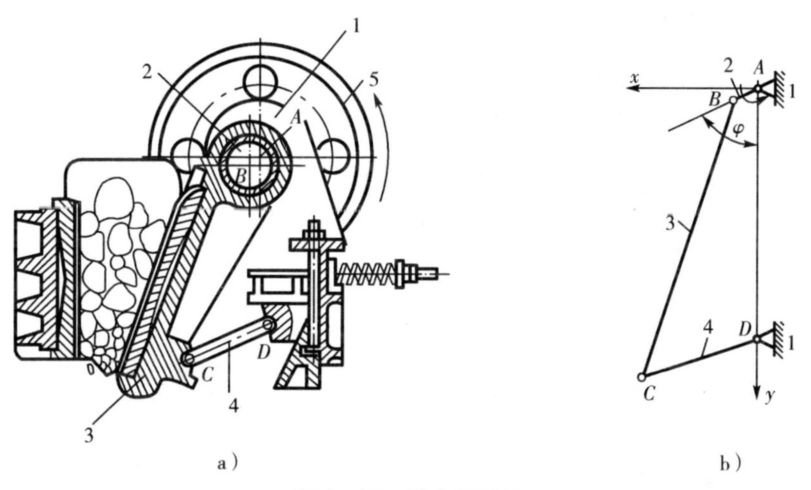

图 2-11　颚式破碎机

机构运动简图是按比例尺绘制的，因此常用于图解法中求机构上各点的轨迹、速度和加速度、力等。如果不要求用图解法分析机构的运动，仅要求定性地表达各构件间的相互关系，则可不按准确的比例尺绘制机构图形，这种机构图形称为机构示意图或机构简图。

【例 2-2】 绘制图 2-12a 所示的活塞式内燃机的机构示意图。

【解】 (1) 分析机构的运动，识别机构的结构

图示活塞式内燃机中，活塞 1 的运动通过连杆 2 推动安装在机架（气缸体）4 上的曲轴 3 转动。由此可知，该机构由曲轴 3（称为曲柄）、活塞 1（称为滑块）、连杆 2 和机架 4 等四个构件组成曲柄滑块机构。

与曲轴 3 固接在一起的齿轮 5 推动齿轮 6，使其绕机架 4 转动，故齿轮 5、6 与机架 4 等三个构件组成齿轮机构。

与齿轮 6 固接在一起的凸轮 7 推动气阀顶杆 8，使其相对机架 4 移动，故凸轮 7、顶杆 8 与机架 4 等三个构件组成凸轮机构。

由上可知，各构件之间组成的运动副如下：构件 5 与 6、构件 7 与 8 均组成高副，构件 1 与 4、构件 8 与 4 均组成移动副，构件 7 与 4、构件 2 与 1、构件 3 与 2、构件 4 与 3 均组成转动副。

(2) 选择视图平面，绘制机构示意图

选择图 2-12a 所示的各构件的运动平面为视图平面。绘制各运动副，其中齿轮 5、6 组成的高副按规定用点划线画出其一对节圆，凸轮 7、顶杆 8 组成的高副画出全部轮廓曲线。再用简单线条画各个构件，便得到机构示意图 2-12b。

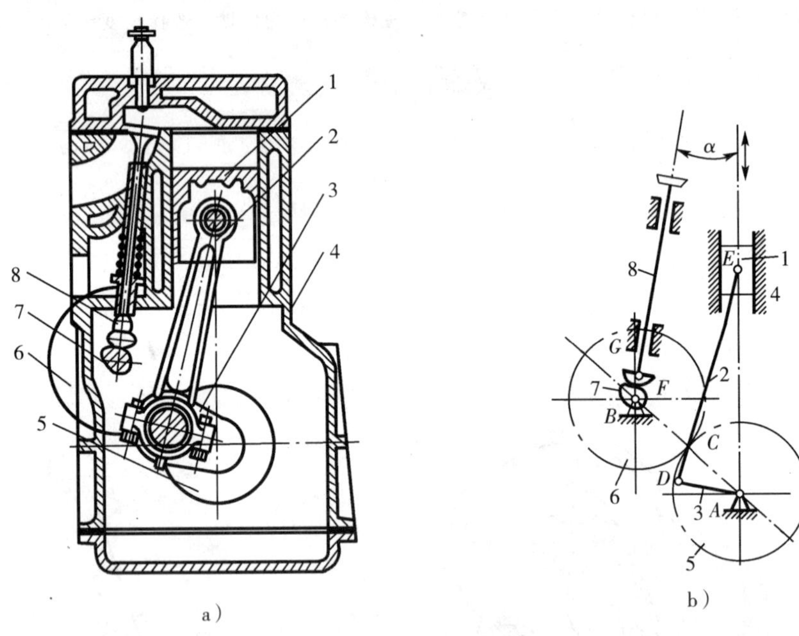

图 2-12 内燃机

第三节 平面机构的自由度

一、机构具有确定运动的条件

为了按照一定的要求进行运动的传动和变换，当机构的主动件按给定的运动规律运动时，该机构中的其余构件的运动必须具有可能性和确定性。如图 2-13 所示桁架，由 3 个构件通过 3 个转动副联接而成的系统就没有运动的可能性。又如图 2-14 所示的五杆系统，若取

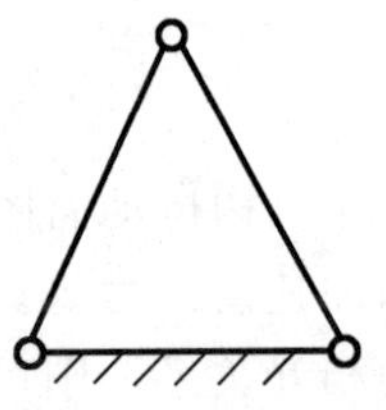

图 2-13 桁架

构件 1 作为主动件，当只给定 φ_1 时，构件 2、3、4 既可以处在实线位置，也可以处在虚线或其他位置，因此，其从动件的运动是不确定的。但如果给定构件 1、4 的位置参数 φ_1 和 φ_4，则其余构件的位置便完全确定了。

由此可见，无相对运动的构件组合或无规则乱动的运动链都不能实现预期的运动传递和变换。运动链和机构都是由构件和运动副组成的。将运动链中的一个构件固定为机架，当运动链中一个或几个主动件位置确定时，其余从动件的位置也随之确定，则称机构具有确定的相对运动。那么究竟取一个还是几个构件作主动件，这取决于机构的自由度。

机构具有确定运动时所必须给定的独立运动参数的数目，称为机构自由度，因此，当机构的主动件数等于机构自由度数时，机构就具有确定的相对运动。机构具有确定运动的条件是：由于绝大多数的机构自由度为 1，所以只要一个主动件，其运动便完全确定了。而对于机构自由度为 2 或 2 以上的机构，则必须有 2 个或 2 个以上的主动件，其运动才是确定的。当机构不满足这一条件时，若机构的主动件数小于机构自由度，则机构的运动将不确定；若主动件数大于机构自由度，则将导致机构中最薄弱的构件或运动副的损坏。

二、平面机构自由度的计算

设一个平面运动链包含 N 个构件，其中 1 个构件为机架，则有 $n=N-1$ 个活动构件，另外设有 P_L 个低副和 P_H 个高副。由于 1 个活动构件有 3 个自由度，1 个低副引进 2 个约束，1 个高副引进 1 个约束，因此，该机构的自由度 F 应为

$$F=3n-2P_L-P_H \tag{2-1}$$

用式（2-1）计算图 2-13 所示运动链的自由度，则为 $F=3\times2-2\times3=0$，这表明该运动链是不能产生相对运动的刚性桁架，可以把它看成是一个构件。

计算图 2-14 所示运动链的自由度，则 $F=3\times4-2\times5=2$，因此，它需要 2 个主动件才具有确定的相对运动。

计算图 2-15 所示机构自由度，$F=3\times3-2\times4=1$，亦即只需要 1 个主动件机构便有确定的相对运动。

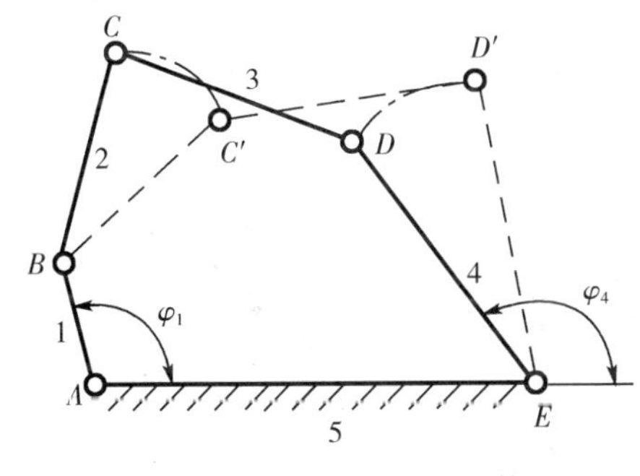

图 2-14　五杆铰链机构

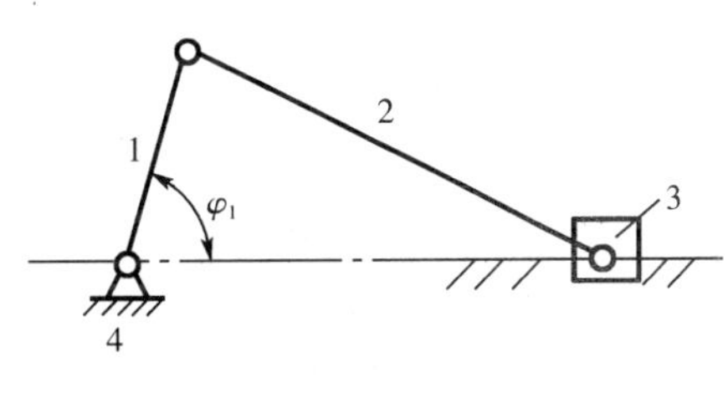

图 2-15　曲柄滑块机构

三、计算机构自由度的注意事项

应用式（2-1）计算机构自由度时，必须注意以下几个问题。

1. 复合铰链

两个以上的构件在同一处以转动副相联接，组成复合铰链。如图 2-16a 所示，构件 1、2、3 在同一处构成转动副，而从左视图（图 2-16b）可见，此 3 个构件共构成 2 个转动副。同理，若有 m 个构件在同一处形成复合铰链，其构成的转动副的数目应等于 $(m-1)$ 个。

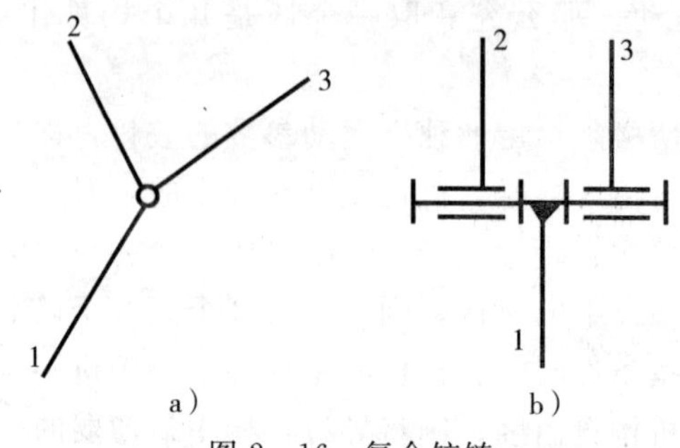

图 2-16　复合铰链

【例 2-3】　计算图 2-17 所示机构的自由度。

【解】　此机构 B、C、D、E 四处都是由三个构件组成的复合铰链，各具有 2 个转动副，所以对于这个机构可得 $n=7$，$P_L=10$，$P_H=0$，由式（2-1）得

$$F=3\times7-2\times10-0=1$$

2. 局部自由度

机构中某些构件所产生的局部运动，并不影响其他构件的运动，把这些构件所产生的这种局部运动的自由度称为局部自由度。如图 2-18a 所示的凸轮机构中，滚子绕本身轴线的转动不影响其他构件的运动，该转动的自由度即为局部自由度。计算时先把滚子看成与从动件连成一体，消除局部自由度，如图 2-18b 所示，即滚子不单独算为一个构件，其转动副也不考虑。该机构自由度为

$$F=3\times2-2\times2-1=1$$

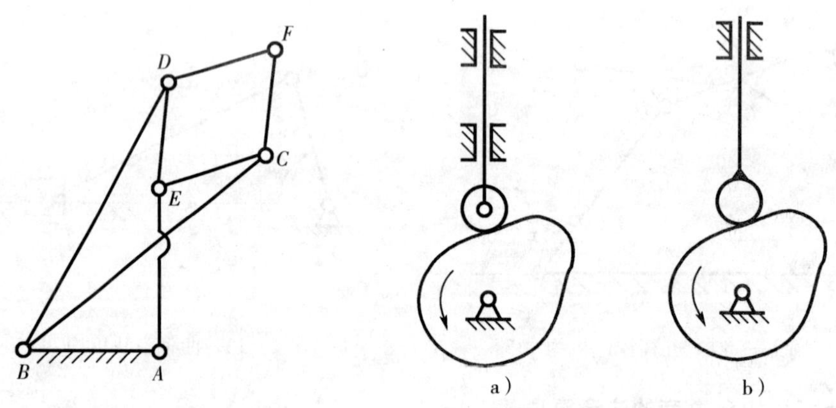

图 2-17　含有复合铰链的构件

图 2-18　局部自由度

3. 虚约束

对运动不起独立限制作用的约束称为虚约束。在计算自由度时应先除去虚约束。

虚约束常在下列情况下发生：

(1) 如果两相联接的构件在联接点上的运动轨迹相重合，则该运动副引入的约束为虚约束。如图 2-19b 所示。由于 EF 平行等于 AB 及 CD，杆 5 上 E 点的轨迹与杆 3 上 E 点的轨迹重合，因此，EF 杆带进了虚约束，计算时先将其简化成图 2-19a。但如果不满足上述几何条件，则 EF 杆带进的为有效约束，如图 2-19c 所示，此时该机构的自由度 F 等于 0。

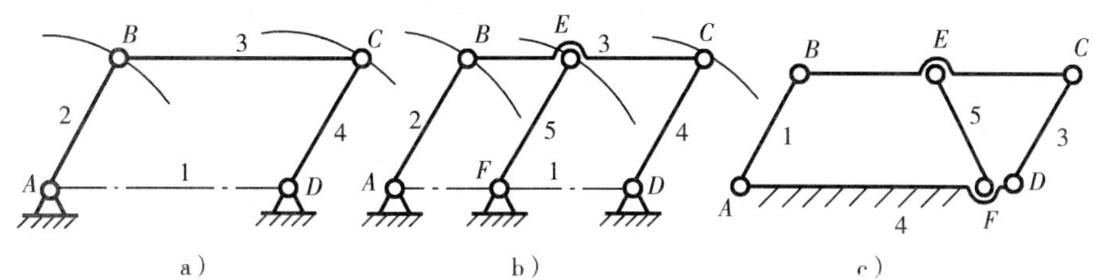

图 2-19 运动轨迹重合引入虚约束

(2) 机构运动时，如果两构件上两点间的距离始终保持不变，将此两点用构件和运动副联接，则会带进虚约束。

如图 2-20 所示的机构，其中 AB 平行且等于 CD、AE 平行且等于 DF，由此几何关系可知，构件 1 上的动点 E 和构件 3 上的动点 F 之间的距离始终保持不变，若用构件 5（图中虚线所示）与 E、F 两点联接成转动副，则由此引起的约束也是只起重复约束作用，故也是虚约束。采用这种结构，可使机构在从动件 3 与机架 4 共线的瞬时，转向确定。

(3) 如果两个构件组成多个移动方向一致的移动副（如图 2-21 所示），或两个构件组成多个轴线重合的转动副（如图 2-22 所示）时，只需考虑其中一处的约束，其余各处带进的约束均为虚约束。

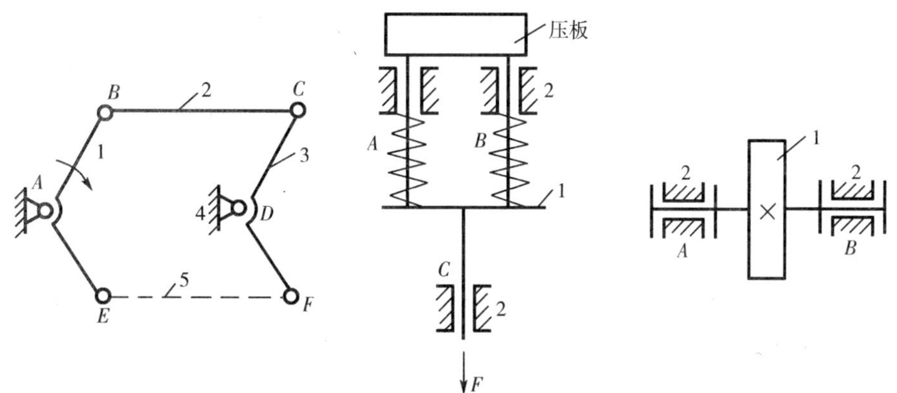

图 2-20 两点间距离不变引入的虚约束　　图 2-21 移动方向一致引入的虚约束　　图 2-22 轴线重合引入的虚约束

(4) 机构中对运动不起作用的对称部分引入的约束为虚约束。如图 2-23 所示的差动齿轮系，只需要一个齿轮 2 便可传递运动。为了提高承载能力并使机构受力均匀，图中采用了 3 个行星轮对称布置。这里每增加一个行星轮（包括两个高副和一个低副）便引进一个虚约束。

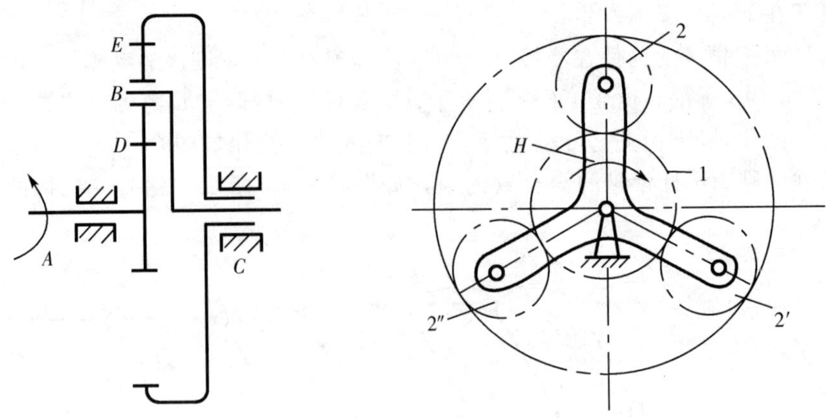

图 2-23　差动轮系

虚约束虽不影响机构的运动，但能增加机构的刚性，改善其受力状况，因而被广泛采用。但是虚约束对机构的几何条件要求较高，因此，对机构的加工和装配精度提出了较高的要求。

【例 2-4】　试计算图 2-24 所示大筛机构的自由度。

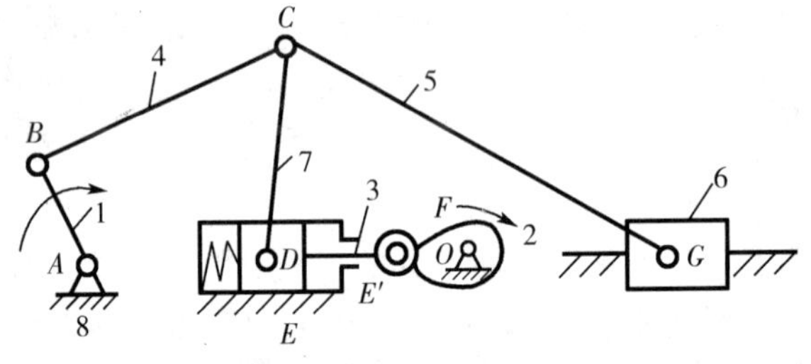

图 2-24　大筛机构

【解】　图中滚子具有局部自由度。E 和 E' 为两构件组成的导路平行的移动副，其中之一为虚约束。C 处为复合铰链。在计算机构自由度时，将滚子 F 与构件 3 看成是连接在一起的整体，即消除局部自由度，再去掉移动副 E、E' 中的任一个虚约束，则可得该机构的活动构件数 $n=7$，低副数 $P_L=9$，高副数 $P_H=1$，按式(2—1)得

$$F=3n-2P_L-P_H=3\times7-2\times9-1\times1=2$$

此机构应当有两个主动件。

思考与练习

2-1　何谓运动副及运动副元素?

2-2　机构运动简图有何用处? 它能表示原机构哪些方面的情况? 如何绘制机构运动简图?

2-3　机构具有确定运动的条件是什么?

2-4　在计算机构自由度时应注意哪些事项?

2-5　计算图示各机构的自由度，并说明欲使其具有确定运动，需要有几个主动件。

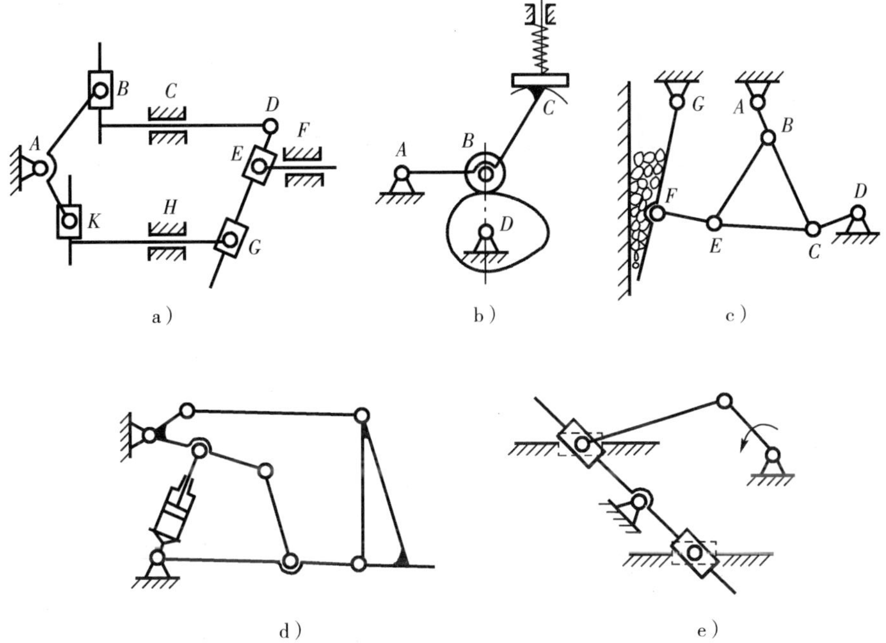

题 2－5 图

2－6　绘制图示各机构的运动简图，并计算其自由度。

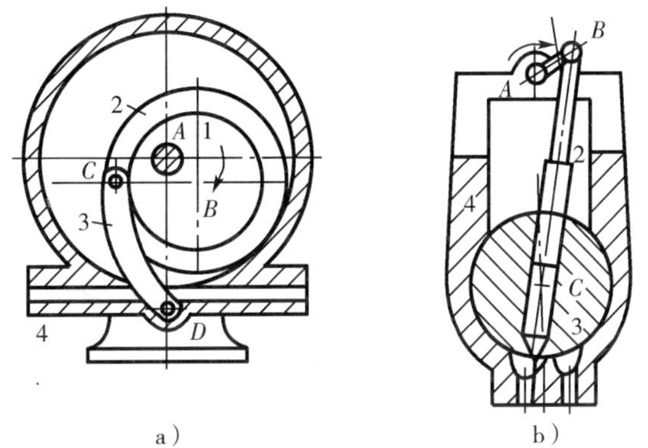

题 2－6 图

2－7　试判断图示各机构是否具有确定的运动，如运动不确定，提出修改方案。

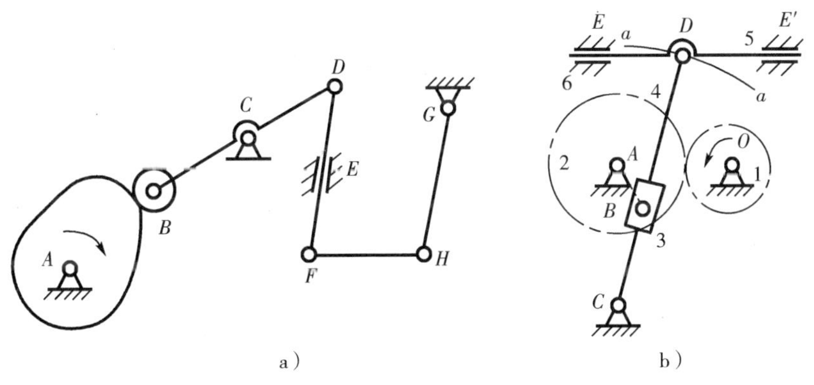

题 2－7 图

第三章 平面连杆机构

第一节 概 述

平面连杆机构是由若干个构件通过低副联接而成的机构，又称为平面低副机构。由四个构件通过低副联接而成的平面连杆机构，则称为平面四杆机构。它是平面连杆机构中最常见的形式，也是组成平面多杆机构的基础。本章主要介绍平面机构的类型及有关连杆机构的基本知识及其设计方法。

在平面四杆机构中，如果所有的低副都是转动副，这种四杆机构则称为铰链四杆机构。它是平面四杆机构最基本的形式，其他形式的四杆机构都可看作是在它的基础上演化而成的。

平面连杆机构广泛应用于各种机构和仪表中，其主要优点有：(1) 平面连杆机构中的运动副都是低副，组成运动副的两构件之间为面接触，故在传递同样载荷的条件下，两元素间的压强较小，且便于润滑，因而两元素的磨损较轻；(2) 低副两元素的几何形状简单(圆柱面或平面)，便于加工制造；(3) 两构件之间的接触是靠本身的几何约束来保持的，所以构件工作可靠；(4) 在主动件以同样的运动规律运动的条件下，如果改变各构件的相对长度，便可使从动件满足不同运动规律的要求；(5) 利用平面连杆机构中的连杆可满足多种运动轨迹的要求。平面连杆机构的主要缺点有：(1) 根据从动件所需要的运动规律或轨迹来设计连杆机构比较复杂，而且精度不高；(2) 机构中作平面复杂运动和往复运动的构件所产生的惯性力难以平衡，所以不适用于高速的场合；(3) 机构中具有较长的运动链(即较多的构件和运动副)，各构件的尺寸误差和运动副的间隙将使机构存在较大的累积误差，造成运动规律的偏差增加，同时也会使机械效率降低。

第二节 平面四杆机构的基本型式及其演化

一、四杆机构的基本型式

铰链四杆机构是平面四杆机构的基本型式，见图 3-1。其中 AD 为机架，与机架相连的 AB 杆和 CD 杆称为连架杆，不与机架相连的 BC 杆称为连杆。一般情况下连杆作复杂的平面运动。能作整周回转运动的连架杆称为曲柄，只能在一定角度内

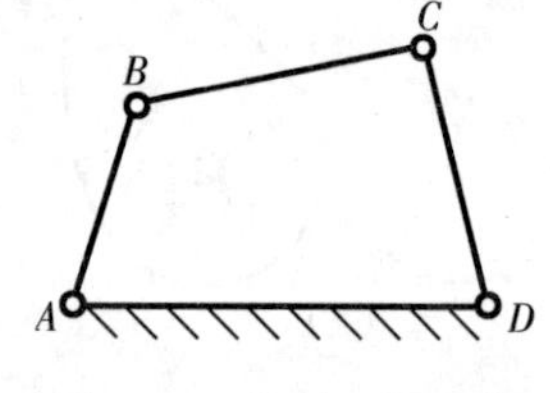

图 3-1 铰链四杆机构

摆动的连架杆称为摇杆。

根据铰链四杆机构有无曲柄，可将其分为三类。

1．曲柄摇杆机构

两连架杆中一个为曲柄，另一个为摇杆的四杆机构，称为曲柄摇杆机构。搅拌机（图3－2）及缝纫机脚踏驱动机构(图3－3)均为曲柄摇杆机构。

2．双曲柄机构

两连架杆均为曲柄的四杆机构称为双曲柄机构。图3－4所示的惯性筛及图3－5所示的机车车轮联动机构都为双曲柄机构。惯性筛机构中，主动曲柄 AB 等速回转一周时，从动曲柄 CD 将以变速回转一周，使筛子 EF 获得较大的加速度，被筛的材料将因惯性而被筛选。

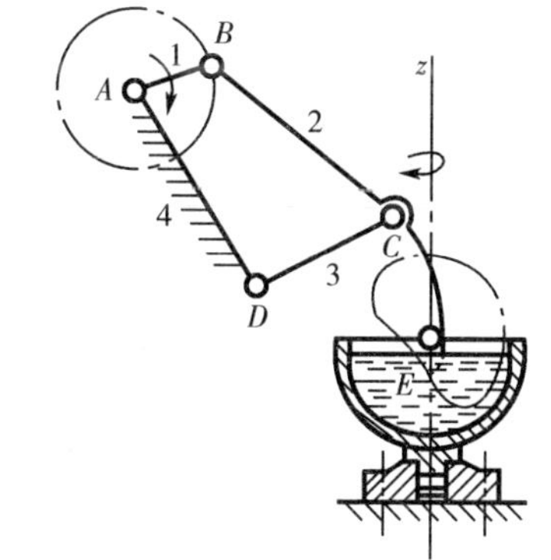

图3－2 搅拌机

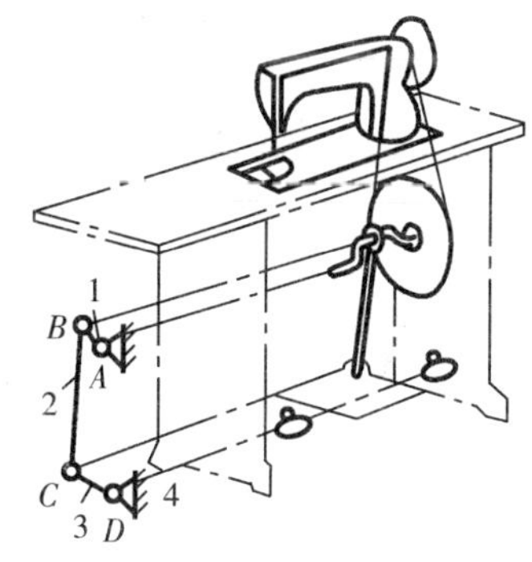

图3－3 缝纫机

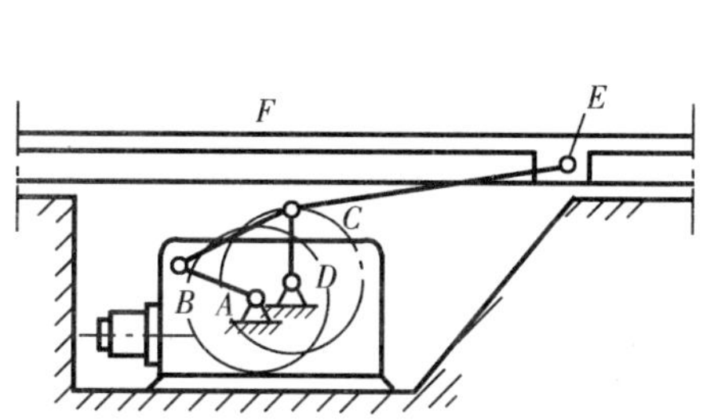

图3－4 惯性筛机构

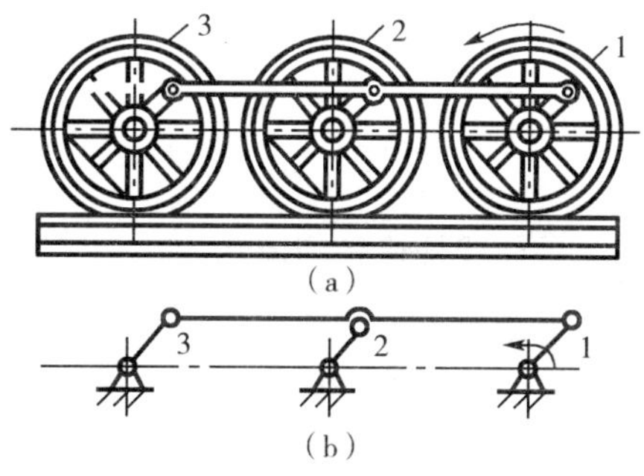

图3－5 机车联动机构

在双曲柄机构中，若连杆与机架的长度相等，两个曲柄的长度也相等，且作同向转动，则该机构称为平行四边形机构。该机构的运动特点是：两个曲柄在任何位置，总是保持平行，故两曲柄的角速度始终相等；连杆在运动过程中始终作平移运行。机车车轮联动机构便是一个平行四边形机构的应用实例，该机构应用平行四边

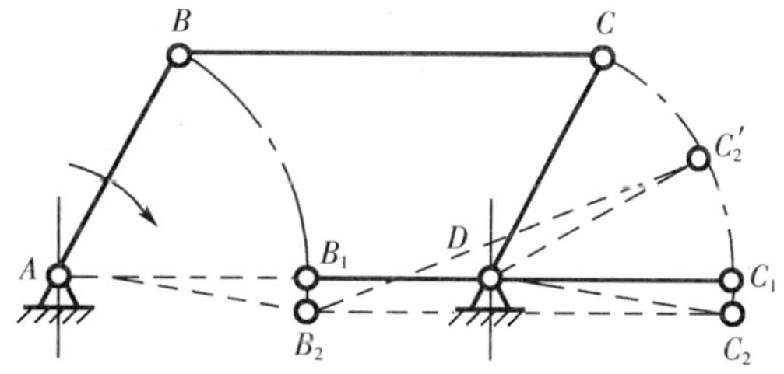

图3－6 运动的不确定性

形机构的前一个运动特点，使被联动的各车轮与主动轮 1 具有完全相同的速度，其内含有一个虚约束，以防止在曲柄与机架共线时运动不确定（如图 3－6 所示，当共线时，B 点转到 B_1 点，而 C 点位置可能转到 C_2 或 C'_2 位置）。

3. 双摇杆机构

两连架杆均为摇杆的四杆机构称为双摇杆机构。图 3－7 所示的鹤式起重机及图 3－8 所示的电风扇摇头机构均为双摇杆机构。

在起重机中，当摇杆 CD 摆动时，连杆 BC 延长部分上的 M 点悬挂的重物作近似水平直线运动，使重物避免不必要的升降而消耗能量。电风扇摇头机构中，电动机安装在摇杆 4 上，铰链 A 处装有一个与连杆 1 固接在一起的蜗轮。电动机转动时，电动机轴上的蜗杆带动蜗轮迫使连杆 1 绕 A 点作整周转动，从而使连架 2 和 4 作往复摆动，达到风扇摇头的目的。

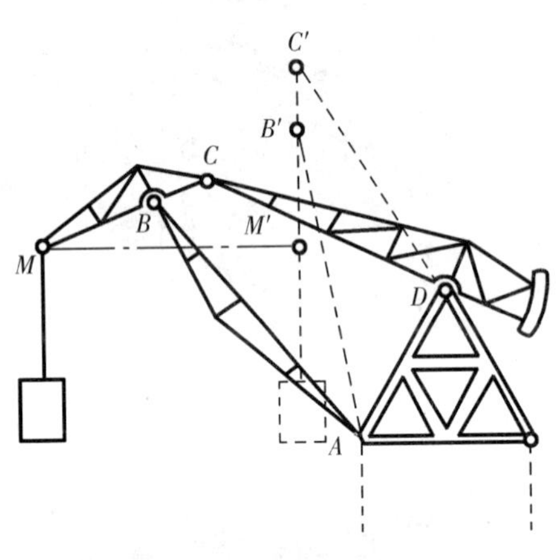

图 3－7　鹤式起重机

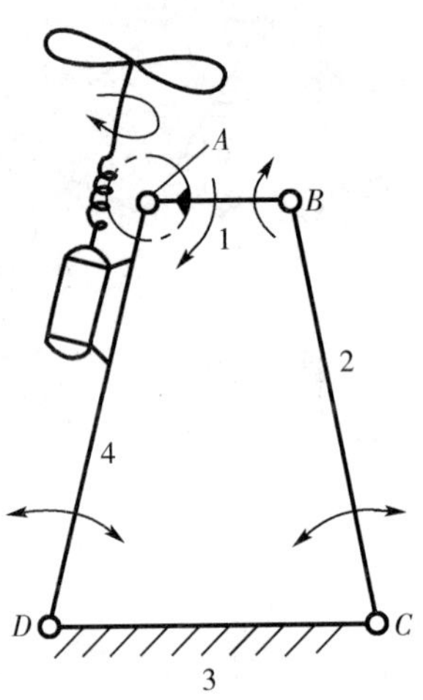

图 3－8　电风扇摇头机构

二、平面四杆机构的演化

除了上述三种型式的铰链四杆机构之外，在实际中还广泛应用着各种其他型式的四杆机构。这些型式的四杆机构，可看作是通过某些方法，由铰链四杆机构演化而来的。四杆机构的演化不仅是为了满足运动方面的要求，还往往是为了改善受力状况及满足结构设计上的需要等。各种演化机构的外形和构造各不相同，但它们具有相同的运动特性或具有一定的内在联系。揭示各平面四杆机构间的内在联系，可为其分析和设计提供很大的方便。下面举例介绍平面四杆机构的演化方法。

1. 转动副转换成移动副

图 3－9a 所示的曲柄摇杆中，杆 1 为曲柄，杆 3 为摇杆。现将杆 4 做成环形槽，槽的中心在 D 点，而将杆 3 做成弧形滑块，与环形槽相配合，如图 3－9b 所示。由于杆 3 仅在环形槽的一部分中运动，因此可将环形槽的多余部分除去，如图 3－9c 所示。图 3－9a、b、c 所示的机构中，尽管转动副 D 的形状发生了变化，但其相对运动性质并未改变。如果再将环形槽的半径增加到无穷大，转动副 D 的中心移到无穷远处，则环形槽变成了直槽，而转动副变成了移动副（如图 3－9d 所示），于是机构演化成偏置曲柄滑块机构。图

中 e 为曲柄中心 A 到直槽中心线的垂直距离，称为偏距。当 $e \neq 0$ 时，称为偏置曲柄滑块机构；当 $e=0$ 时，称为对心曲柄滑块机构（如图 3－10a 所示）。因此，可以认为曲柄滑块机构是从曲柄摇杆机构演化而来的。

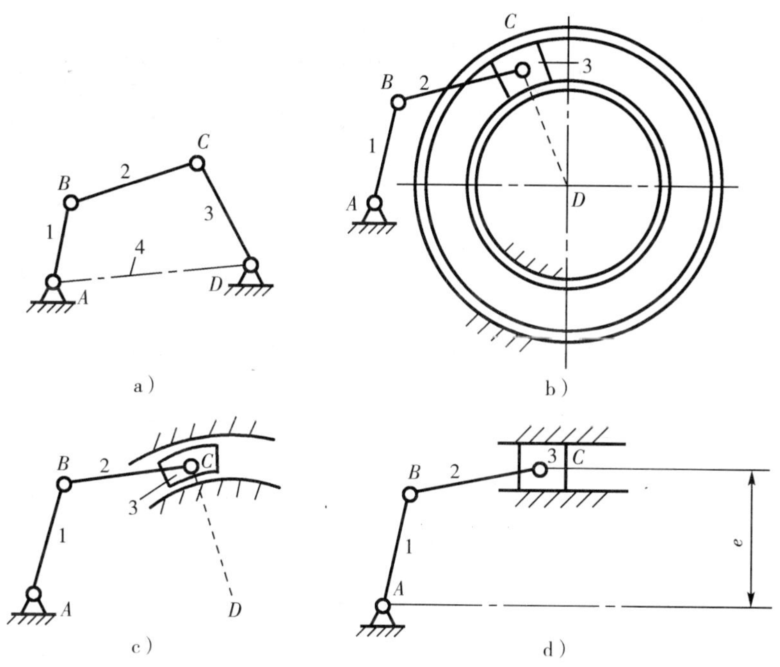

图 3－9 曲柄摇杆机构的演化

在图 3－10a 所示的曲柄滑块机构中，由于铰链 B 相对于铰链 C 的运动轨迹为圆弧，若将连杆 2 做成滑块形式，使其沿滑块 3 的环形槽绕 C 点转动（如图 3－10b 所示），此时各构件间相对运动性质都未改变。再将转动副 C 的中心移至无穷远处，环形槽变成直槽，则上述的曲柄滑块机构已演化成具有两个滑块的四杆机构，称为曲柄移动导杆机构（如图 3－10c 所示）。

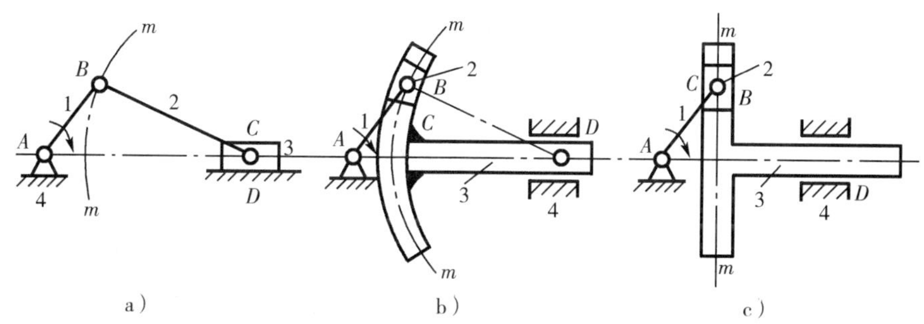

图 3－10 曲柄滑块机构的演化

通过改变构件的形状和运动尺寸还可以演化出一些其他型式的四杆机构。

2. 扩大转动副

在图 3－11a 所示的曲柄滑块机构中，若曲柄 1 的长度很短，在曲柄两端做成两个转动副将造成加工和装配的困难，还会影响构件的强度。为此通常将曲柄做成一个几何中心

B 与回转中心 A 不相重合的圆盘，此圆盘称为偏心轮，AB 之间的距离称为偏心距，显然它等于曲柄长度。这种机构称为偏心轮机构，如图 3－11b 所示。

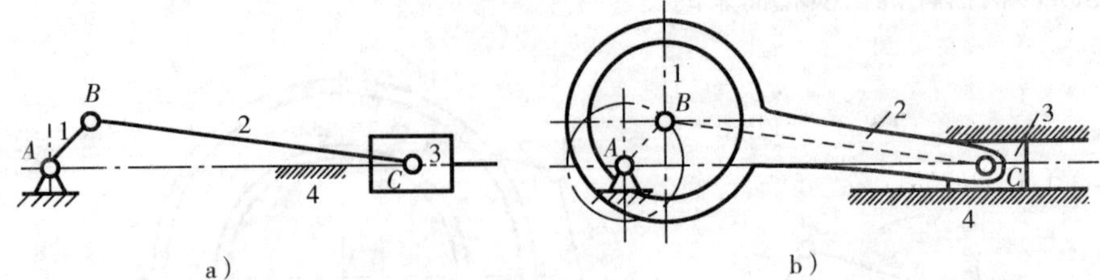

图 3－11　扩大转动副

3. 取不同构件为机架

（1）图 3－12a 所示的曲柄摇杆机构中，杆 1 为曲柄，α 和 β 可达 360°，而 θ 和 δ 均小于 360°。若以杆 4 或杆 2 为机架，可得到曲柄摇杆机构（图 3－12a、c 所示）；若以杆 1 为机架，可得双曲柄机构（图 3－12b 所示）；若以杆 3 为机架，可得双摇杆机构（图 3－12d 所示）。

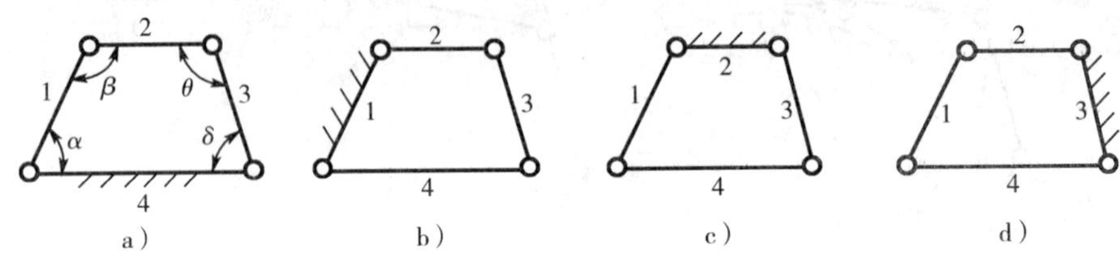

图 3－12　选取不同的构件为机架

（2）同样，对于曲柄滑块机构，选取不同的构件作为机架可以得到不同型式的机构。如图 3－13a 所示的曲柄滑块机构中，若以杆 1 为机架（如图 3－13b），则构件 2 和 4 都可以分别绕固定铰链 B 和 A 作整周转动。一般将与滑块组成移动副的杆状活动构件称为导杆，如图 3－13b 中的杆 4，因此该机构称为转动导杆机构。图 3－14 所示的小型刨床是它的应用实例。

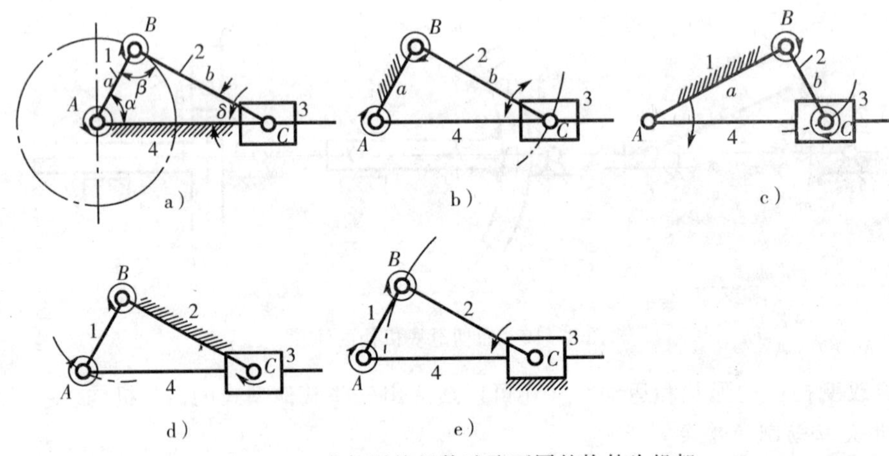

图 3－13　曲柄滑块机构选取不同的构件为机架

在图 3 - 13b 所示的机构中，若改变杆 1 和杆 2 的长度 a 和 b，使 $a>b$，如图 3 - 13c 所示，则导杆 4 只能绕转动副 A 相对于机架 1 作往复摆动，故该机构称为摆动导杆机构。图 3 - 15 所示牛头刨床中的主运动机构是它的应用实例。

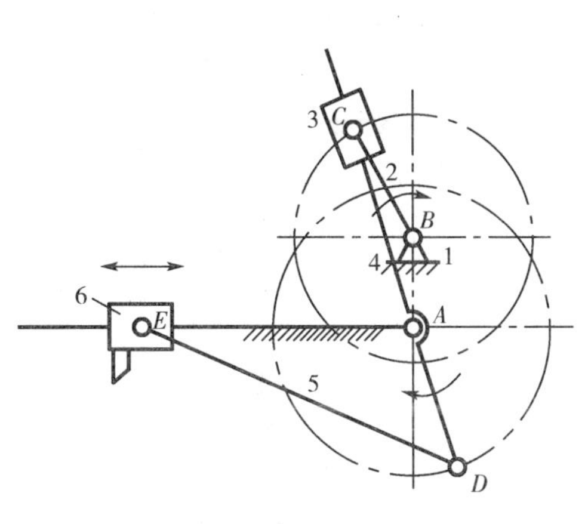

图 3 - 14　小型刨床

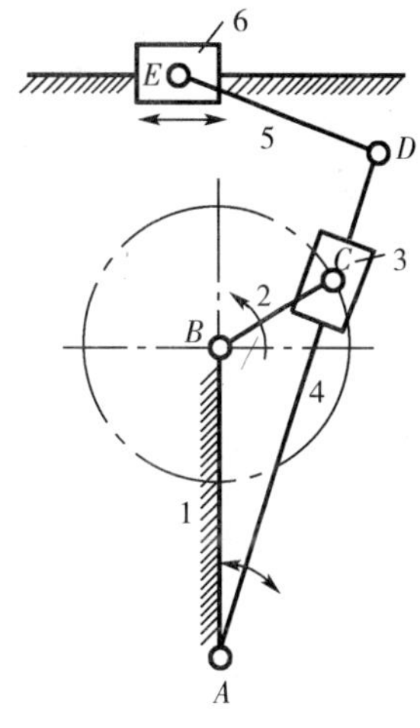

图 3 - 15　牛头刨床

若将图 3 - 13a 中的杆 2 作为机架，则杆 1 变为绕固定铰链 B 转动的曲柄，而滑块 3 成为绕固定铰链 C 往复摆动的摇块，如图 3 - 13d 所示，该机构称为曲柄摇块机构。图 3 - 16所示的汽车自动卸料机构是它的应用实例。

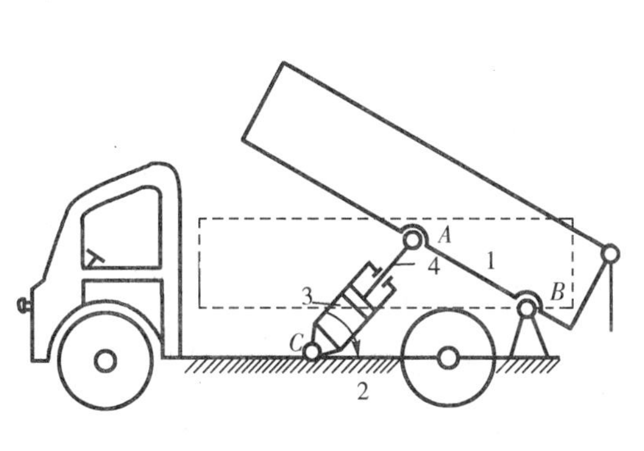

图 3 - 16　汽车自动卸料机构

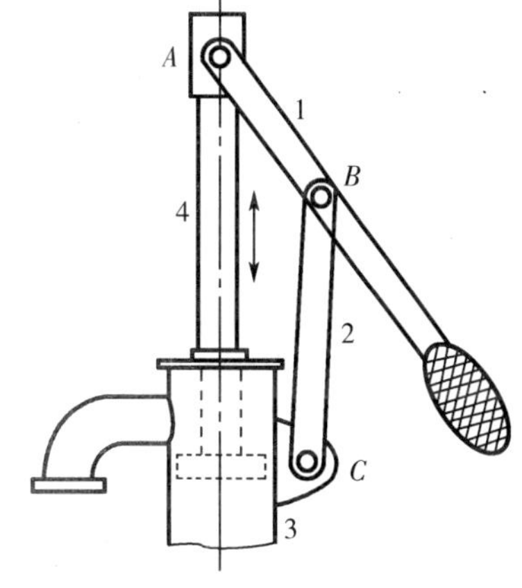

图 3 - 17　手动唧筒

若将图 3 - 13a 中的滑块 3 作为机架，如图 3 - 13e 所示，则使导杆 4 在固定滑块 3 中移动，该机构称为移动导杆机构。图 3 - 17 所示的手动唧筒是它的应用实例。

（3）图 3 - 18a 所示的曲柄滑块机构中，若将曲柄长度增至无穷大，即杆 1 与杆 4 之间的转动副 A 移至无穷远处而转化为移动副，则该机构便演化为具有两个移动副的双滑块机构，如图 3 - 18b 所示。对于双滑块机构，取不同构件为机架，便可得二种不同型式的四杆机构。图 3 - 19a 为曲柄移动导杆机构（正弦机构），图 3 - 20a 为双转块机构，图 3 - 21a 为双滑块机构。图 3 - 19b 所示的缝纫机针杆机构，图 3 - 20b 所示的十字滑块联轴器，图 3 - 21b 所示的椭圆仪分别是它们的应用实例。

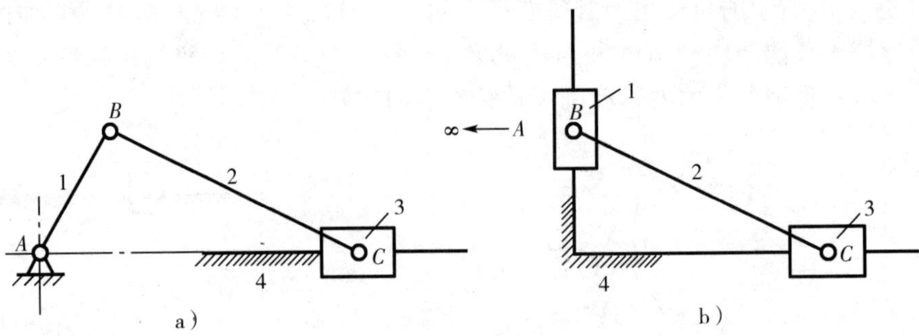

图 3-18 曲柄滑块机构的演化

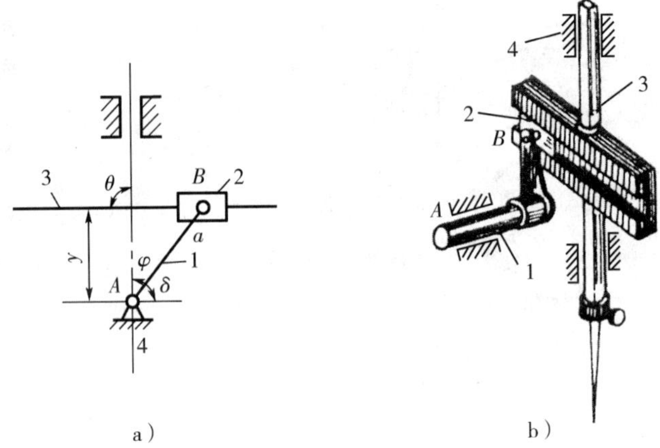

图 3-19 曲柄移动导杆机构

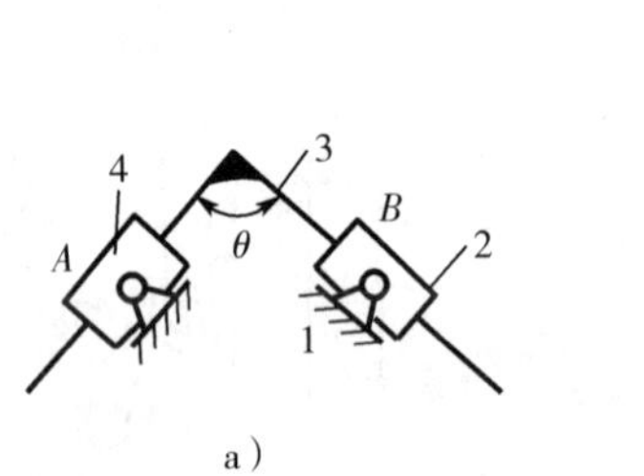

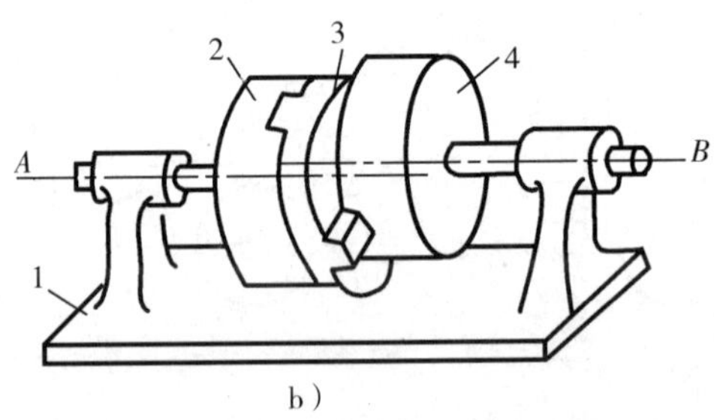

图 3-20 双转块机构

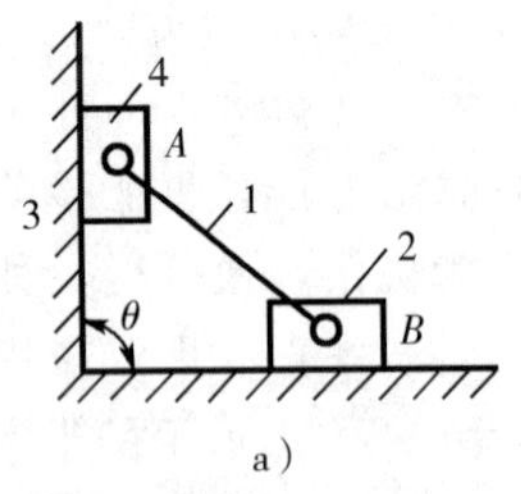

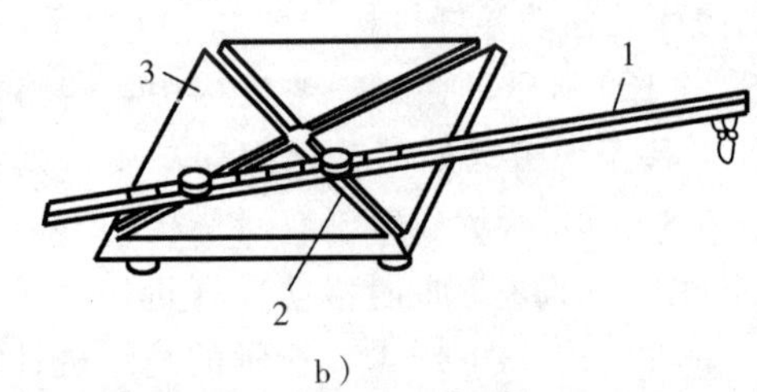

图 3-21 双滑块机构

第三节　平面四杆机构的基本特性

平面连杆机构的工作特性包括运动特性和传力特性两个方面。运动特性包括曲柄存在条件、从动件的急回特性。传力特性包括压力角、传动角和机构的死点等。

一、曲柄存在条件

铰链四杆机构三种基本型式的区别在于机构中是否存在曲柄，以及有几个曲柄。下面分析机构有曲柄的条件。

设图 3-22a 所示的铰链四杆机构 $ABCD$ 各杆的长度分别用 a、b、c、d 表示。现假设构件 1 为曲柄，则在其回转一周的过程中，杆 1 与杆 4 一定可实现拉直共线和重叠共线两个特殊位置，即构成三角形 BCD（如图 3-22b、c 所示）。由三角形的边长关系可得

在图 3-22b 中　　$a+d<b+c$

在图 3-22c 中　　$d-a+b>c$　即 $a+c<b+d$

$d-a+c>b$　即 $a+b<c+d$

当运动过程中四构件出现如图 3-23 所示的共线情况时，上述不等式就变成了等式。因此，以上三个不等式可改写为

$$a+d\leqslant b+c$$

$$a+c\leqslant b+d$$

$$a+d\leqslant c+d$$

将以上三式的任意两式相加可得

$$\begin{aligned} a&\leqslant b\\ a&\leqslant c\\ a&\leqslant d \end{aligned} \tag{3-1}$$

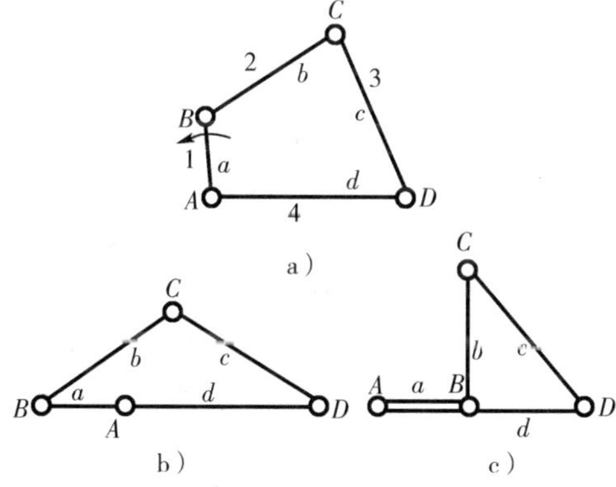

图 3-22　铰链四杆机构的运动过程

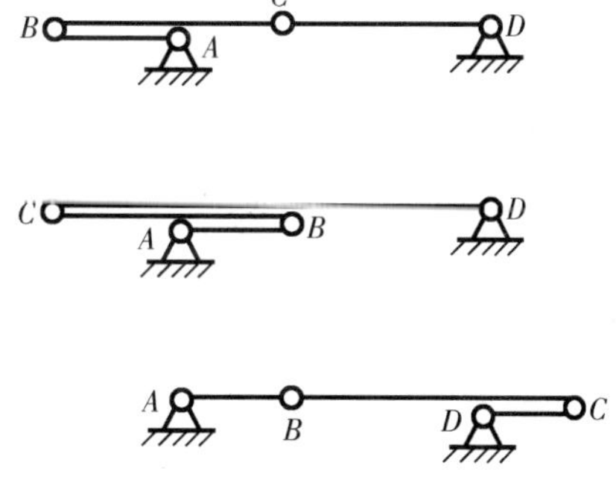

图 3-23　运动中可能出现的四构件共线情况

由式（3－1）可知，构件 AB 为最短杆，BC、CD、AD 杆中必有一个最长杆。由此可推出铰链四杆机构存在曲柄的条件为：

（1）最短杆与最长杆的长度之和小于或等于其余两杆长度之和；此条件通常称为杆长条件。

（2）最短杆为连架杆或机架。

根据有曲柄的条件，再结合取不同构件为机架的四杆机构演化型式可知：

（1）当满足杆长条件时：①最短杆为机架时得到双曲柄机构；②当最短杆的相邻杆为机架时得到曲柄摇杆机构；③最短杆的对面杆为机架时得到双摇杆机构。

（2）当不满足杆长条件时，不论固定哪个构件为机架，都无曲柄存在，只能得到双摇杆机构。

二、急回特性

图 3－24 所示的曲柄摇杆机构中，当曲柄 AB 为主动件作等速回转时，摇杆 CD 为从动件并作往复变速摆动。曲柄 AB 在转动一周过程中，有两次与连杆 BC 共线，这时摇杆 CD 分别位于两极限位置 C_1D 和 C_2D。机构在这两个极限位置时，主动件曲柄所夹的锐角 θ 称为极位夹角。摇杆 C_1D 和 C_2D 之间的夹角称为从动件的摆角。

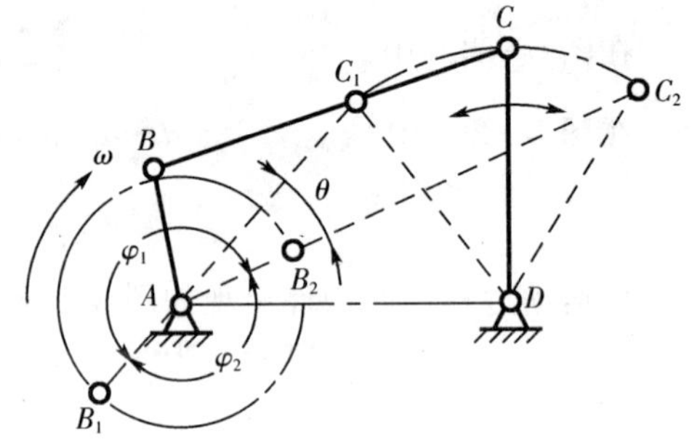

图 3－24　曲柄摇杆机构的极位夹角

曲柄顺时针从 AB_1 转到 AB_2 时，转过的角度为 $\varphi_1=180°+\theta$，摇杆由 C_1D 转到 C_2D，所需时间为 t_1，C 点的平均速度为 v_1。曲柄继续顺时针从 AB_2 转到 AB_1 时，转过的角度为 $\varphi_2=180°-\theta$，摇杆由 C_2D 转回到 C_1D，所需时间为 t_2，C 点的平均速度为 v_2。由于摇杆往复摆动的摆角虽然相同，但相应的曲柄转角不等，即 $\varphi_1>\varphi_2$，而曲柄又是作等速转动的，所以 $t_1>t_2$，$v_2>v_1$，说明当曲柄等速转动时，摇杆来回摆动的速度不同，返回时的速度较大。机构的这种性质，称为机构的急回特性，通常用行程速度变化系数 K 来表示这种特性，即

$$K=\frac{\text{从动件回程平均速度}}{\text{从动件工作行程平均速度}}=\frac{v_2}{v_1}=\frac{\overset{\frown}{C_1C_2}/t_2}{\overset{\frown}{C_1C_2}/t_1}=\frac{t_1}{t_2}=\frac{\varphi_1}{\varphi_2}=\frac{180°+\theta}{180°-\theta} \tag{3-2}$$

由上式可见，θ 愈大，K 也愈大，表示急回特性愈显著，一般 $1<K<2$。当 $\theta=0$ 时，$K=1$，则 $\varphi_1=\varphi_2$，$v_1=v_2$，表示机构无急回特性。

偏置曲柄滑块机构（图 3－25）和摆动导杆机构（图 3－26）具有急回特性。根据几何关系，摆动导杆机构的极位夹角 θ 与导杆的摆角 ψ 相等，导杆的摆角一般比较大，因此导杆机构常用于要求急回特性较显著的机器上，如牛头刨床的主运动机构。

式（3－2）还可改写成

$$\theta=180°\frac{K-1}{K+1} \tag{3-3}$$

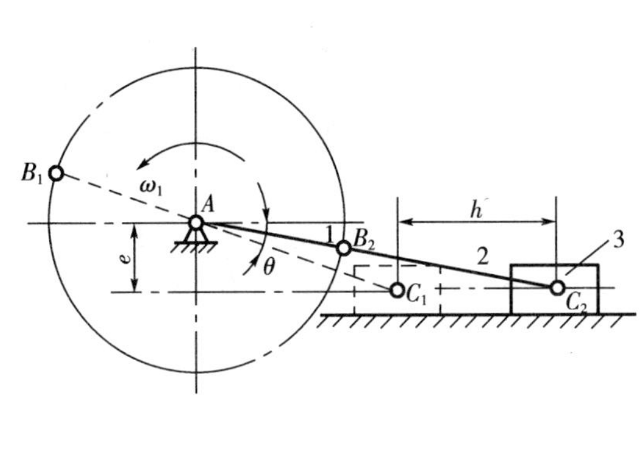

图 3-25　偏置曲柄滑块机构

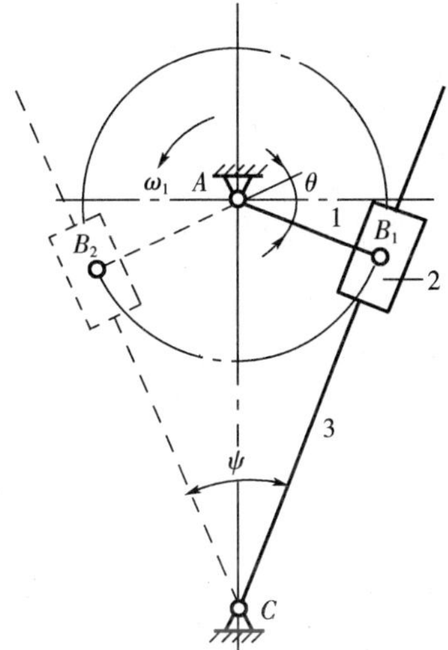

图 3-26　导杆机构

三、压力角和传动角

各种机构均有压力角问题。压力角的大小表示一个机构传力性能的好坏。

图 3-27 所示的曲柄摇杆机构中，曲柄 AB 为主动件，摇杆 CD 为从动件。如果不考虑构件的重力和运动副中的摩擦力，则连杆 BC 是二力杆，因此通过连杆作用在从动件 CD 上的力 F 应沿 BC 方向。将力 F 分解成两个分力 F_t 和 F_n

$$\left.\begin{aligned}F_t&=F\cos\alpha=F\sin\gamma\\F_n&=F\sin\alpha=F\cos\gamma\end{aligned}\right\}\qquad(3-4)$$

分力 F_t 是使从动件转动的有效分力，F_n 则会在转动副 D 中产生附加径向压力和摩擦阻力，为有害分力。由式(3-4)可知，α 角越小，则 F_n 越小，而 F_t 越大。α 称为压力角，压力角 α 是指机构从动件上某点（C 点）的受力方向(F)与该点运动速度方向（v_c）之间所夹的锐角。压力角 α 的余角 γ 称为传动角。因此传动角 γ 越大，压力角 α 越小，机构传力性能越好。

机构在运转过程中，压力角 α 是不断变化的。由于 γ 角便于观察和测量（由图可见，连杆 BC 与从动件 CD 间所夹锐角 δ 也等于 γ），所以工程上常以 γ 角来衡量连杆机构的传力性能。为了保证机构传动角不致过小，设计时一般应使 $\gamma_{min}\geqslant[\gamma]$。许用传动角$[\gamma]$一般取为 40°或 50°。

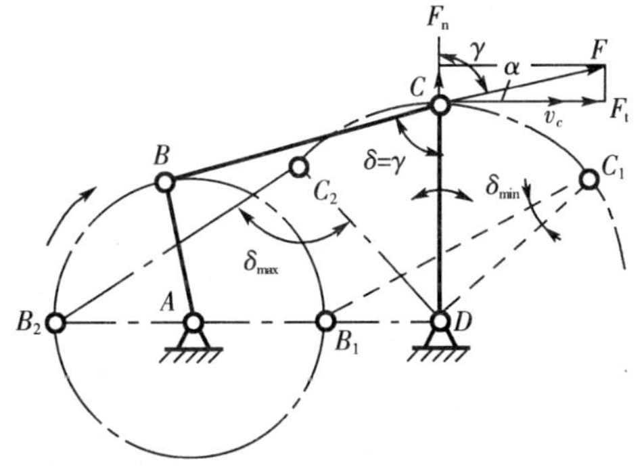

图 3-27　压力角和传动角

铰链四杆机构中，其最小传动角出现的位置可由下述方法求得。如图 3-27 所示，当连杆与从动件的夹角 δ 为锐角时，则 $\gamma=\delta$；若 δ 为钝角时，则 $\gamma=180°-\delta$。因此，这两种情况下分别出现 δ_{min} 及 δ_{max} 的位置即为可能出现 γ_{min} 的位置。又由图可知，在$\triangle BCD$ 中，BC 和 CD 为定长，BD 随 δ 而变化，即 δ 变大，则 BD 变长；δ 变小，则 BD 变短。因此：

当 $\delta=\delta_{max}$ 时，$BD=BD_{max}$；

当 $\delta=\delta_{min}$ 时，$BD=BD_{min}$。

对于图 3-27 所示的机构，$BD_{max}=AD+AB_2$，$BD_{min}=AD-AB_1$，即此机构在曲柄与机架共线的两位置处出现最小传动角。比较此两位置 γ 角的大小，取其中较小的一个。

对于曲柄滑块机构，当主动件为曲柄时，最小传动角出现在曲柄与机架垂直位置，如图 3-28 所示。

对于图 3-29 的导杆机构，由于在任何位置时，主动曲柄通过滑块传给从动导杆的作用力方向始终与从动导杆上受力点的速度方向一致，所以传动角恒为 90°。

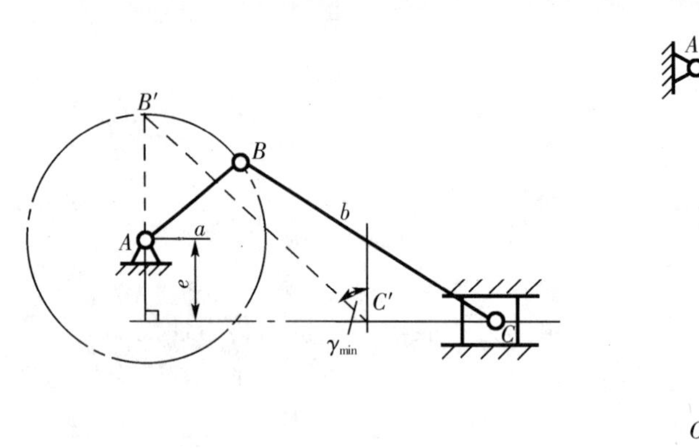

图 3-28　曲柄滑块机构的最小传动角

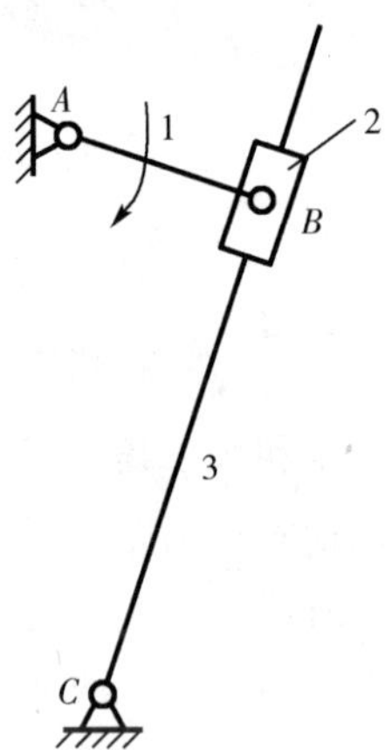

图 3-29　导杆机构

四、死点

图 3-30 所示的曲柄摇杆机构中，当摇杆 CD 为主动件，在其两极限位置 C_1D 和 C_2D 时，连杆 BC 传给从动件曲柄 AB 的作用力 F，通过曲柄的转动中心 A，此时传动角 $\gamma=0°$，这时不论连杆对曲柄的作用力多大，都不能使从动件 AB 转动，机构的这种位置（图中虚线所示位置）称为死点。四杆机构中是否存在死点，取决于从动件是否与连杆共线。

对于曲柄摇杆机构和曲柄滑块机构，当曲柄为主动件时，显然不存在死点位置；只有当摇杆或滑块为主动件，曲柄为从动件时才存在死点位置（如图 3-31 所示）。

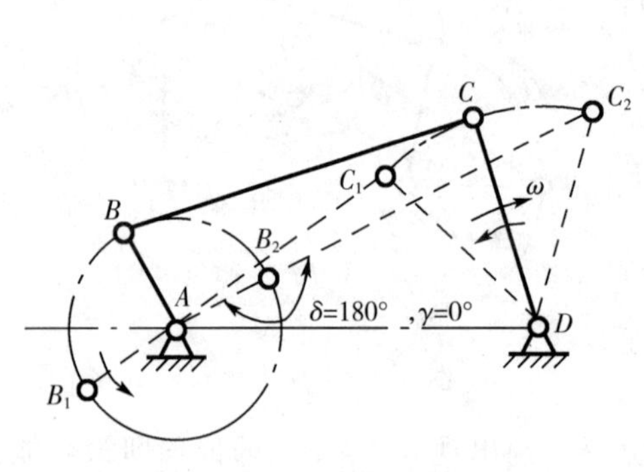

图 3-30　死点的位置

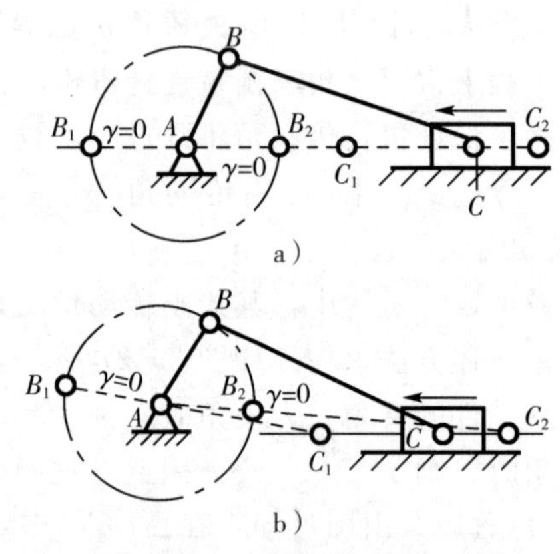

图 3-31　死点的位置

工程上常借用飞轮使机构渡过死点。如图 3－3 所示的缝纫机曲柄与大带轮为同一构件，利用带轮的惯性使机构渡过死点。还可利用机构错位排列的方法渡过死点，如图 3－32所示机车车轮联动机构，采用两组以上的机构组合起来，当一个机构处于死点位置时，可借助另一个机构来通过死点。

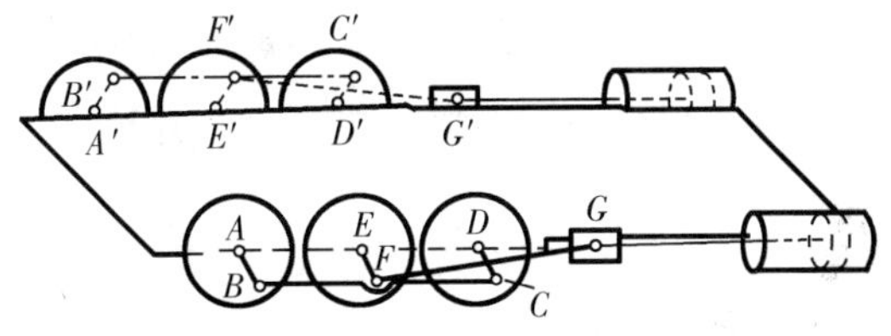

图 3－32　车轮联动机构

工程上也常常利用死点来实现一定的工作要求。如图 3－33 所示的飞机起落架机构，当机轮放下时，*BC* 杆和 *CD* 杆共线，机构处于死点位置，虽然地面对机轮（主动件）的力可能很大，但起落架 *CD* 杆不会转动，使降落可靠。图 3－34 所示的工件夹紧机构，当工件夹紧后 *BCD* 成一条直线，即使工件反力很大，也可保证在加工时工件不会松脱，使夹紧牢固可靠。

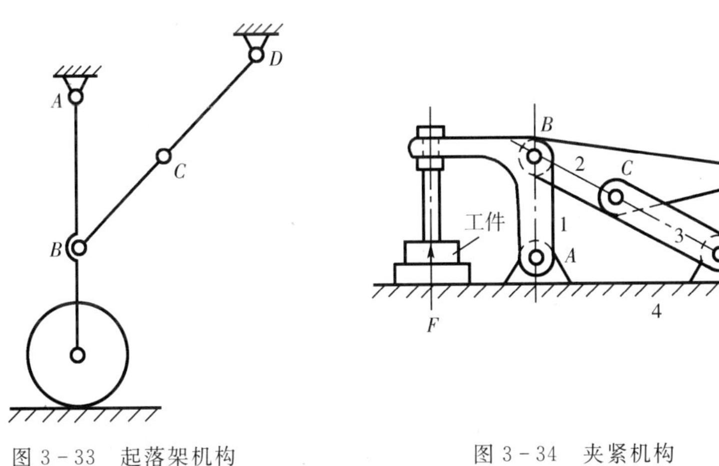

图 3－33　起落架机构

图 3－34　夹紧机构

第四节　平面四杆机构的设计

平面四杆机构的设计是指根据所要求的运动条件和几何条件来确定机构各构件的尺寸参数。一般可归纳为两类基本问题。

（1）实现给定的运动规律。例如要求满足给定的行程速度变化系数，以实现预期的急回特性；实现连杆的几组给定位置；实现两连架杆的几组对应位置等。

（2）实现给定的运动轨迹。例如要求连杆上某点能沿着给定的轨迹运动等。

设计四杆机构时，除了上述两类基本问题以外，常常还需要满足一些附加要求，如几何条件、传力条件（$\gamma_{min} \geqslant [\gamma]$）等。

平面四杆机构设计方法有图解法、解析法和实验法。

一、图解法设计平面四杆机构

图解法具有几何关系清晰、简单易行的优点，但精确度稍差。图解法的基本思路有两种：

一是求圆心法。用此法可求出固定铰链中心的位置。做活动铰链各位置点连线的中垂线，其交点即为所求的固定铰链位置。

二是刚化反转法。用此法可求出活动铰链中心的位置。

下面根据不同的设计要求分别介绍。

1. 按给定连杆位置设计四杆机构

如图 3-35 所示，已知连杆长度 BC 以及它所处的三个位置 B_1C_1、B_2C_2、B_3C_3。要求设计该铰链四杆机构。

铰链四杆机构中连杆的运动虽然较复杂，但连杆上两个活动铰链 B 和 C 的运动却较简单，它们分别是以机架上两个固定铰链中心 A 和 D 为圆心，以两连架杆长度为半径的圆弧运动。

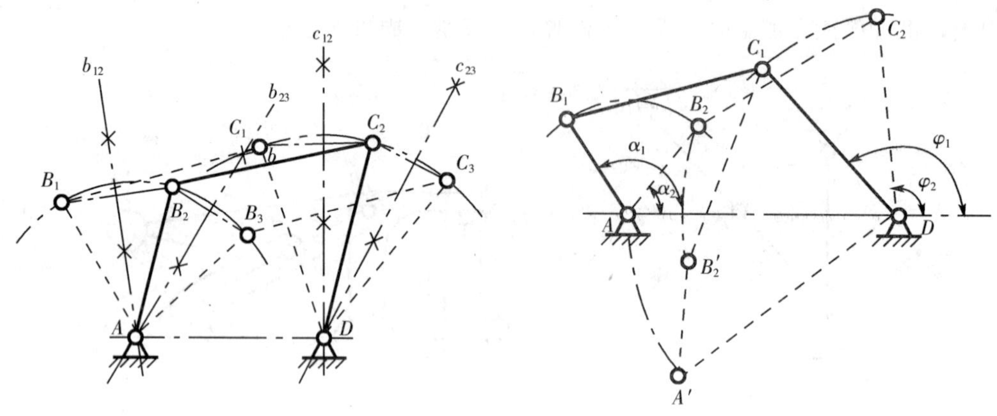

图 3-35　铰链四杆机构的设计　　　　图 3-36　刚化反转法

采用求圆心法，就可求出固定铰链的圆心 $A(D)$。据此，分别作 B_1、B_2 和 B_2、B_3 连线的垂直平分线 b_{12}、b_{23}，其交点就是固定铰链中心 A；同理，作 C_1、C_2 和 C_2、C_3 连线的垂直平分线 C_{12}、C_{23}，其交点就是固定铰链中心 D。连接 AB_2、C_2D 就是所求的铰链四杆机构。

2. 按给定两连架杆的对应位置设计四杆机构

设已知机架 AD 长度及连架杆 AB、CD 的两组对应位置 α_1、φ_1 和 α_2、φ_2，试设计该铰链四杆机构。

此问题的关键是求活动铰链中心 C 的位置，如图 3-36 所示。采用刚化反转法将第二位置上各构件组成的四边形 AB_2C_2D 视为刚体，将此刚体绕 D 点反转（$\varphi_1-\varphi_2$）角，使 C_2D 与 C_1D 重合，则 AB_2 转到 $A'B'_2$ 的位置。此时可以认为，经过刚化反转后，机构已转化成了以 CD 为机架，以 AB 为连杆的机构。因此 AB_1 和 $A'B'_2$ 就是转化后“连杆”的两个给定位置，故问题转化为按连杆的两位置设计四杆机构。

现举例加以说明。如图 3-37 所示，已知四杆机构中连架杆 AB 和机架 AD 的长度，连架杆 AB 和另一连架杆上标线 ED 的三组对应位置 φ_1、ψ_1；φ_2、ψ_2；φ_3、ψ_3，要求设计该铰链四杆机构。设计步骤如下（如图 3-37b）：

（1）选取适当的长度比例尺 μ_l，按给定的条件画出两连架杆的三组对应位置，并连接 DB_2、E_2B_2，DB_3、E_3B_3 得两三角形 B_2E_2D 和 B_3E_3D。

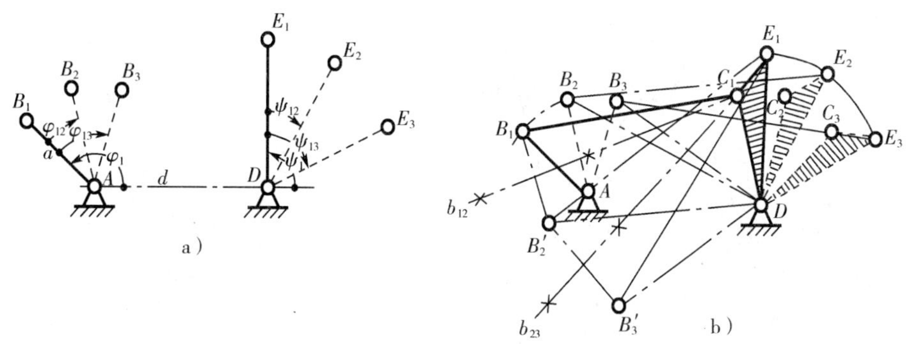

图 3－37　按给定两连架杆的对应位置设计四杆机构

（2）根据反转法，作三角形 B'_2E_1D 和 B'_3E_1D，使$\triangle B'_2E_1D \cong \triangle B_2E_2D$，$\triangle B'_3E_1D \cong \triangle B_3E_3D$，得到点 B'_2 和 B'_3。

（3）作 $B_1B'_2$ 和 $B'_2B'_3$ 连线的垂直平分线 b_{12} 和 b_{23}，该两直线交于 C_1 点，C_1 点便是连杆 BC 与连架杆 CD 的活动铰链中心 C。连接 AB_1C_1D 即为要设计的铰链四杆机构。

（4）由图量出$\overline{B_1C_1}$和$\overline{C_1D}$，则连杆 BC 和连架杆 CD 的长度为

$$l_{BC}=\mu_l \cdot \overline{B_1C_1} \qquad l_{CD}=\mu_l \cdot \overline{C_1D}$$

3. 按给定行程速度变化系数 K 设计四杆机构

已知行程速度变化系数设计四杆机构时，可利用机构在极限位置时的几何关系，再结合其他辅助条件来进行设计。

（1）曲柄摇杆机构

设已知摇杆 CD 的长度 c，摆角 ψ 及行程速度变化系数 K，设计该曲柄摇杆机构。

该设计的关键是确定固定铰链 A 的位置。设计步骤如下：

① 按式（3－21）计算极位夹角 θ

$$\theta=180^\circ\frac{K-1}{K+1}$$

② 选取适当的长度比例尺 μ_l，按 $CD=c/\mu_l$ 和摆角 ψ 作出摇杆的两个极限位置 C_1D 和 C_2D，如图 3－38 所示。

③ 连接 C_1C_2，作$\angle C_1C_2O=\angle C_2C_1O=90^\circ-\theta$，得到 C_1O 与 C_2O 的交点 O。以 O 为圆心，OC_1 为半径作圆 η，C_1C_2 所对的圆心角$\angle C_1OC_2=2\theta$。

④ 在圆 η 上，C_1C_2 所对的圆周角为 θ，因此在圆周上适当选取 A 点，使$\angle C_1AC_2=\theta$，则 AC_1 和 AC_2 即为曲柄与连杆共线的两个位置。设曲柄长度为 a，连杆长度为 b，则 $\mu_l \cdot AC_1=b-a$，$\mu_l \cdot AC_2=b+a$，故有：

曲柄长度　　$a=\frac{\mu_l}{2}(AC_2-AC_1)$

连杆长度　　$b=\frac{\mu_l}{2}(AC_2+AC_1)$

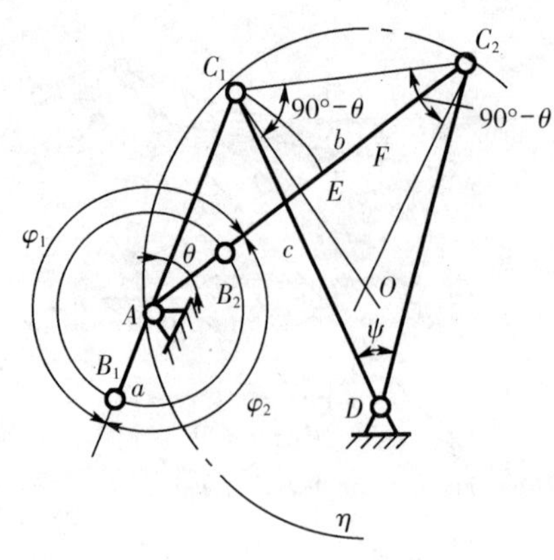

图 3-38 按给定速度变化系数设计曲柄摇杆机构

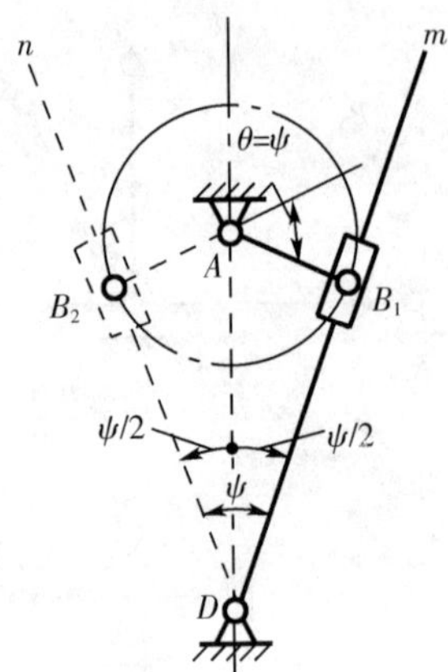

图 3-39 按给定速度变化系数设计导杆机构

（2）导杆机构

已知摆动导杆机构的机架长度 d，行程速度变化系数 K，试设计该机构。

因为导杆机构的极位夹角与导杆的摆角 ψ 相等，设计此机构需要确定的几何尺寸仅有曲柄的长度 a。

① 由 K 计算极位夹角 θ；

② 取长度比例尺 μ_l，作 $AD=\dfrac{d}{\mu_l}$，

③ 作$\angle ADn=\angle ADm=\dfrac{\theta}{2}=\dfrac{\psi}{2}$，作 AB_1（或 AB_2）垂直 Dm（或 Dn），则 AB 就是曲柄，其长度 $a=\mu_l\cdot AB_1$，如图 3-39 所示。

二、解析法设计平面四杆机构

用解析法设计四杆机构的优点是精确程度较高，但比较抽象，直观性较差，求解过程比较繁琐，但随着计算机的应用，解析法的应用日益广泛。

下面以铰链四杆机构为例，对按给定两连架杆的对应位置采用解析法设计加以介绍。

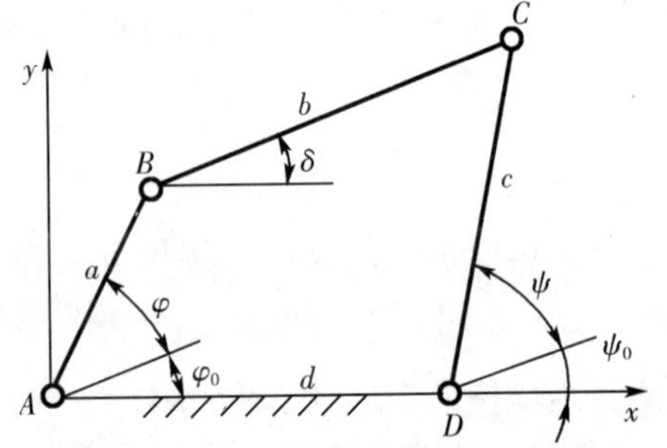

图 3-40 解析法设计平面四杆机构

设已知两连架杆 AB 和 CD 的三组对应位置 φ_1、ψ_1；φ_2、ψ_2；φ_3、ψ_3，要求确定各构件的长度 a、b、c、d。

求解时，首先建立坐标系 xAy，并将各构件分别用矢量 $\vec{a}$、$\vec{b}$、$\vec{c}$、$\vec{d}$ 表示，如图 3-40 所示，将各矢量分别向 x 轴和 y 轴投影得

$$\left.\begin{aligned}a\cos(\varphi+\varphi_0)+b\cos\delta&=d+c\cos(\psi+\psi_0)\\a\sin(\varphi+\varphi_0)+b\sin\delta&=c\sin(\psi+\psi_0)\end{aligned}\right\}\tag{a}$$

式中 φ_0、ψ_0 分别为构件 AB 和 CD 的初始角，δ 为连杆 BC 相对 x 轴的转角，δ 角是与本设计无关的变量，应消去，为此将上式移项得

$$\left.\begin{aligned}b\cos\delta &= d+c\cos(\psi+\psi_0)-a\cos(\varphi+\varphi_0)\\ b\sin\delta &= c\sin(\psi+\psi_0)-a\sin(\varphi+\varphi_0)\end{aligned}\right\}$$

将上式等号两边平方后相加并整理得

$$\begin{aligned}&a^2+c^2+d^2-b^2-2ad\cos(\varphi+\varphi_0)+2cd\cos(\psi+\psi_0)\\ &=2ac\cos[(\varphi+\varphi_0)-(\psi+\psi_0)]\end{aligned} \tag{b}$$

令

$$\left.\begin{aligned}R_1&=\frac{a^2+c^2+d^2-b^2}{2ac}\\ R_2&=-\frac{d}{c}\\ R_3&=\frac{d}{a}\end{aligned}\right\} \tag{3-5}$$

则式（b）可写为

$$R_1+R_2\cos(\varphi+\varphi_0)+R_3\cos(\psi+\psi_0)=\cos[(\varphi+\varphi_0)-(\psi+\psi_0)] \tag{3-6}$$

若 $\varphi_0=0,\psi_0=0$，则式(3-6)改为

$$R_1+R_2\cos\varphi+R_3\cos\psi=\cos(\varphi-\psi) \tag{3-7}$$

将三组对应位置的值代入式（3-7），则得由三个方程构成的线性方程组

$$\begin{cases}R_1+R_2\cos\varphi_1+R_3\cos\psi_1=\cos(\varphi_1-\psi_1)\\ R_1+R_2\cos\varphi_2+R_3\cos\psi_2=\cos(\varphi_2-\psi_2)\\ R_1+R_2\cos\varphi_3+R_3\cos\psi_3=\cos(\varphi_3-\psi_3)\end{cases}$$

联立求解此方程组，可求出 R_1、R_2、R_3，然后根据具体情况选定曲柄长度 a 后，即可确定出 b、c、d。

若将 φ_0、ψ_0 作为待定参数，则由式（3-5）、式（3-6）可设计出满足两连架杆 5 组对应位置的铰链四杆机构。

三、实验法设计四杆机构

四杆机构运动时，连杆作平面复杂运动，对其上任一点都能描绘出一条封闭曲线，这种曲线称为连杆曲线。连杆曲线的形状随点在连杆上的位置和各构件的相对长度不同而不同。为了方便设计，常借用已汇编成册的连杆曲线图谱。设计时，可从图谱中查出形状与给定运动轨迹相似的连杆曲线，以及描绘该连杆曲线的四杆机构中各杆的长度，再用缩放仪求出图谱曲线与所需轨迹曲线的缩放倍数，即可求得四杆机构的真实尺寸。图 3-41 为连杆曲线图谱。

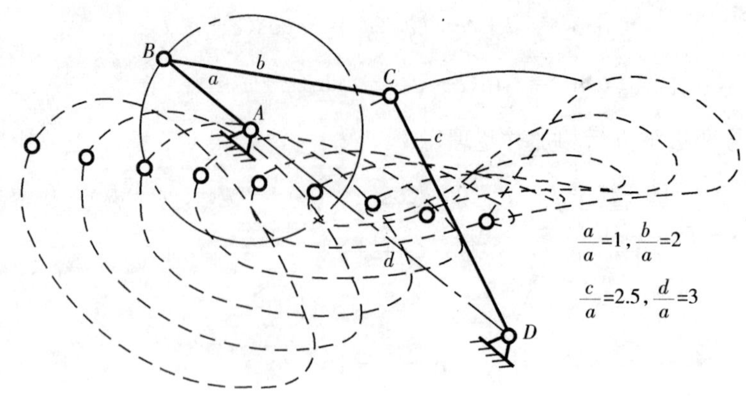

图 3-41　连杆曲线图谱

思考与练习

3-1　为什么说铰链四杆机构是平面四杆机构的最基本型式？它有哪些基本特性？如何由曲柄摇杆机构演化成其他型式的四杆机构？

3-2　什么是连杆机构的压力角、传动角、急回特性、极位夹角、行程速度变化系数？

3-3　平面四杆机构最小传动角出现在什么位置？应会画各种四杆机构的压力角、传力角，会找出最小传动角的位置。

3-4　极位夹角与行程速度变化系数有何关系？

3-5　铰链四杆机构的曲柄存在条件是什么？曲柄是否一定是最短杆？

3-6　何谓连杆机构的死点？在死点位置时，无论驱动力如何增加也不能使机构产生运动，这与机构自锁现象是否相同？

3-7　已知一铰链四杆机构各构件的长度 $l_{AB}=25$mm，$l_{BC}=55$mm，$l_{CD}=40$mm，$l_{AD}=50$mm 试问：

(1) 该机构是否有曲柄，如有请指出是哪个构件。

(2) 该机构是否有摇杆，如有请指出是哪个构件。

(3) 以 AB 杆为主动件时，该机构有无急回特性？计算行程速度变化系数 K。

(4) 以 AB 杆为主动件时，确定机构的 α_{max} 和 γ_{min}。

3-8　一铰链四杆机构中，已知 $l_{BC}=500$mm，$l_{CD}=350$mm，$l_{AD}=300$mm，AD 为机架。试问：

(1) 若此机构为曲柄摇杆机构，且 AB 为曲柄，求 l_{AB}的最大值。

(2) 若此机构为双曲柄机构，求 l_{AB}的最小值。

(3) 若此机构为双摇杆机构，求 l_{AB}的取值范围。

3-9　偏置曲柄滑块的机构中，设曲柄长度 $a=120$mm，连杆长度 $b=600$mm，偏距 $e=120$mm，曲柄为主动件，试求：

(1) 行程速度变化系数 K 和滑块的行程 h。

(2) 检验最小传动角 γ_{min}，$[\gamma]=40°$。

(3) 若 a 与 b 不变，$e=0$ 时，求此机构的行程速度变化系数 k。

3-10　设计一曲柄摇杆机构，已知摇杆长度 $l_3=100$mm，摆角 $\varphi=45°$，摇杆的行程速度变化系数 $k=1.2$。试用图解法求其余三杆长度（设两固定铰链位于同一水平线上）。

3-11　在铰链四杆机构中，已知各杆长度 $l_{AB}=20$mm，$l_{BC}=60$mm，$l_{CD}=85$mm，$l_{AD}=50$mm，试问：

(1) 该机构是否有曲柄。

(2) 判断此机构是否有急回特性。若有，试确定其极位夹角，估计行程速度变化系数。

（3）以杆 AB 为主动件，试画出该机构的最小传动角和最大传动角的位置。

（4）在什么情况下此机构有死点位置？

3－12　设计一铰链四杆机构（如图所示）。已知摇杆长 $l_{CD}=75mm$，行程速度变化系数 $K=1.5$，机架长 $l_{AD}=100mm$，摇杆的一个极限位置与机架间的夹角 $\varphi=45°$，求曲柄长 l_{AB} 和连杆长 l_{BC}。

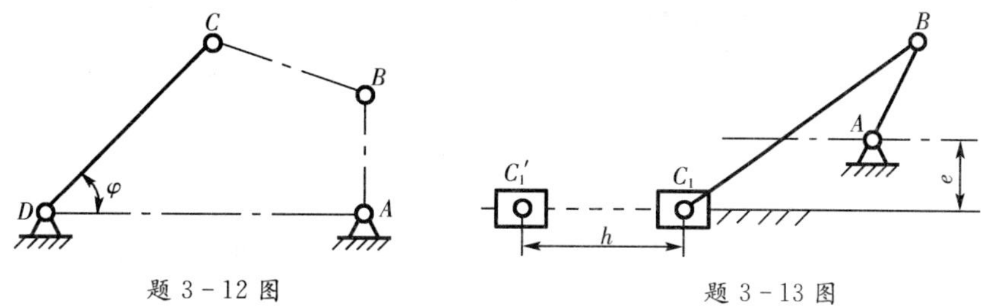

题 3－12 图　　　　题 3－13 图

3－13　如图所示的偏置曲柄滑块机构，已知行程速度变化系数 $K=1.5$，滑块行程 $h=50mm$，偏距 $e=20mm$，试用图解法求：

（1）曲柄长度 l_{AB} 和连杆长度 l_{BC}。

（2）曲柄为主动件时机构的最大压力角 α_{max} 和最大传动角 γ_{max}。

（3）滑块为主动件时机构的死点位置。

3－14　图示铰链四杆机构中，已知机架长 $l_{AD}=100mm$，两连架杆三组对应角为：$\varphi_1=60°$，$\psi_1=60°$；$\varphi_2=105°$，$\psi_2=90°$；$\varphi_3=150°$，$\psi_3=120°$，试用解析法设计此机构。若已知连架杆长度 $l_{AB}=20mm$，取连架杆 CD 上的标线 DE 长 $l_{DE}=40mm$，试用图解法设计此机构。

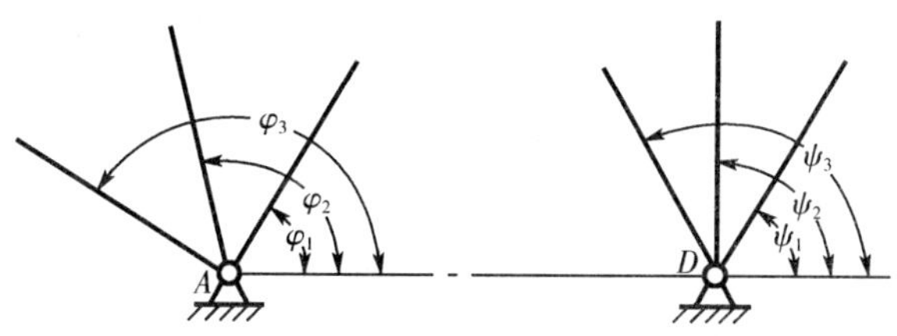

题 3－14 图

3－15　图示为一双联齿轮变速装置，用拨叉 DE 操纵双联齿轮移动，现拟设计一个铰链四杆机构 $ABCD$，操纵拨叉 DE 摆动。已知：$l_{AD}=100mm$，铰链中心 A、D 的位置如图所示，拨叉行程为 30mm，拨叉尺寸 $l_{DE}=l_{DC}=40mm$，固定轴心 D 在拨叉滑块行程的垂直平分线上。又在此四杆机构 $ABCD$ 中，构件 AB 为手柄，当它在垂直方向上位置 AB_1 时，拨叉处于位置 E_1；当手柄 AB 逆时针方向转过 $\theta=90°$ 而处于水平位置 AB_2 时，拨叉处于位置 E_2。试设计此四杆机构。

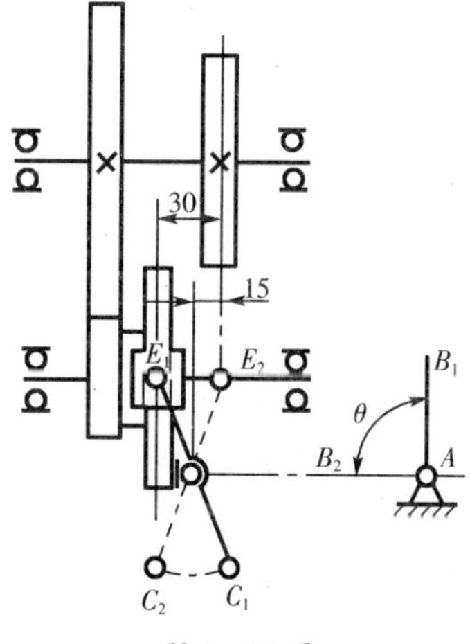

题 3－15 图

第四章 凸轮机构

第一节　凸轮机构的特点、类型及应用

一、凸轮机构的组成、特点及应用

凸轮机构是由凸轮、从动件和机架组成的高副机构。凸轮是一种具有曲线轮廓或凹槽的主动件，一般作等速连续转动，也有作往复移动的。在设计机械时，根据运动的需要，只要设计出适当的凸轮轮廓曲线，就可以使从动件实现任何预期的运动规律。

图 4－1 所示为内燃机配气机构。盘形凸轮 1 作等速转动，通过其向径的变化可使从动杆 2 按预期规律作上下往复移动，从而达到控制气阀开闭的目的。图 4－2 所示为靠模车削机构，工件 1 回转，移动凸轮 3 作为靠模被固定在床身上，刀架 2 在弹簧作用下与凸轮轮廓紧密接触。当拖板 4 纵向移动时，刀架 2 在靠模板（凸轮）曲线轮廓的推动下作横向移动，从而切削出与靠模板曲线一致的工件。图 4－3 所示为自动送料机构，带凹槽的圆柱凸轮 1 作等速转动，槽中的滚子带动从动件 2 作往复移动，将工件推至指定的位置，从而完成自动送料任务。图 4－4 所示为分度转位机构，蜗杆凸轮 1 转动时，推动从动轮 2 作间歇转动，从而完成高速、高精度的分度动作。

由以上实例可以看出，凸轮机构主要用于转换运动形式。它可将凸轮的转动，变成从动件的连续或间歇的往复移动或摆动；或者将凸轮的移动转变为从动件的移动或摆动。

凸轮机构的主要优点是：只要适当地设计凸轮轮廓，就可以使从动件实现生产所要求的运动规律，且结构简单紧凑、易于设计，因此在工程中得到广泛运用。

其缺点是：凸轮与从动件是以点或线相接触，不便润滑，容易磨损；凸轮为曲线轮廓，它的加工比较复杂，并需要考虑保持从动件与凸轮接触的锁合装置；由于受凸轮尺寸的限制，从动件工作行程较小。因此凸轮机构多用于需要实现特殊要求的运动规律而传力不大的控制与调节系统中。

二、凸轮机构的分类

凸轮机构的类型繁多，常见的分类方法如下：

1. 按凸轮的形状分类

（1）盘形凸轮（图 4－1）　凸轮是一个径向尺寸变化且绕固定轴转动的盘形构件。盘形凸轮机构的结构比较简单，应用较多，是凸轮中最基本的形式。

（2）移动凸轮（图 4－2）　凸轮相对机架作直线平行移动。它可看作是回转半径无限大的盘形凸轮。凸轮作直线往复运动时，推动从动件在同一运动平面内也作往复直线运

动。有时也可将凸轮固定，使从动件导路相对于凸轮运动。

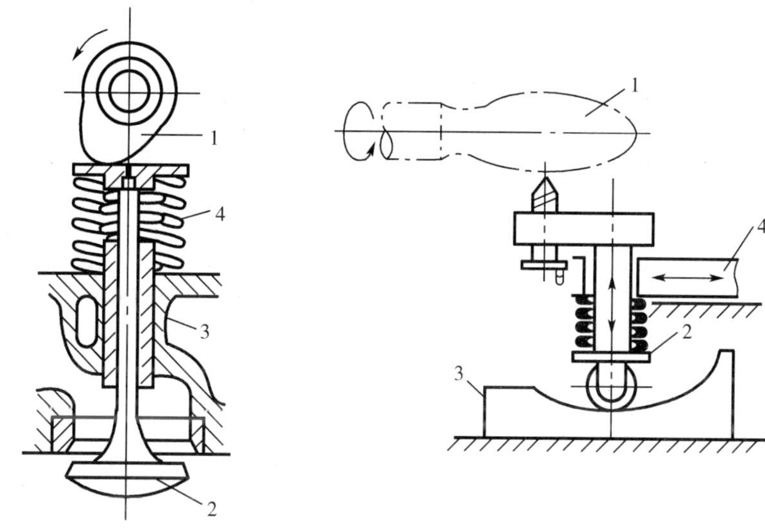

图 4-1 内燃机配气机构　　图 4-2 靠模车削机构

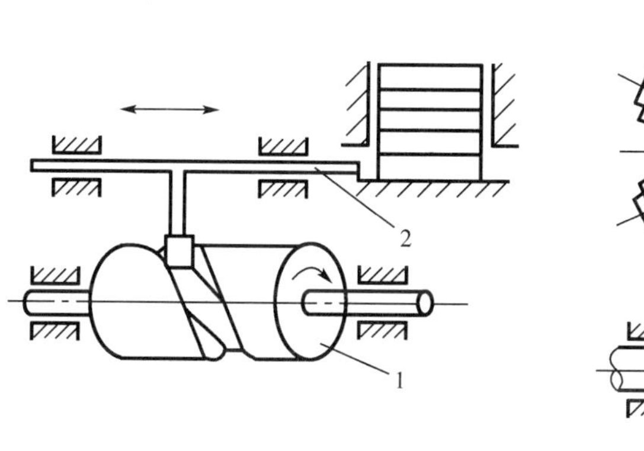

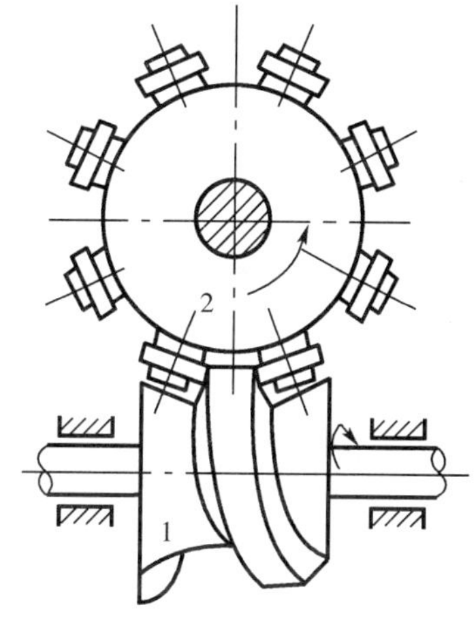

图 4-3 自动送料机构　　图 4-4 分度转位机构

(3) 圆柱凸轮（图 4-3） 在圆柱体上开有曲线凹槽或制有外凸曲线的凸轮。圆柱绕轴线旋转，曲线凹槽或外凸曲线推动从动件运动。圆柱凸轮可使从动件得到较大行程，所以可用于要求行程较大的传动中。

(4) 曲面凸轮（图 4-4） 当圆柱表面用圆弧面代替时，就演化成曲面凸轮。

2. 按从动件的结构型式分类

(1) 尖顶从动件（图 4-5a、e） 从动件与凸轮接触的一端是尖顶的称为尖顶从动件。它是结构最简单的从动件。尖顶能与任何形状的凸轮轮廓保持逐点接触，因而能实现复杂的运动规律。但因尖顶与凸轮是点接触，滑动摩擦严重，接触表面易磨损，故只适用于受力不大的低速凸轮机构。

(2) 滚子从动件（图 4-5b、f） 它是用滚子来代替从动件的尖顶，从而把滑动摩擦变成滚动摩擦，摩擦阻力小，磨损较少，所以可用于传递较大的动力。但由于它的结构比较复杂，滚子轴磨损后有噪声，所以只适用于重载或低速的场合。

(3) 平底从动件（图 4-5c、g） 它是用平面代替尖顶的一种从动件。若忽略摩擦，凸轮对从动件的作用力垂直于从动件的平底，接触面之间易于形成油膜，有利于润滑，因而磨损小，效率高，常用于高速凸轮机构，但不能与内凹形轮廓接触。

(4) 球面底从动件（图 4-5d、h） 从动件的端部具有凸出的球形表面，可避免因安装位置偏斜或不对中而造成的表面应力和磨损都增大的缺点，并具有尖顶与平底从动件的优点，因此这种结构形式的从动件在生产中应用也较多。

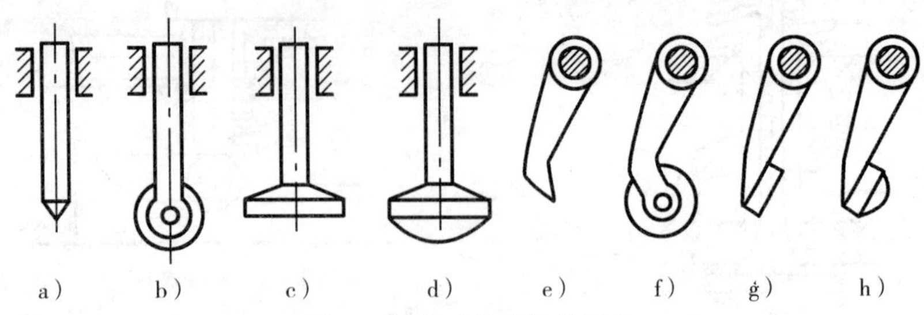

图 4-5 从动件的结构型式

3. 按从动件的运动形式和相对位置分类

作往复直线运动的称为直动从动件（图 4-5a、b、c、d）；作往复摆动的称为摆动从动件（图 4-5e、f、g、h）。在直动从动件中，若导路中心线通过凸轮的回转中心的，则称为对心直动从动件（图 4-1），否则称为偏置直动从动件（图 4-7a）。

4. 按从动件与凸轮保持接触（称为锁合）的方式分类

为了保证凸轮机构的正常工作，必须使凸轮与从动件始终保持接触，这种作用称为锁合。按锁合的方式不同可分为：

(1) 力锁合凸轮的凸轮机构 如靠重力（图 4-6a）、弹簧力（图 4-6b、c）锁合的凸轮机构。

(2) 几何锁合的凸轮机构 如沟槽凸轮（图 4-6d）、等径及等宽凸轮（图 4-6e）、共轭凸轮（图 4-6f）等，都是利用几何形状来锁合的凸轮机构。

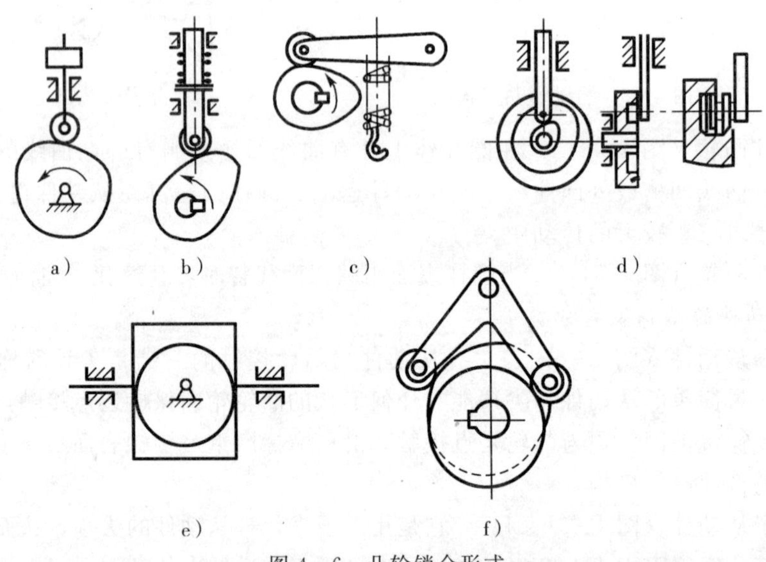

图 4-6 凸轮锁合形式

以上介绍了凸轮的几种分类方法。若将不同类型的凸轮和从动件组合起来，就可以得到各种不同形式的凸轮机构。设计时，可根据工作要求和使用场合的不同加以选择。

第二节　从动件的运动规律

一、平面凸轮的基本尺寸和运动参数

图 4-7 所示为一偏置直动尖顶从动件盘形凸轮机构，从动件移动导路至凸轮转动中心的偏距为 e。以凸轮轮廓的最小向径 r_0 为半径所作的圆称为基圆，r_0 为基圆半径，凸轮以等角速度 ω 逆时针转动。在图示位置，尖顶与 A 点接触，A 点是基圆与开始上升的轮廓曲线的交点，此时从动件的尖顶离凸轮轴心最近。凸轮转动，向径增大，从动件按一定规律被推向远处，到向径最大的 B 点与尖顶接触时，从动件被推向最远处，这一过程称为推程。与之对应的转角（$\angle BOB'$）称为推程运动角 Φ，从动件移动的距离 AB' 称为行程，用 h 表示。接着圆弧 BC 与尖顶接触，从动件在最远处停止不动，对应的转角称为远休止角 Φ_s。凸轮继续转动，尖顶与向径逐渐变小的 CD 段轮廓接触，从动件返回，这一过程称为回程，对应的转角称为回程运动角 Φ'。当圆弧 DA 与尖顶接触时，从动件在最近处停止不动，对应的转角称为近休止角 Φ'_s。当凸轮继续回转时，从动件重复上述的升——停——降——停的运动循环。

在一般情况下，从动件是作往复直线运动或摆动，凸轮为绕定轴等速转动。从动件的运动，直接与凸轮轮廓曲线上各点的向径变化有关，而轮廓曲线上各点向径大小的变化是随凸轮转角而变化的。因此，必须建立从动件的位移、速度和加速度随凸轮转角的变化关系。在凸轮机构中，把这种关系称为从动件的运动规律。如果以函数的形式表示，称为从动件的运动方程。如果以图像表示，称为从动件的运动线图。由于等速转动的凸轮其转角与时间成正比，故上述关系也可以表示为运动参数随时间而变化的关系。

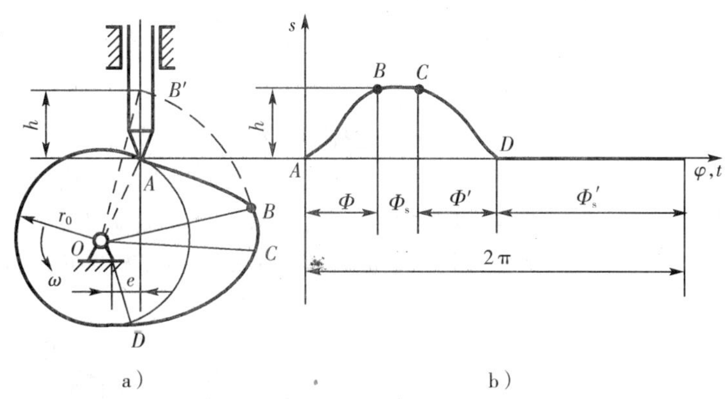

图 4-7　凸轮机构的运动过程

由于凸轮轮廓曲线决定了从动件的位移线图（运动规律），反之，凸轮轮廓曲线也要根据从动件的位移线图（运动规律）来设计。因此，在设计凸轮的轮廓曲线时，必须先确定从动件的运动规律。

二、常用的从动件运动规律

1. 等速运动规律

当凸轮等速回转时，从动件上升或下降的速度为一常数，这种运动规律称为等速运动规律，其运动方程式见表 4-1。

表 4-1　常用从动件运动规律

<table>
<tr><th rowspan="2">运动规律</th><th colspan="2">运动方程</th></tr>
<tr><th>推程 $0\leqslant\varphi\leqslant\Phi$</th><th>回程 $0\leqslant\varphi'\leqslant\Phi'$</th></tr>
<tr><td>等速运动</td><td>$s=(h/\Phi)\varphi$
$v=h\omega/\Phi$
$a=0$</td><td>$s=h-(h/\Phi')\varphi'$
$v=-h\omega/\Phi'$
$a=0$</td></tr>
<tr><td rowspan="2">等加速-等减速运动</td><td>$0\leqslant\varphi\leqslant\Phi/2$
$s=(2h/\Phi^2)\varphi^2$
$v=(4h\omega/\Phi^2)\varphi$
$a=4h\omega^2/\Phi^2$</td><td>$0\leqslant\varphi'\leqslant(\Phi'/2)$
$s=h-(2h/\Phi'^2)\varphi'^2$
$v=-(4h\omega/\Phi'^2)\varphi'$
$a=-4h\omega^2/\Phi'^2$</td></tr>
<tr><td>$\Phi/2<\varphi<\Phi$
$s=h-2h(\Phi-\varphi)^2/\Phi^2$
$v=4h\omega(\Phi-\varphi)/\Phi^2$
$a=-4h\omega^2/\Phi^2$</td><td>$\Phi'/2<\varphi'\leqslant\Phi'$
$s=2h(\Phi'-\varphi')^2/\Phi'^2$
$v=-4h\omega(\Phi'-\varphi')/\Phi'^2$
$a=4h\omega^2/\Phi'^2$</td></tr>
<tr><td>余弦加速度运动
(简谐运动)</td><td>$s=h/2[1-\cos(\pi\varphi/\Phi)]$
$v=(\pi h\omega/2\Phi)\sin(\pi\varphi/\Phi)$
$a=(\pi^2h\omega^2/2\Phi^2)\cos(\pi\varphi/\Phi)$</td><td>$s=h/2[1+\cos(\pi\varphi'/\Phi')]$
$v=-(\pi h\omega/2\Phi')\sin(\pi\varphi'/\Phi')$
$a=-(\pi^2h\omega^2/2\Phi'^2)\cos(\pi\varphi'/\Phi')$</td></tr>
<tr><td>正弦加速度运动
(摆线运动)</td><td>$s=h[\varphi/\Phi-(1/2\pi)\sin(2\pi\varphi/\Phi)]$
$v=(h\omega/\Phi)[1-\cos(2\pi\varphi/\Phi)]$
$a=(2\pi h\omega^2/\Phi^2)\sin(2\pi\varphi/\Phi)$</td><td>$s=h[1-\varphi'/\Phi'+(1/2\pi)\sin(2\pi\varphi'/\Phi')]$
$v=-(h\omega/\Phi')[1-\cos(2\pi\varphi'/\Phi')]$
$a=-(2\pi h\omega^2/\Phi'^2)\sin(2\pi\varphi'/\Phi')$</td></tr>
</table>

图 4-8 为从动件在推程运动中作等速运动时的运动线图。由图可见，从动件在运动开始和终止的瞬时，因有速度的突变，故这一瞬时的加速度理论上为由零突变为无穷大，导致从动件产生理论上无穷大的惯性力（实际上由于材料的弹性变形，惯性力不会达到无穷大），使机构产生强烈振动、冲击和噪声，这种冲击称为刚性冲击。因此，等速运动规律只适用于低速轻载或特殊要求的凸轮机构中。在实际应用时，为避免刚性冲击，常将从动件在运动开始和终止时的位移曲线加以修正，使速度逐渐增加和逐渐降低，如图 4-9 所示。

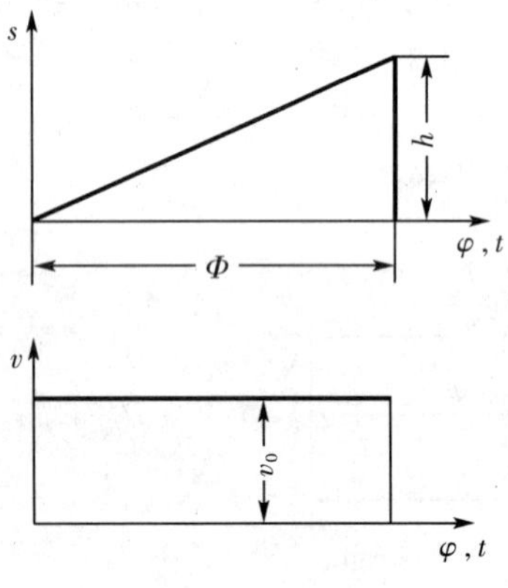

图 4-8　等速运动规律

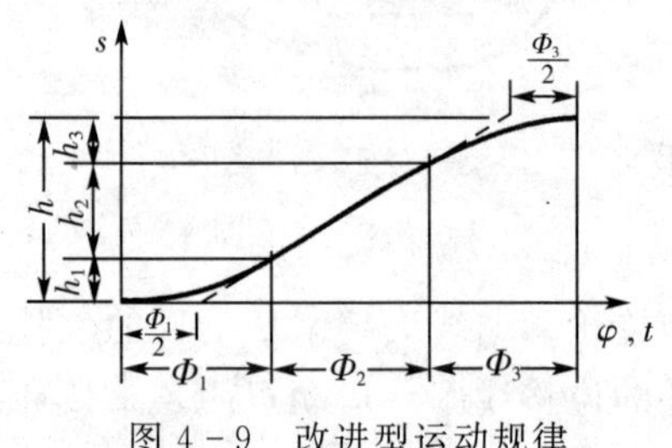

图 4-9　改进型运动规律

2. 等加速-等减速运动规律

这种运动规律是从动件在一个推程或者回程中，前半程作等加速运动，后半程作等减速运动。通常加速度和减速度的绝对值相等，其运动方程见表 4-1。图 4-10为从动件在推程运动中作等加速-等减速运动时的运动线图。由位移线图可以看出，当从动件按等加速-等减速运动规律运动时，其位移线图为一抛物线，故该运动规律又称为抛物线运动规律。由加速度线图可见，从动件的加速度分别在 A、B 和 C 位置有突变，但其变化为有限值，由此而产生的惯性力变化也为有限值。这种由加速度和惯性力的有限变化对机构所造成的冲击、振动和噪声要较刚性冲击小，称之为柔性冲击。因此，等加速-等减速运动规律也只适用于中速、轻载的场合。

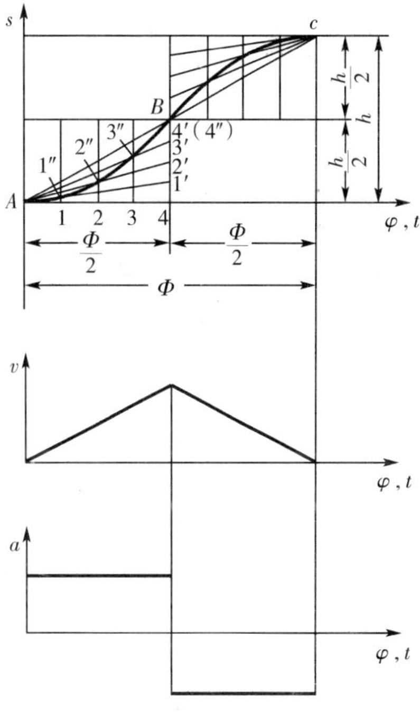

图 4-10 等加速等减速运动规律

等加速-等减速运动的位移线图作法如下：在横坐标轴上找出代表 $\Phi/2$ 的一点，将 $\Phi/2$ 分为若干等份（图中为四等份）得 1、2、3、4 各点，过这些点作横坐标轴的垂线；同时在纵坐标轴上将从动件推程的一半（$h/2$）分成相同的等份得 $1'$、$2'$、$3'$、$4'$点；连接 $A1'$、$A2'$、$A3'$、$A4'$与相应的垂线分别交于 $1''$、$2''$、$3''$、$4''$各点。最后将这些点连成光滑曲线，即可得到前半推程等加速运动的位移线图。后半推程的等减速运动的位移线图，可用同样的方法绘制。

3. 简谐运动规律（余弦加速度运动规律）

当质点在圆周上作匀速运动时，该质点在这个圆的直径上的投影所构成的运动，称为简谐运动。其运动方程见表 4-1。图 4-11 为从动件在推程作简谐运动时的运动线图。由位移线图可以看出，当从动件按简谐运动规律运动时，其加速度曲线为余弦曲线，故又称为余弦加速度运动规律。由加速度线图可知，这种运动规律在开始和终止两点处加速度有突变，也会产生柔性冲击，只适用于中速场合。只有当加速度曲线保持连续（如图 4-11 中的虚线所示）时，才能避免柔性冲击。

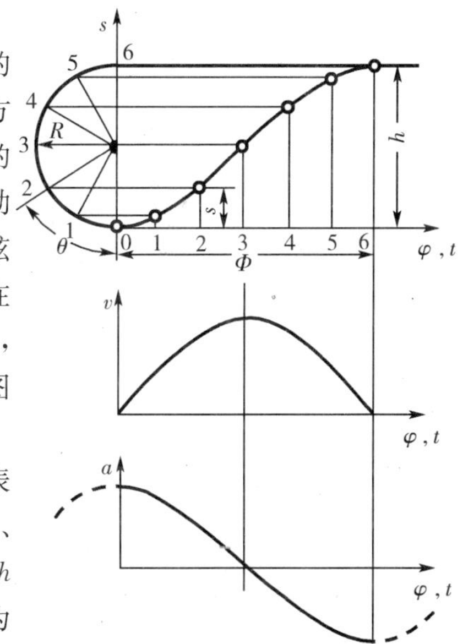

图 4-11 简谐运动规律

简谐运动的位移线图作法如下：将横坐标轴上代表 Φ 的线段分为若干等份（图中分为六等份），得分点 1、2、3、…，过这些分点作横坐标轴的垂线。再以推程 h 为直径在纵坐标轴上作一半圆，将该半圆圆周也等分为与横坐标轴上同样的份数（六等份），得分点 1、2、3、…，过这些分点作平行于横坐标轴的直线分别与上述各对应的垂直线相交，将这些交点连接成光滑的曲线，即得简谐运动规律的位移曲线。

4. 摆线运动规律（正弦加速度运动规律）

当一滚圆沿纵坐标轴作纯滚动时，圆周上某定点的运动轨迹为一摆线，该点在纵坐标轴上投影的变化规律即构成摆线运动规律。其运动方程见表 4-1。图 4-12为从动件在推程作摆线运动时的运动线图。由运动线图可知，当从动件按摆线运动规律运动时，其加速度按正弦曲线变化，故又称为正弦加速度运动规律。从动件在行程的始点和终点处加速度皆为零，且加速度曲线均连续而无突变，因此在运动中既无刚性冲击，又无柔性冲击，常用于较高速度的凸轮机构。

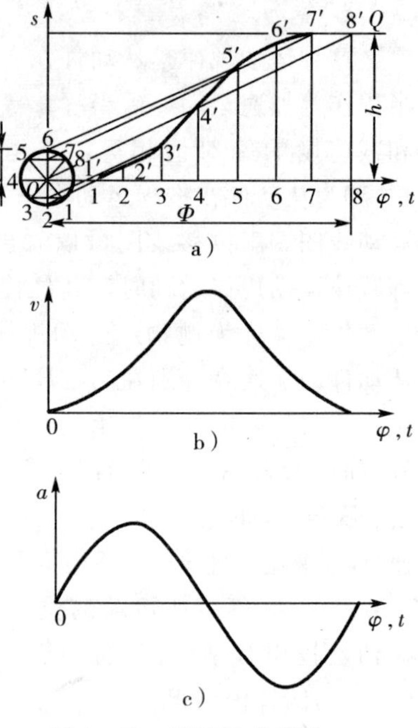

图 4-12　摆线运动线图

摆线运动规律的位移曲线作法如图 4-12 所示。画出坐标轴，以推程 h 和对应的凸轮转角 Φ 为两边作一矩形，并作矩形对角线 OQ；将代表 Φ 的线段分成若干等份，过等分点作横坐标轴的垂线；以坐标原点 O 为圆心，以 $R=h/2\pi$ 为半径，按 Φ 的等分数等分此圆周，将圆周上的分点向纵坐标投影，并过各投影点作 OQ 的平行线，这些平行线与上述各垂线对应相交，将这些交点连成一光滑曲线，即为位移曲线。

三、从动件运动规律的选择

选择从动件运动规律时，要综合考虑工作要求、动力特性和加工制造等方面。

（1）要满足工作要求。凸轮设计必须首先要满足机器的工作过程对从动件的工作要求，根据工作要求选择从动件的运动规律。如各种机床中控制刀架进给的凸轮机构，从动件带动刀架运动，为了加工出表面光滑的零件，并使机床载荷稳定，则要求刀具进刀时作等速运动，所以从动件应选择等速运动规律。

（2）要加工制造方便。当机器的工作过程对从动件的运动规律没有特殊要求时，对于低速凸轮机构主要考虑便于凸轮的加工，如夹紧送料等凸轮机构，可只考虑加工方便，采用圆弧、直线等组成的凸轮轮廓。

（3）动力特性要好。对于高速凸轮机构主要以考虑减小惯性力为依据来选择从动件的运动规律。

第三节　盘形凸轮轮廓的设计与加工方法

从动件的运动规律和凸轮基圆半径确定之后，即可进行凸轮轮廓曲线的设计。其设计方法有图解法和解析法两种。图解法简便易行，而且直观，但作图误差大、精度较低，适用于低速或对从动件运动规律要求不高的一般精度凸轮设计。对于精度要求高的高速凸轮、靠模凸轮等，必须用解析法列出凸轮轮廓曲线的方程式，借助于计算机辅助设计精确地设计凸轮轮廓。另外，采用的加工方法不同，则凸轮轮廓的设计方法也不同。

一、反转法原理

为便于绘制凸轮轮廓曲线，应使运动着的凸轮与图纸保持相对静止，为此在设计时常采用反转法。反转法就是根据相对运动的原理，设想给整个机构加上一个绕凸轮轴心 O 转动的公共角速度 $-\omega$，机构中各构件间的相对运动不变，这样一来，凸轮却可看成静止不动了，而从动件一方面随导路以角速度 ω 绕 O 点转动，另一方面又按给定的运动规律在导路中作往复移动（图 4-13b）。由于从动件的尖顶始终与凸轮轮廓接触，所以反转后尖顶的运动轨迹就是凸轮轮廓。假若从动件是滚子，则滚子中心可看作是从动件的尖顶，其运动轨迹就是凸轮的理论轮廓曲线，凸轮的实际轮廓曲线是与理论轮廓曲线相距滚子半径 r_T 的一条等距曲线。

二、作图法设计凸轮轮廓曲线

1. 对心直动尖顶从动件盘形凸轮轮廓的设计

设凸轮的基圆半径为 r_o，凸轮以等角速度 ω 逆时针方向回转，从动件的运动规律已知。试设计凸轮的轮廓曲线。

根据反转法原理，具体设计步骤如下：

（1）选取位移比例尺 μ_s 和凸轮转角比例尺 μ_φ，按第二节所述的方法作出位移线图（如图 4-13a 所示），然后将 Φ 及 Φ' 分成若干等份（图中为四等份），并自各点作垂线与位移曲线交于 $1'$、$2'$、…、$8'$。

（2）选取长度比例尺 μ_l（为作图方便，最好取 $\mu_l=\mu_s$）。以任意点 O 为圆心，r_o 为半径作基圆（图中虚线所示）。再以从动件最低（起始）位置 B_o 起沿 $-\omega$ 方向量取角度 Φ、Φ_s、Φ' 及 Φ'_s，并将 Φ 和 Φ' 按位移线图中的等份数分成相应的等份。再自 O 点引一系列径向线 $O1$、$O2$、$O3$、…。各径向线即代表凸轮在各转角时从动件导路所依次占有的位置。

（3）自各径向线与基圆的交点 B'_1、B'_2、B'_3、…向外量取各个位移量 $B'_1B_1=11'$、$B'_2B_2=22'$、$B'_3B_3=33'$，…，得 B_1、B_2、B_3、…点。这些点就是反转后从动件尖顶的一系列位置。

（4）将 B_0、B_1、B_2、B_3、B_4、…、B_9 各点连成光滑曲线（图中 B_4 和 B_5 间以及 B_9 和 B_0 间均为以 O 为圆心的圆弧），即得所求的凸轮轮廓曲线，如图 4-13b 所示。

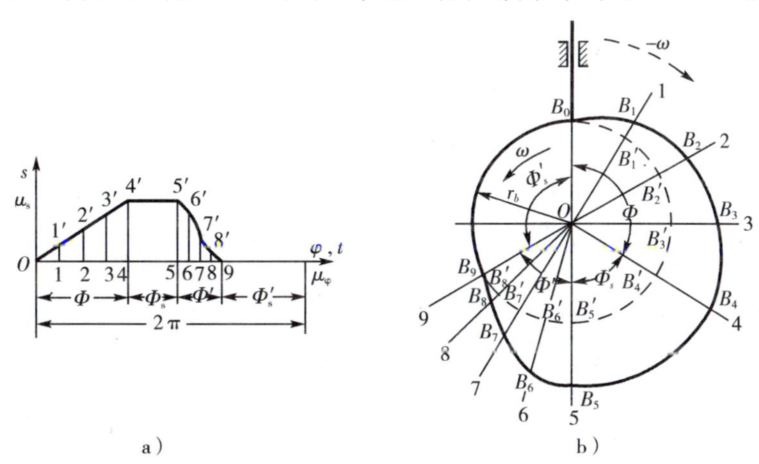

图 4-13 对心直动尖顶从动件盘形凸轮设计

2. 对心直动滚子从动件盘形凸轮轮廓的设计

滚子从动件与尖顶从动件的不同点，只是在从动件端部装上半径为 r_T 的滚子。由于滚子中心是从动件上的一个固定点，该点的运动就是从动件的运动，因此可取滚子中心作为参考点（相当于尖顶从动件的尖顶），按上述方法先作出尖顶从动件的凸轮轮廓曲线（也是滚子中心轨迹），如图 4－14 中的点划线，该曲线称为凸轮的理论廓线。再以理论廓线上各点为圆心，以滚子半径为半径作一系列圆。然后，作这些圆的包络线 β，如图中实线，它便是使用滚子从动件时凸轮的实际廓线。由作图过程可知，滚子从动件凸轮的基圆半径 r_0 应在理论廓线上度量。

图 4－14　滚子从动件盘形凸轮设计

3. 偏置直动尖顶从动件盘形凸轮轮廓的设计

有时由于结构上的需要或为了改善受力情况，可采用偏置从动件盘形凸轮。如图 4－15 所示，从动件导路的中心线偏离凸轮回转中心 O 的距离 e 称为偏心距。若以 O 为圆心、以 e 为半径作偏距圆，则凸轮转动时从动件的中心线必始终与偏距圆相切。因此在应用反转法绘制凸轮轮廓时，从动件中心线依次占据的位置必然都是偏距圆的切线，从动件的位移（B_1C_1、B_2C_2、…）也应从这些切线与基圆的交点起始，在这些切线上量取。这是与对心直动从动件不同的地方。其余的作图步骤则与对心直动尖顶从动件盘形凸轮廓线的作法相同。

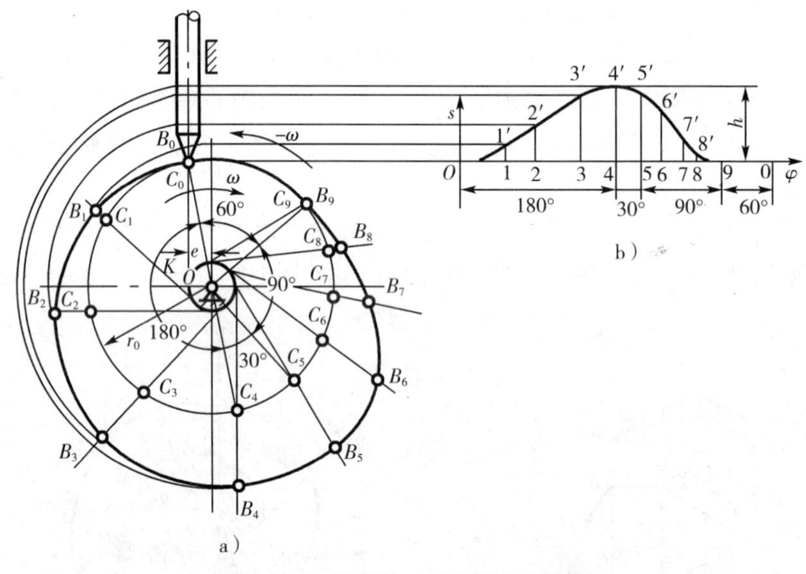

图 4－15　偏置从动件盘形凸轮设计

如为滚子从动件时，则上述方法求的廓线即是其理论廓线，只要如前所述，作出它们的内包络线，便可求出相应的实际轮廓曲线。

4. 用作图法设计凸轮轮廓应注意的事项

（1）应用反转法绘制凸轮轮廓曲线时，一定要沿（$-\omega$）方向在基圆周上按位移线图的

顺序截取分点，否则将不符合给定的运动规律。

(2) 从动件的位移、基圆半径、偏距、滚子半径等，凡绘制同一轮廓的有关长度尺寸必须用同一长度比例尺画出。

(3) 取分点越多所得的凸轮轮廓越准确，实际作图时取分点的多少可根据对凸轮工作准确度的要求适当决定。

(4) 连接各分点的曲线必须是光滑连续的曲线。

(5) 为了提高作图法设计凸轮轮廓曲线的精度，可以以在计算机绘图课程中学习过的CAD软件（如AutoCAD、CAXA）为平台，运用CAD软件丰富的绘图功能和强大的编辑功能来绘制凸轮轮廓曲线；特别是对滚子从动件，作出理论轮廓曲线后，运用“绘制等距线”命令作出理论轮廓曲线的内等距线（距离为滚子半径）即为实际轮廓曲线，非常方便。

三、解析法设计凸轮轮廓曲线

所谓用解析法设计凸轮轮廓，就是根据工作所要求的从动件运动规律和已知的机构参数，求出凸轮廓线的方程式，并精确算出凸轮廓线上各点的坐标值。凸轮廓线方程可以用极坐标或直角坐标来表达。

1. 偏置直动滚子从动件盘形凸轮轮廓

已知从动件运动规律 $s=s(\varphi)$，凸轮基圆半径 r_o，滚子半径 r_T，从动件偏置在凸轮的右侧，凸轮以等角速度 ω 逆时针转动。如图 4－16 所示，取凸轮转动中心 O 为原点，建立直角坐标系 xOy。根据反转法原理，当凸轮顺时针转过角 φ 时，从动件的滚子中心则由 B_o 点反转到 B 点，此时理论廓线上 B 点的直角坐标方程为

$$\begin{cases} x=DN+CD=(s_0+s)\sin\varphi+e\cos\varphi \\ y=BN-MN=(s_0+s)\cos\varphi-e\sin\varphi \end{cases} \tag{4-1}$$

其中 s 为对应于凸轮转角 φ 的从动件位移；$s_0=\sqrt{r_0^2-e^2}$；e 为偏距，如果 $e=0$，上式即是对心直动滚子从动件盘形凸轮理论廓线方程。

凸轮实际廓线与理论廓线是等距曲线（在法线上相距滚子半径 r_T），它们的对应点具有公共的曲率中心和法线。因此在图 4－16 中，与理论轮廓上 B 点对应的实际廓线上的点 B_1 的直角坐标为

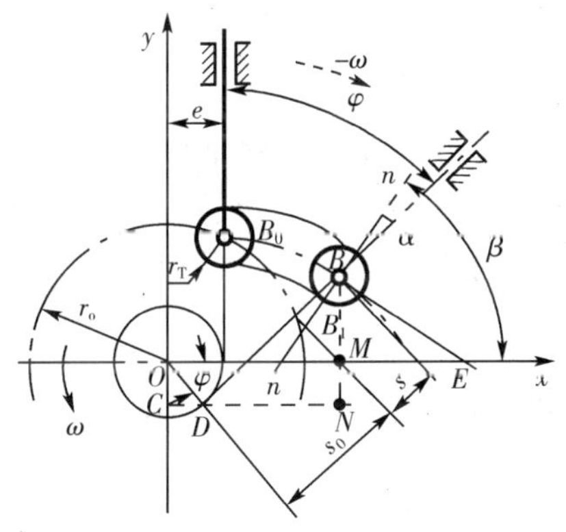

图 4－16　解析法设计直动从动件盘形凸轮轮廓

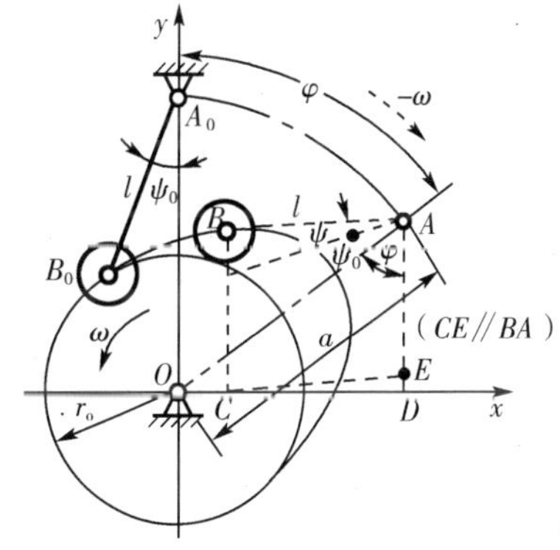

图 4－17　解析法设计摆动从动件盘形凸轮轮廓

$$\begin{cases} x' = x \mp r_T\cos\beta \\ y' = y \mp r_T\sin\beta \end{cases} \tag{4-2}$$

式中：β是轮廓上B（B_1）点法线$n-n$与x轴的夹角；式中取负号时为内等距曲线，取正号时为外等距曲线。

在数控铣床上铣削凸轮或在凸轮磨床上磨削凸轮时，通常需要给出刀具中心的一系列坐标值。对于滚子从动件盘形凸轮，尽可能采用与滚子直径相同的刀具，那么理论廓线的方程即为刀具中心的轨迹方程。如果刀具直径与滚子直径不等，通常还需要另外给出刀具中心轨迹的坐标值，有关内容可以参考相关的技术资料。

2. 摆动滚子从动件盘形凸轮轮廓

已知凸轮的基圆半径r_o、中心距a，滚子半径r_T，摆杆长度l及其运动规律$\psi=\psi(\varphi)$，凸轮以等角速度ω逆时针回转，如图4-17所示。取凸轮转动中心O为原点，建立直角坐标系xOy。根据反转法原理，当凸轮逆时针转过角φ时，滚子中心则由B_0点反转到B点，此时理论廓线上B点的直角坐标为

$$\begin{cases} x = OD - CD = a\sin\varphi - l\sin(\varphi + \psi_0 + \psi) \\ y = AD - ED = a\cos\varphi - l\cos(\varphi + \psi_0 + \psi) \end{cases} \tag{4-3}$$

式中：摆杆初始位置角为ψ_0；

$$\psi_0 = \arccos\frac{a^2 + l^2 - r_0^2}{2al} \tag{4-4}$$

上式就是凸轮理论廓线方程，再按照解析法设计移动滚子从动件盘形凸轮的思路，求出实际廓线的直角坐标方程。

为了减轻解析法设计凸轮轮廓曲线的计算工作量和编程的麻烦，可以充分运用某些CAD软件（如CAXA）的“绘制公式曲线”功能，方便地完成凸轮轮廓曲线的设计。

四、凸轮轮廓的加工方法

凸轮轮廓的加工方法通常有两种。

1. 铣、锉削加工

对用于低速、轻载场合的凸轮，可以应用反转法原理在未淬火凸轮轮坯上通过作图法绘制出轮廓曲线，采用铣床或用手工锉削办法加工而成。必要时可进行淬火处理，用这种方法加工出来的凸轮其变形难以得到修正。

2. 数控加工

即采用数控线切割机床对淬火凸轮进行加工，此种加工方法是目前常用的一种凸轮加工方法。加工时应用解析法，求出凸轮轮廓曲线的坐标值，应用专用编程软件，切割而成。此方法加工出的凸轮精度高，适用于高速、重载的场合。

第四节　凸轮机构基本尺寸的确定

设计凸轮机构不仅要保证从动件能实现预期的运动规律，还要求整个机构传力性能良

好、结构紧凑。这些要求与凸轮机构的压力角、基圆半径、滚子半径等有关。

一、凸轮机构的压力角及许用值

图 4－18a 所示为凸轮机构在推程中某位置的情况，F_Q 为作用在从动件上的外载荷，如不计摩擦，则凸轮作用在从动件上的力 F 沿着接触点处的法线方向。将 F 分解成沿从动件轴向和径向的两个分力，即

$$F_1 = F\cos\alpha \qquad F_2 = F\sin\alpha$$

式中 α 称为压力角，是从动件在接触点所受的力的方向与该点速度方向的夹角（锐角）。显然 F_1 是推动从动件移动的有效分力，随着 α 的增大而减小；F_2 是引起导路中摩擦阻力的有害分力，随着 α 的增大而增大。当 α 增大到一定值时，由 F_2 引起的摩擦阻力超过有效分力 F_1，此时凸轮无法推动从动件运动，机构发生自锁。可见，从传力合理、提高传动效率来看，压力角越小越好。在设计凸轮机构时，应使最大压力角 α_{max} 不超过许用值 [α]。许用压力角 [α] 的数值推荐如下：

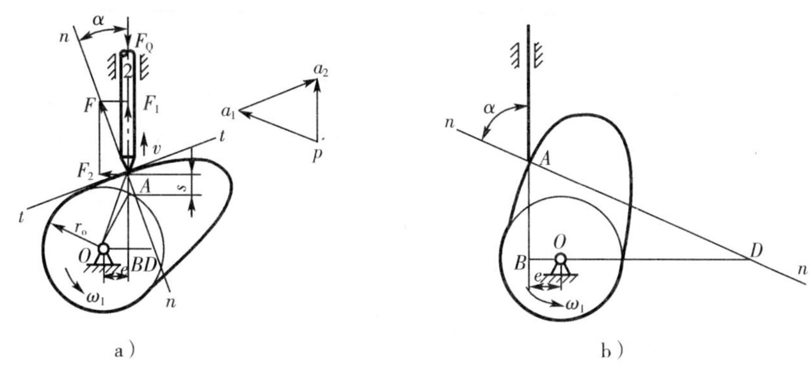

图 4－18 凸轮机构的压力角

推程时，对移动从动件，[α] ＝30°～38°；对摆动从动件，[α] ＝45°～50°。回程时，由于通常受力较小一般无自锁出现的可能性，因此，许用压力角可取得大些，通常取 [α] ＝70°～80°。当采用滚子从动件、润滑良好及支撑刚度较大或受力不大而要求结构紧凑时，可取上述数据较大值，否则取较小值。

用图解法或解析法设计出凸轮轮廓后，为了确保运动和传力性能，通常需对推程的轮廓各处的压力角进行校核，检验其最大压力角是否在许用范围内。

机构出现 α_{max} 的位置不易确定，一般来说从动件位移曲线上斜率最大的位置（或从动件速度最大的位置）压力角最大。用图解法检验时，可在凸轮理论轮廓上比较陡的地方取若干点，作出这些点处轮廓的法线和从动件的运动方向线之间的夹角。将这些压力角与许用值相比较，检查它们是否超过许用值。如果 α_{max} 超过许用值，应考虑修改设计参数。通常采用增大基圆半径的方法，使推程的 α_{max} 减小。

二、基圆半径的确定

从传动效率来看，压力角越小越好，但压力角减小将导致凸轮尺寸增大，因此在设计凸轮时要权衡两者的关系，使设计达到合理。

如图 4－18a 所示，A 点为凸轮与从动件的瞬时重合点，根据相对运动原理可得出

$$v_{A2}=v_{A1}+v_{A2A1}$$

式中 v_{A1} 为凸轮上 A 点的速度，大小为 $\omega\cdot l_{0A}$，方向垂直于 OA；v_{A2} 为从动件的移动速度，$v_{A2}=v$。v_{A2A1} 为从动件与凸轮在 A 点的相对速度，其方向平行于凸轮在 A 点的切线 $t-t$。作出速度多边形 pa_1a_2，根据 $\triangle pa_1a_2\backsim\triangle OAD$，可得 $\dfrac{pa_2}{OD}=\dfrac{pa_1}{OA}$，即 $\dfrac{v}{OD}=\dfrac{\omega\cdot l_{OA}}{OA}$，则 $OD=v/\omega=ds/d\varphi$。

在 $\triangle ABD$ 中

$$\tan\alpha=\frac{OD-e}{AB}=\frac{(ds/d\varphi)-e}{\sqrt{r_0^2-e^2}+s}$$

即

$$\alpha=\arctan=\frac{(ds/d\varphi)-e}{\sqrt{r_0^2-e^2}+s} \tag{4-5}$$

当导路在凸轮轴的左边时（如图 4-18b 所示），式中分子部分取“+”号。当凸轮顺时针转动时，正、负号的取法与上述相反。

由式(4-5)可知，当给定运动规律 $s(\varphi)$时，合理设计偏距可减小压力角，增大基圆半径也可以减小压力角。工程上为了获得紧凑的机构常选取尽可能小的基圆半径，但必须要保证 $\alpha_{max}\leqslant[\alpha]$。

通常在设计凸轮时，先根据结构条件初定基圆半径 r_o。当凸轮与轴成一体时，r_o 略大于轴的半径；当单独制造凸轮，然后装配到轴上时，$r_o=(1.6\sim2)r$（r 为轴的半径）。

三、滚子半径的确定

从接触强度观点出发，滚子半径大一些为好，但有些情况下却要求滚子半径不能任意增大。设滚子半径为 r_T，凸轮理论廓线曲率半径为 ρ，实际廓线曲率半径为 ρ'。当理论廓线内凹时，$\rho'=\rho+r_T$，不管 r_T 取多大都可以作出实际廓线（如图 4-19a 所示）。当理论廓线外凸时，$\rho'=\rho-r_T$，此时若 $\rho=r_T$ 则 $\rho'=0$，实际廓线出现尖点，则极易磨损，导致运动失真（如图 4-19c 所示）；若 $\rho<r_T$ 则 $\rho'<0$，实际廓线发生交叉，交点以外部分在加工时将被切去，运动产生失真（如图 4-19d 所示）。为了避免失真并减小磨损，要求滚子半径 r_T 与理论廓线最小曲率半径 ρ_{min} 满足 $r_T\leqslant0.8\rho_{min}$，并使实际廓线的最小曲率半径 $\rho'_{min}\geqslant(3\sim5)$ mm。若满足不了该要求，可增大基圆半径或修改从动件的运动规律。

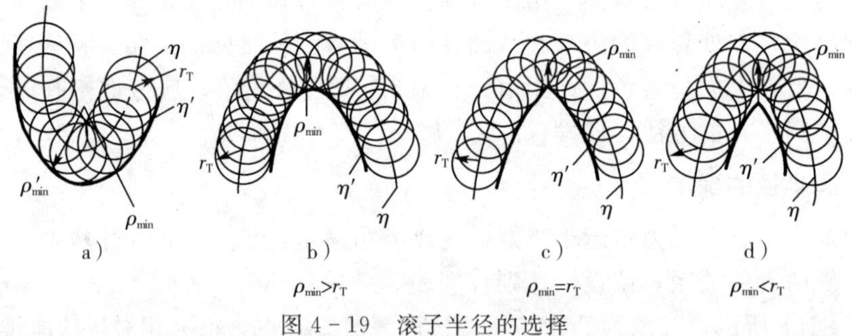

图 4-19　滚子半径的选择

凸轮理论轮廓上的最小曲率半径 ρ_{min} 的简易求法如图 4－20 所示。首先在理论轮廓上目测最小曲率半径所在部位 E 点，在 E 点附近作三个半径相等的适当小圆。由几何关系可知 E 点的曲率中心在 C 点，最小曲率半径 $\rho_{min}=CE$，CE 直线也是 E 点的法线。

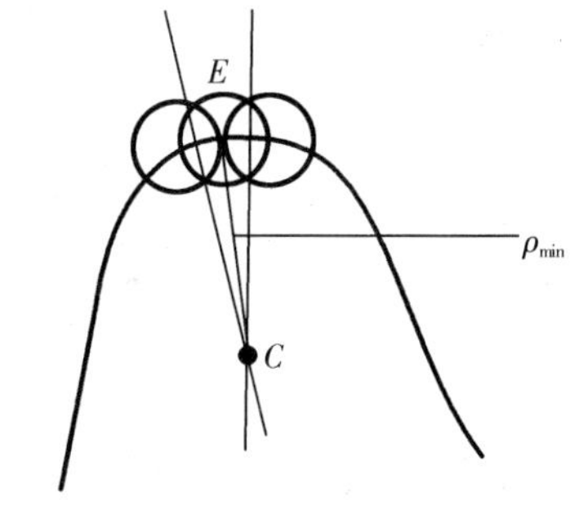

图 4－20　最小曲率半径 ρ_{min} 的简易求法

思考与练习

4－1　试比较尖顶、滚子和平底从动件盘形凸轮机构的优缺点及应用场合。

4－2　选择从动件运动规律应考虑哪些方面的问题？

4－3　什么叫刚性冲击？如何避免刚性冲击？

4－4　基圆半径是否一定是凸轮实际轮廓曲线的最小向径？

4－5　何谓凸轮机构的压力角？设计时为什么要控制压力角的最大值？

4－6　何谓运动失真？它与哪些因素有关？

4－7　用作图法求图中各凸轮从图示位置转过 45°后机构的压力角（在图上直接标注）。

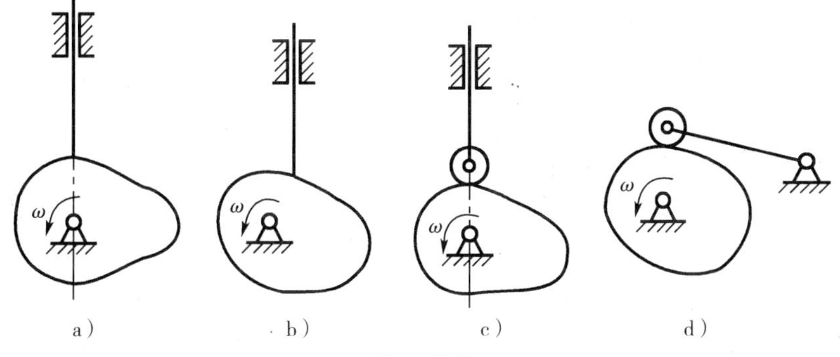

题 4－7 图

4－8　已知从动件升程 $h=30$mm，凸轮转角 φ 从 0°到 150°时从动件等速运动上升到最高位置，在 150°～180°时从动件在最高位置不动，从 180°到 300°时从动件以等加速等减速运动返回，而在 300°～360°时，从动件在最低位置不动。试绘出从动件的位移线图。

4－9　按题 4－8 的运动规律设计一对心尖顶直动从动件盘形凸轮的轮廓曲线。已知凸轮的基圆半径 $r_o=40$mm，凸轮逆时针方向转动。若改为滚子从动件，且已知滚子半径 $r_1=10$mm，试设计凸轮的轮廓曲线。若又改为偏置从动件，且已知偏距 $e=10$mm，其凸轮的轮廓曲线又如何设计？

4－10　图示偏置尖顶直动从动件盘状凸轮机构的凸轮廓线为一个圆，圆心为 O′，试完成：（1）画出偏距圆和基圆；（2）图示位置凸轮机构的压力角 α；（3）图示位置推杆相对其最低位置的位移 s；（4）推杆从最低位置到达图示位置凸轮的转角 φ；（5）推杆的行程。

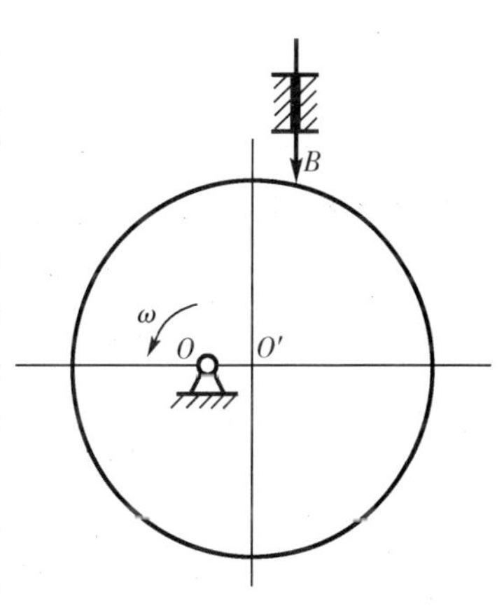

题 4－10 图

第五章 间歇运动机构

第一节 棘轮机构

一、棘轮机构的工作原理和基本类型

图 5－1 所示为棘轮机构。它主要由摇杆 1、驱动棘爪 2、棘轮 3、制动爪 4 和机架 5 等组成。弹簧 6 用来使制动爪 4 和棘轮 3 保持接触。摇杆 1 和棘轮 3 的回转轴线重合。

当摇杆 1 逆时针摆动时，驱动棘爪 2 插入棘轮 3 的齿槽中，推动棘轮转过一定角度，而制动爪 4 则在棘轮的齿背上滑过。当摇杆顺时针摆动时，驱动棘爪 2 在棘轮的齿背上滑过，而制动爪 4 则阻止棘轮作顺时针转动，使棘轮静止不动。因此，当摇杆作连续的往复摆动时，棘轮将作单向的间歇转动。摇杆的摆动可由曲柄摇杆机构、凸轮机构等来实现。

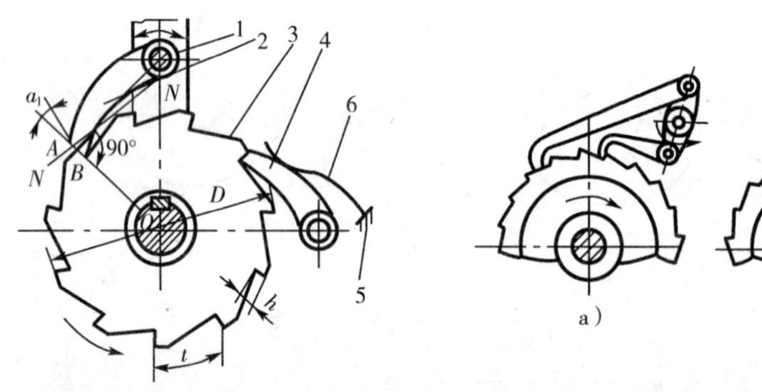

图 5－1　单动式棘轮机构　　　　图 5－2　双动式棘轮机构

常用的棘轮机构可分为齿啮式和摩擦式两大类。

1. 齿啮式棘轮机构

这种棘轮机构靠棘爪和棘轮啮合传动，棘轮的转角只能有级调节。根据运动情况，可分为：

单动式棘轮机构如图 5－1 所示，当主动摇杆 1 往复摆动一次时，棘轮只能单向间歇转过一定角度。

图 5－2 所示为双动式棘轮机构，其棘爪可制成平头撑杆（亦称作直头撑杆，见图 5－2b）或钩头拉杆（见图 5－2a）。当主动摇杆作往复摆动时，可使棘轮沿同一方向作棘轮间歇转动。这种棘轮机构每次停歇时间较短，棘轮每次的转角也较小。

图 5 - 3 所示为双向棘轮机构，可使棘轮作双向间歇运动。图 5 - 3a 采用具有矩形齿的棘轮，当棘爪 2 处于实线位置时，棘轮 3 作逆时针间歇运动；当棘爪 2 处于虚线位置时，棘轮则作顺时针间歇运动。图 5 - 3b 采用回转棘爪，当棘爪 2 按图示位置放置时，棘轮 3 将作逆时针间歇运动。若将棘爪提起，并绕本身轴线转 180°后再插入棘轮齿槽时，棘轮将作顺时针间歇运动。若将棘爪提起并绕本身轴线转 90°，棘爪将被架在壳体顶部的平台上，使轮与爪脱开，此时棘轮将静止不动。

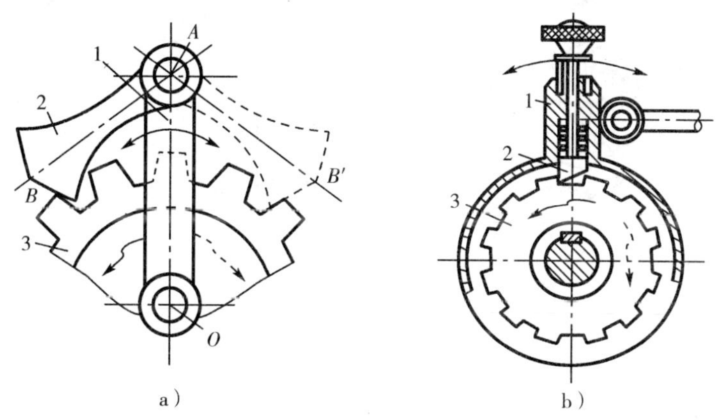

图 5 - 3　双向棘轮机构

2. 摩擦式棘轮机构

图 5 - 4 所示为外接摩擦式棘轮机构，它靠棘爪和棘轮之间的摩擦力传动。棘轮转角可作无级调节。传动中无噪声，但接触面之间容易发生滑动。为了增加摩擦力，可将棘轮作成槽形，将棘爪嵌在轮槽内。

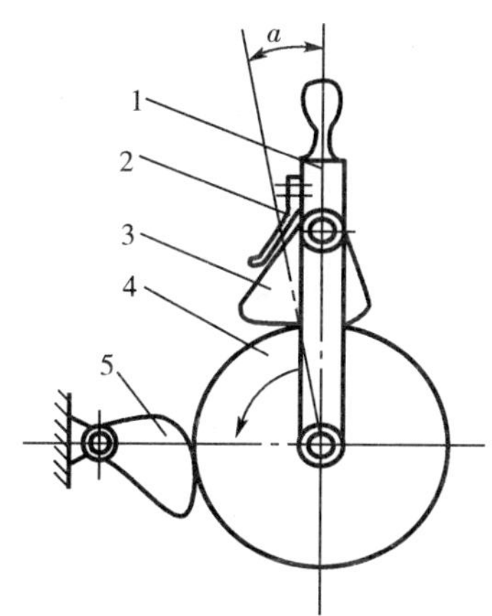

图 5 - 4　摩擦式棘轮机构

二、棘轮机构的特点及应用

棘轮机构具有结构简单、制造方便、运动可靠、棘轮的转角可以在很大范围内调节等优点，但工作时有较大的冲击和噪声、运动精度不高、传递动力较小，所以常用于低速轻载，要求转角不太大或需要经常改变转角的场合。

棘轮机构具有单向间歇的运动特性，利用它可满足送进、制动、超越和转位分度等工艺要求。

图 5－5 所示为牛头刨床的示意图。为实现工作台双向间歇进给，由齿轮机构、曲柄摇杆机构和可变向棘轮机构（图 5－3b）组成了工作台横向进给机构（图 5－5b）。

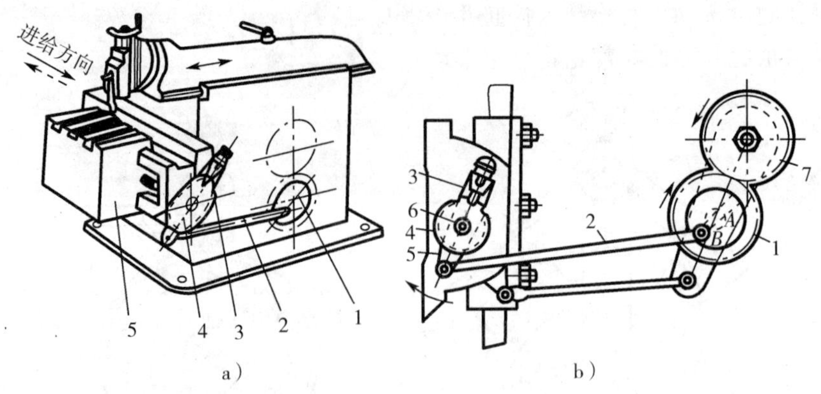

图 5－5　牛头刨床示意图

图 5－6 所示为卷扬机制动装置，为使提升的重物能停止在任何位置，防止因停电等原因使重物下降造成事故，常用棘轮机构作为防止逆转的止逆器。

图 5－7 所示为自行车后轮轴上的棘轮机构。当脚蹬踏板时，经链轮 1 和链条 2 带动内圈具有棘齿的链轮 3 顺时针转动，再通过棘爪 4 的作用，使后轮轴 5 顺时针转动，从而驱使自行车前进。当自行车下坡时，如果不踏动踏板，后轮轴 5 便会超越链轮 3 而转动（称超越运动），让棘爪 4 在棘轮齿背上滑过，从而实现不蹬踏板的自由滑行。

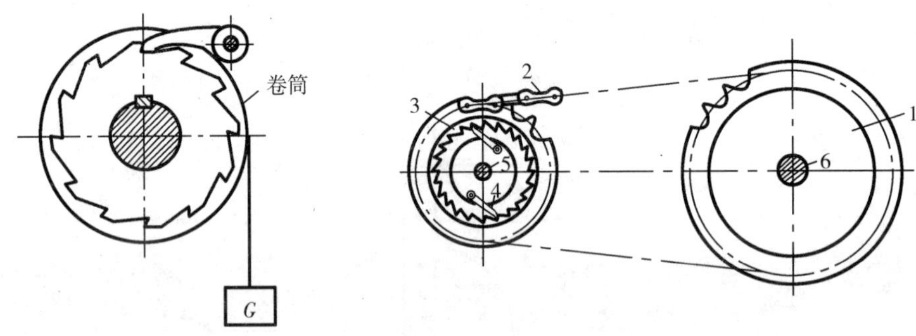

图 5－6　防止逆转的棘轮机构　　　　图 5－7　超越式棘轮机构

三、棘轮转角的调节方法

机械中使用的棘轮机构，常常需要根据不同的工艺要求调节棘轮的转角，调节的方法有两种：

（1）改变摇杆的摆角来调节棘轮转角的大小，如图 5－8 所示。

（2）用遮板来调节棘轮的转角。在棘轮的外面罩一遮板，如图 5－9 所示，使棘爪在一部分行程中从遮板上滑过，不与棘轮的齿接触，通过改变遮板的位置，从而使棘轮转角的大小发生改变。

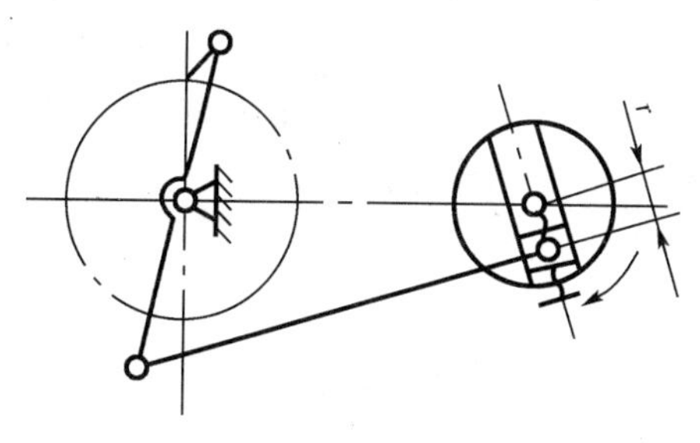

图 5-8 改变曲柄长度调节棘轮转角

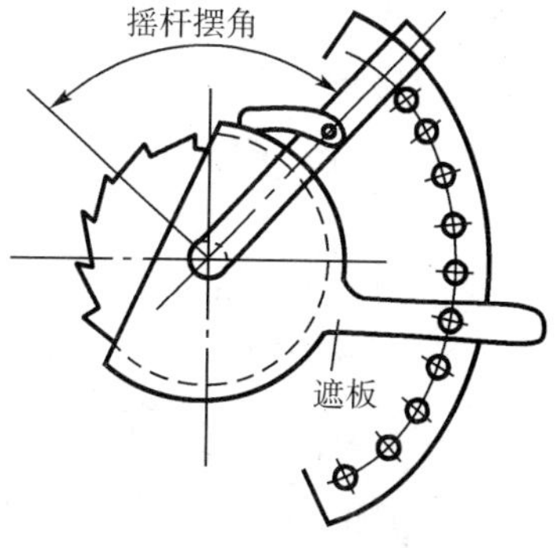

图 5-9 用遮板调节棘轮转角

第二节 槽轮机构

一、槽轮机构的工作原理

图 5-10 所示为槽轮机构（又称马氏机构），它由带有圆销 A 的拨盘、具有径向槽的槽轮和机架组成。当拨盘作等速连续转动，其圆销 A 没有进入槽轮的径向槽时，槽轮的内凹锁止弧 ef 被拨盘的外凸圆弧 mn 卡住，使槽轮静止不动；当圆销 A 进入槽轮的径向槽时，锁止弧 ef 被松开，槽轮被圆销 A 带动转动；当圆销 A 离开径向槽时，槽轮的内凹锁止弧又被拨盘的外凸圆弧卡住，使槽轮又静止不动。这样，将主动件的连续转动转换为从动槽轮的间歇运动。

二、槽轮机构的类型、特点及应用

槽轮机构有外啮合槽轮机构（图 5-10）和内啮合槽轮机构（图 5-11），前者拨盘与槽轮的转向相反，后者拨盘与槽轮的转向相同，它们均为平面槽轮机构。此外还有空间槽轮机构，如图 5-12 所示。对于空间槽轮机构本书不作讨论。

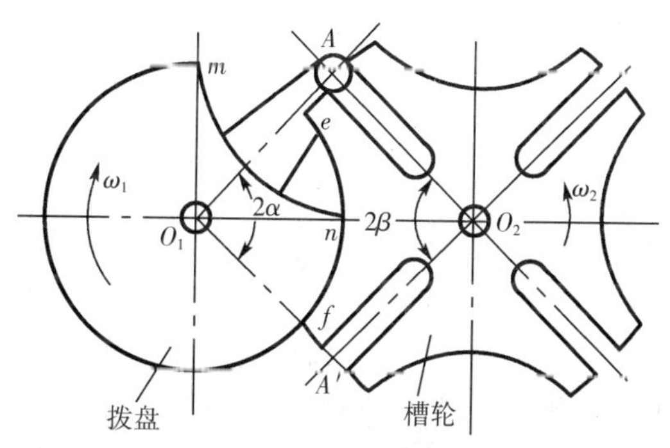

图 5-10 外啮合槽轮机构

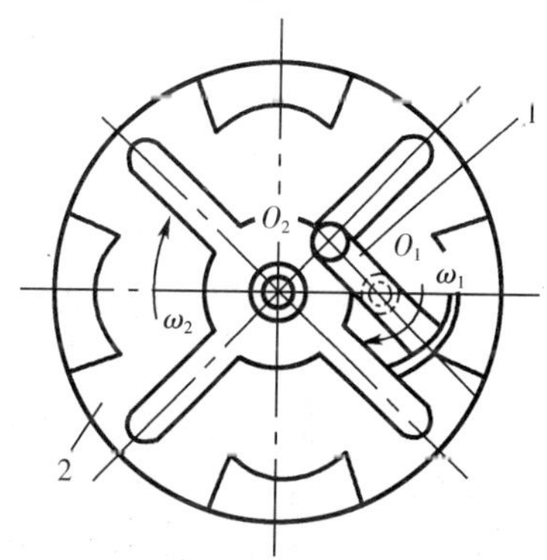

图 5-11 内啮合槽轮机构

槽轮机构中拨盘（杆）上的圆柱销数、槽轮上的径向槽数以及径向槽的几何尺寸等均可视运动要求的不同而定。圆柱销的分布和径向槽的分布可以不均匀，同一拨盘（杆）上若干个圆柱销离回转中心的距离也可以不同，同一槽轮上各径向槽的尺寸也可以不同。

槽轮机构的特点是结构简单、工作可靠、机械效率高，能较平稳、间歇地转位。但因圆柱销突然进入与脱离径向槽，传动存在柔性冲击，不适用于高速场合。此外槽轮的转角不可调节，故只能用于定转角的间歇运动机构中。六角车床上用来间歇地转动刀架的槽轮机构（图 5－13）、电影放映机中用来间歇地移动胶片的槽轮机构（图 5－14）及化工厂管道中用来开闭阀门等的槽轮机构都是其具体应用的实例。

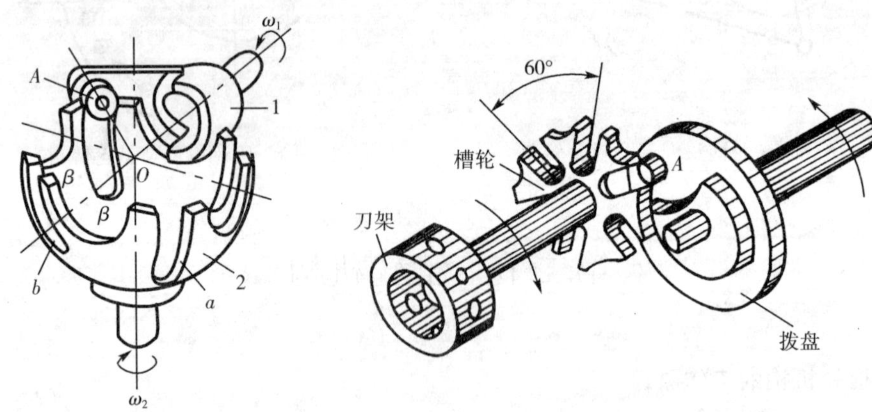

图 5－12　空间槽轮机构　　　　图 5－13　六角车床上的槽轮机构

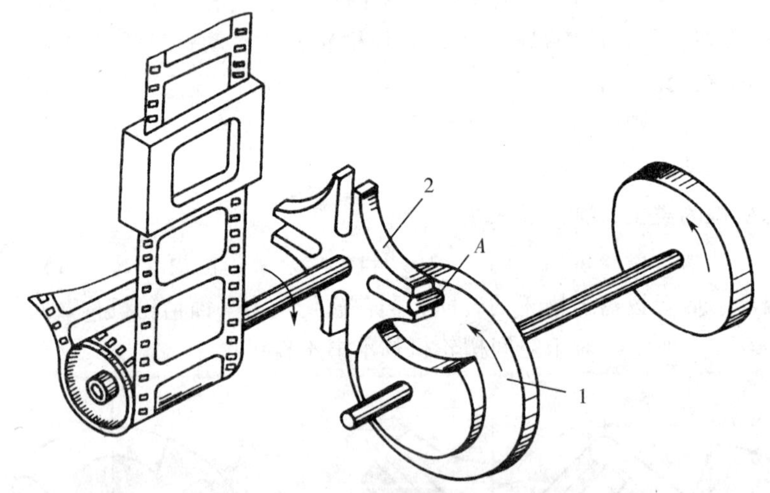

图 5－14　电影放映机的卷片机构

三、槽轮槽数 z 和拨盘圆销数 K 的选择

槽轮机构的主要参数是槽轮槽数 z 和拨盘圆销数 K。在图 5－10 所示的单圆销槽轮机构中，为了避免槽轮在开始转动和停止转动时产生刚性冲击，应使圆销进出轮槽时的瞬时速度方向，沿着径向槽的中心线，即 $O_1A \perp O_2A$ 和 $O_1A' \perp O_2A'$。由四边形内角之和等于 2π 的性质，从进槽到出槽，拨盘转过的角度 2α 和槽轮转过的角度 2β 的关系为

$$2\alpha + 2\beta = \pi$$

设均布的径向槽数为 z，则槽轮转过的角度 $2\beta = 2\pi/z$。由以上关系可得拨盘的转角为

$$2\alpha = \pi - 2\beta = \pi - (2\pi/z)$$

在一个运动循环时间内，槽轮 2 的运动时间 t_d 与拨盘 1 的运动时间 t 之比称为槽轮机构的运动系数，用 τ 表示。它表示槽轮转动时间占一个运动循环时间的比率。由于拨盘是等速转动的，其角速度为 ω_1，故

$$t=2\pi/\omega_1，\ t_d=2\alpha/\omega_1$$

因此这种槽轮机构的运动系数为

$$\tau=t_d/t=\frac{2\alpha/\omega_1}{2\pi/\omega_1}=\frac{2\alpha}{2\pi}=\frac{\pi-2\pi/z}{2\pi}=\frac{z-2}{2z} \tag{5-1}$$

根据上式可得以下结论：

(1)
$$\tau=\frac{t_d}{t}=\frac{t_d}{t_d+t_j}=\frac{z-2}{2z}$$

式中：t_d 表示槽轮在一个运动循环中的转动时间；t_j 表示槽轮在一个运动循环中的停歇时间。

因为 t_d 和 t_j 不可能为 0，故运动系数 τ 必须大于零而小于 1（$\tau=0$ 表示槽轮始终不动），故径向槽数 z 应大于或等于 3，一般取 $z=3\sim8$。

(2) 上式还可以表示为 $\tau=1/2-1/z$，故 τ 总是小于 0.5，即槽轮转动的时间总是小于静止的时间。

(3) 如要求槽轮机构的 $\tau>0.5$，则可在拨盘上安装多个圆柱销。设拨盘 1 上均匀分布 K 个圆柱销，则在一个运动循环内，槽轮的运动时间为只有一个圆柱销时的 K 倍，因此

$$\tau=\frac{Kt_d}{t}=\frac{K\ (\pi-2\pi/z)}{2\pi}=\frac{K(z-2)}{2z} \tag{5-2}$$

由于运动系数 τ 必须小于 1，故由上式得

$$K<\frac{2z}{z-2} \tag{5-3}$$

由上式可知：当 $z=3$ 时，K 可取 1～5；当 $z=4$ 或 5 时，K 可取 1～3；当 $z\geqslant6$ 时，则 K 可取 1 或 2。

有关棘轮机构和槽轮机构的设计，可参阅机械设计手册等。

第三节　其他间歇运动机构简介

一、不完全齿轮机构

不完全齿轮机构是由普通渐开线齿轮机构演化而成的一种间歇运动机构，其基本结构型式分为外啮合与内啮合两种，如图 5-15 和图 5-16 所示。不完全齿轮机构的主动轮 1 只制出一个或几个齿，从动轮 2 具有若干个与主动轮 1 相啮合的轮齿及锁止弧，可实现主动轮的连续转动和从动轮的有停歇转动。在图 5-15 所示的机构中，主动轮 1 每转 1 周，从动轮 2 转 1/4 周，从动轮转 1 周停歇 4 次。停歇时从动轮上的锁止弧与主动轮上的锁止弧密合，保证了从动轮停歇在确定的位置上而不发生游动现象。

不完全齿轮机构的优点是结构简单、制造方便，从动轮的运动时间和静止时间的比例不受机构结构的限制。但因为从动轮在转动开始及终止时速度有突变，冲击较大，一般仅用于低速、轻载场合，如计数机构及在自动机、半自动机中用作工作台间歇转动的转位机构等。

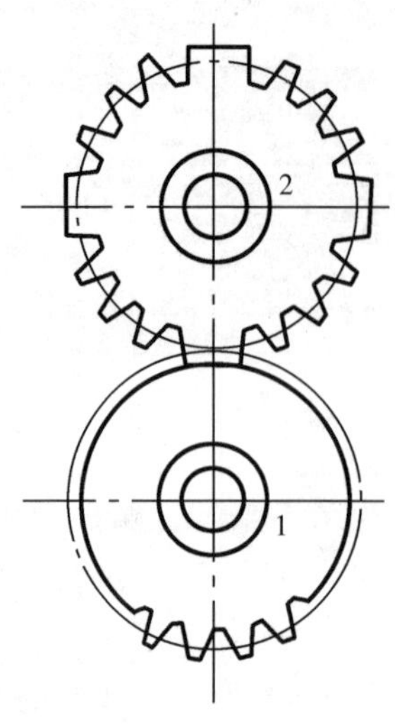

图 5-15　外啮合

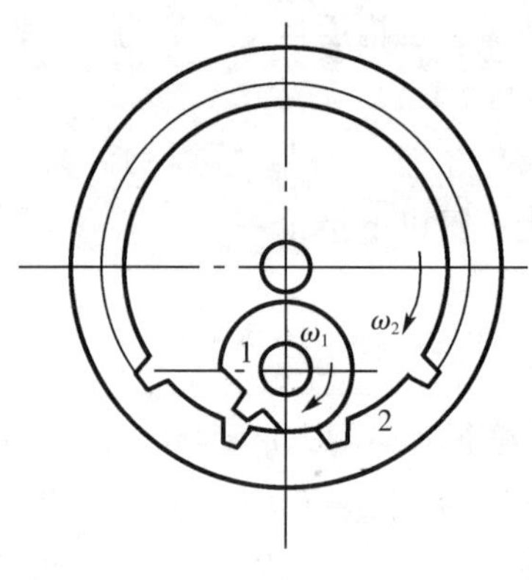

图 5-16　内啮合

二、凸轮式间歇运动机构

凸轮式间歇运动机构是利用凸轮的轮廓曲线，通过对转盘上滚子的推动，将凸轮的连续转动变换为从动转盘的间歇转动的一种间歇运动机构。它主要用于传递轴线互相垂直交错的两部件间的间歇转动。图 5-17 所示为一种常用的凸轮式间歇运动机构。

图 5-18 所示为圆柱凸轮式间歇运动机构，主动件是带螺旋槽的圆柱凸轮 1，从动件是端面上装有若干个均匀分布的滚子的转盘 3，其轴线与圆柱凸轮的轴线垂直交错。当凸轮转动时，通过其轴线沟槽（或凸脊）拨动从动转盘上的滚子，使从动转盘实现单向间歇运动。

凸轮式间歇运动机构的优点是结构简单、运转可靠、转位精确、传动平稳无噪声，适用于高速、中载和高精度分度的场合，故在轻工机械、冲压机械和其他自动机械中得到了广泛应用。其缺点是凸轮加工比较复杂，装配与调整要求也较高，因而使它的应用受到了限制。

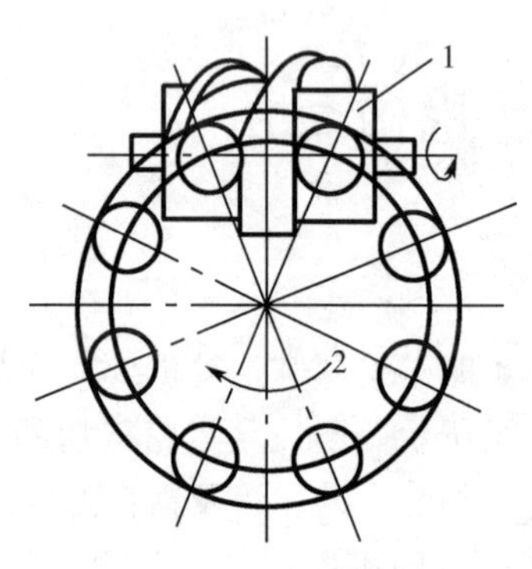

图 5-17　凸轮式间歇运动机构

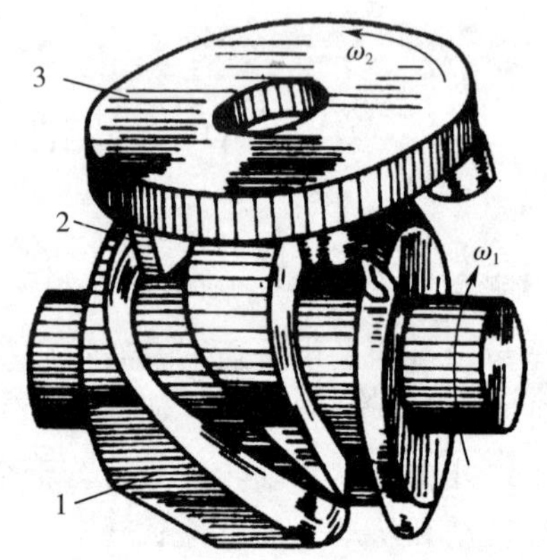

图 5-18　圆柱凸轮式间歇机构

思考与练习

5-1　棘轮机构有哪些类型？各有何特点？

5-2　保证棘爪顺利滑入齿槽并自动压紧棘轮齿根的条件是什么？

5-3　调节棘轮转角有哪些常用方法？

5-4　槽轮机构有哪些类型？各有何特点？

5-5　何谓槽轮机构的运动系数 τ？为什么 τ 应大于零小于 1？$\tau=0.3$ 表示什么意义？

5-6　如何确定槽轮机构的圆销数 K？K 与槽数 z 之间有何关系？

5-7　图 4-5 所示的牛头刨床进给机构，已知其工作台的横向进给丝杠导程为 $S=5\text{mm}$，与丝杠联动的棘轮齿数 $z=40$。问棘轮的最小转角和工作台的最小横向进给量是多少？

5-8　在转塔车床的外啮合槽轮机构中，已知槽轮的轮槽数 $z=6$，槽轮静止时间 t_j 为其运动时间 t_d 的两倍。试求此槽轮机构的运动系数 τ 和圆销数 K。

5-9　在一台自动机床上，装有一个四槽外槽轮机构。若已知槽轮停歇时，完成工艺动作所需的时间为 30s。设圆销数 $K=1$，求拨盘的转速 n 及槽轮转位所需要的时间。

第六章 螺纹联接与螺旋传动

螺纹联接是利用螺纹零件构成的一种可拆联接，它具有结构简单、装拆方便、工作可靠和类型多样等优点。同时，还因绝大多数螺纹紧固件已标准化，并由专业工厂大批量生产，故其质量可靠、价格低廉、供应充足。螺纹联接是机械制造和工程结构中应用最广泛的一种联接型式。

螺旋传动是利用螺纹零件将回转运动转变为直线运动的一种传动，它在几何和受力关系上与螺纹联接相似，因此也在本章中介绍。

第一节 螺纹联接的基本知识

一、螺纹的分类

螺纹有内螺纹和外螺纹之分。分别具有内外螺纹的两个零件可以组成螺纹副（螺旋副）。

螺纹轴向剖面的形状称为螺纹的牙型，常用的螺纹牙型有三角型、矩形、梯形和锯齿形等，如图 6－1 所示。三角形螺纹常用于联接，矩形、梯形和锯齿形螺纹多用于传动。

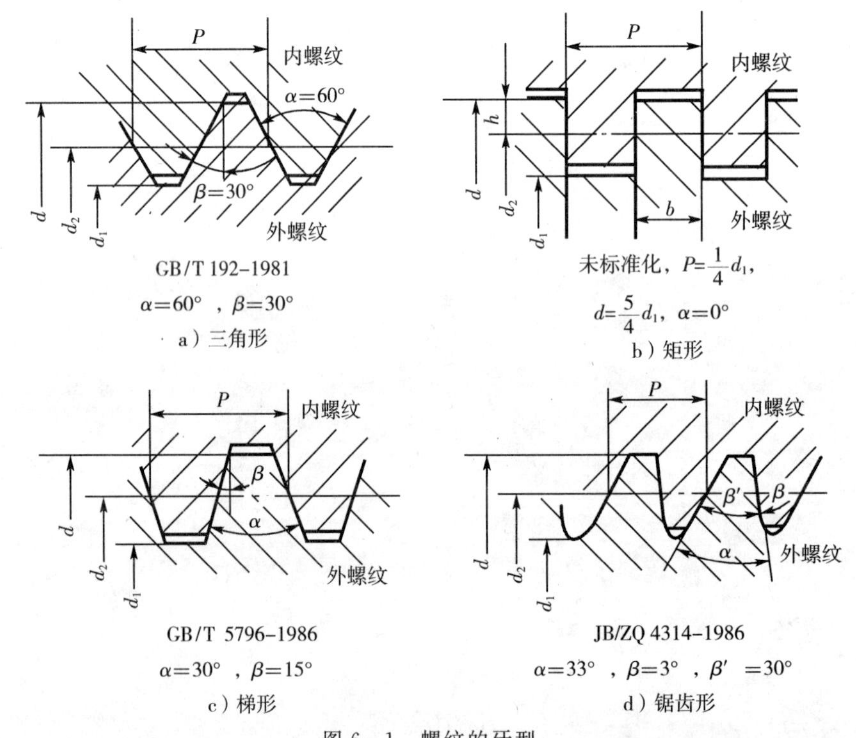

图 6－1 螺纹的牙型

按螺旋线绕行方向的不同，螺纹可分为右旋螺纹和左旋螺纹，如图 6－2 所示。对外螺纹而言，当螺纹体的轴线竖直放置时，所看到的螺旋线右侧高、左侧低则为右旋；反之为左旋。常用的螺纹为右旋。

根据螺旋线的数目，螺纹分为单线（单头）螺纹和多线螺纹，如图 6－3 所示。联接螺纹一般用单线。

根据采用的标准制度不同，螺纹有米制和英制两种，我国除管螺纹外都采用米制螺纹。

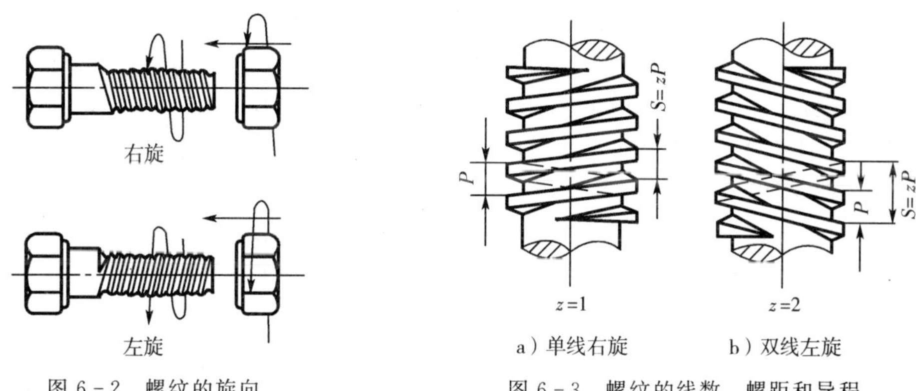

图 6－2　螺纹的旋向　　　图 6－3　螺纹的线数、螺距和导程

二、螺纹的主要参数

现以图 6－4 所示的圆柱普通螺纹（即米制三角形螺纹）为例说明螺纹的主要几何参数。

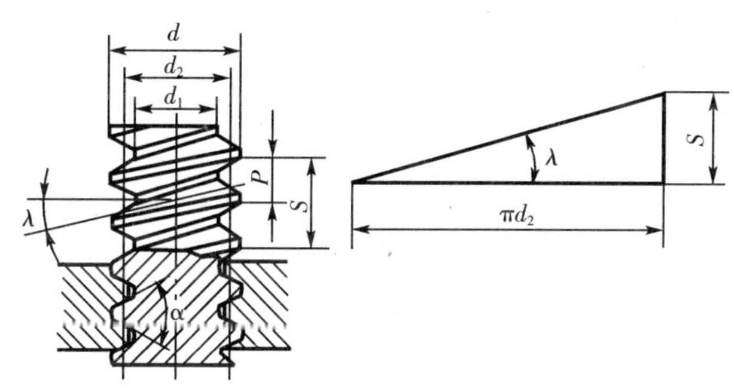

图 6－4　螺纹的主要几何参数

（1）大径 d　与外螺纹牙顶或内螺纹牙底相重合的假想圆柱体的直径，是螺纹的大径，也是螺纹的公称直径。

（2）小径 d_1　与外螺纹牙底或内螺纹牙顶相重合的假想圆柱体的直径，是螺纹的小径，在强度计算中，常作为螺栓危险截面的计算直径。

（3）中径 d_2　螺纹牙宽度和牙槽宽度相等处的假想圆柱体的直径。

（4）螺距 P　螺纹相邻两牙在中径线上对应两点间的轴向距离。

（5）导程 S　螺纹上任一点沿同一条螺旋线转一周所移动的轴向距离。导程与螺距的关系为 $S=nP$，式中 n 为螺纹线数。

（6）升角 λ　在中径 d_2 圆柱面上，螺旋线的切线与垂直于螺纹轴线的平面之间的夹

角。由图 6-4 可得

$$\lambda = \arctan\frac{S}{\pi d_2} = \arctan\frac{nP}{\pi d_2} \tag{6-1}$$

（7）牙型角 α　在螺纹轴向剖面内，螺纹牙型两侧边的夹角。牙型侧边与螺纹轴线的垂线间的夹角称为牙型斜角 β，如图 6-1 所示。

三、常用螺纹的特点及应用

1. 米制三角形螺纹

螺纹的牙型角 $\alpha=60°$，其当量摩擦系数较大，自锁性能好，螺纹牙根部的强度高，广泛用于各种紧固联接。同一公称直径下有多种螺距，其中螺距最大的称为粗牙螺纹，其余的称为细牙螺纹。一般联接多用粗牙螺纹；细牙螺纹的螺距小、升角小，小径较大，故自锁性能好，对螺杆的强度削弱较少，适用于薄壁零件的连接，还可用于微调机构的调整。

2. 管螺纹

管螺纹是英制螺纹，牙型角 $\alpha=55°$，公称直径（英寸为单位）以管子的孔径表示，螺距以每英寸的螺纹牙数表示。

按螺纹是制作在圆柱面上还是在圆锥面上，又将管螺纹分为圆柱管螺纹和圆锥管螺纹。前者用于低压场合，后者用于高温、高压或密封性要求较高的管子联接。

3. 矩形螺纹

牙型为正方形，牙型角 $\alpha=0°$。在几种不同牙型的螺纹中，其传动效率最高，多用于传力或传导螺旋，但对中性较差，牙根强度低，精加工较困难，而且当螺旋副磨损后产生的间隙难以补偿。矩形螺纹未标准化，已逐渐被梯形螺纹所替代。

4. 梯形螺纹

牙型为等腰梯形，牙型角 $\alpha=30°$。其转动效率略低于矩形螺纹，但加工方便，对中性好，牙根强度高，可以调整间隙。广泛用于传力或传导螺旋。

5. 锯齿形螺纹

工作面的牙型斜角为 3°。非工作面的牙型斜角为 30°。它兼有矩形螺纹效率高和梯形螺纹牙根强度高的优点，但只能用于承受单向载荷的传动。

第二节　螺纹联接的基本类型、预紧和防松

一、螺纹联接的基本类型

1. 螺栓联接

螺栓联接是将螺栓穿过被联接件上的光孔并用螺母锁紧。这种联接结构简单、装拆方便、适用于被联接件不太厚的场合。

螺栓联接分为普通螺栓联接和铰制孔螺栓联接两种。图 6-5a 所示为普通螺栓联接，其结构特点是被联接件上的通孔与螺栓杆间有间隙，故孔的加工精度要求低，工作载荷只能使螺栓受拉伸。图 6-5b 所示为铰制孔螺栓联接，被联接件上的铰制孔和螺栓杆的光杆部分多采用基孔制过渡配合，故孔的加工精度要求高，适用于利用螺栓杆承受横向载荷或

需要精确固定被联接件相对位置的场合。

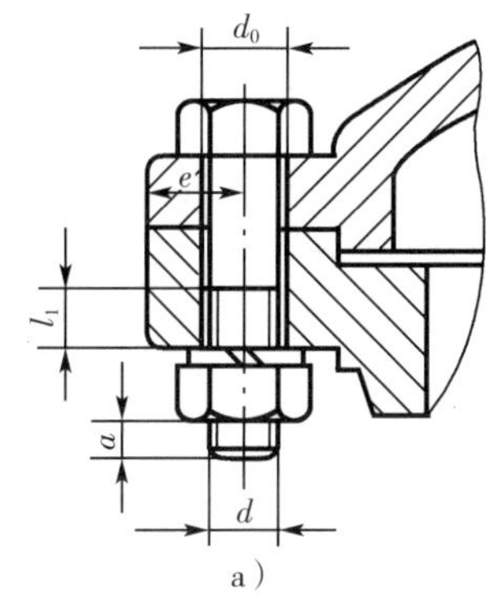

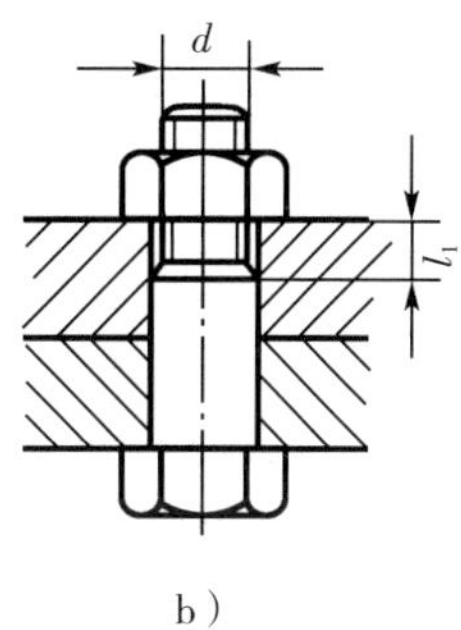

静载荷 $l_1 \geq (0.3 \sim 0.5)d$；变载荷 $l_1 \geq 0.75d$；冲击或弯曲载荷 $l_1 \geq d$；

$e = d + (3 \sim 6)\text{mm}$；$d_0 \approx 1.1d$；$a \approx (0.2 \sim 0.3)d$；铰制孔螺栓联接 $l_1 = d$。

图 6－5　螺栓联接

2．双头螺柱联接

图 6－6 所示为双头螺柱联接，它是将双头螺柱的一端旋紧在被联接件的螺纹孔中，另一端则穿过另一被联接件的孔再用螺母锁紧。这种联接用于被联接之一较厚而不宜制成通孔，且需要经常拆装的场合。

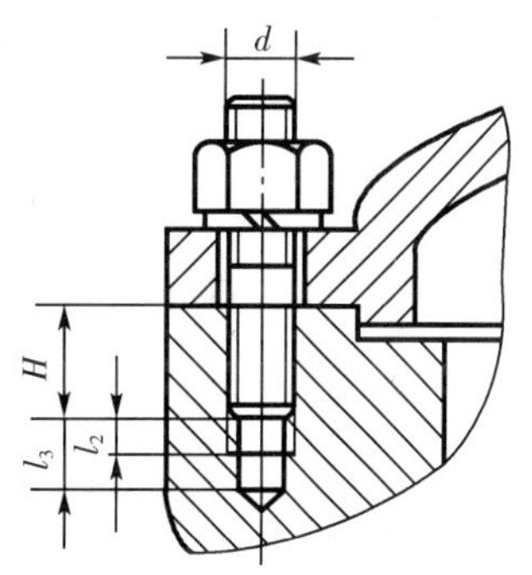

螺纹孔件为钢 $H \approx d$；
铸铁 $H \approx (1.25 \sim 1.5)d$；
铝合金 $H \approx (1.5 \sim 2.5)d$

图 6－6　双头螺柱联接

3．螺钉联接

图 6－7 所示为螺钉联接。它是将螺钉穿过一被联接件的孔并旋入另一被联接件的螺纹孔中。这种联接适用于被联接件之一较厚而不宜制成通孔，且受力不大，不需经常拆装的场合。

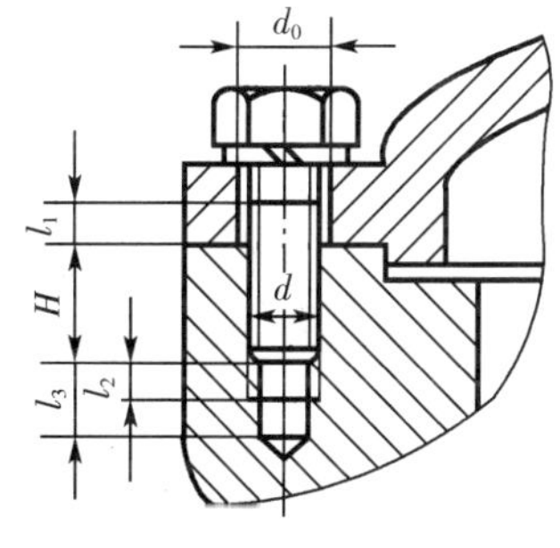

图 6－7　螺钉联接

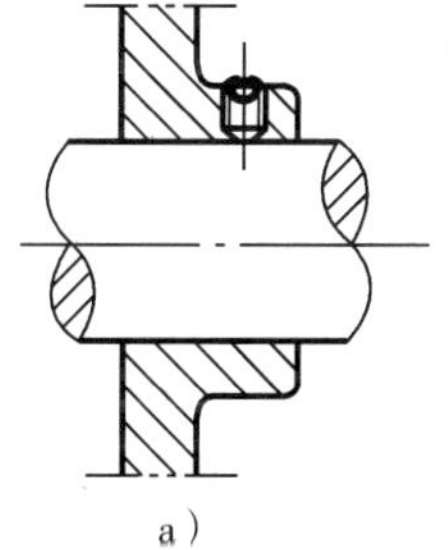

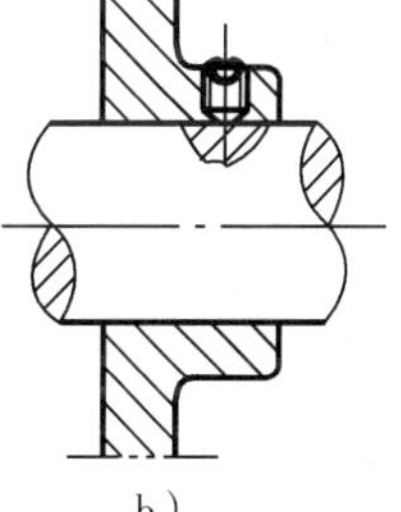

图 6－8　紧定螺钉联接

4．紧定螺钉联接

紧定螺钉联接如图 6－8 所示。将紧钉螺钉旋入一零件的螺纹孔中，并用螺钉端部顶住另一零件的表面（如图 6－8a）或顶入该零件的凹坑中（如图 6－8b），以固定两零件的相对位置，并可传递不大的力或力矩。

二、标准螺纹联接件

螺纹联接件的类型很多，在机械制造中常用的联接件有螺栓、双头螺柱、螺钉、螺母和垫圈等。这类零件大多已标准化，设计时可根据有关标准选用。表 6-1 列出了标准螺纹联接件的图例、结构特点及应用。

表 6-1　常用标准螺纹联接件

名　称	图　例	结构特点及应用
六角头螺栓	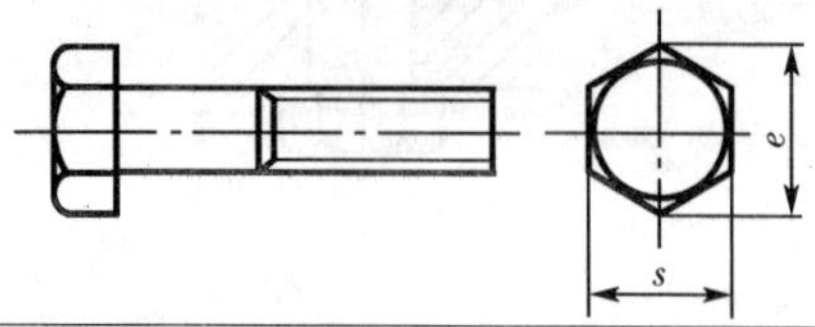 e　s	螺纹精度分 A、B、C 三级，通常多用 C 级，杆部可以全部是螺纹或只有一段螺纹
圆螺母	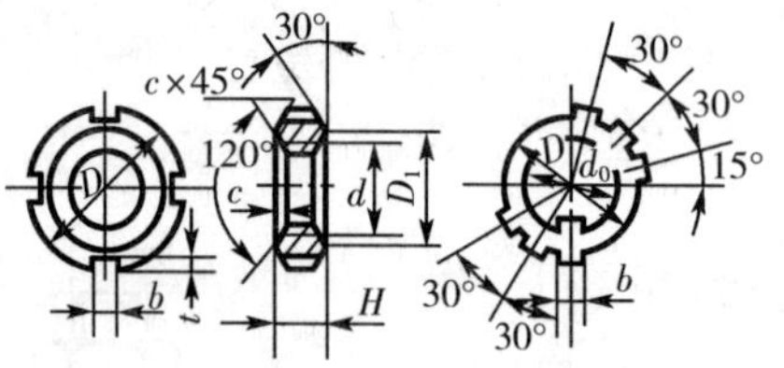 30°　c×45°　120°　D　c　d　D_1　b　t　H　30°　30°　d_0　15°　30°　30°　b	圆螺母常与止退垫圈配用，装配时垫圈内舌嵌入轴槽内，外舌嵌入螺母槽内即可防螺母松脱。常作滚动轴承轴向固定用
垫　圈	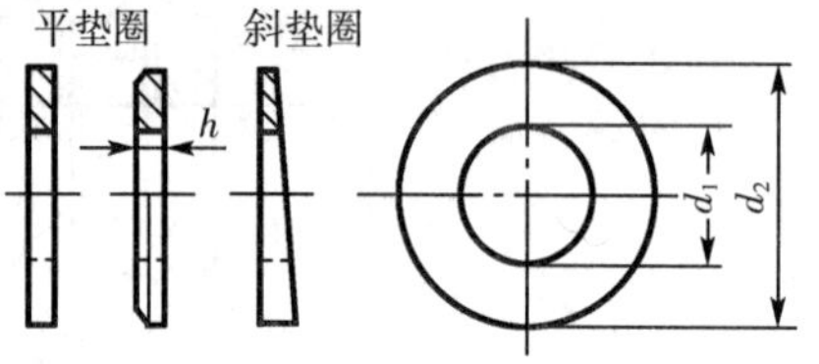 平垫圈　斜垫圈　h　d_1　d_2	垫圈放在螺母与被联接件之间用以保护支承圈。平垫圈按加工精度分 A、C 两级，用于同一螺纹直径的垫圈又分 4 种大小，特大的用于铁木结构。斜垫圈用于倾斜的支承面
螺　柱	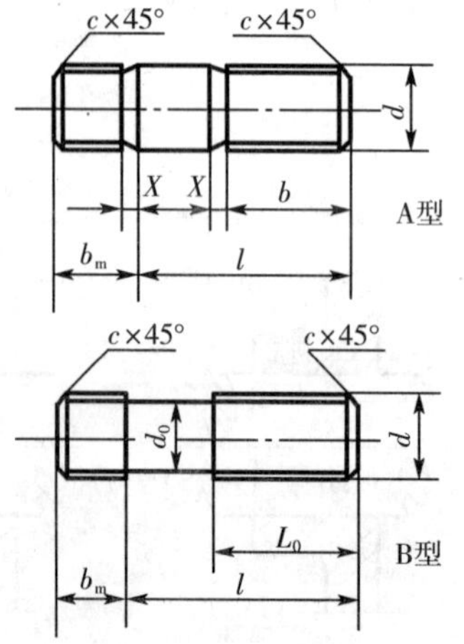 c×45°　c×45°　d　X　X　b　A型　b_m　l　c×45°　c×45°　d_0　d　L_0　B型　b_m　l	两端均有螺纹，两端螺纹可相同或不同，有 A 型、B 型两种结构，一端拧入厚度大，不便穿透的被联接件，另一端用螺母旋紧
螺　钉	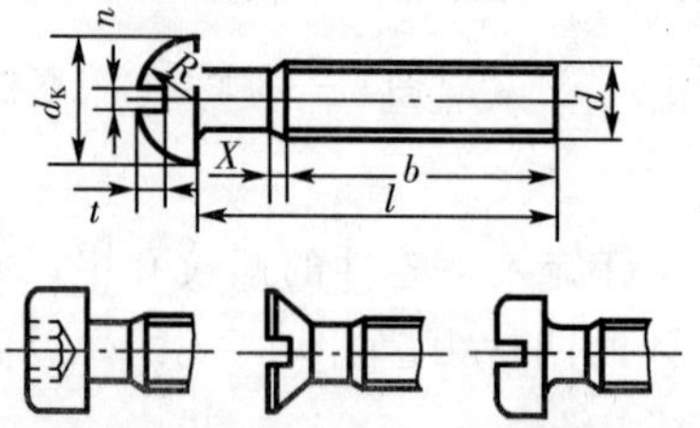 n　d_K　R　d　X　b　t　l	头部形状有圆头、扁圆头、内六角头、圆柱头和沉头等。起子槽有一字槽、十字槽、内六角孔等。十字槽强度高，便于用机动工具，内六角孔用于要求结构紧凑的地方

（续表）

名　称	图　例	结构特点及应用
紧定螺钉		常用的紧定螺钉末端形状有锥端、平端和圆柱端。锥端用于被紧定件硬度低，不常拆卸的场合；平端常用于紧定硬度较高的平面或用于经常拆卸的场合；圆柱端压入轴上的凹坑中，适用于紧定空心轴上的零件
六角螺母		按厚度分为标准、薄型两种。螺母的制造精度与螺栓的制造精度对应，分 A、B、C 三级，分别与同级别的螺栓配用

三、螺纹联接的预紧

一般螺纹联接在装配时都必须拧紧，使螺栓受到拉伸和被联接件受到压缩，联接件在承受工作载荷之前就预加上的作用力称为预紧力。预紧的目的是为了增强联接的可靠性、紧密性和防松能力。对于承受轴向工作拉力的螺栓联接，还能提高螺栓的疲劳强度；对于承受横向载荷的普通螺栓联接，有利于增大联接中的摩擦力。如果预紧力过小，则会使联接不可靠；如果预紧力过大，又会导致联接过载甚至被拉断。

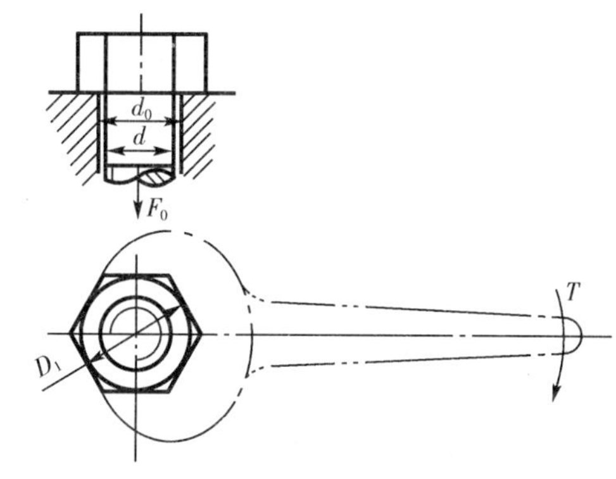

图 6－9　扳手力矩

拧紧螺母时，所施加的扳手力矩 T，用来克服螺纹副的摩擦阻力矩 T_1 和螺母与被联接件支承面的摩擦阻力矩 T_2，如图 6－9 所示。即

$$T=F_0\tan(\lambda+\varphi_v)\frac{d_2}{2}+\frac{1}{3}f_cF_0\frac{D_1^3-d_0^3}{D_1^2-d_0^2}=KF_0d \qquad (6-2)$$

式中：F_0——预紧力，N；

d——螺纹的公称直径，mm；

φ_v——当量摩擦角；

f_c——螺母与被联接件支承面间的摩擦系数；

K——拧紧力矩系数，见表 6－2。

由式（6－2）可知，预紧力 F_0 的大小取决于拧紧力矩 T。

表 6-2　拧紧力矩系数 K

摩擦表面状态		精加工表面	一般加工表面	表面氧化	镀锌	干燥粗加工表面
K 值	有润滑	0.10	0.13～0.15	0.20	0.18	—
	无润滑	0.12	0.18～0.21	0.24	0.22	0.26～0.30

对于一般的联接，可凭经验来控制预紧力 F_0 的大小，但对比较重要的联接，可采用测力矩扳手来拧紧螺母，所控制的力矩 T 可以在刻度上读出，如图 6-10 所示。

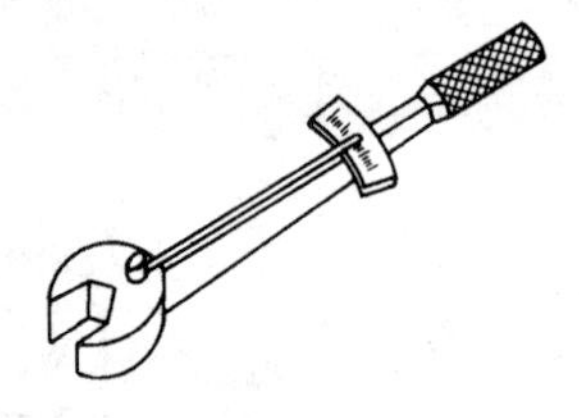
图 6-10　测力矩扳手

四、螺纹联接的防松

联接中常用的单线螺纹和管螺纹都能满足自锁条件，在静载荷或冲击、振动不大、温度变化不大时不会自行松脱。但在冲击振动或变载荷的作用下，或当温度变化较大时，螺纹副间的摩擦力可能减小或瞬时消失，这种现象多次重复就会使联接松脱。因此，设计螺栓联接时必须考虑防松问题。

防松的根本问题是防止螺母和螺栓的相对转动。防松的方法很多，按其工作原理，可分为摩擦防松、机械防松、化学防松和永久防松四大类。常用的防松方法如表 6-3 所示。

表 6-3　常用螺纹联接的防松方法

利用附加摩擦力防松	弹簧垫圈	对顶螺母	尼龙圈锁紧螺母
	弹簧垫圈材料为弹簧钢，装配后垫圈被压平，其反弹力能使螺纹间保持压紧力和摩擦力	利用两螺母的对顶作用使螺栓始终受到附加拉力和附加摩擦力的作用。结构简单，可用于低速重载场合	螺母中嵌有尼龙圈，拧上后尼龙圈内孔被胀大而箍紧螺栓

（续表）

采用专门防松元件防松	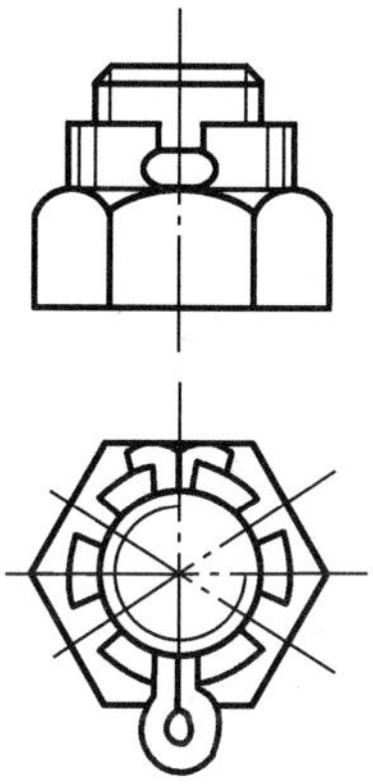 槽型螺母和开口销	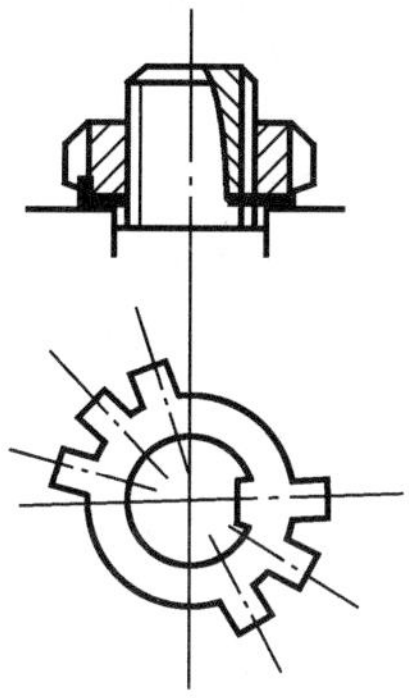 圆螺母用带翅垫片	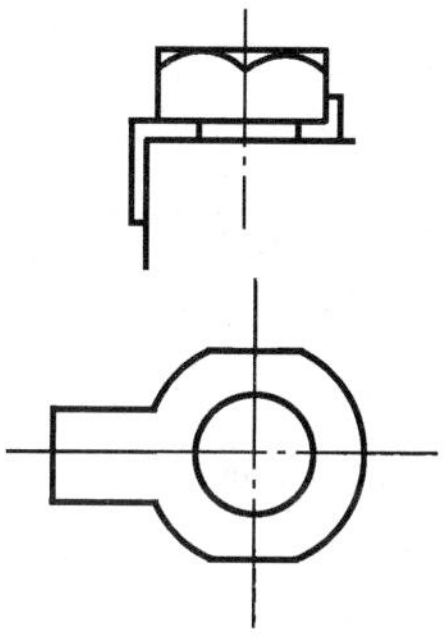 止动垫片
	槽形螺母拧紧后，用开口销穿过螺栓尾部小孔和螺母的槽，也可以用普通螺母拧紧后再配钻开口销孔	使垫片内翅嵌入螺栓（轴）的槽内，拧紧螺母后将垫片外翅之一折嵌于螺母的一个槽内	将垫片折边以固定螺母和被联接件的相对位置
其他方法防松	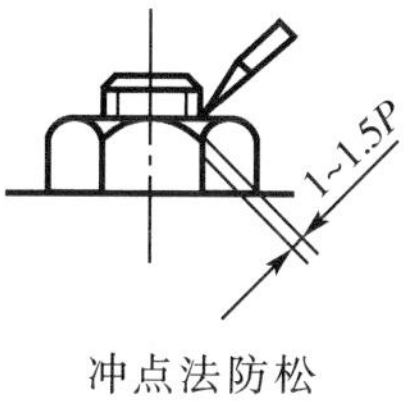 1～1.5P 冲点法防松 用冲头冲 2～3 点	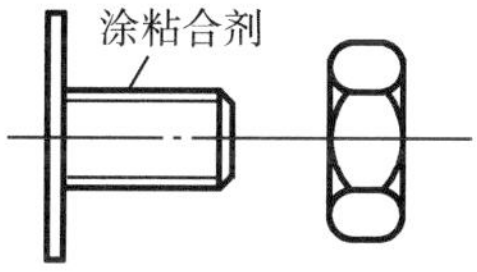 涂粘合剂 粘合法防松	用粘合剂涂于螺纹旋合表面，拧紧螺母后粘合剂能自行固化，防松效果良好
	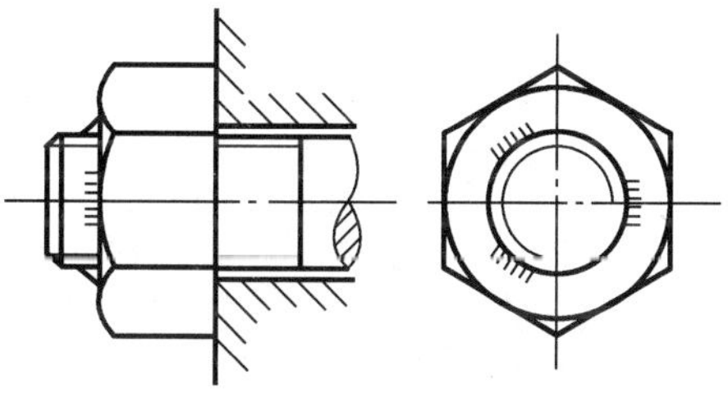 永久防松　　焊接	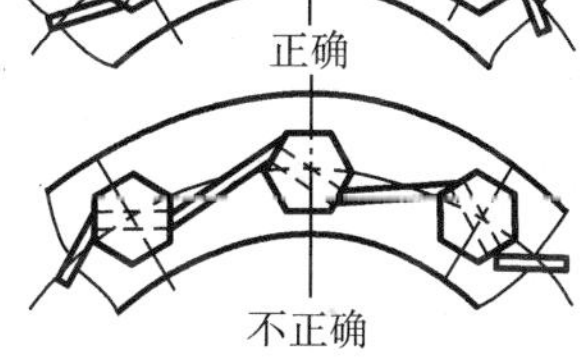 正确 不正确 串联钢丝	用于螺栓组、螺钉组联接的防松

第三节　单个螺栓联接的强度计算

螺栓联接的应用广泛，受载形式也很多，但就单个螺栓来说，其主要受力形式可分为轴向受拉或横向受剪两类。普通螺栓在轴向拉力（包括预紧力）的作用下，螺栓杆或螺纹部分可能发生塑性变形或断裂；铰制孔螺栓在横向剪力的作用下，螺栓杆和孔壁间可能发生压溃或螺栓杆被剪断。根据统计分析，螺栓受轴向变载荷时，各部分损坏的百分比大致如图 6－11 所示。由此可见螺栓的疲劳断裂常发生在螺纹根部，即截面面积较小且有应力集中的地方。

单个螺栓联接的强度计算是螺纹联接设计的基础。其设计准则是针对具体的失效形式，通过对螺栓的相应部位采用相应的强度条件计算螺栓危险截面的直径（螺纹小径）或校核其强度。螺栓其他部分及螺母、垫圈等尺寸，可按螺纹公称直径直接从标准中查出，不必进行强度计算。

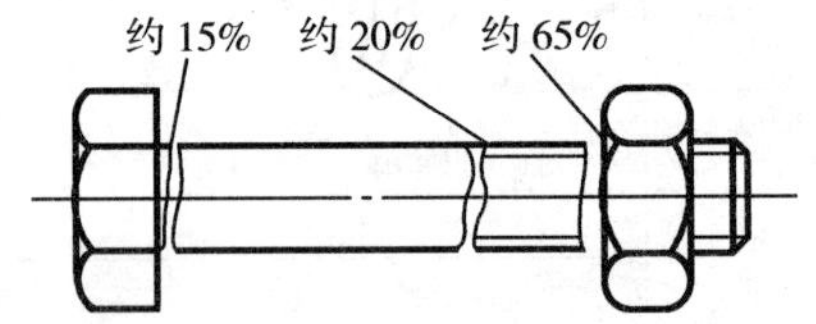

图 6－11　螺栓失效比例分析

一、受拉螺栓联接

1. 松螺栓联接

这种联接在装配时不需要把螺母拧紧，在承受工作载荷之前螺栓不受力，图 6－12 所示吊钩尾部的螺纹联接就是松联接的一个实例。当吊钩起吊重物时，螺栓所受的工作拉力就是工作载荷 F，故螺栓危险截面的拉伸强度条件为

$$\sigma=\frac{F}{A}=\frac{F}{\frac{\pi}{4}d_1^2}\leqslant[\sigma] \tag{6-3}$$

式中：d_1——螺纹小径，mm；

$[\sigma]$——松螺栓联接的许用应力，MPa，可查表 6－6。

由上式可得设计公式为

$$d_1\geqslant\sqrt{\frac{4F}{\pi[\sigma]}} \tag{6-4}$$

计算得出 d_1 值后再从有关设计手册中查得螺纹的公称直径 d。

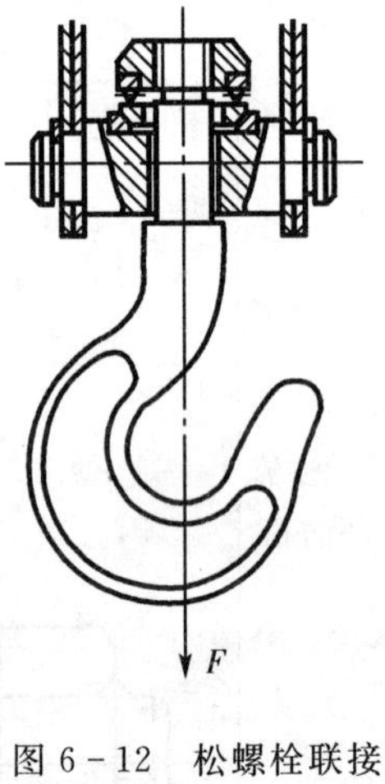

图 6－12　松螺栓联接

2. 紧螺栓联接

（1）只受预紧力的紧螺栓联接

螺栓拧紧后，其螺纹部分不仅因受预紧力 F_0 的作用而产生拉伸应力 σ，还受因螺纹摩擦力矩 T_1 的作用而产生扭转剪应力 τ，所以螺栓危险截面受到拉伸应力 σ 和扭转剪应力 τ 的复合作用。σ 和 τ 分别为

$$\sigma=\frac{F_0}{\frac{\pi}{4}d_1^2}$$

$$\tau=\frac{T_1}{\frac{\pi d_1^3}{16}}=\frac{F_0\tan(\lambda+\varphi_v)\cdot\frac{d_2}{2}}{\frac{\pi d_1^3}{16}}=\tan(\lambda+\varphi_v)\cdot\frac{2d_2}{d_1}\cdot\frac{F_0}{\frac{\pi}{4}d_1^2}$$

$$=\tan(\lambda+\varphi_v)\cdot\frac{2d_2}{d_1}\cdot\sigma$$

对于M10～M68的普通螺纹，可取 $\lambda=2°30'$，$d_2=1.12d_1$，$f_v=\tan\varphi_v=0.15$，则得 $\tau=0.5\sigma$。

由于螺栓是塑性材料，可用第四强度理论求出其当量应力 σ_e 为

$$\sigma_e=\sqrt{\sigma^2+3\tau^2}=\sqrt{\sigma^2+3\times(0.5\sigma)^2}\approx1.3\sigma$$

则螺栓危险截面的强度条件为

$$\sigma_e=1.3\sigma=\frac{1.3F_0}{\frac{\pi d_1^2}{4}}\leqslant[\sigma] \tag{6-5}$$

设计公式为

$$d_1\geqslant\sqrt{\frac{4\times1.3F_0}{\pi[\sigma]}} \tag{6-6}$$

式中：$[\sigma]$——紧螺栓联接的许用拉应力，查表6-6。

由此可见，对同时受到拉伸和扭转复合作用的紧螺栓联接，其强度也可按纯拉伸计算，但考虑螺纹摩擦力矩 T_1 的影响，需将拉力增大30%。

(2) 承受横向外载荷时

图6-13所示为普通螺栓联接。这种联接中的螺栓杆与被联接件孔壁之间有间隙，横向外载荷 F_R 并不作用在螺栓杆上，而是靠被联接件接合面间所产生的摩擦力 F_0f 来平衡。此时螺栓仅受预紧力 F_0 及螺纹副的摩擦力矩 T_1 的作用。

在横向外载荷 F_R 作用下，保证联接紧固（被联接件接合面间不滑移）的条件为

$$F_0f\geqslant F_R$$

若考虑联接的可靠性及接合面的数目，则上式可改为

$$F_0fm=K_fF_R$$

即

$$F_0=\frac{K_fF_R}{fm} \tag{6-7}$$

式中：F_R——横向外载荷，N；

f——接合面间的摩擦系数，可查表6-4；

m——接合面数；

K_f——可靠性系数，一般取 $K_f=1.1\sim1.3$。

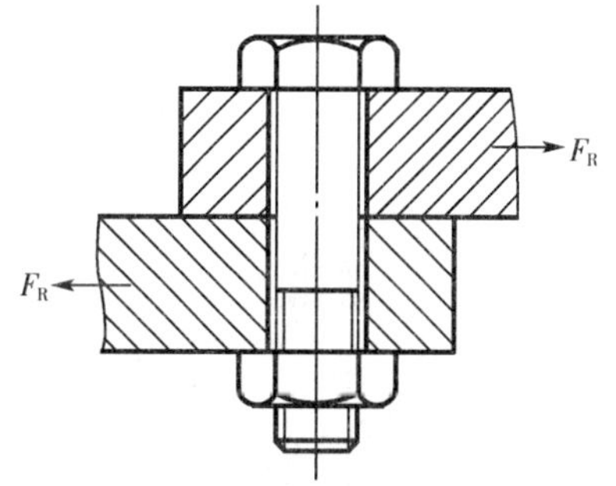

图6-13　受横向外载荷的普通螺栓联接

表 6-4　联接接合面间的摩擦系数 f

被联接件	表面状态	f
钢或铸铁零件	干燥的加工表面 有油的加工表面	0.10～0.16 0.06～0.10
钢结构	喷砂处理 涂富锌漆 轧制表面、用钢丝刷清理浮锈	0.45～0.55 0.35～0.40 0.30～0.35
铸铁对榆杨木（或混凝土、砖）	干燥表面	0.40～0.50

当 $f=0.15$、$K_f=1.1$、$m=1$ 时，代入式（6-7）可得

$$F_0=\frac{1.1F_R}{0.15\times1}\approx7F_R$$

从上式可见，当承受横向载荷 F_R 时，要使联接不发生滑动，螺栓上要承受 7 倍于横向外载荷的预紧力，这样设计出的螺栓结构笨重、尺寸大、不经济，尤其在冲击、振动载荷的作用下联接更为不可靠，因此应设法避免这种结构，而采用新结构（见图 6-20）。受横向工作载荷作用的普通螺栓联接，预紧力按式（6-7）计算，螺栓杆强度仍按式（6-5）计算。

（3）承受轴向静载荷的紧螺栓联接

这种受力形式的紧螺栓联接应用最广，也是最重要的一种螺栓联接形式。图 6-14 所示为气缸盖螺栓组，其每个螺栓承受的平均轴向工作载荷为

$$F=\frac{p\pi D^2}{4z}$$

式中：p 为气缸内气压（压强）；D 为气缸内径；z 为螺栓数。

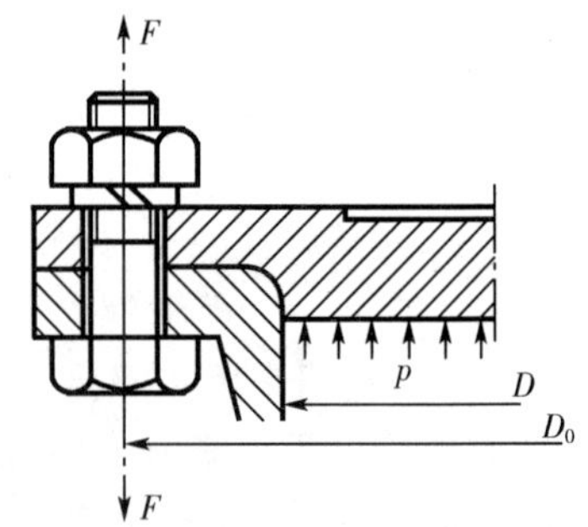

图 6-14　气缸盖螺栓联接

图 6-15 为气缸盖螺栓组中一个螺栓联接的受力与变形情况。

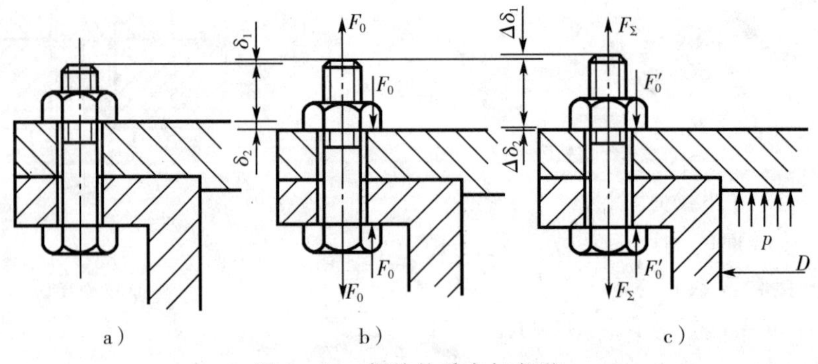

图 6-15　螺栓的受力与变形

图 6－15a 为螺母刚好拧到与被联接件相接触，但未被拧紧的情况。此时螺栓和被联接件都不受力作用，因而也未产生变形。

图 6－15b 为螺母已被拧紧，但尚未受到工作载荷的情况。螺栓受预紧力 F_0 的作用，其伸长量为 δ_1，被联接件受压力 F_0 的作用而产生压缩变形，变形量为 δ_2。

图 6－15c 为螺栓受到轴向外载荷 F 作用后的情况。这时螺栓所受的拉力由 F_0 增加到 F_Σ，相应的螺栓伸长量为 $\Delta\delta_1$；被联接件因螺栓的再增长而略有放松，其所受的压力由 F_0 减小到 F'_0（F'_0 称为残余预紧力），被联接件相应的压缩变形减少量为 $\Delta\delta_2$。根据螺栓和被联接件的变形协调条件，$\Delta\delta_1$ 应与 $\Delta\delta_2$ 相等。再由螺栓的静力平衡条件可知，螺栓所受的轴向总载荷 F_Σ 为工作载荷 F 与残余预紧力 F'_0 之和，即

$$F_\Sigma = F + F'_0 \tag{6-8}$$

不同的应用场合，对残余预紧力有着不同的要求，一般可参考以下经验数据来确定：对于一般的联接，若工作载荷稳定，取 $F'_0=(0.2\sim0.6)F$，若工作载荷不稳定，取 $F'_0=(0.6\sim1.0)F$；对于气缸、压力容器等有紧密性要求的螺栓联接，取 $F'_0=(1.5\sim1.8)F$。

当选定残余预紧力 F'_0 后，即可按式（6－8）求出螺栓所受的总载荷 F_Σ，同时考虑到可能需要补充拧紧及扭转剪应力的作用，将 F_Σ 增加 30％，则螺栓危险截面的拉伸强度条件为

$$\sigma = \frac{1.3F_\Sigma}{\frac{\pi}{4}d_1^2} \leqslant [\sigma] \tag{6-9}$$

设计公式为

$$d_1 \geqslant \sqrt{\frac{4\times1.3F_\Sigma}{\pi[\sigma]}} \tag{6-10}$$

式中各符号含义同前。

根据变形协调条件，可导出预紧力 F_0 与残余预紧力 F'_0 的关系为

$$F_0 = F'_0 + \frac{C_2}{C_1+C_2}F \tag{6-11}$$

$$F_\Sigma = F_0 + \frac{C_1}{C_1+C_2}F \tag{6-12}$$

式(6－12)是螺栓总载荷的另一种表达形式。其中$\frac{C_1}{C_1+C_2}$称为相对刚性系数，C_1 为螺栓的刚度，C_2 为被联接件的刚度。相对刚性系数的大小与螺栓和被联接件的材料、结构、尺寸及联接中的垫片等有关。对于钢、铸铁被联接件，$\frac{C_1}{C_1+C_2}$值一般可采用以下数据：金属垫片（或无垫片）0.2～0.3；皮革垫片 0.7；铜皮石棉垫片 0.8；橡胶垫片 0.9。

二、受剪螺栓联接

图 6－16 所示为铰制孔螺栓联接，工作时螺栓杆在联接接合处受剪切，螺栓杆与孔壁之间挤压。这种螺栓联接在装配时也需要适当拧紧，但预紧力很小，一般计算时略去不

计。螺栓杆的抗剪强度条件为

$$\tau=\frac{F_R}{m\frac{\pi}{4}d_s^2}\leqslant[\tau] \qquad (6-13)$$

螺栓杆与孔壁间的挤压强度条件为

$$\sigma_p=\frac{F_R}{d_s\cdot\delta}\leqslant[\sigma_p] \qquad (6-14)$$

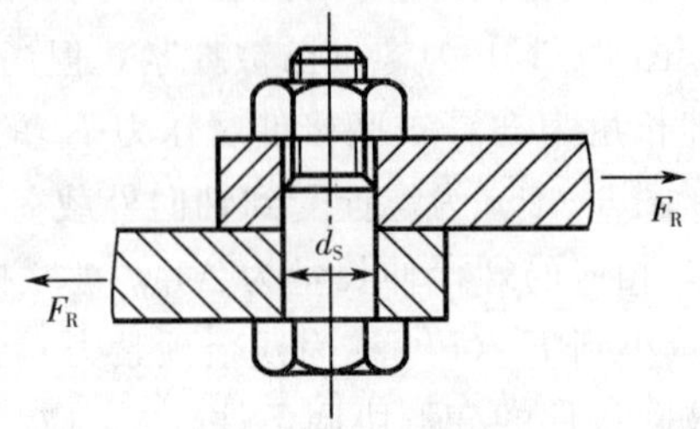

图 6-16 受横向外载荷的铰制孔螺栓联接

式中：F_R——横向载荷，N；

d_s——螺栓杆受剪截面直径，mm；

m——螺栓受剪面数；

δ——螺栓杆与孔壁接触面的最小长度，mm；

$[\tau]$——螺栓材料的许用剪应力，MPa，查表 6-6；

$[\sigma_p]$——螺栓与孔壁中较弱材料的许用挤压应力，MPa，查表 6-6。

第四节　螺纹联接件的材料和许用应力

一、螺纹联接件的材料

一般条件下工作的螺纹联接件的常用材料为低碳钢和中碳钢，如 Q215、Q235、15、35 和 45 钢等；受冲击、振动和变载荷作用的螺纹联接件可采用合金钢，如 15Cr、40Cr、30CrMnsi 和 15CrVB 等；有防腐、防磁、导电，耐高温等特殊要求时可采用 1Cr13、2Cr13、CrNi2、1Cr18Ni9Ti 和黄铜 H62、$H62_{防磁}$、HPb62、$HPb62_{防磁}$ 及铝合金 2B11（原 LY8）、2A10（原 LY10）等。螺纹联接件常用材料的力学性能见表 6-5。

表 6-5　螺纹联接件常用材料的力学性能

（摘自 GB700—1988、GB699—1988、GB3077—1988）　　MPa

钢　号	Q215（A2）	Q235（A3）	35	45	40Cr
强度极限 σ_B	335～410	375～460	530	600	980
屈服极限 σ_S（$d\leqslant$16～100mm）	185～215	205～235	315	355	785

注：螺栓直径 d 小时，取偏高值。

二、螺栓联接的许用应力

螺栓联接的许用应力 $[\sigma]$ 和安全系数 S 见表 6-6、表 6-7。

表 6-6 螺栓联接的许用应力和安全系数

联接情况	受载情况	许用应力 $[\sigma]$ 和安全系数 S
松联接	轴向静载荷	$[\sigma]=\frac{\sigma_s}{S}$。$S=1.2\sim1.7$（未淬火钢取小值）
紧联接	轴向静载荷 横向静载荷	$[\sigma]=\frac{\sigma_s}{S}$。控制预紧力时，$S=1.2\sim1.5$；不控制预紧力时，$S$ 查表 6-7
铰制孔用螺栓联接	横向静载荷	$[\tau]=\sigma_s/2.5$。被联接件为钢时，$[\sigma_p]=[\sigma_s]/1.25$；被联接件为铸铁时，$[\sigma_p]=\sigma_B/2\sim2.5$
	横向变载荷	$[\tau]=\sigma_s/3.5\sim5$，$[\sigma_p]$ 按静载荷的 $[\sigma_p]$ 值降低 20%～30%计算

表 6-7 紧螺栓联接的安全系数 S（不控制预紧力时）

材 料	静 载 荷			变 载 荷	
	M6～M16	M16～M30	M30～M60	M6～M16	M16～M30
碳素钢	4～3	3～2	2～1.3	10～6.5	6.5
合金钢	5～4	4～2.5	2.5	7.5～5	5

第五节 螺栓组联接的结构设计和受力分析

大多数情况下的螺纹联接件都是成组使用的。下面所讨论的螺栓组联接的设计问题，其基本结论也适用于双头螺栓组联接和螺钉联接等。

设计螺栓组联接时，通常先选定螺栓的数目及布置形式，然后再确定螺栓的直径。

一、螺栓组联接的结构设计

螺栓组联接的结构设计就是确定联接接合面的几何形状和螺栓的布置形式，使各螺栓和联接接合面的受力均匀，便于加工和装配。为此应注意以下几个问题：

(1) 为了装拆的方便，应留有必要的安装和拆卸紧固件的空间，图 6-17 所示的扳手空间尺寸可查阅有关标准。对于压力容器等紧密性要求较高的联接，螺栓间距 t 要选择恰当，不得大于表 6-8 所推荐的数值。

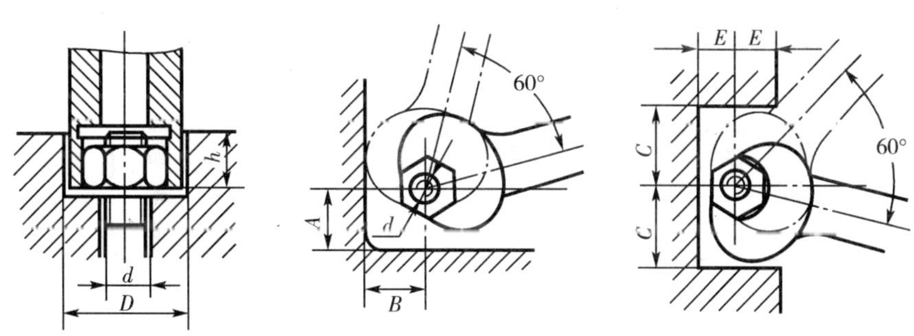

图 6-17 扳手空间尺寸

表 6-8　紧密联接的螺栓间距 t

	容器工作压力 p / MPa					
	≤1.6	1.6～4	4～10	10～16	16～20	20～30
	t/mm					
d——螺纹公称直径	7d	4.5d	4.5d	4d	3.5d	3d

（2）螺栓的布置应使螺栓的受力合理。

① 联接接合面的几何形状常设计成轴对称的简单几何形状，如图 6-18 所示。这样便于对称布置螺栓，使螺栓组的对称中心和联接接合面的形心重合，保证接合面的受力比较均匀，同时也便于加工制造。

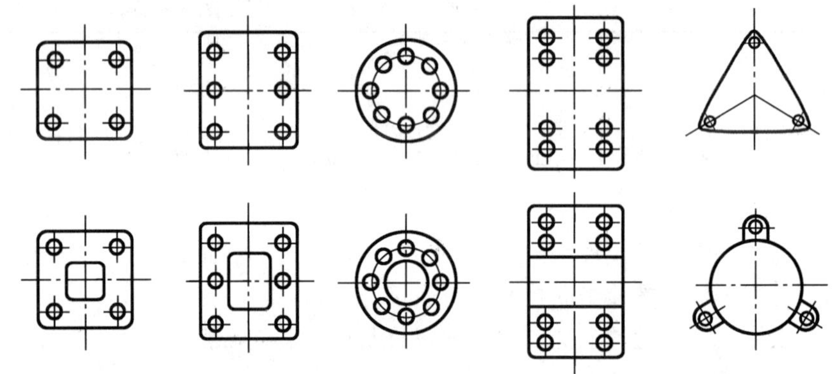

图 6-18　螺栓组联接接合面的形状

② 分布在同一圆周上的螺栓数，应取为 3、4、6、8、12 等易于分度的数目，以利于画线钻孔。

③ 不要在平行于工作载荷的方向上成排地布置 8 个以上的螺栓，以避免螺栓受力不均。

④ 对承受弯矩或转矩作用的螺栓组联接，应使螺栓的位置适当靠近接合面的边缘，以减小螺栓中的载荷，如图 6-19 所示。

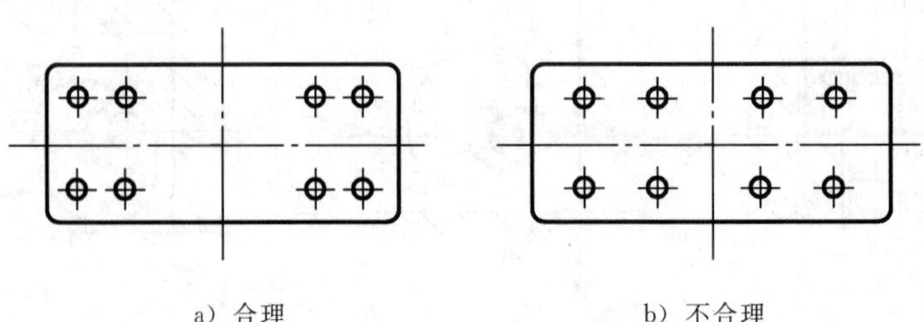

a）合理　　b）不合理

图 6-19　接合面受弯矩或扭矩时螺栓的布置

⑤ 对承受较大横向载荷的螺栓组，应采用减载装置来承受部分横向载荷，以减小螺栓的结构尺寸，如图 6－20 所示。

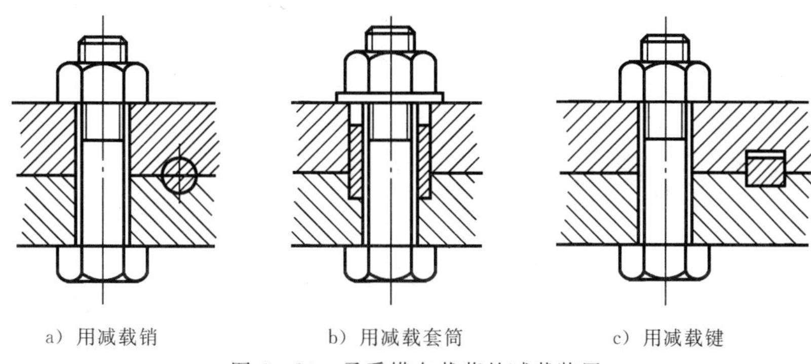

a）用减载销　　b）用减载套筒　　c）用减载键

图 6－20　承受横向载荷的减载装置

（3）为了联接可靠，避免产生附加载荷，螺栓头、螺母与被联接件的接触表面均应平整，并保证螺栓轴线与接触面垂直。在铸、锻件等粗糙表面上安装螺栓时，应制成凸台或沉头座；当支承面为倾斜表面时，应采用斜面垫圈，如图 6－21 及图 6－22 所示。

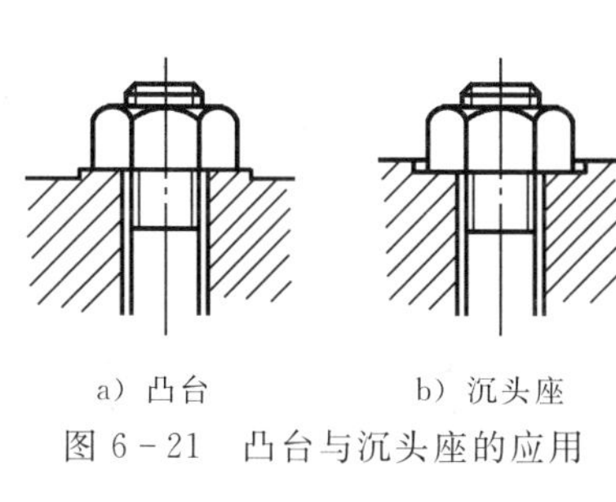

a）凸台　　b）沉头座

图 6－21　凸台与沉头座的应用

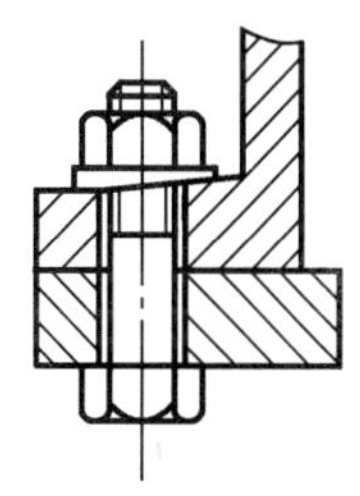

图 6－22　斜面垫圈的应用

（4）为了便于制造和装配，同一螺栓组联接中的各螺栓不论其受力大小，应采用同样的材料和尺寸。

（5）根据螺栓联接的工作条件及重要程度，合理地选择防松装置。

二、螺栓组联接的受力分析

进行螺栓组受力分析的目的是：根据联接的结构和受载情况，求出受力最大的单个螺栓的工作载荷，以便进行螺栓的强度计算。

为了简化受力分析时的计算，通常作如下假设：（1）螺栓组内各螺栓的材料、结构、尺寸和所受的预紧力均相同；（2）螺栓组的对称中心与联接接合面的形心重合；（3）受载后联接接合面仍为平面；（4）被联接件为刚体；（5）螺栓的变形在弹性范围内。

下面对几种典型的受载情况，分别进行讨论。

1. 受轴向载荷 F 的螺栓组联接

图 6－23 为一气缸盖螺栓组联接，其载荷 F_Q 的作用线平行于螺栓轴线，并通过螺栓组的对称中心，受载前需预紧，假设预紧力 F_0 相同，总的轴向载荷 F_Q 平均分配给全组中所有的 z 个螺栓联接上，则每个螺栓所受的工作载荷为

$$F=\frac{F_Q}{z} \tag{6-15}$$

然后按单个螺栓受 F_0 和 F 进行计算。计算螺栓强度时，螺栓所受拉力为总拉力 F_Σ，如前所述，$F_\Sigma = F + F'_0$

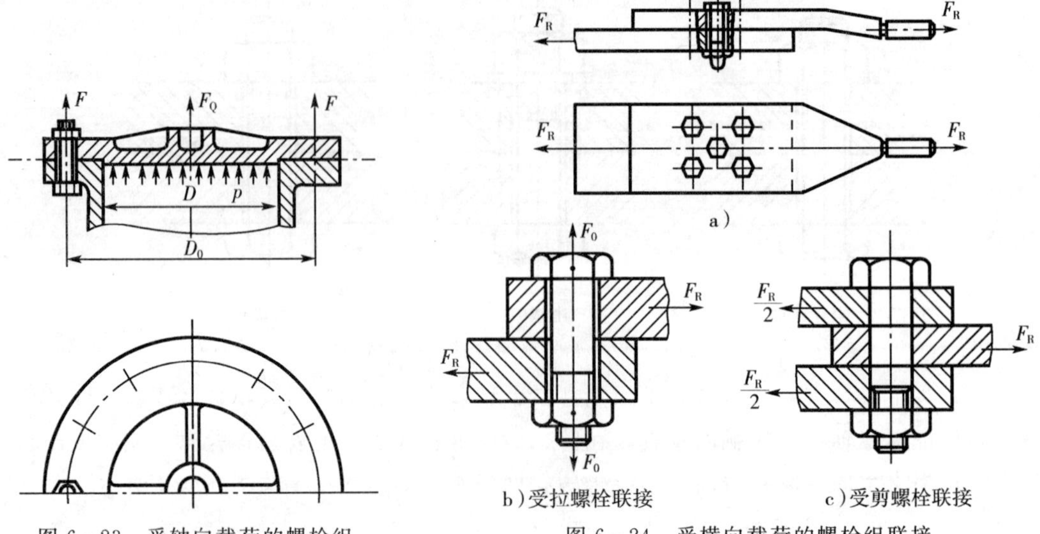

图 6-23　受轴向载荷的螺栓组　　　　图 6-24　受横向载荷的螺栓组联接

2. 受横向载荷 F_R 的螺栓组联接

图 6-24 所示为板件联接，横向载荷 F_R 可通过两种不同方式传递，如图 6-24b 为用受拉普通螺栓联接，图 6-24c 为用受剪铰制孔螺栓联接。

(1) 普通螺栓联接

当采用普通螺栓联接时，靠联接螺栓预紧后在接合面间产生的摩擦力来传递横向载荷 F_R。可根据式 (6-7) 分析得出每个螺栓上所受到的预紧力 F_0 为

$$F_0 \geqslant \frac{K_f F_R}{fzm} \tag{6-16}$$

式中 z 为联接螺栓的个数，其他符号的含义与前述相同。然后按单个受拉螺栓进行强度计算，上式也是保证接合面不产生相对滑移的条件。

(2) 铰制孔螺栓联接

当采用铰制孔螺栓组联接时，主要靠螺栓杆受剪切和挤压来传递横向载荷 F_R。假设各螺栓的受力相等，则每个螺栓所受的横向工作剪力为

$$F_S = \frac{F_R}{z} \tag{6-17}$$

然后按单个受剪螺栓进行强度计算。

3. 受旋转力矩的螺栓组联接

如图 6-25 所示，转矩 T 作用在联接的接合面内，底板有绕螺栓组几何中心轴线 $O-O$ 旋转的趋势。因此，每个螺栓联接处都受横向力的作用，该力的传递也有两种不同的方式。

(1) 普通螺栓联接

当采用普通螺栓联接时，靠螺栓预紧后在接合面上所产生的摩擦力矩来传递转矩 T（图 6-25a)。设各螺栓的预紧力均为 F_0，则各螺栓处产生的摩擦力 fF_0 相等，其方向与

各螺栓的轴线到螺栓组对称中心 O 的连线相垂直。因此，接合面上摩擦传力的条件为

$$fF_0r_1+fF_0r_2+\cdots+fF_0r_z\geqslant K_fT$$

$$F_0\geqslant\frac{K_fT}{f(r_1+r_2+\cdots+r_z)}=\frac{K_fT}{f\sum_{i=1}^{z}r_i} \tag{6-18}$$

式中 r_i 为第 i 个螺栓的轴线到螺栓组对称中心 O 的距离；f、z 和 K_f 的含义与前述相同。然后按单个受拉螺栓进行强度计算。

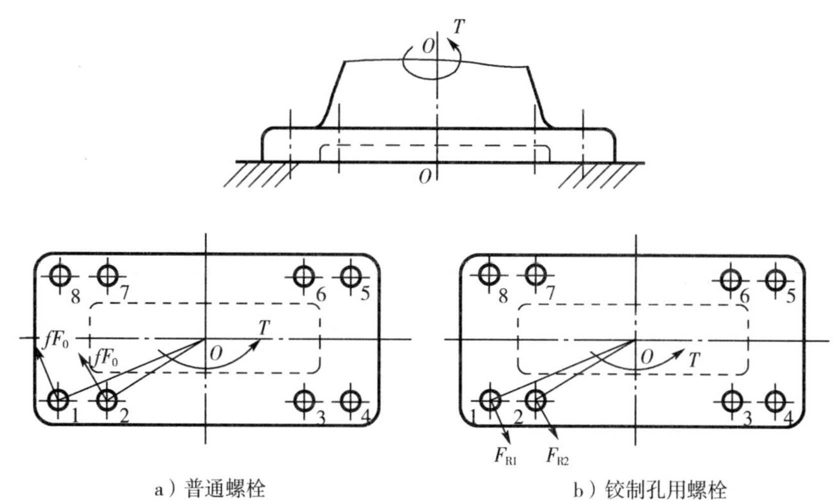

图 6-25　受旋转力矩的螺栓组

（2）铰制孔螺栓联接

当采用铰制孔螺栓联接时，靠螺栓杆的剪切和挤压来传递转矩 T（图 6-25b），各螺栓所受的横向工作剪力 F_{Ri} 垂直于其轴线到螺栓组对称中心 O 的连线。假定底板与座体均为刚体，则各螺栓的剪切变形量与其到底板旋转中心 O 的距离 r 成正比，即距螺栓组对称中心 O 愈远，螺栓的剪切变形量就愈大。若各螺栓刚度相同，螺栓所受剪力 F_{Ri} 也与此距离 r_i 成正比，即

$$\frac{F_{R1}}{r_1}=\frac{F_{R2}}{r_2}=\cdots=\frac{F_{Ri}}{r_i}=\cdots=\frac{F_{Rz}}{r_z}=\frac{F_{Rmax}}{r_{max}}$$

由底板的力矩平衡条件得

$$T=F_{R1}r_1+F_{R2}r_2+\cdots+F_{Ri}r_i+\cdots+F_{Rz}r_z$$

联立上式，得受力最大螺栓的工作剪力为

$$F_{Rmax}=\frac{Tr_{max}}{r_1^2+r_2^2+\cdots r_i^2+\cdots+r_z^2}=\frac{Tr_{max}}{\sum_{i=1}^{z}r_i^2} \tag{6-19}$$

然后按单个受剪螺栓进行强度计算。

4．受翻转力矩的螺栓组联接

图 6-26 所示底板螺栓组联接。假设底板为刚体，则在翻转力矩 M 的作用下，有绕

接合面对称轴 $O-O$ 翻转的趋势，使 $O-O$ 轴左侧螺栓受拉伸，轴向拉力增大；右侧螺栓被放松，使螺栓的预紧力 F_0 减小。

由底板的力矩平衡条件得

$$M=F_1l_1+F_2l_2+\cdots+F_il_i+\cdots+F_zl_z=\sum_{i=1}^{z}F_il_i$$

假设各螺栓的刚度相同，则螺栓所承受的工作拉力与其到底板翻转轴线 $O-O$ 轴的距离成正比，即

$$\frac{F_1}{l_1}=\frac{F_2}{l_2}=\cdots=\frac{F_i}{l_i}=\cdots=\frac{F_z}{l_z}=\frac{F_{\max}}{l_{\max}}$$

联立上式，得受力最大的螺栓所受的工作载荷为

$$F_{\max}=\frac{Ml_{\max}}{l_1^2+l_2^2+\cdots+l_i^2+\cdots+l_z^2}=\frac{Ml_{\max}}{\sum_{i=1}^{z}l_i^2} \tag{6-20}$$

然后按单个螺栓受 F_0 和 F 进行计算。计算螺栓强度时，螺栓所受拉力为总拉力 F_Σ，如前所述

$$F_\Sigma=F+F'_0=F_0+K_CF$$

对于图 6-26 所示的受翻转力矩 M 作用的机座类螺栓组联接，除螺栓要满足其强度条件外，还应保证左侧接合面处不出现间隙，右侧接合面处不因挤压应力过大而发生压溃。故有接合面最小受压处不出现间隙的条件为

$$\sigma_{p\min}=\frac{zF_0}{A}-\frac{M}{W}>0 \tag{6-21}$$

接合面最大受压处不发生压溃的条件为

$$\sigma_{p\max}=\frac{zF_0}{A}+\frac{M}{W}\leqslant[\sigma_P] \tag{6-22}$$

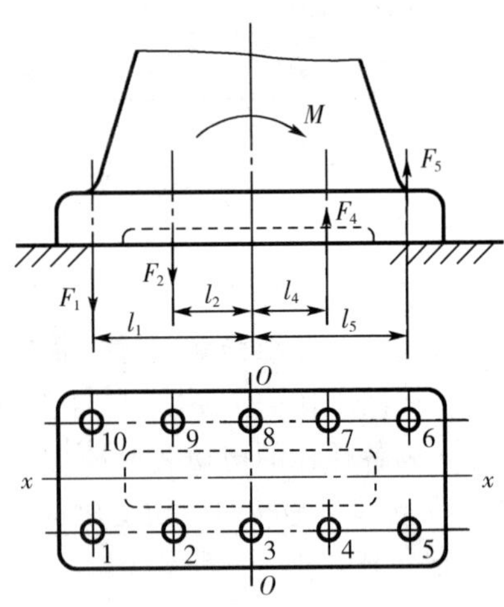

图 6-26 受翻转力矩的螺栓组

式中：F_0——每个螺栓的预紧力，N；

A——底座与支承面的接触面积，mm²；

W—底座与支承面间接合面的抗弯截面模量，mm³；

$[\sigma_p]$——联接接合面较弱材料的许用挤压应力，MPa，$[\sigma_p]$ 可查表 6-9。

表 6-9 联接接合面材料的许用挤压应力 $[\sigma_P]$ MPa

材 料	钢	铸 铁	混凝土	砖（水泥浆缝）	木 材
$[\sigma_P]$	$0.8\sigma_S$	$(0.4\sim0.5)\ \sigma_B$	2.0～3.0	1.5～2.0	2.0～4.0

注：(1) σ_S 为材料屈服极限，σ_B 为材料强度极限；

(2) 当联接接合面的材料不同时，应按强度较弱者选取；

(3) 联接承受静载荷时，$[\sigma_P]$ 应取表中较大值；承受变载荷时，则应取较小值。

在实际使用中，螺栓组联接的受力情况可能是以上四种简单受力状态的不同组合。无论实际螺栓组受力状态如何复杂，只要分别计算出螺栓组在这些简单受力状态下每个螺栓的工作载荷，然后将它们以向量形式迭加，即可得到每个螺栓的总工作载荷。确定受力最大的螺栓及其载荷后，就可进行单个螺栓联接的强度计算。

【例 6-1】 如图 6-23 所示气缸与气缸盖的螺栓联接。已知气缸内径 $D=200\text{mm}$，气缸内气体的工作压力 $p=1.2\text{MPa}$，采用 10 个螺栓，使其分布在直径 $D_0=260\text{mm}$ 的圆周上，凸缘和垫片厚度之和为 50mm。试确定螺栓直径，并检查螺栓间距 t 及扳手空间是否符合要求。

【解】 （1）确定每个螺栓所受的轴向工作载荷 F

$$F=\frac{\pi D^2 p}{4z}=\frac{\pi\times 200^2\times 1.2}{4\times 10}=3770\ \text{N}$$

（2）计算每个螺栓的总拉力 F_Σ

根据气缸盖螺栓联接的紧密性要求，取残余预紧力 $F'_0=1.8F$，由式（6-8）计算螺栓的总拉力

$$F_\Sigma=F+F'_0=F+1.8F=2.8F$$

$$=2.8\times 3\,770=10\,556\ \text{N}$$

（3）确定螺栓的公称直径 d

① 螺栓材料选用 35 号钢，由表 6-5 查得 $\sigma_S=315\text{MPa}$，若装配时不控制预紧力，则螺栓的许用应力与其直径有关，故应采用试算法。假定螺栓直径 $d=16\text{mm}$，由表 6-7 查得 $S=3$，则许用应力

$$[\sigma]=\frac{\sigma_S}{S}=\frac{315}{3}=105\ \text{MPa}$$

② 由式（6-10）计算螺栓的小径 d_1

$$d_1\geqslant\sqrt{\frac{4\times 1.3F_\Sigma}{\pi[\sigma]}}=\sqrt{\frac{4\times 1.3\times 10\,556}{\pi\times 105}}=12.90\ \text{mm}$$

根据 d_1 的计算值，查手册得螺纹外径 $d=16$ mm 为标准值，其 $d_1=13.835\ \text{mm}>12.90\ \text{mm}$，且与假定值相符，故能适用。

其标记法为 M16×70 GB/T5782—1986

（4）检查螺栓间距 t

螺栓间距
$$t=\frac{\pi D_0}{z}=\frac{\pi\times 260}{10}=81.68\ \text{mm}$$

查表 6-8，当 $p\leqslant 1.6\text{MPa}$ 时，压力容器螺栓间距 $t<7d=7\times 16=112$ mm，故上述螺栓间距的计算结果能满足紧密性要求。

查有关设计手册，M16 的扳手空间 $A=48$ mm，故本题的 $t>A$，能满足扳手空间要求。若螺栓间距 t 或扳手空间不符合要求，则应重新选取螺栓数目 z，再按上述步骤重新计算，直到满足要求为止。

【例 6-2】 图 6-27 所示为一固定在钢制立柱上的铸铁托架。已知载荷 $P=4\,800\text{N}$，其作用线与垂直线的夹角 $\alpha=50°$，底板高度 $h=340$ mm，宽 $b=150$ mm，立柱的屈服极限 $\sigma_S=235$ MPa，托架的抗拉强度极限 $\sigma_B=195$ MPa，试设计此螺栓组联接。

【解】 （1）螺栓受力分析

① 在工作载荷 P 的作用下，螺栓组联接受载等效于以下各力和翻转力矩的作用：

轴向力 $F_V=P\sin\alpha=4\,800\sin 50°=3\,677$ N，作用于螺栓组形心；

横向力 $F_H=P\cos\alpha=4\,800\cos 50°=3\,085$ N，作用于托架与钢立柱的结合面；

翻转力矩 $M=F_V\times 160+F_H\times 150$

$$=3\,677\times 160+3\,085\times 150=1\,051\,070\ \text{N}\cdot\text{mm}$$

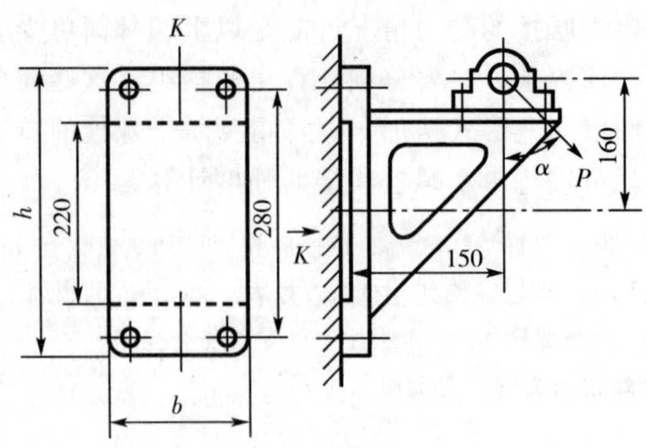

图 6-27 铸铁托架

② 在轴向力 F_V 的作用下，各螺栓所受的工作拉力为

$$F_1=\frac{F_V}{z}=\frac{3\ 677}{4}=919\ \text{N}$$

③ 在翻转力矩 M 的作用下，上面两螺栓受到加载作用，而下面两螺栓受到减载作用，故上面的螺栓受力较大，所受载荷为

$$F_2=\frac{Ml_{max}}{\sum_{i=1}^{z}l_i^2}=\frac{1\ 051\ 070\times140}{4\times140^2}=1\ 877\ \text{N}$$

根据以上分析可见，上面两螺栓所受的轴向工作拉力为

$$F=F_1+F_2=919+1\ 877=2\ 796\ \text{N}$$

④ 在横向力 F_H 的作用下，底板联接接合面可能产生滑移。根据底板接合面不滑移条件，并考虑轴向力 F_V 对预紧力的影响，则各螺栓所需要的预紧力

$$F_0\geqslant\frac{1}{z}\left(\frac{K_fF_H}{f}+\frac{C_2}{C_1+C_2}F_V\right)$$

查表 6-4，取 $f=0.15$，$\frac{C_1}{C_1+C_2}=0.2$，则 $1-\frac{C_1}{C_1+C_2}=\frac{C_2}{C_1+C_2}=0.8$，取可靠性系数 $K_f=1.2$，则各螺栓所需的预紧力为

$$F_0\geqslant\frac{1}{z}\left(\frac{K_fF_H}{f}+\frac{C_2}{C_1+C_2}F_V\right)=\frac{1}{4}\left(\frac{1.2\times3\ 085}{0.15}+0.8\times3\ 677\right)=6\ 905\ \text{N}$$

⑤ 确定螺栓所受的总拉力 F_Σ

$$F_\Sigma=F_0+\frac{C_1}{C_1+C_2}F=6\ 905+0.2\times2\ 796=7\ 464\ \text{N}$$

(2) 确定螺栓直径

螺栓材料选用 Q235 钢，由表 6-5 取 $\sigma_S=235\text{MPa}$；由表 6-6 取螺栓联接的安全系数 $S=1.5$，则螺栓材料的许用应力

$$[\sigma]=\frac{\sigma_S}{S}=\frac{235}{1.5}\approx157\ \text{MPa}$$

由式(6-10)计算螺栓的小径为

$$d_1\geqslant\sqrt{\frac{4\times1.3F_\Sigma}{\pi[\sigma]}}=\sqrt{\frac{4\times1.3\times7\ 464}{\pi\times157}}=8.87\ \text{mm}$$

按 GB/T5782—1986 选用 M12 的螺栓（螺纹小径 $d_1=10.106\text{mm}>8.87\text{mm}$）

(3) 校核螺栓组联接的工作能力

① 联接接合面一端的挤压应力不得超过许用值，为防止接合面下端压溃，由式(6-22)知

$$\sigma_{Pmax}=\frac{zF_0}{A}+\frac{M}{W}\leqslant[\sigma_P]$$

式中：接合面有效面积　$A=150\times(340-220)=18\,000\ mm^2$

接合面有效抗弯截面模量　$W=\frac{150}{6}\times(340^2-220^2)=1.68\times10^6\ mm^3$

代入得　$\sigma_{Pmax}=\frac{4\times6\,905}{18\,000}+\frac{1\,051\,070}{1.68\times10^6}=2.16\ MPa$

由表 6-9 查得 $[\sigma_P]_{铸铁}=(0.4\sim0.5)\ \sigma_B=(0.4\sim0.5)\times195=78\sim97.5\ MPa$

由于 $\sigma_{Pmax}<[\sigma_P]_{铸铁}$，故该联接接合面下端不至于压碎。

② 联接接合面上端应保持一定的残余预紧力，以防止托架受力时接合面出现间隙，由式(6-22)知

$$\sigma_{Pmin}=\frac{zF_0}{A}-\frac{M}{W}=\frac{4\times6\,905}{18\,000}-\frac{1\,051\,070}{1.68\times10^6}=0.91\ MPa>0$$

故受压最小的接合面上端处不会产生间隙。

根据以上计算，确定选用 4 个 M12 的螺栓，螺栓组结构设计如图 6-27 所示，对称布置。关于螺栓的长度、精度及螺母、垫圈的结构尺寸，可根据底板厚度、螺栓在立柱上的固定方法及防松装置等方面综合考虑后定出，在此从略。

第六节　提高螺栓联接强度的措施

螺栓联接的强度主要取决于螺栓的强度。影响螺栓强度的因素很多，主要有螺纹牙间的载荷分配、应力变化幅度、应力集中和附加应力等。下面来分析这些因素，并以受拉螺栓联接为例提出改进措施。

一、改善螺纹牙间的载荷分配

普通螺栓和螺母的刚度不同、变形不一样，因此各牙受力不均，螺母支承面上第一圈螺纹所受的力约为总载荷的 1/3 以上，以后各圈递减，旋合圈数越多，载荷分布不均的程度越显著，到第 8～10 圈，螺纹几乎不受载。为改善各牙受力分布不均的情况，可采用下述方法：

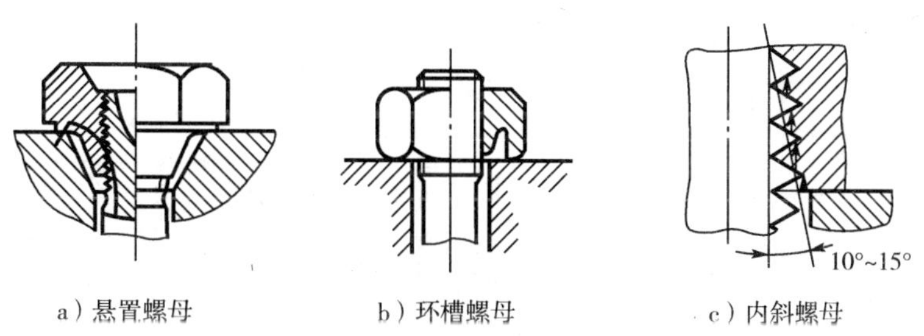

a) 悬置螺母　　b) 环槽螺母　　c) 内斜螺母

图 6-28　改善螺纹牙间载荷分布

(1) 悬置螺母（图 6-28a）、环槽螺母（图 6-28b）使螺母与螺栓均受拉，减小二者的刚度差，使其变形趋于一致。

（2）内斜螺母（图 6－28c）　螺母下端（螺栓旋入端）受力大的几圈螺纹处制成 10°～15°的内斜角，可减小螺杆中原受力大的螺纹牙的刚度，从而把部分载荷转移到原受力小的螺纹牙上，使其螺纹牙间的载荷分配趋于均匀。

以上特殊构造的螺母制造工艺复杂，成本较高，仅限于重要联接时使用。

二、减小螺栓的应力变化幅度

对于受轴向变载荷的紧螺栓联接，应力变化幅度是影响其疲劳强度的重要因素，应力变化幅度越小，螺栓就越不容易发生疲劳破坏。减小螺栓的刚度 C_1 或增大被联接件的刚度 C_2，均能使应力变化幅度减小。但采用这种措施时，螺栓的预紧力 F_0 相应有所增大。

减小螺栓刚度的办法有：适当增大螺栓长度、减小螺栓光杆直径，如图 6－29 所示的柔性螺栓；也可在螺母下装弹性元件（如图 6－30 所示）。

增大被联接刚度的办法，除从被联接件的结构和尺寸考虑外，还可以采用刚度较大的金属垫片。对有紧密性要求的联接，从增大被联接件的刚度来看，采用软垫片密封（见图 6－31a）并不合适，此时以采用密封环密封较好（见图 6－31b）。

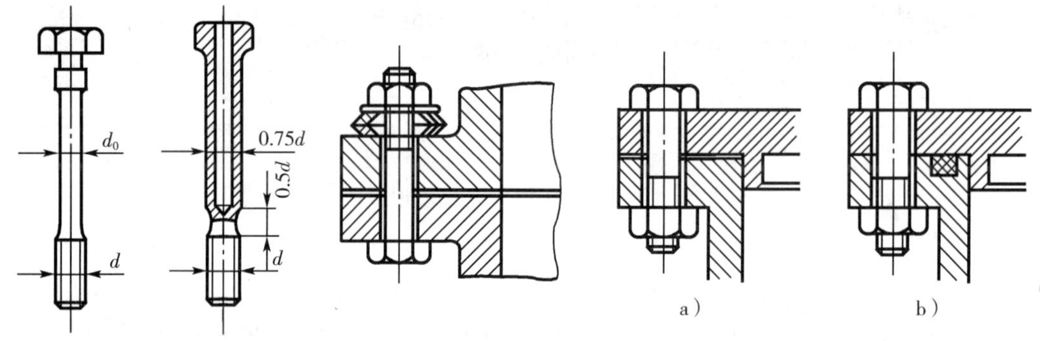

图 6－29　柔性螺栓　　图 6－30　螺母下装弹性元件　　图 6－31　金属垫片和密封环密封

三、减小应力集中

螺纹的牙根、收尾、螺栓头部与螺栓杆的交接处都有应力集中。适当加大牙根圆角半径、在螺纹收尾处加工退刀槽等，都能减小应力集中，提高螺栓的疲劳强度。

四、避免附加应力

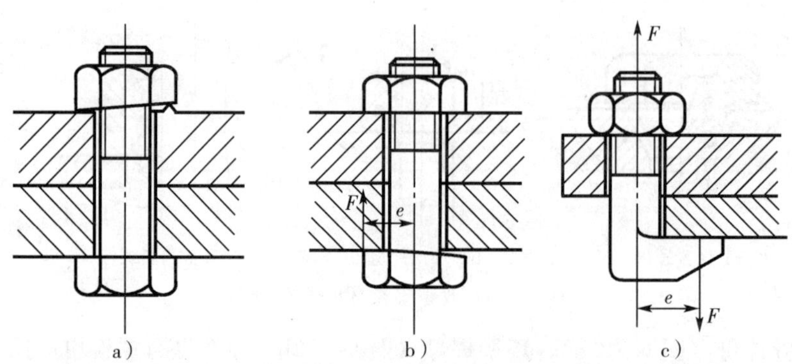

图 6－32　螺栓承受偏心载荷

附加应力主要是指由于制造和装配的误差，或由于不正确的设计而在螺栓中产生的附加弯曲应力（如图 6－32 所示）。这种情况应尽量设法避免，具体措施详见第五节的图 6－21和图 6－22。

第七节　螺旋传动简介

螺旋传动是利用螺杆和螺母组成的螺旋副（或称螺纹副）来实现传动要求的。它主要用于将回转运动转变为直线运动，同时传递运动和动力，也可用于调整零件的相互位置。

一、螺旋传动的分类

（1）螺旋传动按其用途不同分为以下三类：

① 传力螺旋　以传递动力为主，要求以较小的转矩产生较大的轴向力。这种螺旋传动一般为间歇性工作，工作速度不高，且要求具有自锁性。广泛应用于各种起重或加压装置中，如图 6－33a 所示螺旋千斤顶。

② 传动螺旋　以传递运动为主，要求具有较高的传动精度，有时也承受较大的轴向力。这种螺旋一般需在较长时间内连续工作，且工作速度较高，要求有较高的传动精度。如机床刀架进给机构中的螺旋（图 6－33b）。

③ 调整螺旋　用以调整并固定零件或部件之间的相对位置。这种螺旋不经常转动，一般在空载下进行调整，如机床、仪器及测试装置中微调机构的螺旋（如图 6－33c 所示量具的测量螺旋）。

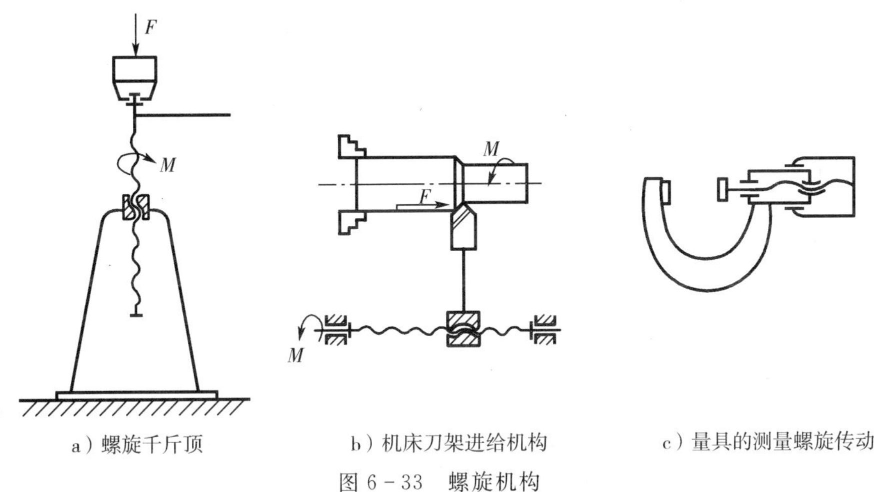

a）螺旋千斤顶　　b）机床刀架进给机构　　c）量具的测量螺旋传动

图 6－33　螺旋机构

（2）螺旋传动按其螺旋副中摩擦性质的不同又可分为：

① 滑动螺旋传动　滑动螺旋的螺旋副中产生的是滑动摩擦，这种螺旋结构简单，制造方便，易于自锁，是目前应用最广的螺旋传动。滑动螺旋传动的主要缺点是摩擦阻力大，传动效率低（一般为 0.30～0.40），磨损快和传动精度低。

② 滚动螺旋传动　在螺杆和螺母之间设有封闭循环的滚道，在滚道间填充钢珠，使螺旋副的滑动摩擦变为滚动摩擦，从而减小摩擦提高传动效率，这种螺旋传动，又称滚珠

丝杠副（如图 6－34 所示）。

③ 静压螺旋传动　静压螺旋副中产生的是液体摩擦，其结构如图 6－35 所示。在静压螺旋中，螺杆为一具有梯形螺纹的普通螺杆，但在螺母的每圈螺纹牙的两个侧面上，各开有 3～4 个油腔，压力油通过节流器进入油腔，靠油腔的压力差来承受外载荷。静压螺旋的摩擦阻力小，效率高（可达 0.99），工作平稳，寿命长，但结构复杂，制造精度要求高，且需附加一套供油系统。故只有在高精度、高效率的重要传动中才宜采用，如数控机床、精密机床中的螺旋传动。

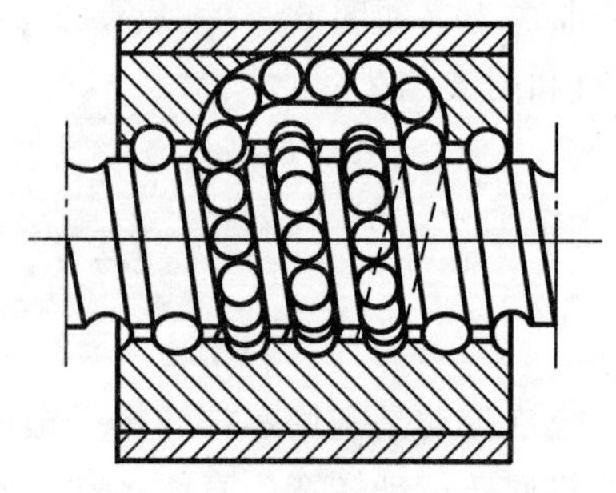

图 6－34　滚珠丝杠副

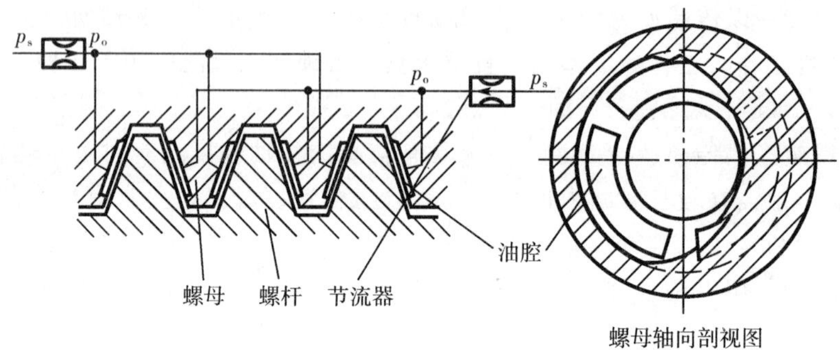

图 6－35　静压螺旋传动

二、滑动螺旋传动的结构及材料

1. 螺母结构

（1）整体螺母　如图 6－36 所示，不能调整间隙，只能用在轻载且精度要求较低的场合。

（2）组合螺母　如图 6－37 所示，通过拧紧螺钉 2 驱使楔块 3 将其两侧螺母拧紧，以便减小间隙，提高传动精度。

（3）对开螺母　如图 6－38 所示，这种螺母便于操作，一般用于车床溜板箱的螺旋传动中。

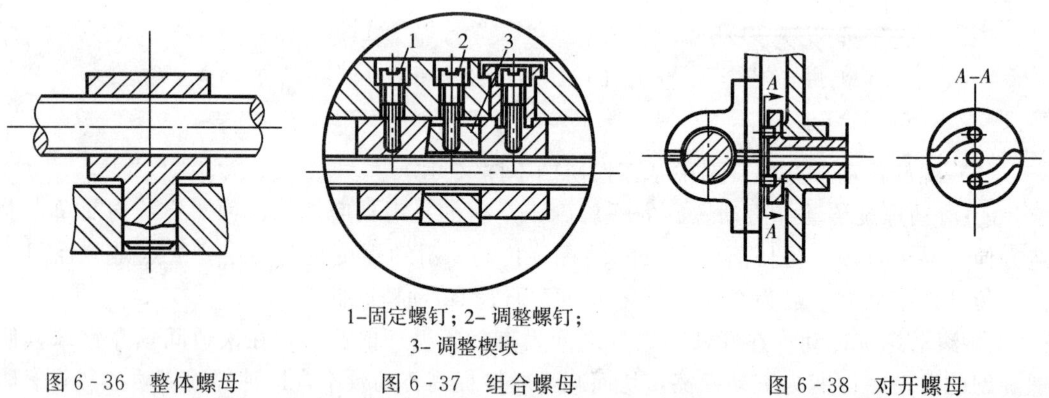

1-固定螺钉；2- 调整螺钉；3- 调整楔块

图 6－36　整体螺母　　图 6－37　组合螺母　　图 6－38　对开螺母

组合螺母和对开螺母能补偿旋合螺纹的磨损和消除轴向间隙，以避免反向传动时的空行程，故广泛用于经常正反转的传动螺旋中。

2. 螺杆结构

传动螺旋通常采用牙型为矩形、梯形或锯齿形的右旋螺纹。特殊情况下也采用左旋螺纹，如为了符合操作习惯，车床横向进给丝杠螺纹即采用左旋螺纹。

3. 材料

由于滑动螺旋传动中的摩擦较严重，故要求螺旋传动材料的耐磨性能、抗弯性能都要好。一般螺杆材料的选用原则如下：

（1）高精度传动时多选碳素工具钢。

（2）需要较高硬度，如 50～56HRC 时，可采用铬锰合金钢；当需要硬度为 35～45HRC 时，可采用 65Mn 钢。

（3）一般情况（如普通机床丝杠）可采用 45、50 钢。

螺母材料可用铸造锡青铜，重载低速的场合可选用强度高的铸造锡青铜，而轻载低速时也可选用耐磨铸铁。

三、滚动螺旋传动简介

1. 滚珠丝杠的分类

（1）按用途分类

① 定位滚珠丝杠　通过旋转角度和导程控制轴向位移量，称为 P 类滚珠丝杠。

② 传动滚珠丝杠　用于传递动力的滚珠丝杠，称为 T 类滚珠丝杠。

（2）按滚珠的循环方式分类

① 内循环滚珠丝杠　如图 6－39 所示，滚珠在循环回路中始终和螺杆接触，螺母上开有侧孔，孔内装有反向器将相邻两螺纹滚道联通，滚珠越过螺纹顶部进入相邻滚道，形成一个循环回路。一个螺母常装配 2～4 个反向器。当螺母上有两个封闭循环滚道时，两个反向器在圆周上相隔 180°；当螺母上有三个封闭循环滚道时，三个反向器在圆周上两两相隔 120°。内循环的每一个封闭循环滚道只有一圈滚珠，滚珠的数量较少，因此流动性好、摩擦损失小、传动效率高、径向尺寸小。但反向器以及螺母上定位孔的加工要求较高。

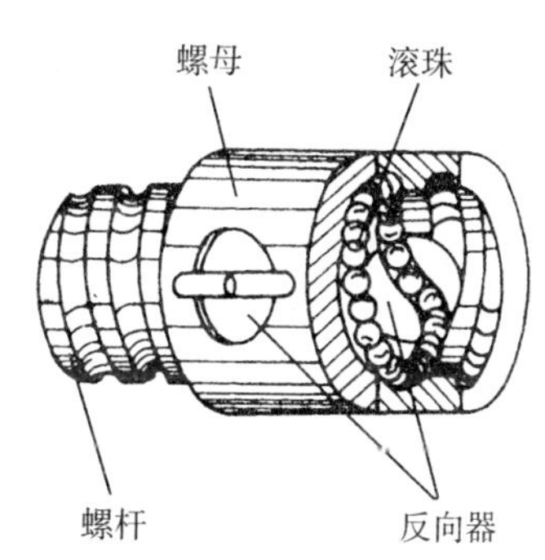

图 6－39　内循环式滚动螺旋传动

② 外循环滚珠丝杠　滚珠在循环回路中脱离螺杆的滚道，在螺旋滚道外进行循环。常见的外循环形式有螺旋槽式和插管式两种。

图 6－40 所示为螺旋槽式外循环滚动螺旋。这是在螺母的外表面上铣出一个供滚珠返回的螺旋槽，其两端钻有圆孔，与螺母上的内滚道相通。在螺母的滚道上装有挡珠器，引导滚珠从螺母外表面上的螺旋槽返回滚道，循环到工作滚道的另一端。这种结构的加工工艺性比内循环滚珠丝杠好，故应用较广，但缺点是挡珠器的形状复杂且容易磨损。

图 6－41 所示为插管式外循环滚动螺旋。它是用导管作为返回滚道，导管的端部插入

螺母的孔中，与工作滚道的始末相通。当滚珠沿工作滚道运行到一定位置时，遇到挡珠器迫使其进入返回滚道（即导管内），循环到工作滚道的另一端。这种结构的工艺性较好，但返回滚道凸出于螺母外面，不便在设备内部安装。

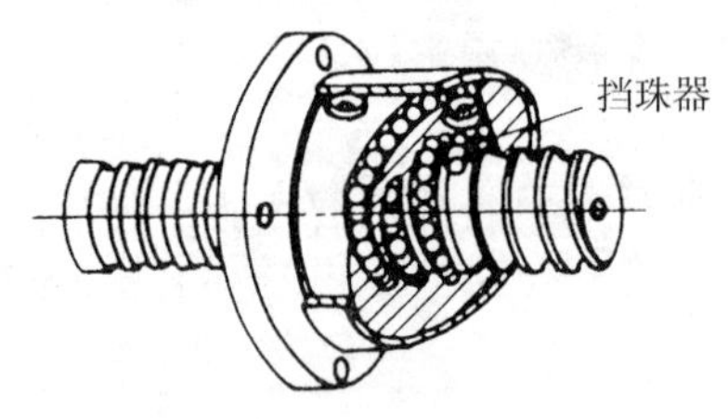

图 6-40　螺旋槽式外循环滚动螺旋

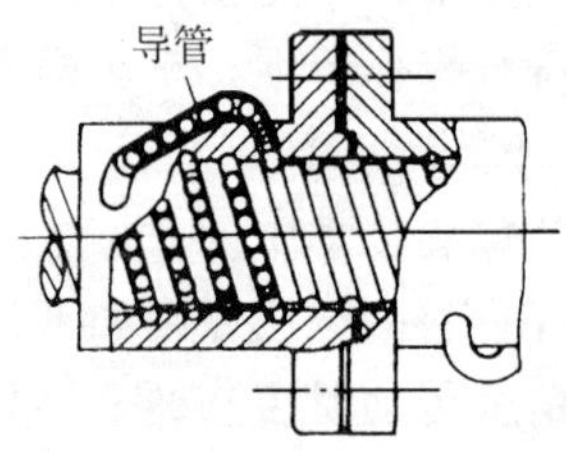

图 6-41　插管式外循环滚动螺旋

2. 滚珠丝杠的特点和应用

滚珠丝杠的主要优点有：①滚动摩擦系数小，传动效率高（可达 0.90 以上），摩擦系数 $f=0.002\sim0.005$；②摩擦系数与速度的关系不大，故起动转矩接近于运转转矩，工作较平稳，传动精度高；③磨损小、寿命长，可用调整装置调整间隙，定位精度高，刚度好；④不具有自锁性，可以从旋转运动转换为直线运动，也可以从直线运动转换为旋转运动，即丝杠和螺母都可以作为主动件。

滚珠丝杠的主要缺点有：①结构复杂，制造困难；②在需要防止逆转的机构中，要加自锁机构；③承载能力不如滑动螺旋传动大。

滚珠丝杠多用于车辆转向机构及对传动精度要求较高的场合，如飞机机翼和起落架的控制驱动、大型水闸闸门的升降驱动及数控机床的进给机构等。

滚珠丝杠一般均由专业厂生产。关于滚珠丝杠的特征代号、标注方式、有关参数等，可查阅相关手册和资料。

思考与练习

6-1　螺纹联接的基本类型有哪几种？各适用于何种场合？有何特点？

6-2　在拧紧螺母时，拧紧力矩 T 要克服哪些摩擦力矩？这时螺栓和被联接件各受到什么样的载荷？

6-3　螺纹联接为什么要防松？常用的防松方法和装置有哪些？

6-4　常见的螺栓失效形式有哪几种？失效发生的部位通常在何处？

6-5　松螺栓联接与紧螺栓联接的区别何在？它们的强度计算有何区别？

6-6　承受横向外载荷的普通螺栓联接，其预紧力是如何确定的？螺栓受到什么载荷的作用？产生什么应力？

6-7　承受横向外载荷的铰制孔螺栓联接，螺栓受到什么载荷的作用？螺栓的危险截面在哪里？产生什么应力？

6-8　螺栓组联接结构设计的目的是什么？应该考虑的问题有哪些？

6-9　螺旋传动的用途是什么？按其用途的不同螺旋传动可分为哪几类？

6-10　按螺旋副摩擦性质不同，螺旋传动可分为哪几类？有何特点？

6-11　试找出图中螺纹联接结构的错误，并加以改正。

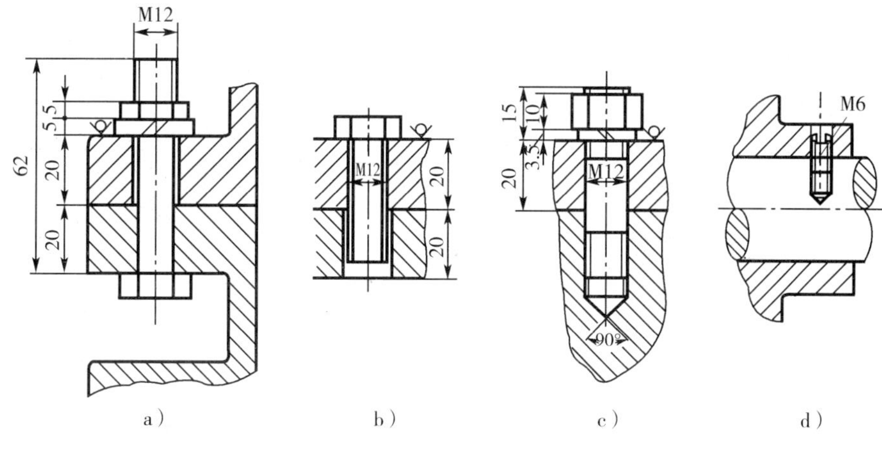

题 6－11 图

6－12　起重机滑轮松螺栓联接如图所示。已知作用在螺栓上的工作载荷 $F_Q=50$ KN，螺栓材料为 Q235，试确定螺栓的直径。

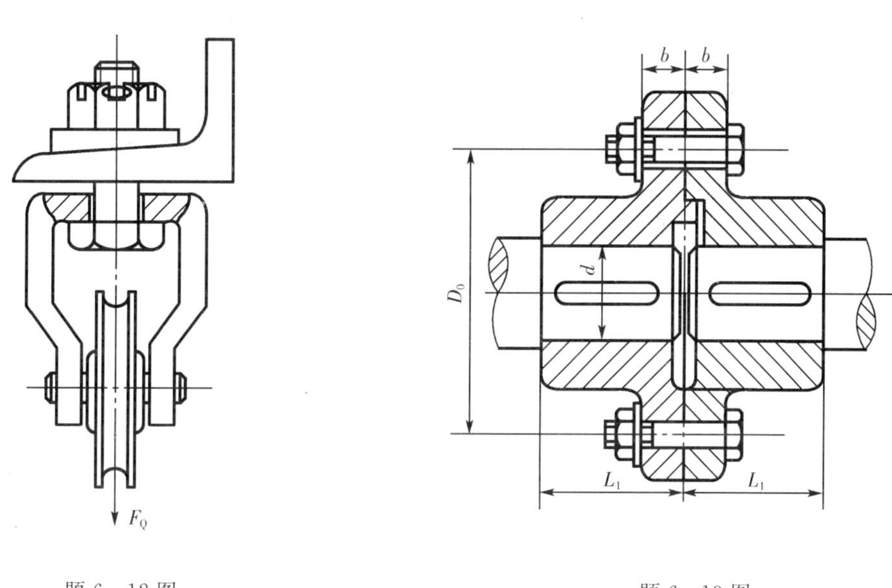

题 6－12 图　　　　题 6－13 图

6－13　图示凸缘联轴器，用均布在直径 $D_0=250$mm 圆周上的 z 个螺栓将两个半凸缘联轴器紧固在一起，凸缘厚均为 $b=30$mm。联轴器需要传递的转矩 $T=10^6$ N·mm，接合面间摩擦系数 $f=0.15$，可靠性系数 $K_f=1.2$。试求：

(1) 若采用 6 个普通螺栓联接，试计算所需螺栓直径；

(2) 若采用与上相同公称直径的 3 个铰制孔螺栓联接，强度是否足够？

6－14　用两个普通螺栓联接长扳手，尺寸如图所示。两接合面间的摩擦系数 $f=0.15$，扳拧力 $F=200$N，试计算两螺栓所受的力。若螺栓材料为 Q235，试确定螺栓的直径。

6－15　图示为普通螺栓联接，采用 2 个 M10 的螺栓，螺栓的许用应力 $[\sigma]=160$MPa，被联接件接合面的摩擦系数 $f=0.2$，若取摩擦传力可靠性系数 $K_f=1.2$，试计算该联接允许传递的最大静载荷 F_R。

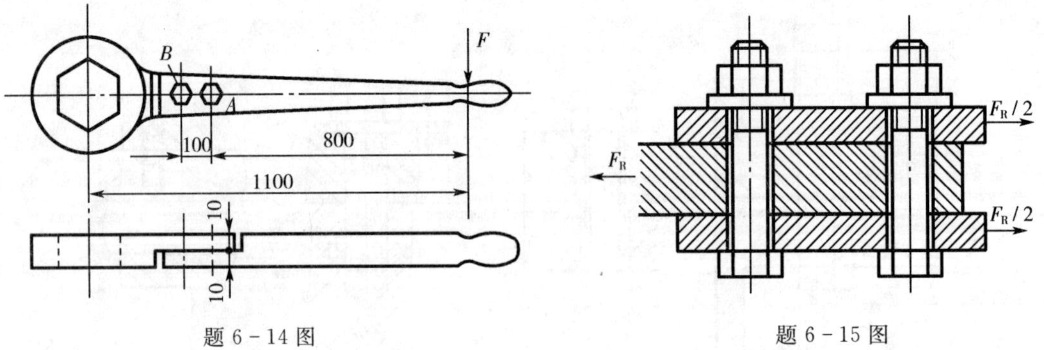

题 6－14 图　　　　题 6－15 图

6－16　支座底板螺栓组联接如图所示。外力 F_R 作用在包含 x 轴且垂直于底板的接合面平面内。试分析底板螺栓组联接的受力情况，并判断哪个螺栓受力最大？保证联接安全工作的必要条件有哪些？

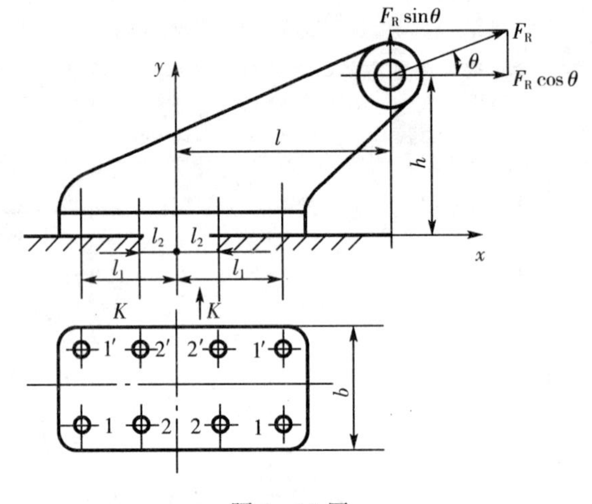

题 6－16 图

第七章 带 传 动

第一节 带传动的类型、特点和应用

如图 7－1 所示，带传动一般是由主动带轮 1、从动带轮 2、紧套在两轮上的传动带 3 及机架 4 组成。当原动机驱动主动轮转动时，由于带与带轮间摩擦力的作用，使从动轮一起转动，从而实现运动和动力的传递。

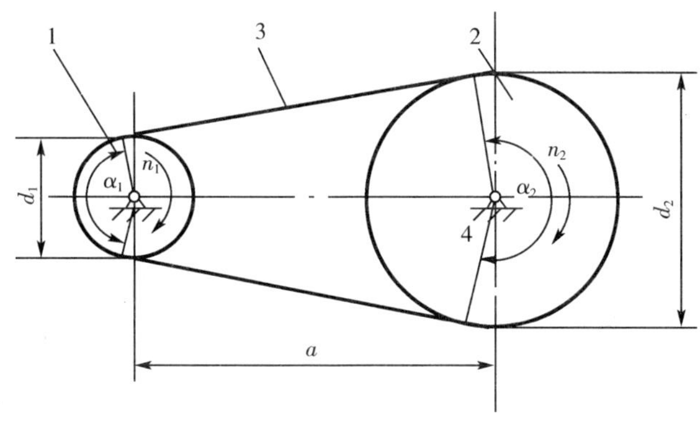

图 7－1 带传动

一、带传动的类型

1. 按传动原理分

（1）摩擦带传动 靠传动带与带轮间的摩擦力实现传动，有 V 带传动、平带传动等；

（2）啮合带传动 靠带内侧凸齿与带轮外缘上的齿槽相啮合实现传动，有同步带传动。

2. 按用途分

（1）传动带 传递动力用；

（2）输送带 输送物品用。本章仅讨论传动带。

3. 按传动带的截面形状分

（1）平带 如图 7－2a 所示，平带的截面形状为矩形，常用的平带有胶带、编织带和强力锦纶带等。

（2）V 带 如图 7－2b 所示，V 带的截面形状为梯形，两侧面为工作表面。有普通 V 带、宽 V 带、窄 V 带等。其中普通 V 带应用最广，窄 V 带在近几年来应用也越来越广。

（3）多楔带 如图 7－3 所示，它是在平带基体上由多根 V 带组成的传动带。兼有平带和V带的优点，即柔性好，摩擦力大，传递功率大，解决了多根V带并用时因带的长短不一而使各带受力不均的问题。多楔带主要用于传递功率大而又要求结构紧凑的场合，其最大传动比可达10，最大带速可达40m/s。

(4) 圆形带　如图7-4所示，带的横截面为圆形，只用于小功率传递。

(5) 同步带　如图7-5所示，同步带的工作面上是带齿的环状体，其齿形一般为梯形。

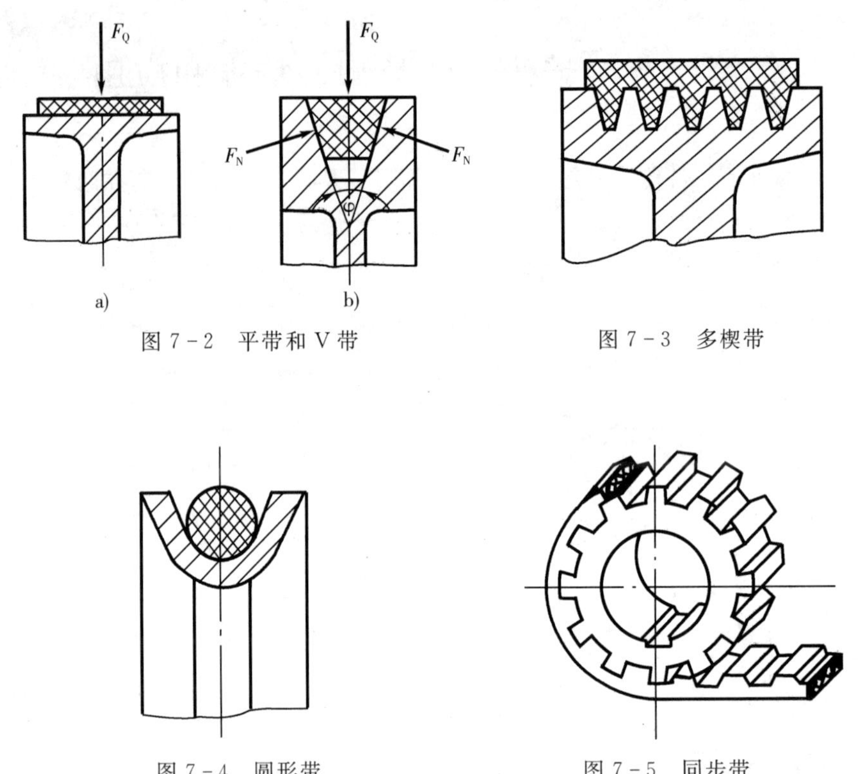

图7-2　平带和V带

图7-3　多楔带

图7-4　圆形带

图7-5　同步带

二、带传动的特点和应用

带传动属于挠性传动，传动平稳，噪声小，可缓冲吸振。过载时，带会在带轮上打滑，从而起到保护其他传动件免受损坏的作用。带传动允许较大的中心距，结构简单，制造、安装和维护较方便，且成本低廉。但由于带与带轮之间存在滑动，传动比不能严格保持不变。带传动的传动效率较低，带的寿命一般较短，不宜在易燃易爆场合下工作。

一般情况下，带传动传递的功率 $P \leqslant 100$kW，带速 $v=5 \sim 25$m/s，传动比 $i \leqslant 5$，传动效率为94%～97%。高速带传动的速度可达60～100m/s，传动比 $i \leqslant 7$。同步齿形带的带速为40～50m/s，传动比 $i \leqslant 10$，传动功率可达200 kW，效率高达98%～99%。

三、带传动的形式

带传动的主要形式及对各带型的适用性见表7-1。

表 7-1　带传动的主要形式及对各带型的适用性

传动形式	简图	允许带速 v m/s	传动比 i	安装条件	工作特点	V带		平带			特殊带		
						普通V带	窄V带	胶帆布平带	锦纶片复合平带	高速环形带	多楔带	圆形带	同步带
开口传动		25～50	≤5	两轮轮宽对称面应重合	平行轴、双向、同旋向传动	√	√	√	√	√	√	√	√
交叉传动		15	≤6		平行轴、双向、反旋向传动，交叉处有摩擦	×	×	√	○	×	×	√	×
半交叉传动		15	≤3	一轮宽对称面通过另一带的绕出点	交错轴、单向传动	○	○	√	√	×	×	√	×
有张紧轮的平行轴传动		25～50	≤10	张紧轮在松边接近小带轮处，接头要求高	平行轴、单向、同旋向传动，用于 i 大，α 小的场合	√	√	√	√	√	√	√	√
有导轮的相交轴传动		15	≤4	两轮宽对称面应与导轮圆柱面相切	交错轴、双向传动	×	×	√	○	×	×	√	×
多从动轮传动		25	≤6	各轮宽对称面重合	带的曲挠次数多、寿命短	√	√	√	√	○	√	√	√

注：√—适用，○—可用，×—不可用。

第二节　V带和带轮结构

在一般机械传动中，应用最广的是V带传动。V带的横截面呈等腰梯形，带轮上也做出相应的轮槽。传动时，V带只和轮槽的两个侧面接触，即以两侧面为工作面，根据槽面摩擦的原理，在同样的张紧力下，V带传动较平带传动能产生更大的摩擦力。这是V带传动性能上的最主要优点。再加上V带传动允许的传动比较大，结构较紧凑，以及V带多已标准化并大量生产等优点，因而V带的应用比平带传动广泛得多。

V带有普通V带、窄V带、宽V带、汽车V带、大楔角V带等。其中以普通V带和窄V带应用较广，本章主要讨论普通V带和窄V带传动的设计。

一、V带的结构和尺寸标准

普通V带和窄V带均制成无接头环形。如图7-6所示，普通V带的截面呈等腰梯形，由顶胶、抗拉体、底胶和包布等部分构成。按抗拉体的结构可分为帘布芯V带和绳芯V带两种类型。前者制造方便，后者柔韧性好，抗弯强度高，适用于转速较高、载荷不大和带轮直径较小的场合。V带受弯曲时，顶胶伸长，底胶缩短，只有两者之间的中性层长度不变，称为节面，节面宽度称为节宽b_p。带弯曲时，节宽亦保持不变。V带的高度h与其节宽b_p之比（h/b_p）称为相对高度。普通V带的相对高度约为0.7。

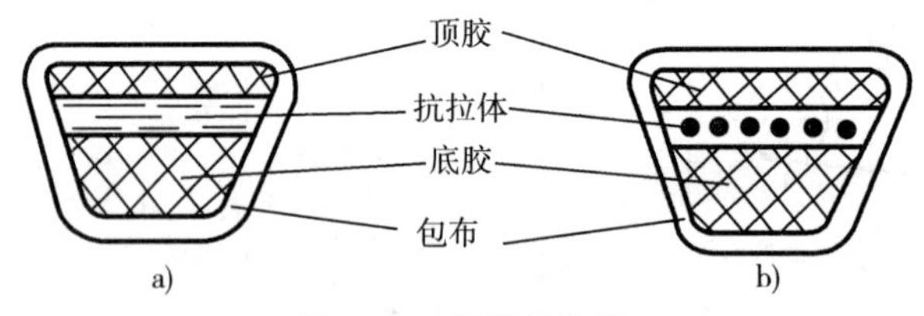

图7-6　V带的构造

窄V带是用合成纤维绳作抗拉体、相对高度约为0.9的新型V带（图7-7）。与普通V带相比，当高度h相同时，窄V带的宽度减小约1/3，承载能力却可提高1.5～2.5倍，因而适用于传递功率大而又要求传动装置紧凑的场合。

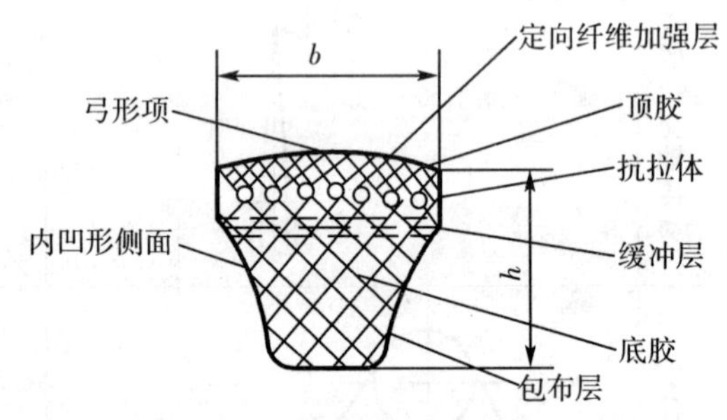

图7-7　窄V带结构

按带截面尺寸的大小，普通V带分Y、Z、A、B、C、D、E七种类型；窄V带分SPZ、SPA、SPB、SPC四种类型。它们的截面尺寸见表7-2。

带的节面（线）长度称为带的基准长度，也即带的公称长度，以L_d表示。V带基准长度系列见表7-3。

表 7-2　V 带的截面尺寸　　mm

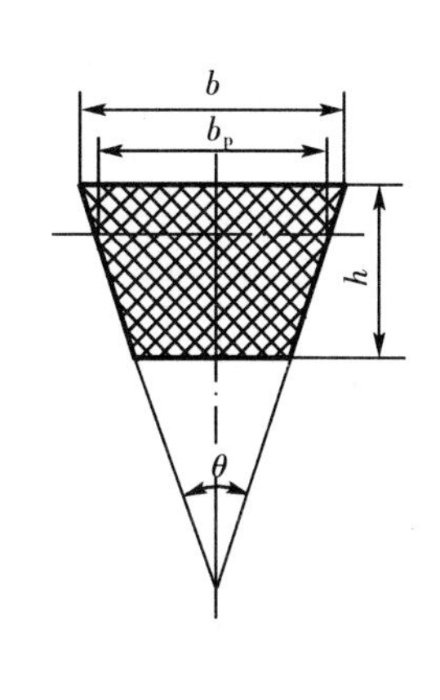

截　型	Y	Z/SPZ	A/SPA	B/SPB	C/SPC	D	E
节宽 b_p	5.3	8.5	11	14	19	27	32
顶宽 b	6	10	13	17	22	32	38
高度 h	4	6/8	8/10	10.5/14	13.5/18	19	23.5
楔角 θ	40°						
截面面积 A/mm^2	18	47/57	81/94	138/167	230/278	476	692

表 7-3　V 带基准长度　　mm

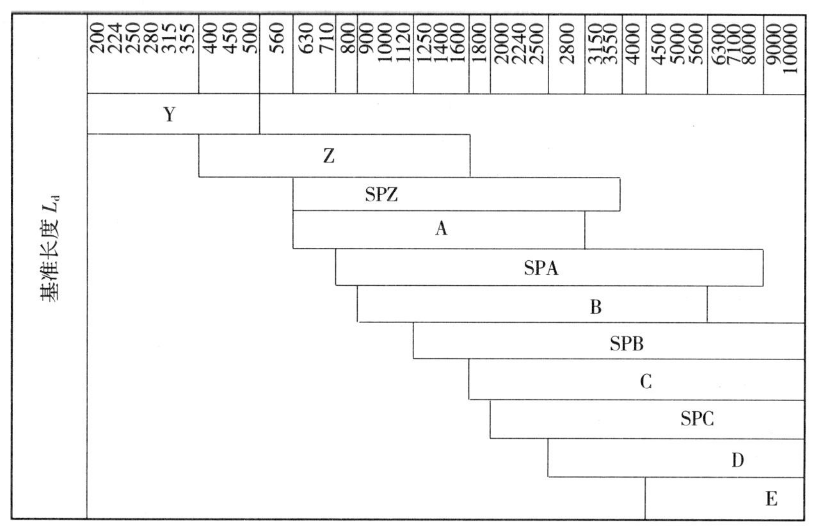

二、V 带带轮

带轮常用材料为灰铸铁 HT150($v \leqslant 30m/s$)或 HT200($v > 30m/s$)。转速较高时可用铸钢或钢板冲压焊接结构；小功率时可用铸铝或塑料。

带轮轮槽的尺寸见表 7-5 所示。表 7-5 图中 b_d 称为带轮轮槽的基准宽度。通常，V 带节面宽度与轮槽基准宽度重合，即 $b_p = b_d$。轮槽基准宽度所在圆称为基准圆（节圆），其直径 d_d 称为带轮的基准直径。基准直径 d_d 宜按表 7-4 选用。

铸造带轮的典型结构有以下几种形式：实心式（图 7-8a），腹板式（图 7-8b），孔板式（图 7-8c），轮辐式（图 7-8d）。

带轮基准直径 $d_d \leqslant (2.5 \sim 3)d$($d$ 为带轮轴的直径，mm）时，可采用实心式；$d_d \leqslant$ 300mm 时，可采用腹板式，且 $d_d - d_1 \geqslant 100$mm 时，可采用孔板式；$d_d > 300$mm 时，可采用轮辐式。V 带轮的结构形式及尺寸可参阅有关设计手册。

表 7－4　V 带带轮的基准直径系列　　mm

基准直径 d_d	带型						
	Y	Z SPZ	A SPA	B SPB	C SPC	D	E
	外径 d_a						
20	32.2						
22.4	25.6						
25	28.2						
28	31.2						
31.5	34.7						
35.5	38.7						
40	43.2						
45	48.2						
50	53.2	+54					
56	59.2	+60					
63	66.2	67					
71	74.2	75					
75		79	+80.5				
80	83.2	84	+85.5				
85			+90.5				
90	93.2	94	95.5				
95			100.5				
100	103.2	104	105.5				
106			111.5				
112	115.2	116	117.5				
118			123.5				
125	128.2	129	130.5	+132			
132		136	137.5	+139			
140		144	145.5	147			
150		154	155.5	157			

（续表）

基准直径 d_d	带型						
	Y	Z SPZ	A SPA	B SPB	C SPC	D	E
	外径 d_a						
160		164	165.5	167			
170				177			
180		184	185.5	187			
200		204	205.5	207	+209.6		
212				219	+221.6		
224		228	229.5	231	233.6		
236				243	245.6		
250		254	255.5	257	259.6		
265					274.6		
280		284	285.5	287	289.6		
315		319	320.5	322	324.6		
355		359	360.5	362	364.6	371.2	
375						391.2	
400		404	405.5	407	409.6	416.2	
425						441.2	
450			455.5	457	459.6	466.2	
475						491.2	
500		504	505.5	507	509.6	516.2	519.2
530							549.2
560			565.5	567	569.6	576.2	579.2
		634					
630			635.5	637	639.6	646.2	649.2
710			715.5	717	719.6	726.2	729.2
800			805.5	807	809.6	816.2	819.2
900				907	909.6	916.2	919.2
1 000				1 007	1 009.6	1 016.2	1 019.2

注：（1）有“+”号的外径只用于普通 V 带；

（2）直径的极限偏差：基准直径按 c11，外径按 h12；

（3）没有外径值的基准直径不推荐采用。

表 7-5　V 带带轮轮槽尺寸　　mm

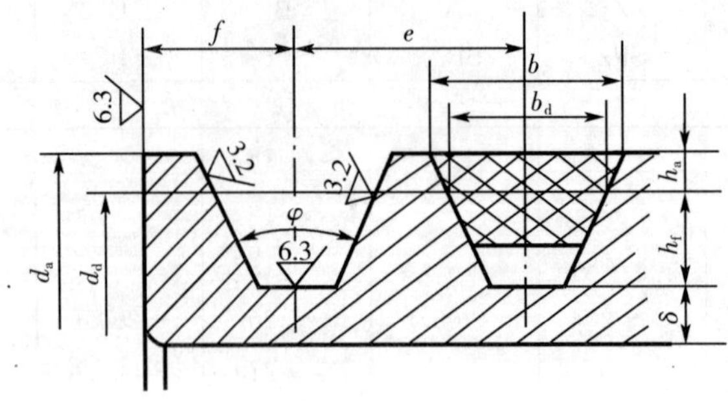

项　目		槽型截面尺寸	截　型						
			Y	Z/SPZ	A/SPA	B/SPB	C/SPC	D	E
基准线下槽深		$h_{f\min}$	4.7	7.0 /9.0	8.7 /11.0	10.8 /14.0	14.3 /19.0	19.9	23.4
基准线上槽深		$h_{a\min}$	1.6	2.0	2.75	3.5	4.8	8.1	9.6
槽间距		e	8±0.3	12±0.3	15±0.3	19±0.4	25.5±0.5	37±0.6	44.5±0.7
槽边距		f	7±1	8±1	10^{+2}_{-1}	12.5^{+2}_{-1}	17^{+2}_{-1}	23^{+3}_{-1}	29^{+4}_{-1}
基准宽度		b_d	5.3	8.5	11	14	19	27	32
最小轮缘厚		$\delta_{\min}$	5	5.5	6	7.5	10	12	15
带轮宽		B	$B=(z-1)e+2f$，z 为带根数						
轮槽角 φ	32°	相应的基准直径 d_d	≤60						
	34°			≤80	≤118	≤190	≤315		
	36°		>60					≤475	≤600
	38°			>80	>118	>190	>315	>475	>600
	极限偏差		±1°				±30′		

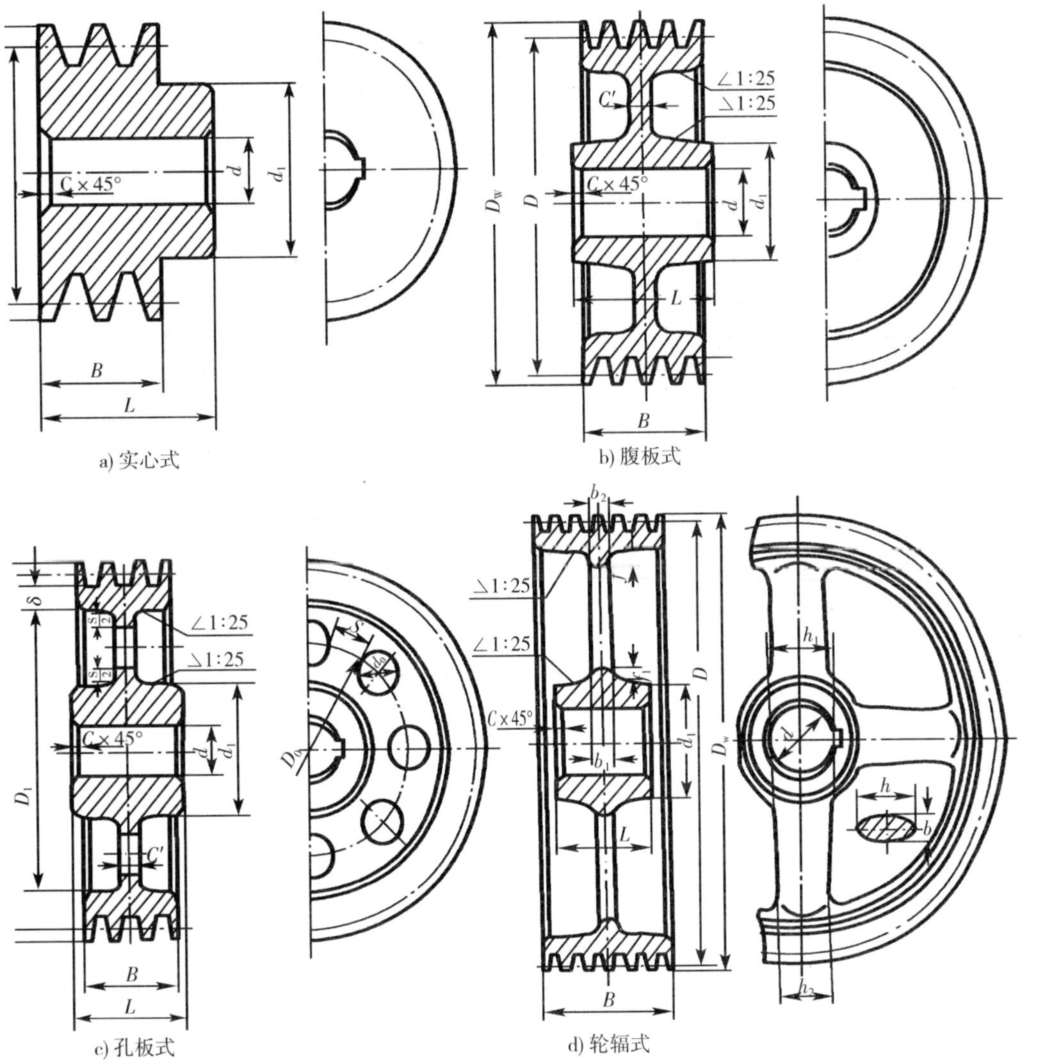

a) 实心式

b) 腹板式

c) 孔板式

d) 轮辐式

图 7－8 V 带带轮的结构

第三节 带传动的工作能力分析

一、带传动的受力分析

安装带传动时，为保证带传动正常工作，传动带必须以一定的张紧力 F_0 套在带轮上。由于 F_0 的作用，带和带轮的接触面上就产生了正压力。当传动带静止时，带两边承受相等的拉力，都等于 F_0，如图 7－9a 所示。当传动带传动时，设主动轮以转速 n_1 转动，带和带轮接触面间便产生摩擦力 F_f，主动轮作用在带上的摩擦力的方向和主动轮的圆周速度方向相同，主动轮即靠此摩擦力驱使带运动；带作用在从动轮上的摩擦力的方向，显然与带的运动方向相同，从动轮在此摩擦力的作用下以 n_2 的速度转动。这时带两边的拉力不再相等，如图 7－9b 所示。绕入主动轮的一边被拉紧，拉力由 F_0 增大到 F_1，称为紧边；绕入从动轮的一边被放松，拉力由 F_0 减少为 F_2，称为松边。设环形带的总长度不变，则紧边拉力的增加量应等于松边拉力的减少量，即

$$F_1 - F_0 = F_0 - F_2 \tag{7-1}$$

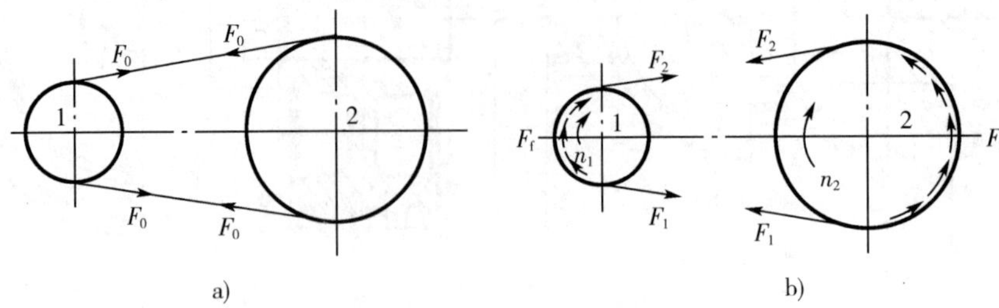

图 7－9　带传动的受力分析

带两边的拉力之差称为带传动的有效拉力 F_e。实际上 F_e 是带与带轮之间摩擦力的总和，在最大静摩擦力范围内，带传动的有效拉力 F_e 与总摩擦力相等，F_e 同时也是带传动所传递的圆周力，即

$$F_e = F_1 - F_2 \tag{7-2}$$

由式(7－1)和(7－2)可得

$$\begin{aligned} F_1 &= F_0 + \frac{F_e}{2} \\ F_2 &= F_0 - \frac{F_e}{2} \end{aligned} \tag{7-3}$$

带传动所传递的功率为

$$P = \frac{F_e v}{1000} \tag{7-4}$$

式中：v 单位为 mm/s，F_e 单位为 N。

二、带的弹性滑动和打滑

带是弹性体，当带受拉时将产生弹性伸长。拉力愈大，伸长量越大；拉力较小，伸长量也小。如图 7－10 所示，带在 a_1 点绕上主动轮 1 时，带速与轮 1 的圆周速度 v_1 相等。当带随着轮 1 由 a_1 点转至 b_1 点的过程中，带所受拉力由 F_1 逐渐地降至 F_2，它的弹性伸长量亦将逐渐减少，即带要逐渐回缩，带沿带轮 1 的表面产生向后爬行的现象，这种现象称为带的弹性滑动。由于弹性滑动，带在 b_1 点处的速度已降至 v_2。同理，带绕过从动轮 2 的过程中，带的拉力将由 F_2 逐渐增大至 F_1，带在从动轮的表面将产生向前爬行的弹性滑动，带速则由 a_2 点的 v_2 增至 b_2 点 v_1。从动轮的圆周速度等于带在 a_2 点绕上从动轮时的带速 v_2。弹性滑动是带传动中无法避免的一种正常的物理现象。

弹性滑动导致从动轮的圆周速度 v_2 低于主动轮的圆周速度，产生了速度损失。损失

的程度常用相对滑动率 ε 表示，即

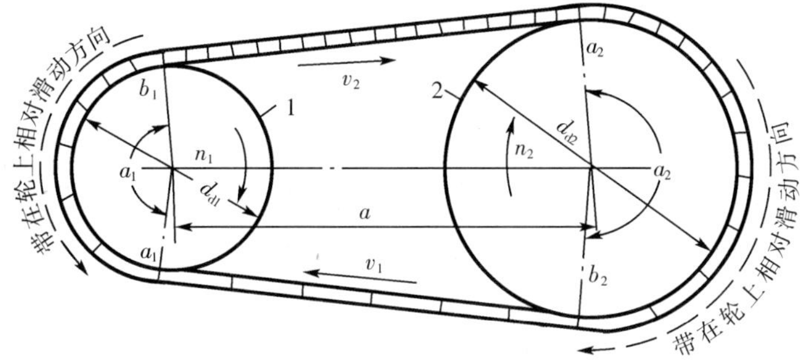

图 7－10　带的弹性滑动

$$\varepsilon=\frac{v_2-v_1}{v_1}\times 100\% \tag{7-5}$$

因而从动轮的圆周速度 v_2 为

$$v_2=v_1(1-\varepsilon) \tag{7-6}$$

式中

$$v_1=\frac{\pi d_{d1} n_1}{60\times 1\ 000} \quad \text{m/s} \tag{7-6a}$$

$$v_2=\frac{\pi d_{d2} n_2}{60\times 1\ 000} \quad \text{m/s} \tag{7-6b}$$

式中：d_{d1}的单位为 mm，n_1 的单位为 r/min。

将 v_1，v_2 代入(7－6)式中，可得考虑弹性滑动时带传动的传动比为

$$i=\frac{n_1}{n_2}=\frac{d_{d2}}{d_{d1}\ (1-\varepsilon)} \tag{7-7}$$

相对滑动率 ε 的数值与弹性滑动的大小有关，亦即与带的材料和受力大小有关，不能得到准确的恒定值。因此在摩擦带传动中，即使在正常使用条件下，也不能得到准确的传动比。但滑动率 ε 通常仅为 0.01～0.02，故在一般计算中可以不考虑。

当传递的外载荷增大时，要求有效拉力 F_e 随之增大。当达到一定数值时，带与小带轮轮槽接触面间的摩擦力 F_f 总和将达到极限值。若外载荷超过这个极限值，带将沿整个接触弧滑动，这种现象称为打滑。带传动一旦出现打滑，即失去传动能力，从动轮转速急剧下降，带严重磨损。所以，必须避免打滑。

三、极限有效拉力 F_{elim} 及其影响因素

由前述可知，当带有打滑趋势时，带与带轮间的摩擦力达到极限值，这个极限值也就是有效拉力的最大值，用 F_{elim} 表示，称为极限有效拉力，它限制了带传动的传递能力。极限有效拉力 F_{elim} 的大小，可借助柔韧体摩擦的欧拉公式导出。

$$F_1 = F_2 e^{f\alpha} \tag{7-8}$$

式中：e——自然对数的底，e=2.718…；

f——摩擦系数，V 带传动中，用当量摩擦系数 f_v 代替 f，$f_v = f/\sin\frac{\varphi}{2}$，$\varphi$ 为带轮轮槽楔角（见表 7-5）；

α——带轮上的包角，取 $\alpha=\alpha_1$，α_1 为带在小带轮上的包角，单位为 rad。

将式(7-3)代入式(7-8)，可得到极限有效拉力 F_{elim} 的表达式

$$F_{elim} = 2F_0\left(1-\frac{2}{1+e^{f_v\alpha_1}}\right) \tag{7-9}$$

分析上式可知，带所能传递的极限有效拉力 F_{elim} 与下列因素有关：

(1) 初拉力 F_0　F_{elim} 与 F_0 成正比。F_0 越大，则带与带轮间正压力越大，传动时的摩擦力就越大，F_{elim} 也就越大。但 F_0 过大，将导致带的磨损加剧和带的拉应力增大，带的寿命将降低。若 F_0 过小，带的工作能力不能充分发挥，工作时易跳动和打滑。

(2) 包角 α_1　有式(7-9)可知，F_{elim} 将随 α_1 的增大而增大。因为包角增大，将使带与带轮在整个接触弧上的摩擦力总和增加，从而可提高传递的能力。由于小带轮的包角 α_1 总是小于大带轮的包角 α_2，因此一般要求 $\alpha_1 \geqslant 120°$，特殊情况下允许 $\alpha_{1min=}$ 90°。

(3) 摩擦系数 f_v　f_v 越大，摩擦力就越大，F_{elim} 也就越大。f_v 与带轮材料、表面状况及工作条件等有关。

此外，欧拉公式是在忽略离心力影响下导出的，若 v 较大，带产生的离心力就大，这将降低带与带轮间的正压力，因而使 F_{elim} 减小。

四、带的应力分析

带在工作时，带所受的应力有拉应力、离心应力和弯曲应力三种。

1. 拉应力

由紧边拉力 F_1 和松边拉力 F_2 产生的应力分别为：

紧边拉应力
$$\sigma_1 = \frac{F_1}{A} \quad \text{MPa} \tag{7-10a}$$

松边拉应力
$$\sigma_2 = \frac{F_2}{A} \quad \text{MPa} \tag{7-10b}$$

式中：A——带的横截面积。

2. 离心应力

带传动中，包在带轮上的传动带，随带轮轮缘作圆周运动，将产生离心力。由离心力所引起的带的拉应力，称为离心应力。离心应力存在于全部带长的各个截面上，其大小为

$$\sigma_c = \frac{qv^2}{A} \tag{7-11}$$

式中：q——每米带长的质量，kg/m，查表 7-6。

表 7-6 V 带单位长度质量 kg/m

截 型	Y	Z/SPZ	A/SPA	B/SPB	C/SPC	D	E
q	0.02	0.06/0.07	0.10/0.12	0.17/0.20	0.30/0.37	0.62	0.90

由此可见，高速时宜采用轻质带，以利于减小离心应力。

3. 弯曲应力

带绕在带轮上时，将产生弯曲应力 σ_b。若近似认为带的材料符合胡克定理，由材料力学公式可得

$$\sigma_b = 2E\frac{h'}{d_d} \quad \text{MPa} \tag{7-12}$$

式中：E——带材料的弹性模量，MPa；h'——带的外表面到节面间的距离，mm，对于平带，取 $h'=h/2$，h 为带的厚度，对于 V 带，$h'\approx h_a$，h_a 由表 7-3 查得。

由式(7-12)可知，带轮直径 d_d 越小，带越厚，带的弯曲应力越大。所以，同一截型带绕过小带轮的弯曲应力 σ_{b1} 大于绕过大带轮时的弯曲应力 σ_{b2}。为防止产生过大的弯曲应力，对各种截型的 V 带都规定了最小带轮直径 d_{dmin}，d_{dmin} 值见表 7-7。

表 7-7 V 带带轮最小基准直径 mm

截 型	Y	Z/SPZ	A/SPA	B/SPB	C/SPC	D	E
d_{dmin}	20	50/63	75/90	125/140	200/224	355	500

带工作时的应力分布情况见图 7-11，带在紧边绕上小带轮处（图中 a_1 点处）所受应力最大。最大应力 σ_{max} 为

$$\sigma_{max} = \sigma_1 + \sigma_c + \sigma_{b1} \tag{7-13}$$

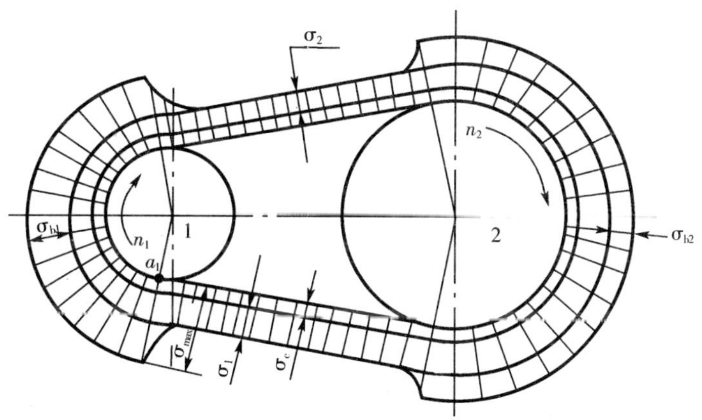

图 7-11 带传动的应力分布

第四节 V 带传动的设计计算

一、带传动的主要失效形式和设计准则

由带传动的工作情况分析可知，当传递的载荷超过带的极限有效拉力 F_{elim} 时，带将在带轮上打滑，从而失去传动能力。所以打滑是带传动的主要失效形式之一。

由于带的任一横截面上的应力，将随着带的运转而循环变化。当应力循环达到一定次数时，即带使用一段时间后，传动带的局部出现帘布（或线绳）与橡胶脱离，造成传动带松散，以至断裂，丧失传动能力，这种现象称为疲劳损坏。所以，带的疲劳损坏是带传动的另一种主要失效形式。

因此，带传动的设计准则是：在保证不打滑的前提下，最大限度地发挥带传动的工作能力，同时使带具有一定的疲劳强度和寿命。

由式(7－1)、式(7－2)、式(7－10)和式(7－13)可导出即将打滑时单根 V 带所能传递的极限有效功率 P_{elim} 为

$$P_{elim}=\frac{F_{elim}v}{1\,000}=\frac{F_1\left(1-\frac{1}{e^{f_v\alpha_1}}\right)v}{1\,000}=\frac{\sigma_1 A\left(1-\frac{1}{e^{f_v\alpha_1}}\right)v}{1\,000} \tag{7-14}$$

式中符号的含义和单位同前。由该式可知，在其他参数相同的条件下，紧边拉力 F_1 越大，极限有效功率 P_{elim} 越大。但是，σ_1 受到带的疲劳强度的限制，为保证传动带具有一定的疲劳强度和寿命，必须保证带的最大应力 σ_{max} 不超过带的许用应力 $[\sigma]$，即

$$\sigma_{max}=\sigma_1+\sigma_{b1}+\sigma_c\leqslant[\sigma]$$

或

$$\sigma_1\leqslant[\sigma]-\sigma_{b1}-\sigma_c \tag{7-15}$$

二、单根 V 带传递的功率

在包角 $\alpha=180°$、特定带长、工作平稳的条件下，单根普通 V 带的基本额定功率 P_0 值见表 7－8～表 7－18。

三、设计步骤和传动参数的选择

V 带传动设计时，一般已知的条件是：V 带传递的功率 P、主动轮转速 n_1、从动轮转速 n_2（或传动比 i）、工作条件及传动要求等。设计内容包括：确定 V 带的截型、根数、长度，传动中心距并确定大小带轮的尺寸和结构等。

下面介绍 V 带传动设计的一般步骤及传动参数的选择。

1. 确定计算功率 P_{ca}

计算功率 P_{ca} 是根据传递的额定功率，并考虑载荷性质以及每天运转时间的长短等因数的影响而确定的，即

$$P_{ca}=K_A P \tag{7-16}$$

式中：K_A——工作情况系数，查表 7－19 可得。

表 7-8 Y 型单根 V 带的基本额定功率 P_0 kW

小带轮转速 n_1 r/min	小带轮基准直径 d_{d1}/mm								带速 v m/s
	20	25	28①	31.5①	35.5①	40①	45	50	
400							0.04	0.05	
730②				0.03	0.04	0.04	0.05	0.06	
800		0.03	0.03	0.04	0.05	0.05	0.06	0.07	
980②	0.02	0.03	0.04	0.04	0.05	0.06	0.07	0.08	
1 200	0.02	0.03	0.04	0.05	0.06	0.07	0.08	0.09	
1 460②	0.02	0.04	0.05	0.06	0.06	0.08	0.09	0.11	
1 600	0.03	0.05	0.05	0.06	0.07	0.09	0.11	0.12	
2 000	0.03	0.05	0.06	0.07	0.08	0.11	0.12	0.14	
2 400	0.04	0.06	0.07	0.09	0.09	0.12	0.14	0.16	
2 800②	0.04	0.07	0.08	0.10	0.11	0.14	0.16	0.18	5
3 200	0.05	0.08	0.09	0.11	0.12	0.15	0.17	0.20	
3 600	0.06	0.08	0.10	0.12	0.13	0.16	0.19	0.22	
4 000	0.06	0.09	0.11	0.13	0.14	0.18	0.20	0.23	
4 500	0.07	0.10	0.12	0.14	0.16	0.19	0.21	0.24	
5 000	0.08	0.11	0.13	0.15	0.18	0.20	0.23	0.25	10
5 000	0.09	0.12	0.14	0.16	0.19	0.22	0.24	0.26	

注：①为优先采用的基准直径；
②为常用转速。

表 7-9 Z 型单根 V 带的基本额定功率 P_0 kW

小带轮转速 n_1 r/min	小带轮基准直径 d_{d1}/mm						带速 v m/s
	50	56	63①	71①	80①	90	
400	0.06	0.06	0.08	0.09	0.14	0.14	
730②	0.09	0.11	0.13	0.17	0.20	0.22	
800	0.10	0.12	0.15	0.20	0.22	0.24	
980②	0.12	0.14	0.18	0.23	0.26	0.28	
1 200	0.14	0.17	0.22	0.27	0.30	0.33	
1 460②	0.16	0.19	0.25	0.31	0.36	0.37	
1 600	0.17	0.20	0.27	0.33	0.39	0.40	5
2 000	0.20	0.25	0.32	0.39	0.44	0.48	
2 400	0.22	0.30	0.37	0.46	0.50	0.54	
2 800②	0.26	0.33	0.41	0.50	0.56	0.60	10
3 200	0.28	0.35	0.45	0.54	0.61	0.64	
3 600	0.30	0.37	0.47	0.58	0.64	0.68	20
4 000	0.32	0.39	0.49	0.61	0.67	0.72	
4 500	0.33	0.40	0.50	0.62	0.67	0.73	
5 000	0.34	0.41	0.50	0.62	0.66	0.73	25
5 500	0.33	0.41	0.49	0.61	0.64	0.65	
6 000	0.31	0.40	0.48	0.56	0.61	0.56	

注：①为优先采用的基准直径；
②为常用转速。

表 7-10　A 型单根 V 带的基本额定功率 P_0　　kW

小带轮转速 n_1 r/min	小带轮基准直径 d_{d1}/mm								带速 v m/s
	75	80	90①	100①	112①	125①	140	160	
200	0.16	0.18	0.22	0.26	0.31	0.37	0.43	0.51	
400	0.27	0.31	0.39	0.47	0.56	0.67	0.78	0.94	5
730②	0.42	0.49	0.63	0.77	0.93	1.11	1.31	1.56	
800	0.45	0.52	0.68	0.83	1.00	1.19	1.41	1.69	
980②	0.52	0.61	0.79	0.97	1.18	1.40	1.66	2.00	10
1 200	0.60	0.71	0.93	1.14	1.39	1.66	1.96	2.36	
1 460②	0.68	0.81	1.07	1.32	1.62	1.93	2.29	2.74	
1 600	0.73	0.87	1.15	1.42	1.74	2.07	2.45	2.94	
2 000	0.84	1.01	1.34	1.66	2.04	2.44	2.87	3.42	15
2 400	0.92	1.12	1.50	1.87	2.30	2.74	3.22	3.80	20
2 800②	1.00	1.22	1.64	2.05	2.51	2.98	3.48	4.06	
3 200	1.04	1.29	1.75	2.19	2.68	3.16	3.65	4.19	25
3 600	1.08	1.34	1.83	2.28	2.78	3.26	3.72	—	30
4 000	1.09	1.37	1.87	2.34	2.83	3.28	3.67	—	
4 500	1.07	1.36	1.88	2.33	2.79	3.17	—	—	
5 000	1.02	1.31	1.82	2.25	2.64	—	—	—	
5 500	0.96	1.21	1.70	2.07	—	—	—	—	

注：①为优先采用的基准直径；

②为常用转速。

表 7-11　B 型单根 V 带的基本额定功率 P_0　　kW

小带轮转速 n_1 r/min	小带轮基准直径 d_{d1}/mm								带速 v m/s
	125	140①	160①	180①	200	224	250	280	
200	0.48	0.59	0.74	0.88	1.02	1.19	1.37	1.58	5
400	0.84	1.05	1.32	1.59	1.85	2.17	2.50	2.89	10
730②	1.34	1.69	2.16	2.61	3.06	3.59	4.14	4.77	
800	1.44	1.82	2.32	2.81	3.30	3.86	4.46	5.13	
980②	1.67	2.13	2.72	3.30	3.86	4.50	5.22	5.93	
1 200	1.93	2.47	3.17	3.85	4.5	5.26	6.04	6.90	15
1 460②	2.20	2.83	3.64	4.41	5.15	5.99	6.85	7.78	20
1 600	2.33	3.00	3.86	4.68	5.46	6.33	7.20	8.13	
1 800	2.50	3.23	4.15	5.02	5.83	6.73	7.63	8.46	25
2 000	2.64	3.42	4.40	5.30	6.13	7.02	7.87	8.60	
2 200	2.76	3.58	4.60	5.52	6.35	7.19	7.79	—	30
2 400	2.85	3.70	4.75	5.67	6.47	7.25	—	—	
2 800②	2.96	3.85	4.80	5.76	6.43	—	—	—	
3 200	2.94	3.83	4.80	—	—	—	—	—	
3 600	2.80	3.63	—	—	—	—	—	—	
4 000	2.51	3.24	—	—	—	—	—	—	
4 500	1.93	—	—	—	—	—	—	—	

注：①为优先采用的基准直径；

②为常用转速。

表 7－12 C 型单根 V 带的基本额定功率 P_0 kW

小带轮转速 n_1 r/min	小带轮基准直径 d_{d1}/mm								带速 v m/s
	200①	224①	250①	280①	315①	355	400①	450	
200	1.39	1.70	2.03	2.42	2.86	3.36	3.91	4.51	
300	1.92	2.37	2.85	3.40	4.04	4.75	5.54	6.4	5
400	2.41	2.99	3.62	4.32	5.14	6.05	7.06	8.2	
500	2.87	3.58	4.33	5.19	6.17	7.27	8.52	9.81	10
600	3.30	4.12	5.00	6.00	7.14	8.45	9.82	11.29	
730②	3.80	4.78	5.82	6.99	8.34	9.79	11.52	12.98	15
800	4.07	5.12	6.23	7.52	8.92	10.46	12.10	13.80	
980②	4.66	5.89	7.18	8.65	10.23	11.92	13.67	15.39	20
1 200	5.29	6.71	8.21	9.81	11.53	13.31	15.04	16.59	25
1 460	5.86	7.47	9.06	10.74	12.48	14.12	—	—	30
1 600	6.07	7.75	9.38	11.06	12.72	14.19		—	
1 800	6.28	8.00	9.63	11.22	12.67	—	—	—	
2 000	6.34	8.06	9.62	11.04	—	—	—	—	
2 200	6.26	7.92	9.34	—	—	—	—	—	
2 400	6.02	7.57	—	—	—	—	—	—	
2 600	5.61	—	—	—	—	—	—	—	
2 800②	5.01	—	—	—	—	—	—	—	

注：①为优先采用的基准直径；

②为常用转速。

表 7－13 D 型单根 V 带的基本额定功率 P_0 kW

小带轮转速 n_1 r/min	小带轮基准直径 d_{d1}/mm								带速 v m/s
	355①	400①	450①	500①	560①	630	710	800	
100	3.01	3.66	4.37	5.08	5.91	6.88	8.01	9.22	
150	4.20	5.14	6.17	7.18	8.43	9.82	11.38	13.11	5
200	5.31	6.52	7.90	9.21	10.76	12.54	14.55	16.76	
250	6.36	7.88	9.50	11.09	12.97	15.13	17.54	20.18	10
300	7.35	9.13	11.02	12.88	15.07	17.57	20.35	23.39	
400	9.24	11.45	13.85	16.20	18.95	22.05	25.45	29.08	15
500	10.90	13.55	16.40	19.17	22.38	25.94	29.76	33.72	20
600	12.39	15.42	18.67	21.78	25.32	29.18	33.18	37.13	25
730②	14.04	17.58	21.12	24.52	28.28	32.19	35.97	39.26	
800	14.83	18.46	22.25	25.76	29.55	33.38	36.87	—	30
980②	16.30	20.25	24.16	27.60	31.00	—	—	—	
1 100	16.98	20.99	24.84	28.02		—	—	—	
1 200	17.25	21.20	24.84	—	—	—	—	—	
1 300	17.26	21.06	—	—	—	—	—	—	
1 460②	16.70	—			—	—	—	—	
1 600	15.63	—	—	—	—	—	—	—	

注：①为优先采用的基准直径；②为常用转速。

表 7-14 E型单根V带的基本额定功率 P_0 kW

小带轮转速 n_1 r/min	小带轮基准直径 d_{d1}/mm								带速 v m/s
	500①	560①	630①	710①	800	900	1000	1120	
100	6.21	7.32	8.75	10.31	12.05	13.96	15.84	18.07	
150	8.60	10.33	12.32	14.56	17.05	19.76	22.44	25.58	
200	10.86	13.09	15.65	18.52	21.70	25.15	28.52	32.47	10
250	12.97	15.67	18.77	22.23	26.03	30.14	34.11	38.71	
300	14.96	18.10	21.69	25.69	30.05	34.71	39.17	44.26	15
350	16.81	20.38	24.42	28.89	33.73	38.84	43.66	49.04	20
400	18.55	22.49	26.95	31.83	37.05	42.49	47.52	52.98	
500	21.65	26.25	31.36	36.85	42.53	48.20	53.12	57.94	25
600	24.21	29.30	34.83	40.58	46.26	51.48	—	—	30
730②	26.62	32.02	37.64	43.07	47.79	—	—	—	
800	27.57	33.03	38.52	43.52	—	—	—	—	
980②	28.52	33.00	—	—	—	—	—	—	
1 100	27.30	—	—	—	—	—	—	—	

注：①为优先采用的基准直径；
②为常用转速。

表 7-15 SPZ型单根V带的基本额定功率 P_0 kW

小带轮转速 n_1 r/min	小带轮基准直径 d_{d1}/mm							带速 v m/s
	63	71	75	80	90	100	112	
200	0.20	0.25	0.28	0.31	0.37	0.43	0.51	
400	0.35	0.44	0.49	0.55	0.67	0.79	0.93	
730①	0.56	0.72	0.79	0.88	1.12	1.33	1.57	
800	0.60	0.78	0.87	0.99	1.21	1.44	1.70	
980①	0.70	0.92	1.02	1.15	1.44	1.70	2.02	5
1 200	0.81	1.08	1.21	1.38	1.70	2.02	2.40	
1 460①	0.93	1.25	1.41	1.60	1.98	2.36	2.80	
1 600	1.00	1.35	1.52	1.73	2.14	2.55	3.04	
2 000	1.17	1.59	1.79	2.05	2.55	3.05	3.62	10
2 400	1.32	1.81	2.04	2.34	2.93	3.49	4.16	
2 800①	1.45	2.00	2.27	2.61	3.26	3.90	4.64	15
3 200	1.56	2.18	2.48	2.85	3.57	4.26	5.06	
3 600	1.66	2.33	2.65	3.06	3.84	4.58	5.42	20
4 000	1.74	2.46	2.81	3.24	4.07	4.85	5.72	
4 500	1.81	2.59	2.96	3.42	4.30	5.10	5.99	25
5 000	1.85	2.68	3.07	3.56	4.46	5.27	6.14	

注：①为常用转速。

表 7-16 SPA 型单根 V 带的基本额定功率 P_0 kW

小带轮转速 n_1 r/min	小带轮基准直径 d_{d1}/mm							带速 v m/s
	90	100	112	125	140	160	180	
200	0.43	0.53	0.64	0.77	0.92	1.11	1.30	
400	0.75	0.94	1.16	1.4	1.68	2.04	2.39	
730①	1.21	1.54	1.91	2.33	2.81	3.42	4.03	5
800	1.30	1.65	2.07	2.52	3.03	3.70	4.36	
980①	1.52	1.93	2.44	2.98	3.58	4.38	5.17	
1 200	1.76	2.27	2.86	3.5	4.23	5.17	6.10	10
1 460①	2.02	2.61	3.31	4.06	4.91	6.01	7.07	
1 600	2.16	2.80	3.57	4.38	5.29	6.47	7.62	15
2 000	2.49	3.27	4.18	5.15	6.22	7.60	8.90	
2 400	2.77	3.67	4.71	5.8	7.01	8.53	9.93	20
2 800①	3.00	3.99	5.15	6.34	7.64	9.24	10.67	25
3 200	3.16	4.25	5.49	6.76	8.11	9.72	11.09	30
3 600	3.26	4.42	5.72	7.03	8.39	9.94	11.15	
4 000	3.29	4.50	5.85	7.16	8.48	9.87	10.81	35
4 500	3.24	4.48	5.83	7.09	8.27	9.34	9.78	40
5 000	3.07	4.31	5.61	6.75	7.69	8.28	7.99	

注：①为常用转速。

表 7-17 SPB 型单根 V 带的基本额定功率 P_0 kW

小带轮转速 n_1 r/min	小带轮基准直径 d_{d1}/mm							带速 v m/s
	140	160	180	200	224	250	280	
200	1.08	1.37	1.65	1.94	2.28	2.64	3.05	
400	1.92	2.47	3.01	3.54	4.18	4.86	5.63	5
730①	3.13	4.06	4.99	5.88	6.97	8.11	9.41	
800	3.35	4.37	5.37	6.35	7.52	8.75	10.14	10
980①	3.92	5.13	6.31	7.47	8.83	10.27	11.89	
1 200	4.55	5.98	7.38	8.74	10.33	11.99	13.82	15
1 460①	5.21	6.89	8.50	10.07	11.86	13.72	15.71	20
1 600	5.54	7.33	9.05	10.70	12.59	14.51	16.56	
1 800	5.95	7.89	9.74	11.50	13.49	15.47	17.52	25
2 400	6.31	8.38	10.34	12.18	14.21	16.19	18.17	
2 000	6.62	8.80	10.83	12.72	14.76	16.68	18.48	30
2 400	6.86	9.13	11.21	13.11	15.10	16.89	18.43	
2 800①	7.15	9.52	11.62	13.41	15.14	16.44	17.13	
3 200	7.17	9.53	11.43	13.01	14.22			35
3 600	6.89	9.10	10.77	11.83				40

注：①为常用转速。

表 7-18 SPC 型单根 V 带的基本额定功率 P_0 kW

小带轮转速 n_1 r/min	小带轮基准直径 d_{d1}/mm							带速 v m/s
	224	250	280	315	355	400	450	
200	2.90	3.50	4.18	4.97	5.89	6.86	7.96	
400	5.19	6.31	7.59	9.07	10.72	12.56	14.56	5
600	7.21	8.81	10.26	12.70	15.02	17.56	20.29	10
730①	8.82	10.27	12.40	14.82	17.50	20.41	23.49	15
800	10.43	11.02	13.31	15.90	18.76	21.84	25.07	
980①	10.39	12.76	15.40	18.37	21.55	25.15	28.83	20
1 200	11.89	14.61	17.60	20.88	24.34	27.33	31.15	
1 460①	13.26	16.26	19.49	22.92	26.32	29.40	32.01	25
1 600	13.81	16.92	20.20	23.58	26.80	29.53	31.33	35
1 800	14.35	17.52	20.70	23.91	26.62	28.42	28.69	40
2 000	14.58	17.70	20.75	23.47	25.37	25.81	23.95	
2 200	14.47	17.44	20.13	22.18	22.94			
2 400	14.01	16.69	18.86	19.98	19.22			
2 600	12.95	15.14	16.49	16.26				

注：①为常用转速。

表 7-19 工作情况系数 K_A

载荷性质	工作机	原动机					
		空、轻载启动			重载启动		
		每天工作小时/h					
		<10	10～16	>16	<10	10～16	>16
载荷变动微小	液体搅拌机、通风机和鼓风机（≤7.5kW）、离心式水泵和压缩机、轻型运输机	1.0	1.1	1.2	1.1	1.2	1.3
载荷变动小	带式输送机（不均匀载荷）、通风机（>7.5 kW）、旋转式水泵和压缩机（非离心式）、发电机、金属切削机床、旋转筛、锯木机和木工机械	1.1	1.2	1.3	1.2	1.3	1.4
载荷变动较大	制砖机、斗式提升机、往复式水泵和压缩机、起重机、磨粉机、冲剪机床、橡胶机械、振动筛、纺织机械、重载输送机	1.2	1.3	1.4	1.4	1.5	1.6
载荷变动很大	破碎机（旋转式、颚式等）、磨碎机（球磨、棒磨、管磨）	1.3	1.4	1.5	1.5	1.6	1.7

注：(1) 空、轻载启动—电动机（交流启动、三角启动、直流并励），四缸以上的内燃机，装有离心式离合器、液力联轴器的动力机。

(2) 重载启动—电动机（联机交流启动、直流复励或串联），四缸以下内燃机。

(3) 反复启动、正反转频繁、工作条件恶劣等场合，K_A 应乘以 1.2。

(4) 增速传动时，K_A 应乘以下列系数：当 $i \geqslant 1.25 \sim 1.74$ 时为 1.05；当 $i \geqslant 1.75 \sim 2.49$ 时为 1.11；当 $i \geqslant 2.50 \sim 3.49$ 时为 1.18；当 $i \geqslant 3.50$ 时为 1.25。

2. 选择 V 带截型

根据计算功率 P_{ca} 和小带轮转速 n_1，由图 7－12 选择带的截型。所选截型是否符合要求，尚须考虑传动的空间位置并经带的根数计算后才能最后确定。当坐标点（P_{ca}，n_1）位于图中截型分界线附近时，可初选两种相邻的截型，作为两个方案进行设计计算，最后比较两种方案的设计结果，择优选用。

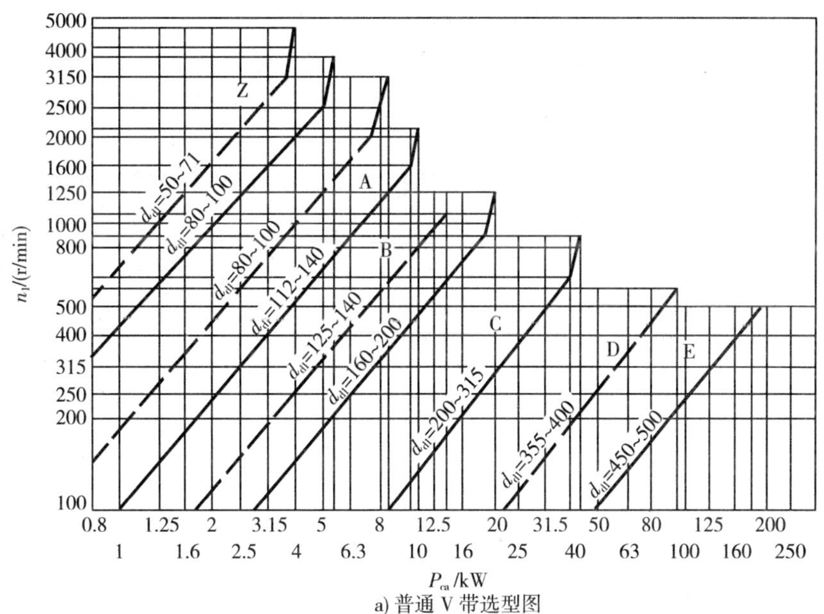

a) 普通 V 带选型图

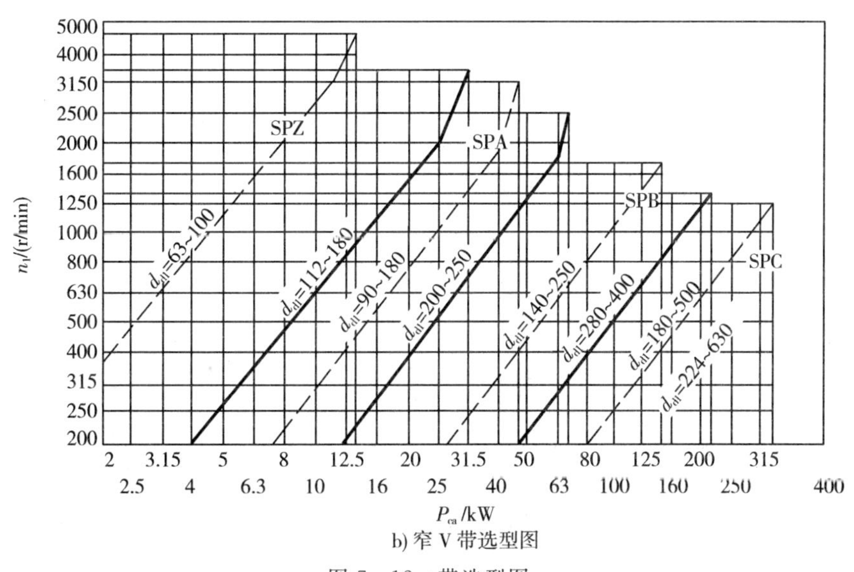

b) 窄 V 带选型图

图 7－12 带选型图

3. 确定带轮的基准直径 d_{d1} 和 d_{d2}

（1）选择小带轮基准直径 d_{d1}　带轮直径 d_{d1} 小可以减轻重量，减少传动装置外廓尺寸，但另一方面使带的弯曲应力增大，降低带的使用寿命。在满足 $d_{d1} \geqslant d_{dmin}$ 的前提下可选择较小 d_{d1} 值，d_{d1} 宜按表 7－7 取标准值。设计时可参考图 7－12 中给出的带轮直径取值范围。

(2) 验算带速 v　普通 V 带带速 v 应在 5～25m/s 范围内，窄 V 带带速 v 应在 5～30m/s范围内。带速过低，当功率一定时，使带传递的圆周力增大，导致带的根数增多；带速过高，则带产生的离心力增大，导致带的有效拉力减小，易引起带发生打滑现象。带速 v 由式 (7－6) 计算。若带速超过上述许可范围，应重新选择小带轮直径 d_{d1}。

(3) 计算大带轮基准直径 d_{d2}　$d_{d2}=id_{d1}$，一般亦宜取标准值。当要求传动比较精确时，应考虑滑动率 ε 的影响，此时按式(7－7)计算 d_{d2}，且 d_{d2} 可以取非标准值。

4. 确定中心距 a 和带的基准长度 L_d

(1) 初定中心距 a_0　传动中心距小则结构紧凑，但传动带较短，包角减小，且带的绕转次数增多，降低了带的使用寿命；如果中心距过大则结构尺寸增大，当带速较高时会产生颤动。设计时若题目未给定中心距或中心距未提出明确设计要求，可按下式初选中心距 a_0

$$0.7(d_{d1}+d_{d2}) \leqslant a_0 \leqslant 2(d_{d1}+d_{d2}) \tag{7-17}$$

由带传动的几何关系可得带的基准长度计算公式

$$L_0=2a_0+\frac{\pi}{2}(d_{d1}+d_{d2})+\frac{(d_{d2}-d_{d1})^2}{4a_0} \tag{7-18}$$

根据 L_0，即可由表 7－3 选取接近的标准基准长度 L_d。

(2) 确定实际中心距 a　实际中心距可用下面近似公式计算

$$a=a_0+\frac{L_d-L_0}{2} \tag{7-19}$$

考虑到安装、调整和补偿张紧的需要，实际中心距允许留有一定的调整范围，其大小为

$$a_{min}=a-0.015L_d$$

$$a_{max}=a+0.03L_d$$

5. 验算小带轮包角 α_1

根据带传动的几何关系，小带轮包角 α_1 由下式计算

$$\alpha_1=180°-\frac{d_{d2}-d_{d1}}{\alpha}\times 57.3° \tag{7-20}$$

一般应使 $\alpha_1 \geqslant 120°$（特殊情况下允许≥90°），若不满足此条件，可适当增大中心距或减小两带轮直径差，也可在带的外侧加压带轮，但这样做会降低带的使用寿命。

6. 确定 V 带根数 z

(1) 确定实际工作条件下单根 V 带所能传递的功率 P_0'

由带的截型、小带轮直径 d_{d1} 及小带轮转速 n_1，可从表 7－8～表 7－18 查得特定条件下单根 V 带传递的额定功率 P_0。但实际工作条件下，其包角、带长和传动比等参数，与

特定条件不相符合，所以，实际工作条件下单根 V 带所能传递的功率 P_0' 与 P_0 就有差异。通常，P_0' 可用下式求得

$$P_0' = (P_0 + \Delta P_0) K_\alpha K_L \tag{7-21}$$

式中：ΔP_0 为额定功率的增量，单位为 kW，考虑 $i \neq 1$，即 $d_{d2} > d_{d1}$ 时，P_0 有所增加，ΔP_0 的值可根据传动比 i 从表 7-20 中查得；K_α 为包角系数，考虑 $\alpha \neq 180°$ 时对传动能力影响的修正系数，其值查表 7-21；K_L 为长度系数，考虑带的实际长度不等于特定长度时对传动能力影响的修正系数，其值见表 7-22。

（2）确定带的根数 z

$$z \geqslant \frac{P_{ca}}{P_0'} = \frac{P_{ca}}{(P_0 + \Delta P_0) K_\alpha K_L} \tag{7-22}$$

通常 z 不超过 8。若计算结果超出此范围，应改选 V 带型或加大带轮直径后重新计算。

7. 确定初拉力 F_0

单根 V 带初拉力的计算公式为

$$F_0 = 500 \frac{P_{ca}}{vz}\left(\frac{2.5}{K_\alpha} - 1\right) + qv^2 \tag{7-23}$$

式中符号的含义和单位同前。

对于中心距不可调整的 V 带传动，安装新带时，初拉力应取上式计算值的 1.5 倍。初拉力 F_0 可用图 7-13 所示的测量方法确定：在 V 带与两轮切点的跨度中心，施加一规定的垂直于带边的力 F，使带沿跨距每 100mm 所产生的挠度 $y = 1.6$mm（即挠角 1.8°），此时带中初拉力即符合要求。F 值查表 7-23。

8. 计算带对轴的压力 F_Q

为设计轴和轴承，应计算 V 带通过带轮作用于轴上的压力 F_Q。通常不考虑松边、紧边的拉力差，为简化其运算，一般按静止状态下初拉力 F_0 进行计算，由图 7-14 所示轴上压力 F_Q 近似为

$$F_Q \approx 2zF_0 \sin\frac{a_1}{2} \tag{7-24}$$

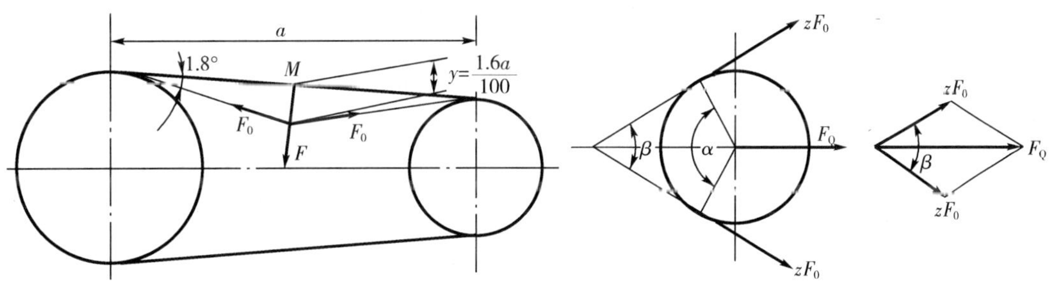

图 7-13　初拉力的控制　　　图 7-14　带传动作用在轴上的力

表 7-20a　考虑 $i \neq 1$ 时，单根普通 V 带额定功率值的增量 ΔP_0　　kW

截型	传动比 i	小带轮转速 n_1/（r/min）											
		200	400	730	800	980	1 200	1 460	1 600	2 000	2 400	2 800	3 200
Z	1.00～1.01	—											
	1.02～1.04	—											
	1.05～1.08	—		0.00									
	1.09～1.12	—											
	1.13～1.18	—					0.01						
	1.19～1.24	—										0.03	
	1.25～1.34	—						0.02					
	1.35～1.51	—										0.04	
	1.52～1.99	—											
	≥2.00	—											0.05
A	1.00～1.01	0.00											
	1.02～1.04						0.02	0.02	0.02	0.03	0.03	0.04	0.04
	1.05～1.08		0.01	0.02	0.02	0.03	0.03	0.04	0.04	0.06	0.07	0.08	0.09
	1.09～1.12		0.02	0.03	0.03	0.04	0.05	0.06	0.06	0.08	0.10	0.11	0.13
	1.13～1.18		0.02	0.04	0.04	0.05	0.07	0.08	0.09	0.11	0.13	0.15	0.17
	1.19～1.24		0.03	0.05	0.05	0.06	0.08	0.09	0.11	0.13	0.16	0.19	0.22
	1.25～1.34	0.02	0.03	0.06	0.06	0.07	0.10	0.11	0.13	0.16	0.19	0.23	0.26
	1.35～1.51	0.02	0.04	0.07	0.08	0.08	0.11	0.13	0.15	0.19	0.23	0.26	0.30
	1.52～1.99	0.02	0.04	0.08	0.09	0.10	0.13	0.15	0.17	0.22	0.26	0.30	0.34
	≥2.00	0.03	0.05	0.09	0.10	0.11	0.15	0.17	0.19	0.24	0.29	0.34	0.39
B	1.00～1.01	0.00	0.00	0.00	0.00	0.00	0.00	0.00	0.00	0.00	0.00	0.00	0.00
	1.02～1.04	0.01	0.01	0.02	0.03	0.03	0.04	0.05	0.06	0.07	0.08	0.10	0.11
	1.05～1.08	0.01	0.03	0.05	0.06	0.07	0.08	0.10	0.11	0.14	0.17	0.20	0.23
	1.09～1.12	0.02	0.04	0.07	0.08	0.10	0.13	0.15	0.17	0.21	0.25	0.29	0.34
	1.13～1.18	0.03	0.06	0.10	0.11	0.13	0.17	0.20	0.23	0.28	0.34	0.39	0.45
	1.19～1.24	0.04	0.07	0.12	0.14	0.17	0.21	0.25	0.28	0.35	0.42	0.49	0.56
	1.25～1.34	0.04	0.08	0.15	0.17	0.21	0.25	0.31	0.34	0.42	0.51	0.59	0.6
	1.35～1.51	0.05	0.10	0.17	0.20	0.25	0.30	0.36	0.39	0.49	0.59	0.69	0.79
	1.52～1.99	0.06	0.11	0.20	0.23	0.26	0.34	0.40	0.45	0.56	0.68	0.79	0.90
	≥2.00	0.06	0.13	0.22	0.25	0.30	0.38	0.46	0.51	0.63	0.76	0.89	1.01
C	1.00～1.01	0.00	0.00	0.00	0.00	0.00	0.00	0.00	0.00	0.00	0.00	0.00	0.00
	1.02～1.04	0.02	0.04	0.07	0.08	0.09	0.12	0.14	0.16	0.20	0.23	0.27	0.31
	1.05～1.08	0.04	0.08	0.14	0.16	0.19	0.24	0.28	0.31	0.39	0.47	0.55	0.63
	1.09～1.12	0.06	0.12	0.21	0.23	0.27	0.35	0.42	0.47	0.59	0.70	0.82	0.94
	1.13～1.18	0.08	0.16	0.27	0.31	0.37	0.47	0.58	0.63	0.78	0.94	1.10	1.26
	1.19～1.24	0.10	0.20	0.34	0.39	0.47	0.59	0.71	0.78	0.98	1.18	1.37	1.57
	1.25～1.34	0.12	0.23	0.41	0.47	0.56	0.70	0.85	0.94	1.17	1.41	1.64	1.88
	1.35～1.51	0.14	0.27	0.48	0.55	0.65	0.82	0.99	1.10	1.37	1.65	1.92	2.20
	1.52～1.99	0.16	0.31	0.55	0.63	0.74	0.94	1.14	1.25	1.57	1.88	2.19	2.51
	≥2.00	0.18	0.35	0.62	0.71	0.83	1.06	1.27	1.41	1.76	2.12	2.47	2.83

表 7-20b 考虑 $i \neq 1$ 时，单根窄 V 带额定功率值的增量 ΔP_0 kW

截型	传动比 i	小带轮转速 n_1/（r/min）											
		200	400	730	800	980	1 200	1 460	1 600	2 000	2 400	2 800	3 200
SPZ	1.00～1.01	0.00	0.00	0.00	0.00	0.00	0.00	0.00	0.00	0.00	0.00	0.00	0.00
	1.02～1.05	0.00	0.00	0.01	0.01	0.01	0.01	0.02	0.02	0.02	0.03	0.03	0.04
	1.06～1.11	0.01	0.01	0.02	0.03	0.03	0.04	0.05	0.05	0.07	0.08	0.09	0.11
	1.12～1.18	0.01	0.02	0.04	0.05	0.06	0.07	0.08	0.09	0.12	0.14	0.16	0.18
	1.19～1.26	0.02	0.03	0.06	0.06	0.08	0.09	0.11	0.13	0.16	0.19	0.22	0.25
	1.27～1.38	0.02	0.04	0.07	0.08	0.09	0.11	0.14	0.15	0.19	0.23	0.27	0.31
	1.39～1.57	0.02	0.04	0.08	0.09	0.11	0.13	0.16	0.18	0.22	0.27	0.31	0.36
	1.58～1.94	0.03	0.05	0.09	0.10	0.12	0.15	0.18	0.20	0.25	0.30	0.35	0.40
	1.95～3.38	0.03	0.06	0.10	0.11	0.13	0.16	0.20	0.22	0.27	0.33	0.38	0.44
	≥3.39	0.03	0.06	0.10	0.12	0.14	0.17	0.21	0.23	0.29	0.35	0.41	0.47
SPA	1.00～1.01	0.00	0.00	0.00	0.00	0.00	0.00	0.00	0.00	0.00	0.00	0.00	0.00
	1.02～1.05	0.00	0.01	0.02	0.02	0.03	0.03	0.04	0.04	0.05	0.06	0.07	0.08
	1.06～1.11	0.02	0.03	0.05	0.06	0.07	0.09	0.10	0.12	0.14	0.17	0.20	0.23
	1.12～1.18	0.03	0.05	0.09	0.10	0.12	0.15	0.18	0.20	0.25	0.30	0.35	0.40
	1.19～1.26	0.03	0.07	0.12	0.14	0.16	0.21	0.24	0.27	0.34	0.41	0.48	0.54
	1.27～1.38	0.04	0.08	0.15	0.17	0.20	0.25	0.30	0.33	0.41	0.50	0.58	0.66
	1.39～1.57	0.05	0.10	0.17	0.20	0.23	0.29	0.35	0.39	0.49	0.59	0.68	0.78
	1.58～1.94	0.05	0.11	0.19	0.22	0.26	0.33	0.40	0.44	0.55	0.66	0.77	0.88
	1.95～3.38	0.06	0.12	0.21	0.24	0.28	0.36	0.43	0.48	0.60	0.72	0.84	0.95
	≥3.39	0.06	0.13	0.22	0.25	0.30	0.38	0.46	0.51	0.63	0.76	0.89	1.01
SPB	1.00～1.01	0.00	0.00	0.00	0.00	0.00	0.00	0.00	0.00	0.00	0.00	0.00	0.00
	1.02～1.05	0.01	0.02	0.04	0.04	0.05	0.07	0.08	0.09	0.11	0.13	0.15	0.17
	1.06～1.11	0.03	0.06	0.11	0.12	0.15	0.18	0.22	0.24	0.30	0.36	0.42	0.47
	1.12～1.18	0.05	0.10	0.19	0.21	0.25	0.31	0.38	0.41	0.52	0.62	0.72	0.83
	1.19～1.26	0.07	0.14	0.26	0.28	0.34	0.42	0.51	0.56	0.70	0.84	0.98	1.13
	1.27～1.38	0.09	0.17	0.31	0.34	0.42	0.51	0.62	0.68	0.85	1.02	1.19	1.36
	1.39～1.57	0.10	0.20	0.36	0.40	0.49	0.60	0.73	0.80	1.00	1.20	1.40	1.60
	1.58～1.94	0.11	0.22	0.41	0.45	0.55	0.68	0.82	0.90	1.13	1.35	1.58	1.81
	1.95～3.38	0.12	0.25	0.45	0.49	0.60	0.74	0.89	0.98	1.23	1.47	1.72	1.96
	≥3.39	0.13	0.26	0.47	0.52	0.64	0.78	0.95	1.04	1.30	1.56	1.82	2.08
SPC	1.00～1.01	0.00	0.00	0.00	0.00	0.00	0.00	0.00	0.00	0.00	0.00	—	—
	1.02～1.05	0.03	0.05	0.10	0.11	0.13	0.16	0.19	0.21	0.26	0.32	—	—
	1.06～1.11	0.07	0.14	0.26	0.29	0.35	0.43	0.53	0.58	0.72	0.86	—	—
	1.12～1.18	0.13	0.25	0.46	0.50	0.62	0.75	0.92	1.00	1.25	1.51	—	—
	1.19～1.26	0.17	0.34	0.62	0.68	0.84	1.02	1.24	1.36	1.71	2.05		
	1.27～1.38	0.21	0.41	0.75	0.83	1.01	1.24	1.51	1.65	2.07	2.48	—	—
	1.39～1.57	0.24	0.49	0.89	0.97	1.19	1.46	1.77	1.94	2.43	2.92	—	—
	1.58～1.94	0.27	0.55	1.00	1.10	1.34	1.64	2.00	2.19	2.74	3.28	—	—
	1.95～3.38	0.30	0.59	1.08	1.19	1.46	1.78	2.17	2.38	2.97	3.57	—	—
	≥3.39	0.32	0.63	1.15	1.26	1.55	1.89	2.30	2.52	3.15	3.79	—	—

表 7－21　包角系数 K_α

小轮包角 α_1	180°	175°	170°	165°	160°	155°	150°	145°	140°	135°	130°	125°	120°
K_α	1	0.99	0.98	0.96	0.95	0.93	0.92	0.91	0.89	0.88	0.86	0.84	0.82

表 7－22　长度系数 K_L

基准长度 L_d/mm	K_L										
	普通 V 带							窄 V 带			
	Y	Z	A	B	C	D	E	SPZ	SPA	SPB	SPC
400	0.96	0.87									
450	1.00	0.89									
500	1.02	0.91									
560		0.94									
630		0.96	0.81					0.82			
710		0.99	0.82					0.84			
800		1.00	0.85					0.86	0.81		
900		1.03	0.87	0.81				0.88	0.83		
1 000		1.06	0.89	0.84				0.90	0.85		
1 120		1.08	0.91	0.86				0.93	0.87		
1 250		1.11	0.93	0.88				0.94	0.89	0.82	
1 400		1.14	0.96	0.90				0.96	0.91	0.84	
1 600		1.16	0.99	0.93	0.84			1.00	0.93	0.86	
1 800		1.18	1.01	0.95	0.85			1.01	0.95	0.88	
2 000			1.03	0.98	0.88			1.02	0.96	0.90	0.81
2 240			1.06	1.00	0.91			1.05	0.98	0.92	0.83
2 500			1.09	1.03	0.93			1.07	1.00	0.94	0.86
2 800			1.11	1.05	0.95	0.83		1.09	1.02	0.96	0.88
3 150			1.13	1.07	0.97	0.86		1.11	1.04	0.98	0.90
3 550			1.17	1.10	0.98	0.89		1.13	1.06	1.00	0.92
4 000			1.19	1.13	1.02	0.91			1.08	1.02	0.94
4 500				1.15	1.04	0.93	0.90		1.09	1.04	0.96
5 000				1.18	1.07	0.96	0.92			1.06	0.98

表 7-23 载荷 F 值 N/根

截型		小带轮直径 d_{d1}/mm	带速 v/(m/s)			截型		小带轮直径 d_{d1}/mm	带速 v/(m/s)		
			0～10	10～20	20～30				0～10	10～20	20～30
普通V带	Z	50～100	5～7	4.2～6	3.5～5.5	窄V带	SPZ	67～95	9.5～14	8～13	6.5～11
		>100	7～10	6～8.5	5.5～7			>95	14～21	13～19	11～18
	A	75～140	9.5～14	8～12	6.5～10		SPA	100～140	18～26	15～21	12～18
		>140	14～21	12～18	10～15			>140	26～38	21～32	18～27
	B	125～200	18.5～28	15～22	12.5～18		SPB	160～265	30～45	26～40	22～34
		>200	28～42	22～33	18～27			>265	45～58	40～52	34～47
	C	200～400	36～54	30～45	25～38		SPC	224～355	58～82	48～72	40～64
		>400	54～85	45～70	38～56			>355	82～106	72～96	64～90

注：表中高值用于新安装的V带或必须保持高张紧的传动。

第五节 带传动的张紧、安装与维护

一、带传动的张紧

带传动工作一段时间后就会由于塑性变形而松弛，使初拉力 F_0 减小，传动能力下降。为了保证带传动的正常工作，应定期检查初拉力，当发现初拉力 F_0 小于允许范围时，必须重新张紧。常见的张紧装置有三类：

1. 定期张紧装置

采用定期改变中心距的方法来调节带的初拉力 F_0，使带重新张紧。在水平或倾斜不大的传动中，可用图 7-15a 的方法，将装有带轮的电动机安装在制有滑道的基板上。要调节带的初拉力 F_0 时，松开基板上各螺栓的螺母，旋转调节螺钉，将电动机向左推移到所需的位置，然后拧紧螺母。在垂直的或接近垂直的传动中，可用图 7-15b 的方法，将装有带轮的电动机安装在可调的摆架上。

2. 自动张紧装置

将装有带轮的电动机安装在浮动的摆架上，见图 7-15c，利用电动机的自重，使带轮随同电动机绕固定轴摆动，以自动保持张紧力。

3. 采用张紧轮的装置

当中心距不能调节时，可采用张紧轮将带张紧（图 7-15d）。张紧轮一般应放在松边的内侧，且靠近大带轮处。若设置在外侧时，则应使其靠近小带轮处，这样可以增加小带轮的包角，提高带的疲劳强度。张紧轮的轮槽尺寸与带轮的相同，且直径小于小带轮的直径。

二、带传动的安装与维护

1. 带传动的安装

（1）带轮的安装　两带轮的轴线必须保持平行，V带轮的轮槽对称面应重合并垂直于轴线，否则，V 带会过早磨损，缩短寿命。

（2）V 带的安装　先移动其中一个带轮，适当缩小两带轮中心距，使带能顺利地套在带轮上，然后将移动部分复位并张紧传动 V 带。切记将 V 带从带轮上强制拆下来或装上去，更不允许用撬棍将 V 带撬入或撬出带轮。

2. 同组 V 带的使用

同组使用的 V 带应型号相同，长度相等。不同厂家生产的 V 带或新旧 V 带不能同组使用。

3. V 带传动的维护

（1）带传动装置外面应加防护罩，以保证安全，防止酸、碱、油与带接触而腐蚀传动带。

（2）带传动不需要润滑，禁止往带上加润滑油或润滑脂，应及时清理带轮槽内及传动带上的油污。

（3）应定期检查胶带，如有一根松弛或损坏则应全部更换新带。

（4）带传动的工作温度不应超过 60°。

（5）如果带传动装置需闲置一段时间后再用，应将传动带放松。

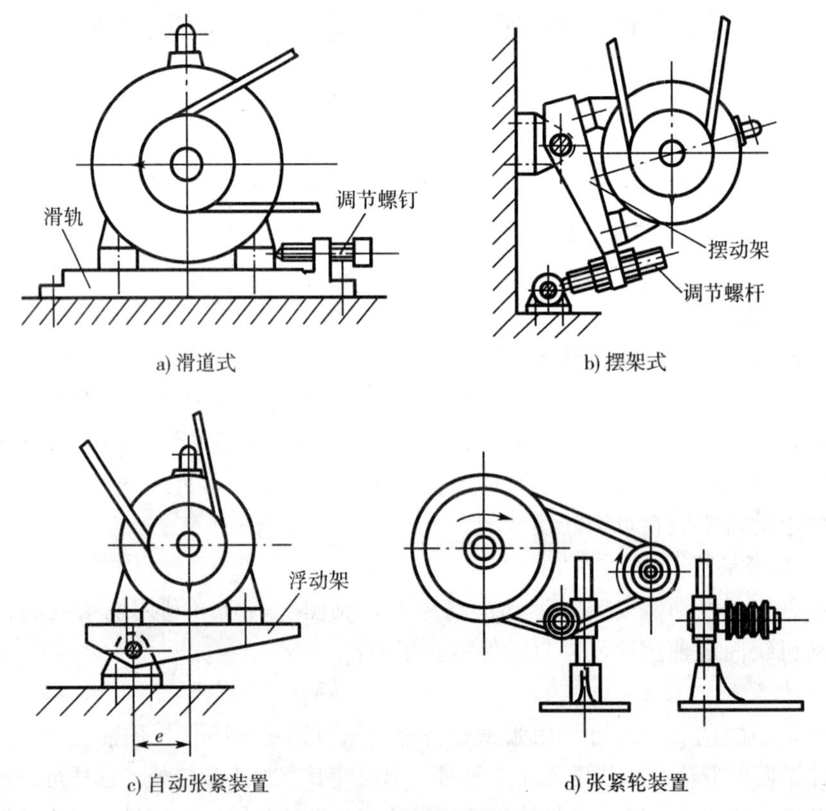

图 7-15　带传动的张紧

【例题 7-1】　设计一带式输送机传动系统中的高速级普通 V 带传动。传动水平布置，驱动电动机为 Y 系列三相异步电动机，额定功率 $P=5.5\text{kW}$，电动机转速 $n_1=1\,440\text{r/min}$，从动带轮转速 $n_2=550\text{r/min}$，每天工作 8h。

【解】　列表给出本题设计计算过程和结果：

计　算　与　说　明	结　果
(1) 确定计算功率 P_{ca} ①由表 7-19 查得工作情况系数 $K_A=1.1$ ②据式(7-16) $P_{ca}=K_A P=1.1\times5.5=6.05$ kW	$P_{ca}=6.05$kW
(2) 选择 V 带截型 查图 7-12a，选 A 型 V 带	选 A 型 V 带
(3) 确定带轮基准直径 d_{d1}、d_{d2} ①参考图 7-12a 及表 7-7，选取小带轮直径 $d_{d1}=112$ mm ②验算带速 由式(7-6)得 $v_1=\frac{\pi d_{d1} n_1}{60\times1\,000}=\frac{\pi\times112\times1\,440}{60\times1\,000}\approx8.44$ m/s ③从动带轮直径 d_{d2} $d_{d2}=id_{d1}=\frac{n_1}{n_2}d_{d1}=\frac{1\,440}{550}\times112=293.24$ mm ④传动比 $i=\frac{d_{d2}}{d_{d1}}=\frac{280}{112}=2.5$ ⑤从动轮实际转速 n_2 $n_2=\frac{n_1}{i}=\frac{1\,440}{2.5}\approx576$ r/min $\frac{576-550}{550}\times100\%=4.7\%<5\%$	$d_{d1}=112$ mm v_1 在 5～25m/s 内，合格 查表 7-4，取 $d_{d2}=280$ mm $i=2.5$ $n_2\approx576$ r/min 允许
(4) 确定中心距 a 和带长 L_d ①按式(7-17)初选中心距 a_0 $0.7\times(112+280)\leqslant a_0\leqslant2\times(112+280)$ $274.4\text{ mm}\leqslant a_0\leqslant784$ mm ②按式(7-18)求带的计算基准长度 L_d $L_d=2a_0+\frac{\pi}{2}(d_{d1}+d_{d2})+\frac{(d_{d2}-d_{d1})^2}{4a_0}$ $=2\times500+\frac{\pi}{2}(112+280)+\frac{(280-112)^2}{4\times500}\approx1\,630$ mm ③按式(7-19)计算实际中心距 $a=a_0+\frac{L_d-L_0}{2}=500+\frac{1\,600-1\,630}{2}=485$ mm ④确定中心距调整范围 $a_{max}=a+0.03L_d=485+0.03\times1\,600\approx533$ mm $a_{min}=a-0.015L_d=485-0.015\times1\,600\approx461$ mm	取 $a_0=500$ mm 查表 7-3，取带的基准长度 $L_d=1\,600$ mm $a=485$ mm $a_{max}=533$ mm $a_{min}=461$ mm

（续表）

计 算 与 说 明	结 果
（5）验算小带轮包角 α_1 由式(7-20)得 $$\alpha_1=180°-\frac{d_{d2}-d_{d1}}{a}\times 57.3°$$ $$=180°-\frac{280-112}{485}\times 57.3°\approx 159°$$	$\alpha_1=159°>120°$
（6）确定V带根数 z ①由表7-10查得 $d_{d1}=112$ mm、$n_1=1\,200$ r/min时，单根A型V带的额定功率为1.39kW；查得 $d_{d1}=112$ mm，$n_1=1\,460$ r/min时，单根A型V带的额定功率为1.62 kW；用线性插值法求 $n_1=1\,440$ r/min的额定功率值为 $$P_0=1.39+\frac{1.62-1.39}{1\,460-1\,200}(1\,440-1\,200)=1.60\text{ kW}$$ ②由表7-20查得 $\Delta P_0=0.17$kW ③由表7-21查得包角系数 $K_\alpha\approx 0.95$ ④由表7-22查得长度系数 $K_L=0.99$ ⑤计算V带根数 z 由式(7-22)可得 $$z\geqslant\frac{p_{ca}}{(P_0+\Delta P_0)K_\alpha K_L}=\frac{6.05}{(1.6+0.17)\times 0.95\times 0.99}\approx 3.63\text{ 根}$$	取 $z=4$ 根
（7）计算单根V带初拉力 F_0 由式(7-23) $$F_0=500\frac{P_{ca}}{vz}\left(\frac{2.5}{K\alpha}-1\right)+qv^2$$ $$=500\times\frac{6.05}{8.44\times 4}\times\left(\frac{2.5}{0.95}-1\right)+0.1\times 8.44^2\approx 153\text{ N}$$ q 由表7-6查得。	$F_0=153$N
（8）计算对轴的压力 F_Q 由式(7-24) $$F_Q=2zF_0\sin\frac{\alpha_1}{2}=2\times 4\times 153\times\sin\frac{159°}{2}=1\,204\text{ N}$$	$F_Q=1204$ N
（9）确定带轮的结构尺寸，并绘制带轮工作图 小带轮基准直径 $d_{d1}=112$ mm，采用实心式结构。大带轮基准直径 $d_{d2}=280$ mm，采用空板式结构。大带轮工作图（略）。	

第六节　其他带传动简介

一、高速带传动

高速带系指 $v>30\text{m/s}$，高速轴转速 $n_1=1\,000\sim5\,000\text{r/min}$ 的传动。这种传动主要用于增速以驱动高速机床、粉碎机、离心机及某些其他机器。高速带传动的增速比为 2～4，有时可达 8。

高速带传动要求传动可靠、运转平稳、并有一定的寿命，故高速带都采用质量小、厚度薄而均匀、挠曲性好的环行平带，如麻织带、丝织带、锦纶编制带、薄型强力锦织带、高速环形胶带等。薄型强力锦织带采用胶合接头，故应使接头与带的挠曲性能尽量接近。

高速带轮要求质量小而且分布对称均匀、运转时空气阻力小，通常都采用钢或铝合金制造，各个面均应进行加工，并要求进行动平衡试验。

为防止掉带，主动轮、从动轮轮缘表面都应加工出凸度，可制成鼓形面或 2°左右的双锥面，如图 7-16a 所示。为了防止运转时带与轮缘表面间形成气垫，轮缘表面应开环形槽，如图 7-16b 所示。

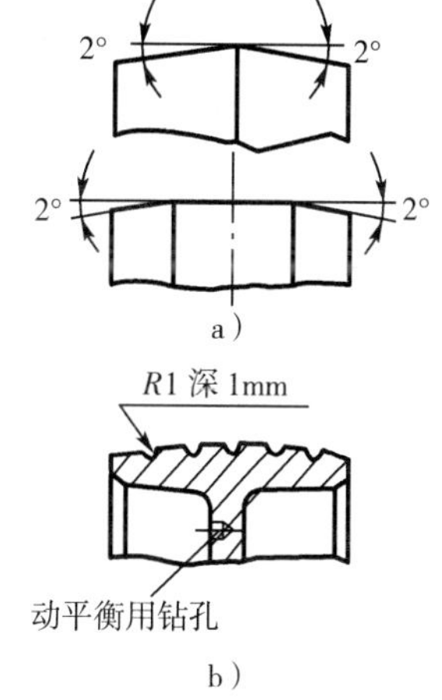

图 7-16　高速带轮轮缘

在高速带传动中，带的寿命占有很重要的地位，带的绕曲次数 $u=\dfrac{jv}{L}$（j 为带上某一点绕行一周时所绕过的带轮数；v 为带速，单位为 m/s；L 为带长，单位为 m。）u 是影响带的寿命的主要因数，因此应限制 $u_{max}<45\sim100\text{s}^{-1}$。

二、同步带传动

同步带传动综合了带传动和链传动的优点。同步带通常是以钢丝绳或玻璃纤维绳等为抗拉层、氯丁橡胶或聚氨酯橡胶为基体、工作面上带齿的环状带（如图 7-17）。工作时，带的凸齿与带轮外缘上的齿槽进行啮合传动（如图 7-5）。由于抗拉层承载后变形小，能保持同步带的周节不变，故带与带轮间没有相对滑动，从而保证了同步传动。

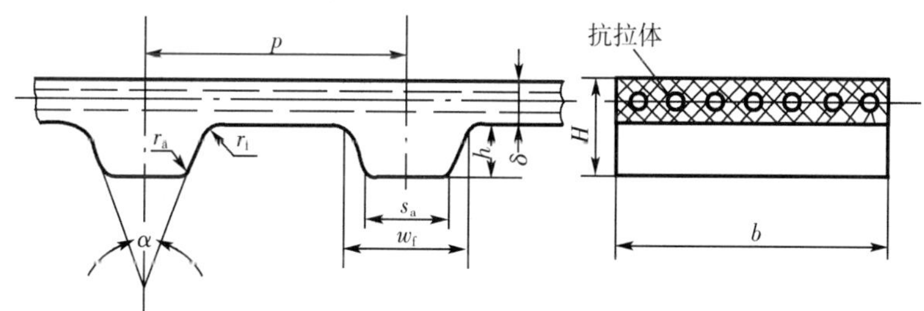

图 7-17　同步带

同步带传动时的线速度可达 50m/s（有时允许达 80m/s），传动功率可达 300kW，传动比可达 10（有时允许达 20），传动效率可达 0.98。

同步带传动的优点是：(1) 无滑动，能保证固定的传动比；(2) 预紧力较小，轴和轴承上所受的载荷小；(3) 带的厚度小，单位长度的质量小，故允许的线速度较高；(4) 带的柔性好，故所用带轮的直径可以较小。其主要缺点是制造、安装精度要求较高，且价格较高。

同步带主要用于要求传动比准确的中小功率传动中，如计算机、放映机、录音机、磨床、纺织机械等。

同步带的最基本参数是节距 p（带上相邻两齿中心轴线间沿节线度量的距离）。由于抗拉层在工作时长度不变，所以就以其中心线位置定为带的节线，并以节线周长作为其公称长度。国产同步带的带型(即节距代号)有：MXL(最轻型)、XXL(超轻型)、XL(特轻型)、L(轻型)、H(重型)、XH(特重型)、XXH(超重型)。

高速带和同步带传动的设计可参阅有关设计手册。

思考与练习

7-1 带传动的主要类型有哪些？各有何特点？

7-2 什么是有效拉力？什么是初拉力？它们之间有何关系？

7-3 小带轮包角对带传动有何影响？为什么只给出小带轮包角 α_1 的公式？

7-4 带传动工作时，带截面上产生哪些应力？最大应力在何处？

7-5 什么是带传动的弹性滑动现象？什么是带的打滑现象？它们对带传动有何影响？是否可以避免？

7-6 带传动的失效形式及设计准则是什么？

7-7 带传动设计过程中，为什么要校验带速 $5\text{m/s}\leqslant v\leqslant 25\text{m/s}$ 和包角 $\alpha_1\geqslant 120°$？

7-8 带传动张紧的目的是什么？张紧轮通常应怎样安置？

7-9 V 带传动传递的功率 $P=10\text{kW}$，带速 $v=12.5\text{m/s}$，紧边拉力是松边拉力的 3 倍，求该带传动的有效拉力 F_e 及紧边拉力 F_1。

7-10 已知某普通 V 带传动由电动机驱动，电动机转速 $n_1=1\,450\text{r/min}$，小带轮基准直径 $d_{d1}=100\text{mm}$，大带轮基准直径 $d_{d2}=280\text{mm}$，中心距 $a\approx 350\text{mm}$，用 2 根 A 型 V 带传动，载荷平稳，两班制工作，试求此传动所能传递的最大功率。

7-11 试设计某车床上电动机和床头箱间的普通 V 带传动。已知电动机的功率 $P=4\text{kW}$，转速 $n_1=1\,460\text{r/min}$，从动轴的转速 $n_2=680\text{r/min}$，两班制工作，根据机床结构，要求两带轮的中心距在 950mm 左右。

第八章 链 传 动

第一节 链传动的类型、特点和应用

一、概述

链传动是一种具有中间挠性件(链条)的啮合传动，它同时具有刚、柔特点，是一种常见的机械传动形式。如图 8－1 所示，链传动由主动链轮 1、从动链轮 2 和中间挠性件（链条）3 组成，通过链条的链节与链轮上的轮齿相啮合传递运动和动力。

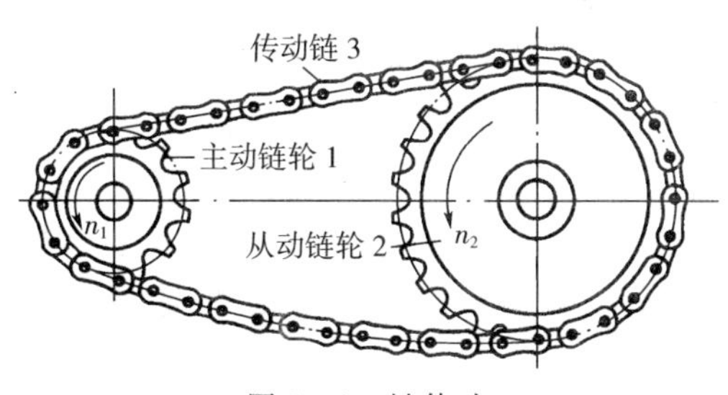

图 8－1 链传动

二、特点

和带传动比较，链传动的主要优点是：(1)没有滑动；(2)工况相同时，传动尺寸比较紧凑；(3)不需要很大的张紧力，作用在轴上的载荷较小；(4)传动效率较高，$\eta \approx 98\%$；(5)能在温度较高、湿度较大的环境中使用等。

链传动的缺点是：(1)只能用于平行轴间的传动；(2)瞬时速度不均匀，高速运转时不如带传动平稳；(3)不宜在载荷变化很大和急促反向的传动中应用；(4)工作时有噪声；(5)制造费用比带传动高等。

三、应用

链传动主要用在要求工作可靠，且两轴相距较远以及其他不宜采用齿轮传动的场合。例如在摩托车上应用了链传动，结构上大为简化，而且使用方便可靠。链传动还可应用于低速重型及极为恶劣的工作条件下，例如掘土机的运行机构，虽常受到土块、泥浆及瞬时过载等影响，但仍能很好的工作。

总的说来，链传动因其经济可靠，被广泛地用于农业、采矿、冶金、起重、运输、石油、化工、纺织等各种机械的动力传动中。按用途的不同链条可分为传动链、起重链和输送链。输送链和起重链主要用于运输和起重机械中，而在一般传递机械中，常用的是传动链。

传动链传动适用的一般范围为：传动功率 $P \leqslant 100kW$，中心距 $a \leqslant 5 \sim 6m$，传动比 $i \leqslant 8$，链速 $v \leqslant 15m/s$，传动效率为 0.95～0.98。

传动链有齿形链(如图 8－2)和滚子链(如图 8－3)等类型。齿形链运转较平稳，噪声小，又称无声链。它适用于高速、运动精度较高的传动中，链速可达 40m/s，但缺点是制造成本高、重量大，使用较少。而滚子链使用最广。本章主要讨论滚子链。

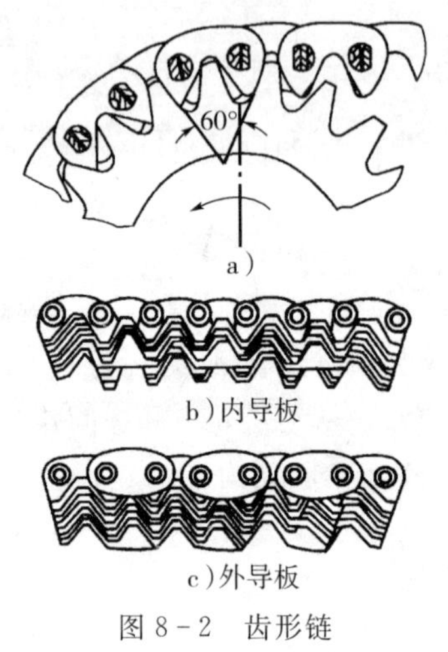

图 8－2　齿形链

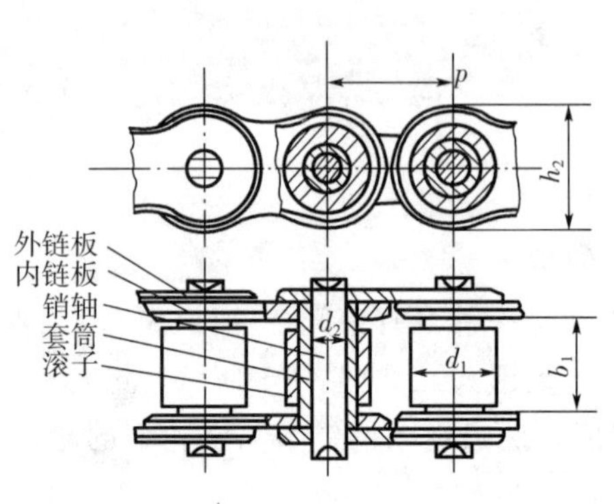

图 8－3　滚子链的结构图

第二节　滚子链和链轮

一、滚子链的结构

如图 8－3 所示，滚子链由内链板、外链板、套筒、销轴和滚子组成。内链板与套筒、外链板与销轴间均为过盈配合；套筒与销轴、滚子与套筒间均为间隙配合。内、外链板交错联接而构成铰链。内、外链节间相对运动时，套筒可绕销轴自由转动。链传动工作时，活套在套筒上的滚子沿链轮齿廓滚动，可以减轻链条和链轮轮齿的磨损，链板均制成“∞”字形，近似符合等强度要求，并可减轻重量和运动时的惯性力。链条的各零件由碳钢或合金钢制成，并经热处理以提高其强度和耐磨性。相邻两滚子轴线间的距离称为链节距，用 p 表示，链节距是传动链的重要参数。

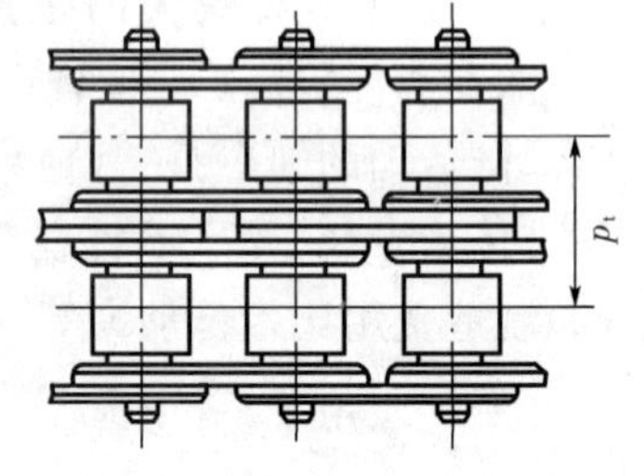

图 8－4　双排滚子链

当传递功率较大时，常采用小节距双排链（如图 8－4）或多排链。排数越多承载能力越强，但多排链的排数较多时，各排受载不易均匀，将大大降低多排链的使用寿命，因此实际运用中排数一般不超过 4。

链条在使用时形成首尾封闭的环形，当链节数为偶数时，正好是外链板与内链板相接，可用开口销或弹簧卡固定销轴，如图 8－5a、b 所示；若链节数为奇数，则需采用过渡链节，如图 8－5c 所示。由于过渡链节的链板要受附加弯矩的作用，一般应避免使用，

最好采用偶数链节。滚子链传动的基本参数除节距 p 外，还有滚子外径 d_1、内链节内宽 b_1、销轴直径 d_2、内链板高度 h_2(如图 8-3)及排距 P_t(如图 8-4)。

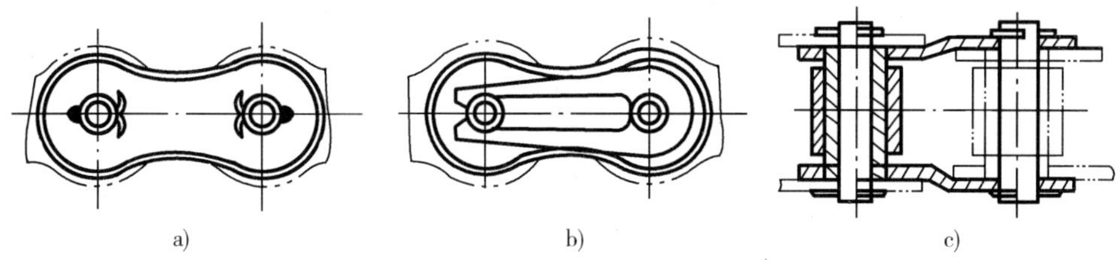

图 8-5 滚子链接头型式

二、滚子链的标准

滚子链已标准化。我国目前使用的滚子链的标准为 GB/T 1243—1997，分为 A、B 两个系列，常用的是 A 系列，其主要参数见表 8-1。国际上链节距均采用英制单位，我国标准中规定节距采用米制单位。表中链号和国际标准链号一致，链号数乘以 25.4/16mm 即为节距值。例如链号为 10A，其链节距 $p=10\times25.4/16\text{mm}=15.875\text{mm}$。

滚子链的标记方法为：链号—排数×链节号标准代号。

例如 A 系列滚子链，节距为 19.05mm，双排，链节数为 100，其标记方法为：

12A—2×100　GB/T 1243—1997

表 8-1 A 系列滚子链规格和主要参数（摘自 GB/T 1243—1997）

链号	节距 p mm	排距 p_t mm	滚子外径 d_1 mm	内链节内宽 b_1 mm	销轴直径 d_2 mm	内链节高度 h_2 mm	极限拉伸载荷（单排）F_Q kN	每米质量（单排）kg/m
08A	12.70	14.38	7.95	7.85	3.96	12.07	13.8	0.60
10A	15.875	18.11	10.16	9.40	5.08	15.09	21.8	1.00
12A	19.05	22.78	11.91	12.57	5.94	18.08	31.1	1.5
16A	25.40	29.29	15.88	15.75	7.92	24.13	55.6	2.60
20A	31.75	35.76	19.05	18.90	9.53	30.18	86.7	3.80
24A	38.10	45.44	22.23	25.22	11.10	36.20	124.6	5.60
28A	44.45	48.87	25.40	25.22	12.70	42.24	169.0	7.50
32A	50.80	58.55	28.58	31.55	14.27	48.26	222.4	10.10
40A	63.5	71.55	39.68	37.85	19.84	60.33	347.0	16.10
48A	76.20	87.83	47.63	47.35	23.80	72.39	500.4	22.60

注：1. 多排链极限拉伸载荷按表列值乘以排数计算；

2. 采用过渡链节时，其极限拉伸载荷按表列值的 80%计算。

三、链轮齿形、结构和材料

链轮是链传动的主要零件。链轮齿形分端面齿形和轴向齿形，均已标准化。链轮设计主要是确定其结构尺寸，选择材料和热处理方法。

1. 链轮齿形

链轮齿形应易于加工，不易脱链，保证链条顺利进入和退出啮合，并使链条受力均匀。滚子链与链轮的啮合属于非共轭啮合，其链轮齿形的设计可以有较大的灵活性，链轮端面齿形由 GB/T1244—1985 规定的标准齿槽形状给出，如图 8-6 所示。齿槽各部分尺寸的计算公式列于表 8-2 中。

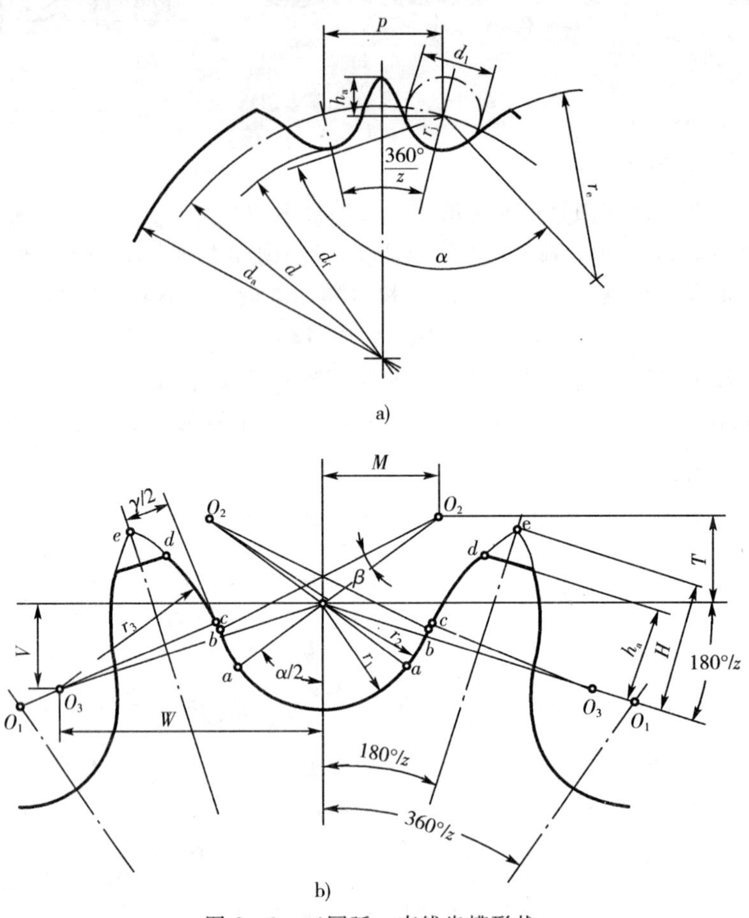

图 8-6　三圆弧一直线齿槽形状

表 8-2　滚字链链轮的齿槽尺寸计算公式

名　称	代　号	计 算 公 式	
		最大齿槽形状	最小齿槽形状
齿面圆弧半径（mm）	r_e	$r_{emin}=0.008d_1\ (z^2+180)$	$r_{emax}=0.12d_1\ (z+2)$
齿沟圆弧半径（mm）	r_i	$r_{imax}=0.505d_1+0.069\sqrt[3]{d_1}$	$r_{imin}=0.505d_1$
齿沟角（°）	α	$\alpha_{min}=120°-\frac{90°}{z}$	$\alpha_{max}=140°-\frac{90°}{z}$

GB/T1244—1985 中没有规定具体的链轮齿形，仅仅规定了最大和最小齿槽形状及其极限参数，见表 8-2。凡在两个极限齿槽形状之间的各种标准齿形均可采用。目前较流行的一种齿形是三圆弧一直线齿形（或称凹齿形）（图 8-6）。这种齿形的轮齿工作时，啮合处的接触应力较小，因而具有较高的承载能力。链轮齿廓可用标准刀具加工，因此，按标准齿形设计的链轮，其端面齿形无须在工作图上画出，只须注明“齿形按GB/T 1244—1985 制造”即可。

链轮轴面齿形呈圆弧状（图 8-7），设计时可按 GB/T1244—1985 的规定进行。

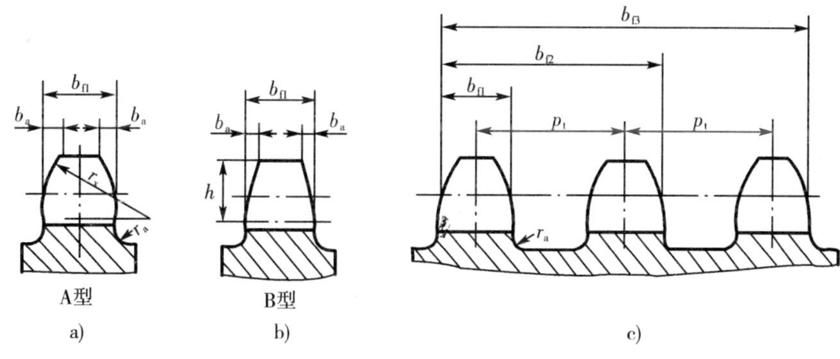

图 8-7 轴向齿廓

链轮的基本参数是节距 p、滚子外径 d_1、齿数 z 及排距 p_t。链轮的分度圆直径 d、齿顶圆直径 d_a 及齿根圆直径 d_f 是链轮的主要尺寸，计算公式为

$$d=p/\sin\frac{180^\circ}{z} \tag{8-1}$$

$$d_a=p\left(0.54+\cot\frac{180^\circ}{z}\right) \tag{8-2}$$

$$d_f=d-d_1 \tag{8-3}$$

2. 链轮的结构

小直径的链轮可制成整体式（图 8-8a）；中等尺寸的链轮可制成空板式（图 8-8b）；大直径的链轮常采用组合式，齿圈可以焊接（图 8-8c）或用螺栓（图 8-8d）联接在轮芯上。

3. 链轮的材料

链轮轮齿应具有足够的耐磨性和强度。小链轮轮齿的啮合次数比大链轮轮齿的啮合次数多，所受冲击也较严重，故小链轮应采用较好的材料制造。链轮常用材料及其应用范围见表 8-3。

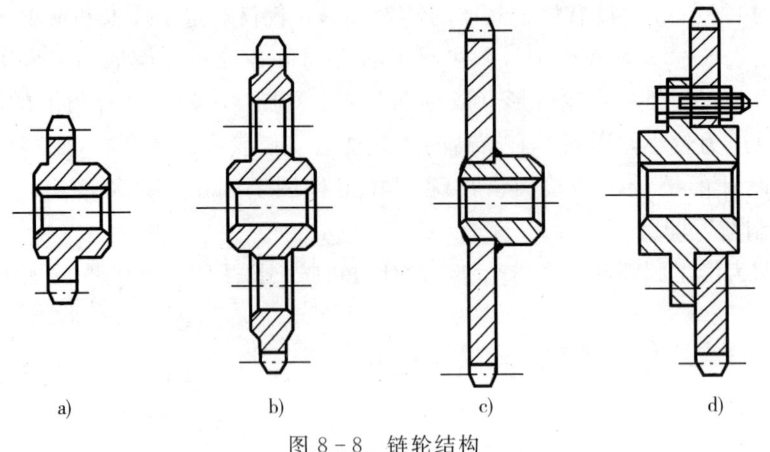

图 8-8 链轮结构

表 8-3 链轮常用材料及其应用范围

材料	热处理	热处理后硬度	应用范围
15、20	渗碳、淬火、回火	50～60HRC	$z\leqslant25$，有冲击载荷的主、从动链轮
35	正火	160～200HBS	在正常工作条件下，齿数较多（$z>25$）的链轮
40、50、ZG310－570	淬火、回火	40～50HRC	无剧烈振动及冲击的链轮
15Cr、20Cr	渗碳、淬火、回火	50～60HRC	有动载荷及传递较大功率的重要链轮（$z<25$）
35SiMn、40Cr、35CrMo	淬火、回火	40～50HRC	使用优质链条、重要的链轮
Q235、Q275	焊接后退火	140HBS	中等速度、传递中等功率的较大链轮
普通灰铸铁（不低于 HT150）	淬火、回火	260～280HBS	$z_2>50$ 的从动轮
夹布胶木	—	—	功率小于 6kW、速度较高、要求传动平稳和噪声小的链轮

第三节 链传动的运动特性

一、传动比、链速和速度不均匀性

链传动的运动情况和绕在多边形轮子上的带传动很相似（图 8-9），边长相当于链节距 p，边数相当于链轮齿数 z。轮子每转一周，链转过的长度应为 zp，当两链轮转速分别为 n_1 和 n_2 时，链速

$$v=\frac{z_1pn_1}{60\times1\,000}=\frac{z_2pn_2}{60\times1\,000} \tag{8-4}$$

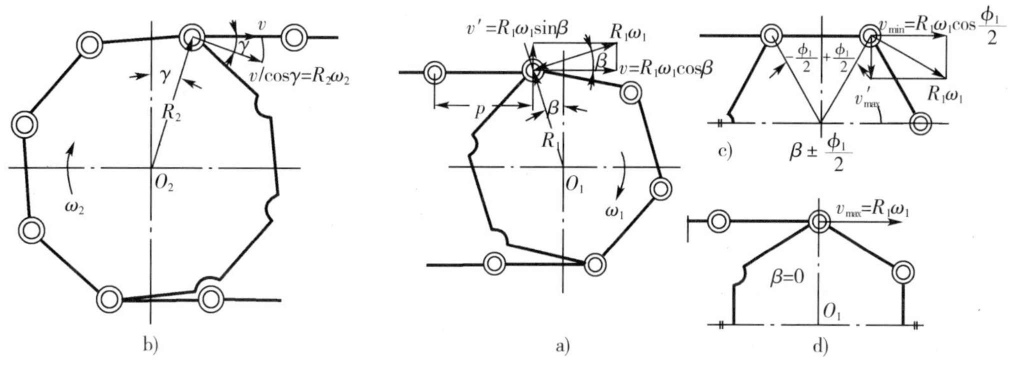

图 8-9 链传动的运动图

利用上式，可求得链传动的传动比

$$i=\frac{n_1}{n_2}=\frac{z_2}{z_1} \tag{8-5}$$

从上两式中求出的链速和传动比都是平均值。事实上，即使主动轮的角速度 ω_1 为常数，链速 v 和从动轮角速度 ω_2 都将是变化的。假设紧边在传动时总是处于水平位置，参看图 8-9，当链节进入主动轮时，其销轴总是随着链轮的转动而不断改变其位置；当位于 β 角的瞬时(如图 8-9a)，链速 v 应为销轴圆周速度($=R_1\omega_1$)在水平方向的分速度，即 $v=R_1\omega_1\cos\beta$。由于 β 角是在 $-\frac{\phi_1}{2}$ 到 $+\frac{\phi_1}{2}$ 之间变化，因而即使 ω_1 为常数，v 也不可能得到常数。当 $\beta=-\frac{\phi_1}{2}$ 和 $+\frac{\phi_1}{2}$ 时得到 $v_{\min}=R_1\omega_1\cos\frac{\phi_1}{2}$(如图 8-9c)；当 $\beta=0$ 时得到 $v_{\max}=R_1\omega_1$(如图 8-9d)。由此可知，链速是做着由小至大、又由大至小的变化，而且每转过一个链节要重复上述的变化一次，如图 8-10 所示。正由于链速经历“最小——最大——最小”周期性的变化，因而给链传动带来了速度的不均匀性。这种由于链条绕在链轮上形成多边形啮合传动而引起传动速度不均匀的现象，称为多边形效应。当链轮齿数较多，β 的变化范围较小时，其链速的变化范围也较小，多边形效应相应减弱。

链在水平方向上的速度作周期性变化的同时，在垂直方向上的分速度 ($R_1\omega_1\sin\beta$) 也作周期性变化。开始时以减速上升($-\frac{\phi_1}{2}<\beta<0$)，随后又以增速下降($0<\beta<+\frac{\phi_1}{2}$)。因为链节做着忽上忽下、忽快忽慢的变化，所以给链传动带来了工作的不平稳性和有规律的振动。

从动链轮由于链速 v 和 γ 角的不断变化，因而它的角速度 ω_2($=\frac{v}{R_2\cos\gamma}$)也是变化的。同时，这也说明了链传动的瞬时传动比 i($=\frac{\omega_1}{\omega_2}=\frac{R_2\cos\gamma}{R_1\cos\beta}$)不能得到恒定值。只有当两链轮的齿数相等，紧边的长度又恰为链节距的整数倍时，ω_2 和 i 才能得到恒定值(因 γ 角和 β 角的变化随时相等)，即传动比恒等于 1。

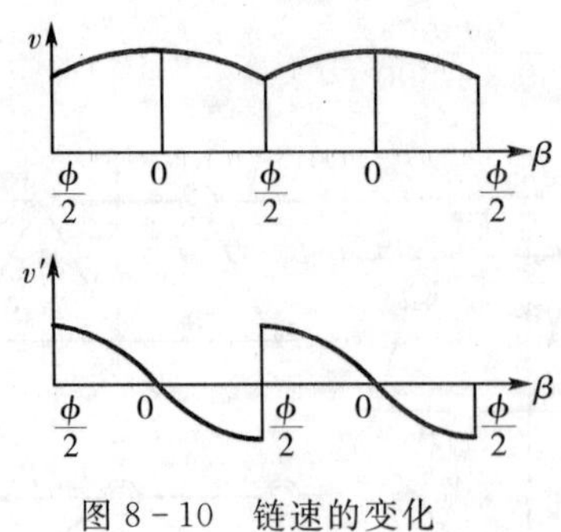

图 8-10　链速的变化

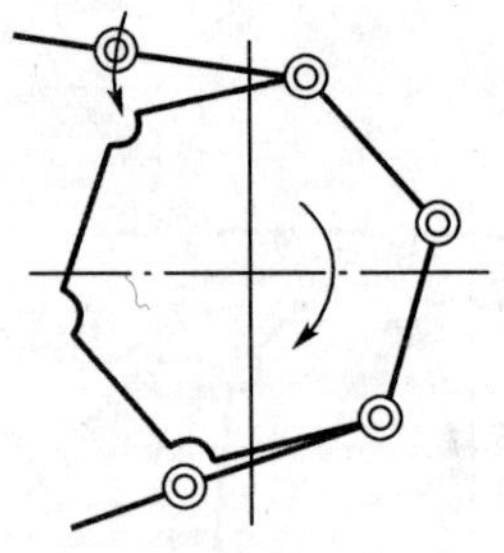

图 8-11　链条和链轮啮合时的冲击

二、链传动的动载荷

链传动在工作过程中，链条和从动轮都是作周期性的变速运动，因而造成和从动轮相联的零件也产生周期性的速度变化，从而引起了动载荷。动载荷的大小与回转零件的质量和加速度的大小有关。

链条前进的加速度引起的动载荷为

$$F_{d1}=ma_c \tag{8-6}$$

式中：m——紧边链条的质量，kg；

a_c——链条加速度，m/s²。

$$a_c=\frac{dv_x}{dt}=\frac{d}{dt}R_1\omega_1\cos\beta=-R_1\omega_1^2\sin\beta$$

当 $\beta=\pm180°/z_1$ 时，

$$a_{cmax}=\mp R_1\omega_1^2\sin\frac{180°}{z_1}=\mp\frac{\omega_1^2 p}{2}$$

式中：p——链节距，$p=2R_1\sin180°/z_1$。

从动链轮的角加速度引起的动载荷为

$$F_{d2}=\frac{J}{R_2}\frac{d\omega_2}{dt} \tag{8-7}$$

式中：J——从动系统转化到从动链轮轴上的转动惯量，kg·m²；

ω_2——从动链轮的角速度，rad/s；

R_2——从动链轮的分度圆半径，m。

计算结果表明，链轮的转速越高，节距越大，齿数越少（对相同的链轮直径），则传动的动载荷就越大。同时，由于链条沿垂直方向的分速度 v_y 也在作周期性的变化，将使链条发生横向振动，甚至发生共振。这也是链传动产生动载荷的重要原因之一。

此外，链节和链轮啮合瞬间的相对速度，也将引起冲击和动载荷。如图 8-11 所示，当链节啮上链轮轮齿的瞬间，作直线运动的链节铰链和以角速度作圆周运动的链轮轮齿，将以一定的相对速度突然相互啮合，从而使链条和链轮受到冲击，并产生附加动载荷。显然，链节距 p 越大，链轮的转速越高，则冲击越强烈。

三、链传动的受力分析

链传动在安装时，应使链条受到一定的张紧力，其张紧力是通过使链条保持适当的垂度所产生的悬垂拉力来获得的。链传动张紧的目的主要是使松边不致过松，以免影响链条正常退出啮合和产生振动、跳齿或脱链现象，因而所需的张紧力比起带传动来要小得多。

链在工作过程中，紧边和松边的拉力是不等的。若不计传动中的动载荷，则链的紧边受到的拉力是由链传递的有效圆周力 F_e、链的离心应力所引起的拉力 F_c 以及由链条垂度引起的悬垂拉力 F_f 三部分组成的

$$F_1 = F_e + F_c + F_f \tag{8-8}$$

链的松边所受拉力则由及两部分组成

$$F_2 = F_c + F_f \tag{8-9}$$

有效圆周力 $F_e = 1000\dfrac{P}{v}$

式中：P——传递的功率，kW；

v——链速，m/s。

离心力引起的拉力 $F_c = qv^2$ N

式中：q——单位长度链条的质量，kg/m，其值可查见表 8－1；

v——链速，m/s。

悬垂拉力的大小与链条的松边垂度及传动的布置方式有关（图 8－12），在 F_f' 和 F_f'' 中选用大者

$$F_f' = K_f qa \times 10^{-2}$$

$$F_f'' = (K_f + \sin\alpha) qa \times 10^{-2}$$

式中：a——链传动的中心距，mm；

K_f——垂度系数，其值可查图 8－12。

图中 f 为下垂度，α 为两轮中心连线与水平面的倾斜角。

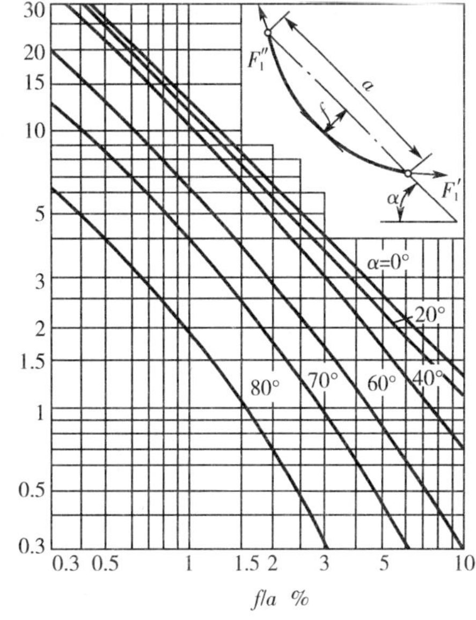

图 8－12 悬垂拉力的确定

第四节 滚子链传动的设计计算

一、链传动的失效形式

1. 链的疲劳破坏

链在工作时，周而复始地由松边到紧边不断运动着，因而它的各个元件都是在变应力作用下工作，经过一定循环次数后，链板将会出现疲劳断裂，或者套筒、滚子表面将会出现疲劳点蚀（多边形效应引起的冲击疲劳）。因此，链条的疲劳强度就成为决定链传动承

载能力的主要因素。这是润滑良好、中等速度链传动的主要失效形式。

2. 链条铰链的磨损

链条在工作过程中，由于铰链的销轴与套筒间承受较大的压力，传动时彼此又产生相对转动，导致铰链磨损，使链条总长伸长，从而使链的松边垂度变化、增大动载荷、发生振动、引起跳齿、加大噪声以及其他破坏，如销轴因磨损而断裂等。这种失效形式常见于开链或是润滑不良的闭链传动中。

3. 链条铰链的胶合

当链轮转速高达一定数值时，链节啮入时受到的冲击能量增大，销轴和套筒间润滑油膜被破坏，磨损加剧，发热量骤增，使两者的工作表面在很高的温度和压力下直接接触，以至局部粘着从而发生胶合，使传动失效。

这是高速链传动的主要失效形式。因此，胶合在一定程度上限制了链传动的极限转速。

4. 滚子与套筒间的冲击疲劳破坏

滚子与套筒之间存在间隙，由于速度不一致造成冲击，在高速时这种冲击是很大的，经过一段时间的冲击，可能造成断裂。这是高速链传动的主要失效形式。

5. 链条静力拉断

低速（$v<0.6\mathrm{m/s}$）时链条过载，超过了链条静力强度的情况下，链条就会被拉断。

二、滚子链传动的额定功率曲线

图 8－13 所示是通过实验作出的单排链的额定功率曲线图。由图可见：在润滑良好、中等速度的链传动中，链传动的承载能力主要取决于链板的疲劳强度；随着转速增高，链传动的多边形效应增大，传动能力主要取决于滚子和套筒的冲击疲劳强度，转速越高，传动能力就越低，并会出现链条胶合现象，使链条迅速失效。

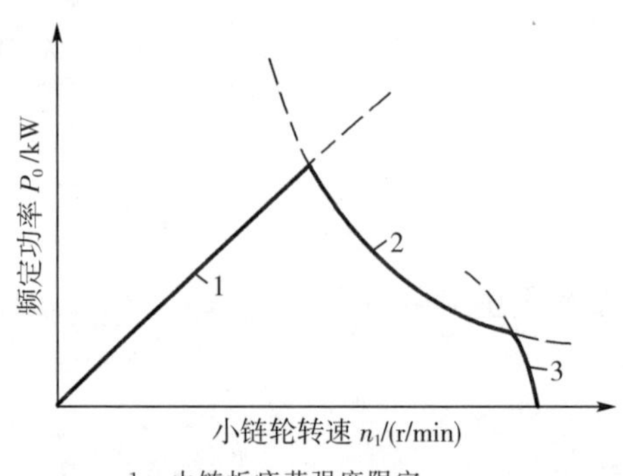

1—由链板疲劳强度限定；

2—由滚子、套筒冲击疲劳强度限定；

3—由销轴和套筒胶合限定。

图 8－13　滚子链额定功率曲线

三、滚子链传动的额定功率

图 8－14 为 A 系列滚子链的额定功率曲线，它是在标准实验条件下得出的，即：①两链轮安装在水平轴上，两链轮共面；②小链轮齿数 $Z_1=19$；③链节 $L_p=100$ 节；④载荷平稳；⑤按推荐的方式润滑；⑥能连续15 000小时满负荷运转；⑦链条因磨损引起的相

对伸长量不超过3%。根据小链轮转速 n_1，在此图上可查出各种链条在链速 $v>0.6\text{m/s}$ 情况下允许传递的额定功率 P_0。

若所设计的链传动与上述实验条件不符时，由图 8-14 查得的 P_0 值应作适当修正。

四、滚子链传动的设计步骤和主要参数选择

设计滚子链传动的原始数据为：传动的功率 P，小链轮和大链轮的转速 n_1、n_2（或传动比 i），原动机种类，载荷性质以及传动用途等。设计的方法为：

1. 传动比

链传动的传动比一般 $i<8$，推荐 $i=2\sim3.5$，在低速和外廓尺寸不受限制的地方允许到 10。如传动比过大，则链包在小链轮上的包角过小，啮合的齿数太少，这将加速轮齿的磨损，容易出现跳齿现象，破坏正常啮合。通常包角不小于 120°，传动比在 3 左右。

2. 链轮齿数

链轮齿数不宜过多或过少。小链轮齿数的多少对传动的平稳性及使用寿命影响较大。小链轮齿数过少时，①增加传动的不均匀性和动载荷；②增加链节间的相对转角，从而增大功率消耗；③增加铰链承压面间的压强（因齿数少时，链轮直径小，链的工作拉力将增加），从而加速铰链磨损等。所以，增加小链轮的齿数对传动是有利的，一般 $z_{min}=17$。但是，若 z_1 过多，则 z_2 将更多，不仅增大传动尺寸，而且铰链磨损后更易发生跳齿现象，缩短了链条的使用寿命。一般限定 $z_{max}\leqslant150$。

一般情况下，可先由表 8-4 按传动比选定小链轮齿数 z_1。

大链轮的齿数由 $z_2=iz_1$ 求得（取整数）。

z_1、z_2 应优选数列 17、19、21、23、25、38、57、76、95、114 中的数字。为使链传动磨损均匀，两链轮齿数应尽量选取与链节距数（偶数）互为质数的奇数。

表 8-4 小链轮齿数 z_1

传动比 i	1～2	3～4	5～6	≥7
小链轮齿数 z_1	31～27	25～22	21～17	17

3. 确定计算功率 P_{ca}

链传动设计计算的承载能力条件式为

$$P_{ca}\leqslant P_0$$

式中：P_0——图 8-14 所列链传动的额定功率；

P_{ca}——计算功率。

当实际使用条件与制订额定功率 P_0 时的特定实验条件不相同时，需对传动所传递功率 P 进行修正，修正后的传递功率即为计算功率

$$P_{ca}=K_AK_zP \tag{8-10}$$

式中：K_A——工作情况系数，考虑链传动的运行条件以及由原动机和工作机特性差异引起的动载荷，其值可查表 8-5；

K_z——小链轮齿数系数，考虑 $z_1\neq19$ 时的修正系数，见表 8-6。

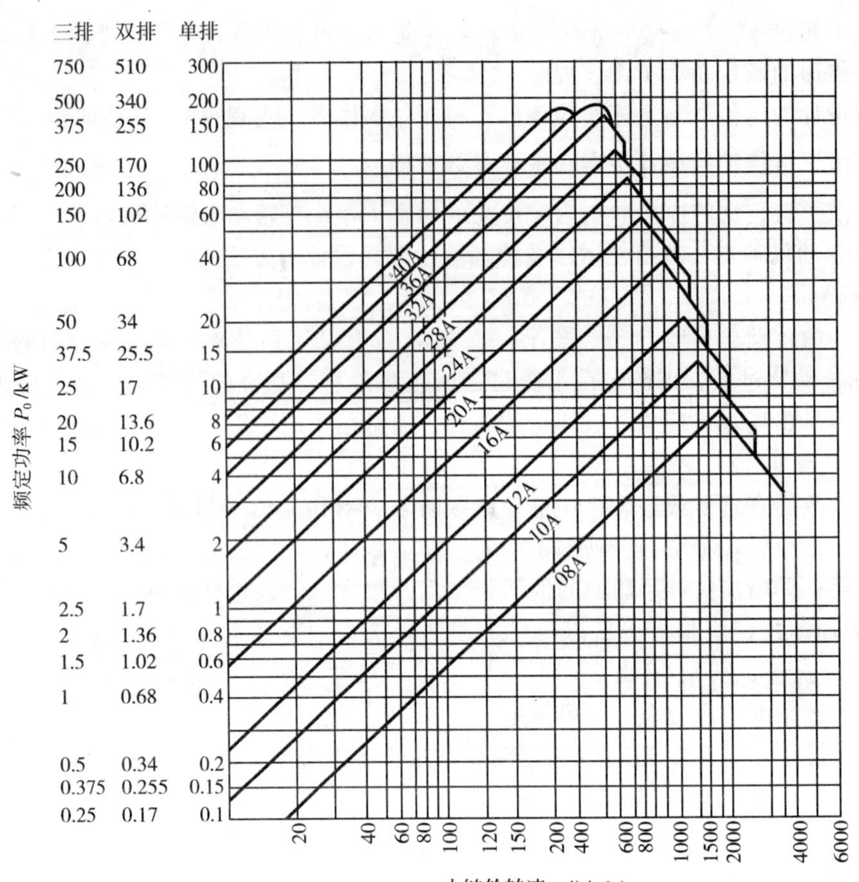

图 8-14 A 系列滚子链的额定功率曲线（$v>0.6\mathrm{m/s}$）

表 8-5 工作情况系数 K_A

工作机特性		原动机特性		
		转动平稳	轻微振动	中等振动
特性	工作机举例	电动机，蒸汽机，装有液力变矩器的内燃机	4 缸或 4 缸以上内燃机	少于 4 缸的内燃机
转动平稳	离心泵和压缩机，印刷机，地毯和喂料输送机，纸压光机，自动电梯，液体搅拌机，风扇	1.0	1.1	1.3
中等振动	多缸泵和压缩机，水泥搅拌机，压力机，剪床，载荷非恒定输送机，固体搅拌机，球磨机	1.4	1.5	1.7
严重振动	刨煤机，电铲，轧机，橡胶加工机，单缸泵和压缩机	1.8	1.9	2.1

表 8-6 小链轮齿数系数 K_z

z_1	9	11	13	15	17	19	21
K_z	2.241	1.804	1.507	1.291	1.128	1.000	0.898
z_1	23	25	27	29	31	33	35
K_z	0.814	0.743	0.684	0.633	0.589	0.551	0.517

4. 选定链条型号和确定链节距 p

在一定条件下，链节距越大，承载能力越强，但传动中产生的冲击、振动、噪声越严重。所以设计链传动时，在满足传动功率的情况下，应优先选用较小的节距。高速、大功率、大传动比时，宜选用小节距多排链。低速、大中心距、小传动比时，方可选用稍大节距的单排链。

设计链传动时，根据小链轮转速 n_1 和 $P_{ca} \leqslant P_0$ 条件，由图 8-14 查得相应的链条型号和排数，其中坐标点（n_1，P_0）应落在所选链条功率曲线顶点左侧范围内。当功率较大时，可能有单排、双排、三排三种方案，应通过比较选定。根据型号查表 8-1，即可确定节距 p 的数值。

5. 校核链速 v

链速可由式(8-4)求得。链速一般不超过 12～20m/s。链速对小链轮最少齿数有限定，可按表 8-7 进行校核。若链速过高或相应小链轮齿数过少，均应重新选择 z_1。

表 8-7 不同链速时小链轮 z_{1min}

链速 v/ m/s	0.6～3	3～8	>8
z_{1min}	17	21	25

6. 链传动的中心距和链节数

中心距过小，链速不变时，单位时间内链条绕转次数增多，链条曲伸次数和应力循环次数增多，因而加剧了链的磨损和疲劳损坏。同时，由于中心距小，链条在小链轮上的包角变小，在包角范围内每个轮齿所受的载荷增大，且易出现跳齿和脱链现象；中心距太大，会引起从动边垂度过大，传动时造成松边颤动。因此在设计时，若中心距不受其他条件限制，一般可取 $a_0=(30\sim50)p$，最大中心距 $a_{max}=80p$。

链条的长度以链节数 L_p（节距 p 的倍数）来表示。根据中心距 a_0 可按下式初选链节数 L_p

$$L_p=\frac{2a_0}{p}+\frac{z_1+z_2}{2}+\frac{p}{a_0}\left(\frac{z_2-z_1}{2\pi}\right)^2 \tag{8-11}$$

计算出的 L_p 应圆整成为整数，最好取偶数。然后根据圆整后的链节数计算理论中心距 a，即

$$a=\frac{p}{4}\left[\left(L_p-\frac{z_1+z_2}{2}\right)+\sqrt{\left(L_p-\frac{z_1+z_2}{2}\right)^2-8\left(\frac{z_2-z_1}{2\pi}\right)^2}\right] \tag{8-12}$$

实际使用时，应保证链条松边有一定的下垂度，故实际采用的中心距应比理论计算的中心距 a 小 2～5mm。链传动往往做成中心距可以调整的，以便链节伸长后可定期调整其

松紧程度。

7. 链传动作用在轴上的压力 F_Q

计算链传动作用在轴上的压力 F_Q 时，以链条工作拉力 F 为基础，同时考虑链条下垂的悬垂拉力，链条绕过链轮时的离心拉力及动载、冲击的影响。一般近似取压力 F_Q 为

$$F_Q=(1.2\sim1.3)F \tag{8-13}$$

$$F=1\,000P_{ca}/v \tag{8-14}$$

式中 P_{ca}的单位为 kW，v 的单位为 m/s。

五、低速链传动的静力强度计算

对于链速 $v<0.6$m/s 的低速链传动，因抗拉静力强度不够而破坏的机率很大，故常按下式进行抗拉静力强度计算。

$$S_{ca}=\frac{Qn}{K_A F_1}\geqslant 4\sim8 \tag{8-15}$$

式中：S_{ca}——链的抗拉静力强度的计算安全系数；

Q——单排链的极限拉伸载荷，kN，其值可查表 8-1；

n——排数；

K_A——工作情况系数，查表 8-5；

F_1——链的紧边工作拉力，kN。

第五节　链传动的布置、张紧及润滑

一、链传动的布置

链传动的布置一般在铅垂平面内，否则易使链条脱落和产生不正常的磨损。两链轮中心连线最好是水平的，或与水平面成 45°以下的倾斜角，尽量避免垂直传动。以免与下方链轮啮合不良或脱离啮合。

链传动的布置应考虑表 8-8 中提出的一些原则。

二、链传动的张紧

链传动张紧的目的，主要是为了避免在链条的垂度过大时产生啮合不良和链条的振动现象，同时也为了增加链条与链轮的啮合包角。当两轮轴心连线倾角大于 60°时，通常设有张紧装置。

张紧的方法很多。当链传动的中心距可调整时，可通过调节中心距来控制张紧程度。当中心距不能调整时，可设置张紧轮(如图 8-15)，或在链条磨损变长后从中取掉一两个链节，以恢复原来的长度。

张紧轮一般是紧压在松边靠近小链轮处。张紧轮可以是链轮，也可以是无齿的滚轮。张紧轮的直径应与小链轮的直径相近。张紧轮有自动张紧(如图 8-15a、b)及定期调整(如图 8-15c)两种，前者多用弹簧、吊重等自动张紧装置，后者可用螺旋、偏心等调整装

置，另外还可用压板和托板张紧（图 8－15d）。

表 8－8 链传动的布置

传动参数	正确布置	不正确布置	说 明
$i=2\sim3$ $a=(30\sim50)p$ （i 与 a 较佳场合）	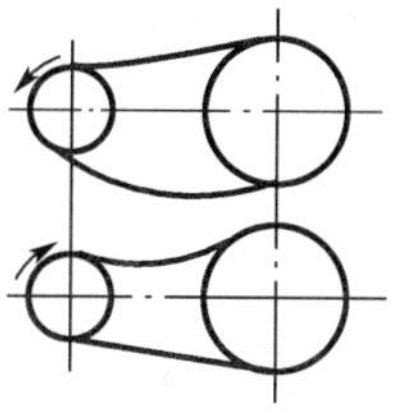		两轮轴线在同一水平面，紧边在上和在下都可以，但在上好些
$i>2$ $a<30p$ （i 大 a 小场合）	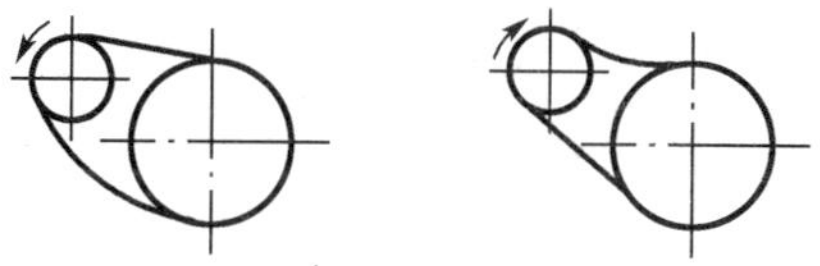		两轮轴线不在同一水平面，松边应在下面，否则松边下垂量增大后，链条易与链轮卡死
$i<1.5$ $a>30p$ （i 小 a 大场合）	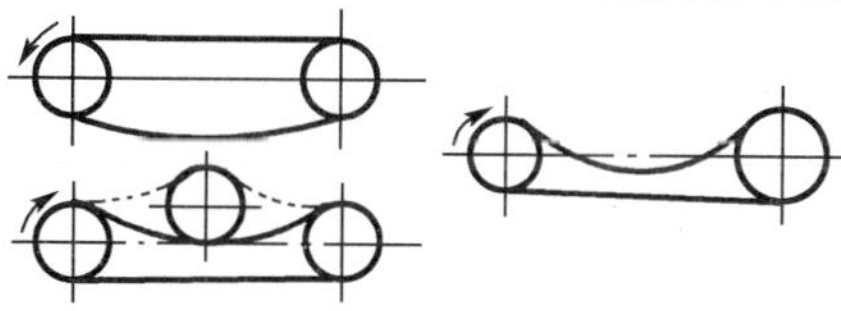		两轮轴线在同一水平面，松边应在下面，否则下垂量增大后，松边会与紧边相碰，需经常调整中心距
i、a 为任意值 （垂直传动场合）	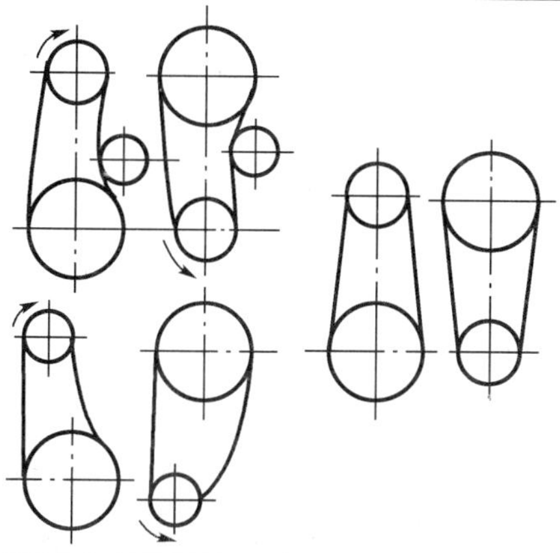		两轮轴线在同一铅垂面内，下垂量增大，会减小下链轮的有效啮合齿数，降低传动能力。为此应采用：（1）中心距可调；（2）设张紧装置；（3）上、下两轮偏置，使两轮的轴线不在同一铅垂面内

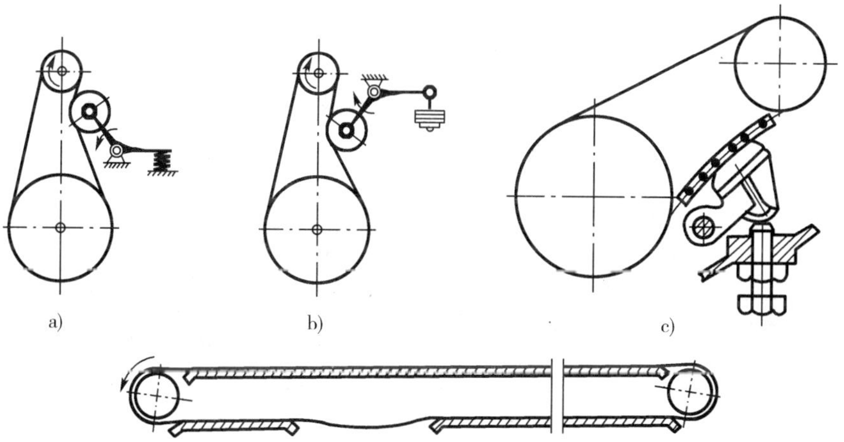

a)　　b)　　c)

d)

图 8－15　链传动的张紧

三、链传动的润滑

链传动的润滑十分重要，对高速、重载的链传动更为重要。良好的润滑可缓和冲击，减轻磨损，延长链条使用寿命。链传动的润滑方法有人工润滑、滴油润滑、油池或飞溅润滑、压力喷油润滑，可根据链速和链节距的大小由图 8－16 选取。具体装置见图 8－17 所示。

润滑时，应设法将油注入链活动关节间的缝隙中，并均匀分布于链宽上。润滑油应加在松边上，因这时链节处于松弛状态，润滑油容易进入各摩擦面之间。

润滑油推荐采用牌号为 L－AN32、L－AN46、L－AN68 的全损耗系统用油，温度低时取前者。对开式链传动及重载低速链传动，可在油中加入 MoS_2、WS_2 等添加剂。

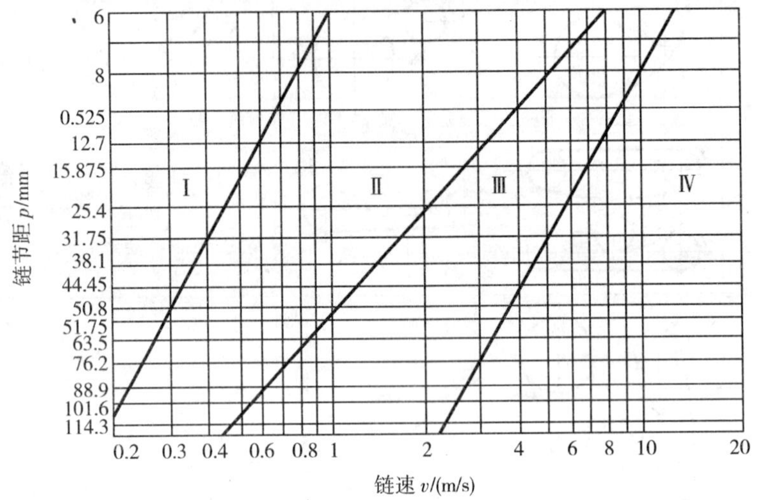

Ⅰ—人工定期润滑；Ⅱ—滴油润滑；Ⅲ—油浴或飞贱润滑；Ⅳ—压力喷油润滑

图 8－16　推荐的润滑方式

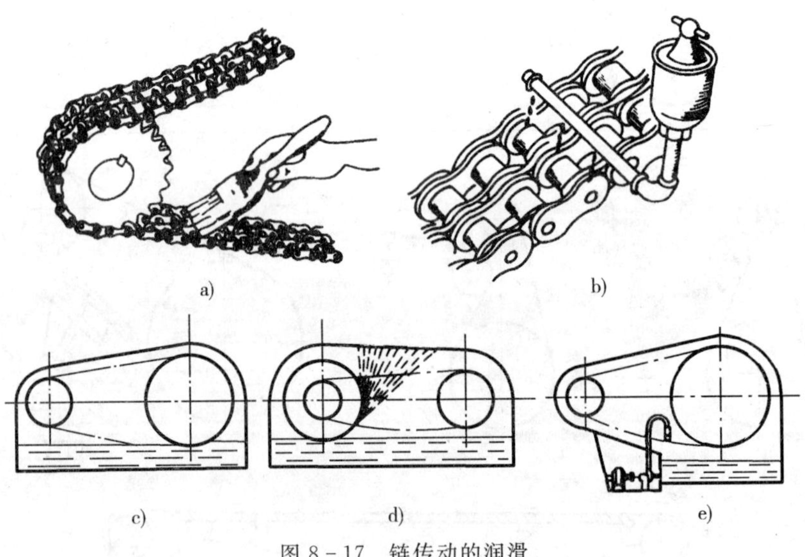

图 8－17　链传动的润滑

【例题 8－1】　设计一带式输送机的滚子链传动。已知需传递的功率 $P=10\text{kW}$，主动链轮转速 $n_1=720\text{r/min}$，从动链轮转速 $n_2=720\text{r/min}$，工作载荷平稳，中心距可以调整。

【解】　采用A系列滚子链，按单排、双排和三排链三种方案进行设计计算，然后择优选用。设计计算步骤列表给出。

计算与说明	结果		
	方案Ⅰ	方案Ⅱ	方案Ⅲ
（1）确定链轮齿数 z_1、z_2 ①传动比 $i=n_1/n_2=720/230=3.13$ ②查表8-4选小链轮齿数 $z_1=25$ ③大链轮齿数 $z_2=iz_1=78.25$，圆整取 $z_2=78$ ④实际传动比 $i=z_2/z_1=78/25=3.12$，允许	$z_1=25$ $z_2=78$	$z_1=25$ $z_2=78$	$z_1=25$ $z_2=78$
（2）确定链条型号、节距 ①查表8-5得工作情况系数 $K_A=1.0$ ②查表8-6得小链轮齿数系数 $K_z=0.743$ ③按式（8-10）求计算功率 $P_{ca}=K_AK_zP=1\times0.743\times10=7.43$ ④由 n_1、P_{ca} 查图8-14确定链条型号 ⑤查表8-1得相应链节距 p	12A 19.05mm	10A 15.875mm	08A 12.70mm
（3）校核链速 ①按式(8-4)　$v=\dfrac{z_1pn_1}{60\times1\,000}$ ②查表8-7校核链速	5.715m/s 合适	4.76m/s 合适	3.81m/s 合适
（4）确定链节数 L_p、计算中心距 a ①初选中心距 a_0，由 $a_0=(30\sim50)p$，取 $a_0=40p$ ②按式(8-11)初选链节数 L_p $L_p=\dfrac{2a_0}{p}+\dfrac{z_1+z_2}{2}+\dfrac{p}{a_0}\left(\dfrac{z_2-z_1}{2\pi}\right)^2=133.3$ ③圆整，取链节数 $L_p=134$ 节 ④按式(8-12)计算实际中心距 a $a=\dfrac{p}{4}\left[\left(L_p-\dfrac{z_1+z_2}{2}\right)+\sqrt{\left(L_p-\dfrac{z_1+z_2}{2}\right)^2-8\left(\dfrac{z_2-z_1}{2\pi}\right)^2}\right]$	134节 769.03mm	134节 640.86mm	134节 512mm
（5）计算作用在轴上的压力 F_Q ①按式(8-14)计算链条工作拉力 F $F=1\,000P_{ca}/v$ ②按式(8-13)计算轴上的压力 F_Q $F_Q=1.3F$	1 300N 1 690N	1 561N 2 029N	1 950N 2 535N
（6）选择润滑方式 根据图8-16选择润滑方式	油浴或飞溅润滑		
（7）链轮材料、热处埋	40钢，齿圈淬火，硬度40~50HRC		
（8）链轮结构设计（略）			

由列表计算结果可知：方案Ⅰ为单排12A滚子链，$n_1=720$r/min时额定功率 P_0 约为12 kW，与功

率 P_{ca}=7.43kW 相比富余较多，且链条节距和链轮直径均较大，故不宜采用；方案Ⅱ为双排 10A 型滚子链，n_1=720r/min 时额定功率 P_0 亦约为 12kW 与功率 P_{ca}=7.43kW 相比富余较多，但链条节距和链轮直径适中，故可以采用；方案Ⅲ为三排 08A 型滚子链，n_1=720r/min 时额定功率 P_0 约为 8.5 kW，与功率 P_{ca}=7.43kW 相比富余不多，且链条节距和链轮直径最小，故可以采用。方案Ⅱ与方案Ⅲ相比，方案Ⅲ更好些。

思考与练习

8-1 链传动和带传动相比有哪些优缺点？

8-2 什么是链传动的多边形效应？影响链传动速度不均匀性的主要参数是什么？

8-3 链传动的主要失效形式有几种？链传动的设计准则是什么？

8-4 链传动的合理布置有哪些要求？

8-5 有一滚子链传动，链标记为 10A—1×144 GB1243.1—1983，小链轮 z_1=24，大链轮齿数 z_2=85，中心距 $a\approx$693mm，小链轮转速 n_1=730r/min，电动机驱动，载荷平稳。求该传动所能传递的最大功率。

8-6 设计一链传动。该链传动所需传递的功率 P=1kW，主动链轮转速 n_1=48r/min，传动比 i=3，电动机驱动，载荷平稳，定期人工润滑。

第九章　齿轮传动

第一节　齿轮传动的特点、类型和齿廓啮合基本定律

一、齿轮传动的特点

齿轮传动依靠主动轮与从动轮的啮合传递运动和动力，它是现代机械中应用最为广泛的一种传动。与其他传动相比，齿轮传动有下列优点：

（1）传动功率大、传动效率高（传递功率可达 10^5 kW，效率 $\eta=99\%$）；

（2）两轮瞬时传动比（角速度之比）恒定；

（3）工作平稳可靠、寿命长；

（4）能实现平行、相交、交错轴间传动。

与其他传动相比，有下列缺点：

（1）制造和安装精度要求较高，成本也高；

（2）不适用于距离较远传动。

二、齿轮传动的类型

如图 9-1 所示，按照一对齿轮两轴线的相对位置和轮齿的齿向，齿轮传动可分为：

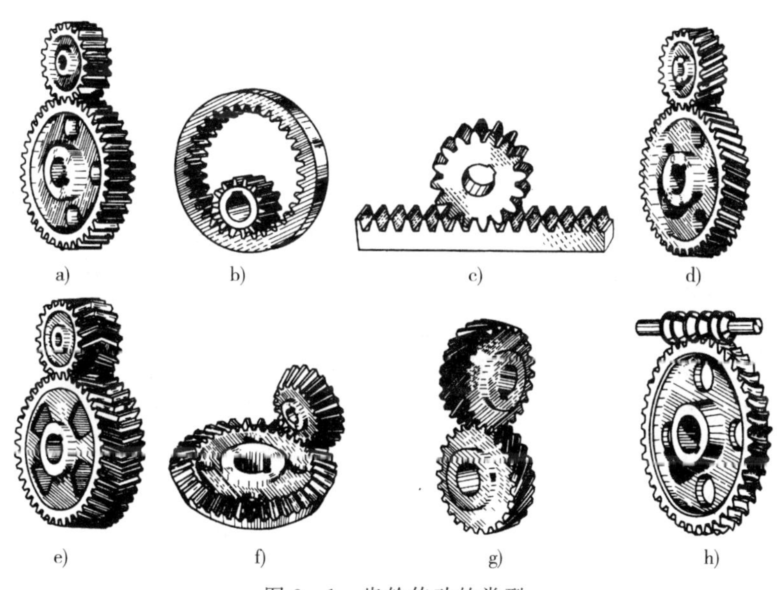

图 9-1　齿轮传动的类型

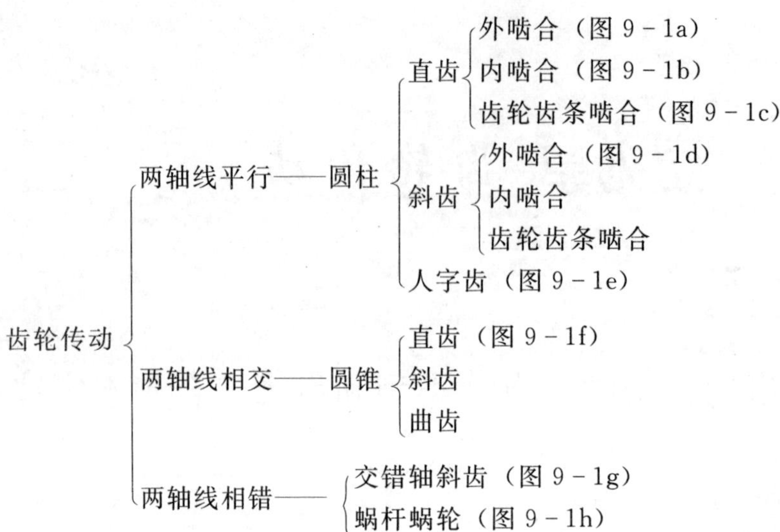

三、齿廓啮合基本定律

齿轮传动的基本要求之一是传动平稳，即要求瞬时传动比 $i_{12}=\omega_1/\omega_2$ 恒定（ω_1、ω_2 分别为主动轮、从动齿轮的角速度）。否则，当主动轮以等角速度转动时，从动轮将以变角速度转动，从而产生惯性力，引起机器的振动、冲击和噪音，从而影响机器的工作精度和寿命。齿廓形状直接影响齿轮传动的传动比。齿廓形状应满足什么要求才能保证瞬时传动比恒定呢？这就需要研究齿廓啮合基本定律。

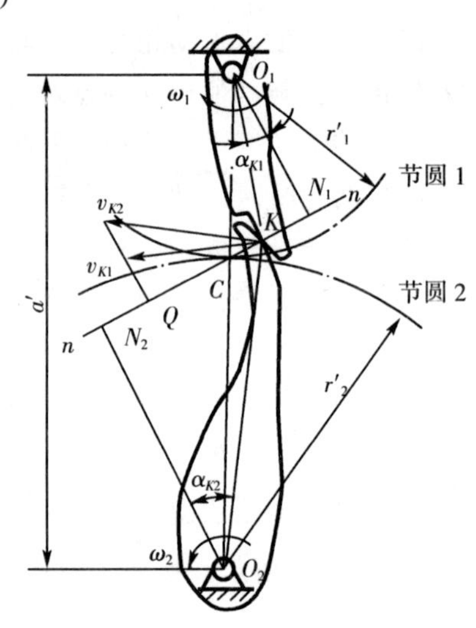

图 9-2　齿廓啮合基本定律

图 9-2 所示外啮合传动中，O_1、O_2 分别为两齿轮的转动中心。设某瞬时两齿廓在 K 处啮合，齿轮 1 的 K 点速度 $v_{K1}=\omega_1\overline{O_1K}$，齿轮 2 的 K 点速度 $v_{K2}=\omega_2\overline{O_2K}$。齿轮运动时，必须满足它们在过啮合点的公法线 n—n 上的分速度相等，否则它们将出现干涉或分离而不能传动。即 $v_{K1}\cos\alpha_{K1}=v_{K2}\cos\alpha_{K2}$。于是，该瞬时的传动比为

$$i_{12}=\frac{\omega_1}{\omega_2}=\frac{\overline{O_2K}\cos\alpha_{K2}}{\overline{O_1K}\cos\alpha_{K1}}=\frac{\overline{O_2N_2}}{\overline{O_1N_1}}=\frac{\overline{O_2C}}{\overline{O_1C}} \tag{9-1}$$

式（9-1）表明：互相啮合传动的一对齿廓，它们的瞬时接触点的公法线，必与两齿轮的连心线交于相应的节点 C，该节点将齿轮的连心线所分成的两个线段与该对齿轮的角速比成反比。这一规律，常称为齿廓啮合基本定律。

如果要使两齿轮作定传动比传动，则节点 C 必定应为固定点。此时，以 O_1、O_2 为圆心，过节点 C 作两个相切的圆，称为节圆。由于节点处速度 $v_{C1}=v_{C2}$，因此，齿轮传动中，两节圆作纯滚动。节圆半径 $r'_1=\overline{O_1C}$，$r'_2=\overline{O_2C}$。两齿轮中心距 $a'=\overline{O_1O_2}$，节圆半径与中心距的关系为

$$a'=r'_1+r'_2 \tag{9-2}$$

一对相互啮合的齿轮能够实现定传动比的齿廓称为共轭齿廓。理论上共轭齿廓曲线有很多种，在定传动比齿轮传动中可采用渐开线、摆线、圆弧等，目前最常用的是渐开线齿廓。

第二节 渐开线齿廓的啮合特点

一、渐开线的形成及性质

1. 渐开线的形成

如图 9-3 所示，一条直线 $n-n$ 沿一个半径为 r_b 的圆的圆周作纯滚动时，该直线上任一点 K 的轨迹 AK 称为该圆的渐开线。形成渐开线的圆称为基圆，该直线称为渐开线的发生线。渐开线上任一点 K 的向径 OK 与起始点 A 的向径 OA 之间的夹角 $\angle AOK$（$\angle AOK=\theta_K$）称为渐开线（AK 段）的展角。

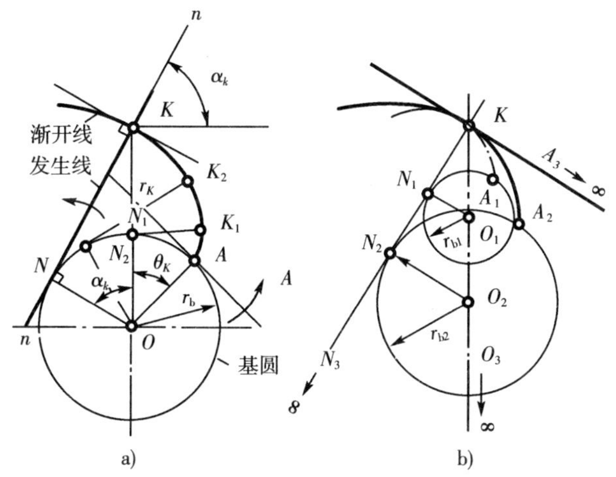

图 9-3 渐开线的性质

2. 渐开线的性质

根据渐开线的形成，可知渐开线具有如下性质：

（1）发生线在基圆上滚过的线段长度等于基圆上被滚过的弧长，即 $NK=\overset{\frown}{NA}$；

（2）渐开线上任一点的法线必与基圆相切。因为发生线在基圆上作纯滚动，所以它与基圆的切点 N 就是渐开线上 K 点的瞬时速度中心，发生线 NK 就是渐开线在 K 点的法线，同时它也是基圆在 N 点的切线；

（3）渐开线上各点的曲率半径不相等。切点 N 是渐开线上 K 点的曲率中心，NK 是渐开线上 K 点曲率半径。离基圆越近，曲率半径越小，渐开线愈弯曲，如图 9-3a 所示，$N_1K_1<N_2K_2$；

（4）渐开线的形状取决于基圆的大小。如图 9-3b 所示，基圆越大，渐开线越平直，当基圆半径趋于无穷大时，渐开线成直线，这种直线型的渐开线，就是齿条的齿廓曲线。

（5）基圆内无渐开线。

3. 渐开线的方程

如图 9 - 3 所示，渐开线上任一点 K 的位置可以用向径 r_K 和展角 θ_K 来表示。若以此渐开线为齿轮的齿廓，当两齿轮在 K 点啮合时，其正压力方向沿着 K 点的法线（NK）方向，而齿廓上 K 点的速度垂直于 OK 线。K 点的受力方向与速度方向之间所夹的锐角称为压力角 α_K，由图可知 $\alpha_K=\angle NOK$。由此可见，渐开线上各点的压力角不相等。在 $\triangle NOK$ 中可得出

$$\cos\alpha_K=\frac{ON}{OK}=\frac{r_b}{r_K}$$

向径 r_K 越大，压力角 α_K 也越大。

又在 $\triangle NOK$ 中可得出

$$\tan\alpha_K=\frac{NK}{ON}=\frac{\overset{\frown}{AN}}{ON}=\frac{r_b\ (\alpha_K+\theta_K)}{r_b}=\alpha_K+\theta_K$$

即

$$\theta_K=\tan\alpha_K-\alpha_K$$

上式表明渐开线上任一点的展角随该点的压力角大小而变化，故 θ_K 称为角 α_K 的渐开线函数，记作 $\mathrm{inv}\alpha_K$。渐开线的极坐标方程为

$$\begin{cases} r_K=\dfrac{r_b}{\cos\alpha_K} \\ \theta_K=\mathrm{inv}\alpha_K=\tan\alpha_K-\alpha_K \end{cases} \tag{9-3}$$

为方便计算，已制成渐开线函数表，表 9 - 1 摘录了部分渐开线函数值，可供查用。

表 9 - 1　渐开线函数 $\mathrm{inv}\alpha_K=\mathrm{tg}\alpha_K-\alpha_K$

α_K (°)		0′	5′	10′	15′	20′	25′	30′	35′	40′	45′	50′	55′
10	0.00	17 941	18 397	18 860	19 332	19 812	20 299	20 795	21 299	21 810	22 330	22 859	23 396
11	0.00	23 941	24 495	25 057	25 628	26 208	26 796	27 394	28 001	28 616	29 241	29 875	30 518
12	0.00	31 171	31 832	32 504	33 185	33 875	34 575	35 285	36 005	36 735	37 474	38 224	38 984
13	0.00	39 754	40 534	41 325	42 126	42 938	43 760	44 593	45 437	46 291	47 157	48 033	48 921
14	0.00	49 819	50 729	51 650	52 582	53 526	54 482	55 448	56 427	57 417	58 420	59 434	60 460
15	0.00	61 498	62 548	63 611	64 686	65 773	66 873	67 985	69 110	70 248	71 398	72 561	73 738
16	0.00	07 493	07 613	07 735	07 857	07 982	08 107	08 234	08 362	08 492	08 623	08 756	08 889
17	0.0	09 025	09 161	09 299	09 439	09 580	09 722	09 866	10 012	10 158	10 307	10 156	10 608
18	0.0	10 760	10 915	11 071	11 228	11 387	11 547	11 709	11 873	12 038	12 205	12 373	12 543
19	0.0	12 715	12 888	13 063	13 240	13 418	13 598	13 779	13 963	14 148	14 334	14 523	14 713
20	0.0	14 904	15 098	15 293	15 490	15 689	15 890	16 092	16 296	16 502	16 710	16 920	17 132
21	0.0	17 345	17 560	17 777	17 996	18 217	18 440	18 665	18 891	19 120	19 350	19 583	19 817
22	0.0	20 054	20 292	20 533	20 775	21 019	21 266	21 514	21 765	22 018	22 272	22 529	22 788
23	0.0	23 049	23 312	23 577	23 845	24 114	24 386	24 660	24 936	25 214	25 495	25 778	26 062
24	0.0	26 350	26 639	26 931	27 225	27 521	27 820	28 121	28 424	28 729	29 037	29 348	29 660

（续表）

α_K (°)		0′	5′	10′	15′	20′	25′	30′	35′	40′	45′	50′	55′
25	0.0	29 975	30 293	30 613	30 935	31 260	31 587	31 917	32 249	32 583	32 920	33 260	33 602
26	0.0	33 947	34 294	34 644	34 997	35 352	35 709	36 069	36 432	36 798	37 166	37 537	37 910
27	0.0	38 287	38 666	39 047	39 432	39 819	40 209	40 602	40 997	41 395	41 797	42 201	42 607
28	0.0	43 017	43 430	43 845	44 264	44 685	45 110	45 537	45 967	46 400	46 837	47 276	47 718
29	0.0	48 164	48 612	49 064	49 518	49 976	50 437	50 901	51 368	51 838	52 312	52 788	53 268
30	0.0	53 751	54 238	54 728	55 221	55 717	56 217	56 720	57 226	57 736	58 249	58 765	59 285

二、渐开线齿廓啮合的特性

1. 传动比恒定

图 9-4 所示为外啮合传动的一对渐开线齿轮，主动轮 1 按顺时针方向转动，推动从动轮 2 逆时针方向转动。一对轮齿的啮合，首先是主动轮齿根的某点与从动轮的齿顶相啮合于 B_2 点，B_2 点称为啮合起始点。根据渐开线特性可知，过 B_2 点作两齿廓的公法线 N_1N_2 必同时与两基圆相切于 N_1、N_2 点，即 N_1N_2 是两基圆的内公切线。传动中，啮合点位置不断移动，直到主动轮齿顶与从动轮齿根某点啮合于 B_1 点后该对轮齿脱开。过 B_1 点作两齿廓的公法线依然是 N_1N_2。这是因为两基圆是定圆，在同一方向的公切线只有一条。可见，不论在何处啮合，过啮合点所作两齿廓公法线均为 N_1N_2，其与连心线 O_1O_2 交于固定的节点 C。因此，一对渐开线齿廓啮合传动的瞬时传动比不变，即

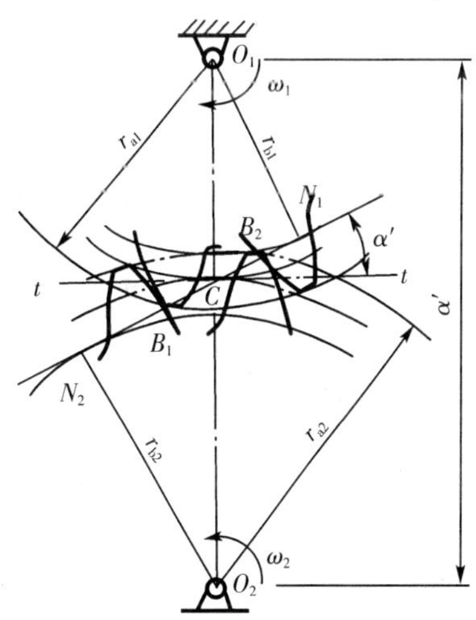

图 9-4　渐开线齿廓啮合特性

$$i_{12}=\frac{\omega_1}{\omega_2}=\frac{\overline{O_2C}}{\overline{O_1C}}=\frac{\overline{O_2N_2}}{\overline{O_1N_1}}=\frac{r_{b2}}{r_{b1}}=\frac{r'_2}{r'_1} \tag{9-4}$$

2. 中心距可分性

式(9-4)说明一对齿轮的传动比为两基圆半径的反比，而与中心距无关。因此，齿轮传动实际工作时，中心距稍有变化也不会改变瞬时传动比，这是因为已制好的两齿轮基圆不会改变。渐开线齿轮传动的中心距稍有变动时仍能保持传动比不变的特性，称为中心距可分性。可分性给齿轮传动的设计也提供了方便。

3. 齿廓间作用力方向不变

由前述可知，两齿廓无论在何处啮合，啮合点必定在 N_1N_2 上，N_1N_2 称为渐开线齿轮传动的啮合线。在不计算齿廓间的摩擦力时，齿廓间作用的压力方向沿着法线方向，也就是啮合线方向。啮合线为固定的直线，所以，齿廓间作用的压力方向不变，传动平稳。

B_1B_2 线段为一对齿廓实际参与啮合的线段，称为实际啮合线。若加大齿顶圆直径，则 B_1、B_2 点将分别趋近于 N_1 和 N_2，实际啮合线也随之增长。但因为基圆内无渐开线，

所以，N_1、N_2分别是B_1、B_2的极限位置，称N_1、N_2为啮合极限点，线段N_1N_2称为理论啮合线。

过节点C作两节圆的公切线tt与啮合线所夹的锐角称为啮合角，以α'表示。由图9-4可知，啮合角在数值上等于渐开线在节圆上的压力角。

第三节　渐开线标准直齿圆柱齿轮的主要参数及几何尺寸计算

一、齿轮各部分名称和符号

图9-5所示为直齿圆柱齿轮的一部分。图9-5a为外齿轮，图9-5b为内齿轮，图9-5c为齿条。由图可知，齿轮两侧齿廓是形状相同、方向相反的渐开线曲面。现以外齿轮为例，说明齿轮各部分的名称符号。

（1）齿数　齿轮圆周上均匀分布的轮齿总数称为齿数，用z表示。

（2）齿顶圆　齿顶圆柱面与端平面的交线，半径用r_a表示，直径用d_a表示。

（3）齿根圆　指齿槽底部的圆柱与端平面的交线，半径用r_f表示，直径用d_f表示。

（4）齿厚、齿槽宽、齿距　在任意半径为r_K的圆上，同一轮齿两侧齿廓间的弧长称为该圆上的齿厚，用s_K表示；相邻两齿齿间的弧长称为该圆上的齿槽宽，用e_K表示；相邻两齿同侧齿廓间的弧长称为该圆上的齿距，用p_K表示，$p_K=e_K+s_K$。

（5）分度圆　指为使设计制造方便，人为取定一个圆，使该圆上的齿厚和齿槽宽相等，模数和压力角取标准值，这个圆称为分度圆。分度圆上的所有参数不带下标，如分度圆半径用r表示、压力角用α表示等。

（6）齿顶高　指分度圆与齿顶圆之间的径向距离，用h_a表示。

（7）齿根高　指分度圆与齿根圆之间的径向距离，用h_f表示。

（8）全齿高　指齿顶高和齿根高之和称为全齿高，$h=h_a+h_f$。

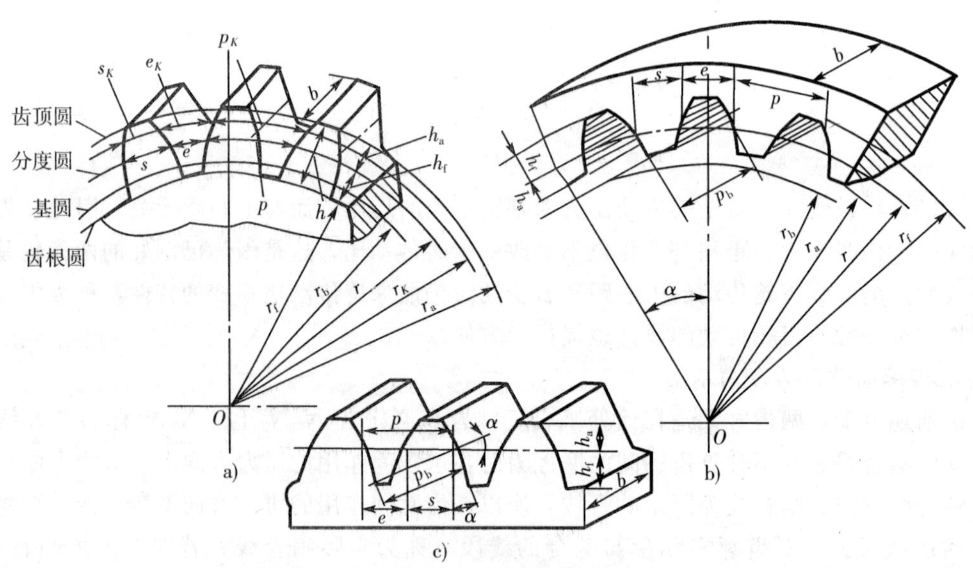

图9-5　齿轮各部分的名称和尺寸

二、标准齿轮的基本参数

基本参数是齿轮几何尺寸计算的依据。主要指以下参数：

1. 模数 m

由齿距定义可知，分度圆周长 $\pi d=zp$，则 $d=\frac{p}{\pi}z$，由于为无理数，不利于尺寸计算和制造，所以人为定义

$$m=\frac{p}{\pi}$$

式中：m 称为该齿轮的模数，单位为 mm。因此分度圆上齿距 $p=\pi m$，分度圆直径 $d=mz$。

模数 m 为标准值（标准模数见表 9－2），它是决定齿轮尺寸的一个基本参数，设计时齿轮的模数要取标准值。模数越大，轮齿越大，轮齿的承载能力就越强。当分度圆直径相同时，模数小的轮齿小，其齿数多，传动更平稳。

表 9－2 渐开线齿轮的模数（摘自 GB1357－1987） mm

第一系列	1	1.25	1.5	2	2.5	3	4	5	6	8
	10	12	16	20	25	32	40	50		
第二系列	1.75	2.25	2.75	(3.25)	3.5	(3.75)	4.5	5.5	(6.5)	7
	9	(11)	14	18	22	28	(30)	36	45	

注：(1) 本表适用于渐开线圆柱齿轮，对斜齿轮及人字齿轮，取法向模数为标准模数；

(2) 优先采用第一系列，括号内的尽可能不用。

2. 齿数 z

当齿轮模数一定时，齿数越多，齿轮几何尺寸越大，齿廓曲线越趋平直。

3. 压力角 α

渐开线圆柱齿轮任意圆上的压力角 $\cos\alpha_K=r_b/r_K$。可见，若圆上压力角 α 减小，则基圆增大，轮齿的齿顶变宽，齿根变瘦，承载能力降低；反之则承载能力增强，但传动较费力，可见 α 是决定渐开线齿廓形状的一个基本参数。综合考虑以上因素，国家标准规定渐开线圆柱齿轮分度圆上的标准压力角 $\alpha=20°$，即采用渐开线上齿形角为 20°左右的一段作为齿廓曲线，而不是任意段的渐开线。至此，可以重新为分度圆下一个完整的定义：分度圆就是齿轮上具有标准模数和标准压力角的圆。

某些场合：$\alpha=14.5°$、$15°$、$22.5°$、$25°$。

4. 齿顶高系数 h_a^* 和顶隙系数 c^*

一齿轮的齿顶和另一齿轮的槽底应有一定的径向间隙，以保证传动不发生干涉，并可储存润滑油以润滑齿面，这一径向间隙称为顶隙，用 c 表示。表示为模数的 c^* 倍，c^* 称顶隙系数，另外把齿顶高也表示成模数的 h_a^* 倍，h_a^* 称齿顶高系数。即

$$c=c^* m,\ h_a=h_a^* m,\ 则\ h_f=(h_a^*+c^*)\ m$$

直齿圆柱齿轮的齿顶高系数 h_a^* 和顶隙系数 c^* 的标准值：$h_a^*=1$，$c^*=0.25$，短齿：

$h_a^*=0.8$，$c^*=0.3$。

三、标准直齿圆柱齿轮的几何尺寸

标准齿轮是指 m、α、h_a^*、c^* 均取标准值，具有标准的齿顶高和齿根高，且分度圆齿厚等于齿槽宽的齿轮。标准齿轮的几何参数计算公式列于表 9-3 中。

表 9-3　标准直齿圆柱齿轮几何尺寸名称、代号及计算公式

名　称	符　号	计算公式	
		外齿轮	内齿轮
齿顶高	h_a	$h_a=h_a^* m$	
齿根高	h_f	$h_f=(h_a^*+c^*)m$	
全齿高	h	$h=h_a+h_f=(2h_a^*+c^*)m$	
顶隙	c	$c=c^* m$	
分度圆直径	d	$d=mz$	
齿顶圆直径	d_a	$d_a=d+2h_a=(z+2h_a^*)m$	$d_a=d-2h_a=(z-2h_a^*)m$
齿根圆直径	d_f	$d_f=d-2h_f=(z-2h_a^*-2c^*)m$	$d_f=d+2h_f=(z+2h_a^*+2c^*)m$
基圆直径	d_b	$d_b=d\cos\alpha$	
齿距	p	$p=\pi m$	
齿厚	s	$s=p/2=m\pi/2$	
齿槽宽	e	$e=p/2=m\pi/2=s$	
中心距	a	$a=\frac{1}{2}(d_2+d_1)=\frac{1}{2}m(z_2+z_1)$	$a=\frac{1}{2}(d_2-d_1)=\frac{1}{2}m(z_2-z_1)$

当基圆半径趋于无穷大，渐开线齿廓变成直线齿廓，齿轮变成齿条，齿轮上各圆都变成齿条上相应的线。齿条上同侧齿廓互相平行，所以齿廓上任意点的齿距和压力角都相等，但是只有分度线上齿厚和齿槽宽相等。其尺寸计算同标准直齿轮一样。

由上所述可知，m、z 决定了分度圆的大小，而齿轮的大小主要取决于分度圆，因此 m、z 是决定齿轮大小的主要参数；轮齿的尺寸与 m、h_a^*、c^* 有关，与 z 无关；轮齿形状与 m、z、α 有关。

可见，模数 m 影响到齿轮的各部分尺寸，所以又把这种以模数为基础进行尺寸计算的齿轮称模数制齿轮。国际上有的国家采用径节（DP）制，径节 DP 的单位为 1/in，可由下式将径节换算成模数

$$m=\frac{25.4}{\mathrm{DP}}$$

四、公法线长度与分度圆弦齿厚

齿轮在加工和检验中，常用测量公法线长度和分度圆弦齿厚来确保齿轮的精度。

1. 公法线长度

卡尺在齿轮上跨若干齿数 K 所量得齿廓间的法向距离称为公法线长度，用 W 表示。如图 9-6 所示，为卡尺跨测三个齿时，与轮齿相切于 A、B 两点，则线段 AB 就是跨三

个齿的公法线长度。根据渐开线性质可得

$$W=(K-1)p_b+s_b$$

s_b 为基圆齿厚。当 $\alpha=20°$ 时，经推导整理可得跨齿数为 K 的公法线长度 W 的计算公式

$$W=m[2.9521(K-0.5)+0.014z] \tag{9-5}$$

式中 K 为跨齿数，为了保证卡尺与轮齿相切，跨齿数不宜过多或过少。对于标准齿轮，可按下式计算跨齿数

$$K=\frac{z}{9}+0.5\approx 0.111z+0.5 \tag{9-6}$$

K 应取整数，代入式(9-5)求得 W 值。

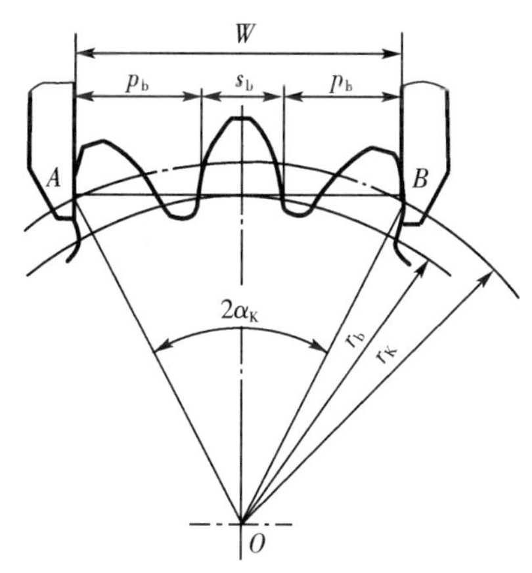

图 9-6　齿轮公法线长度

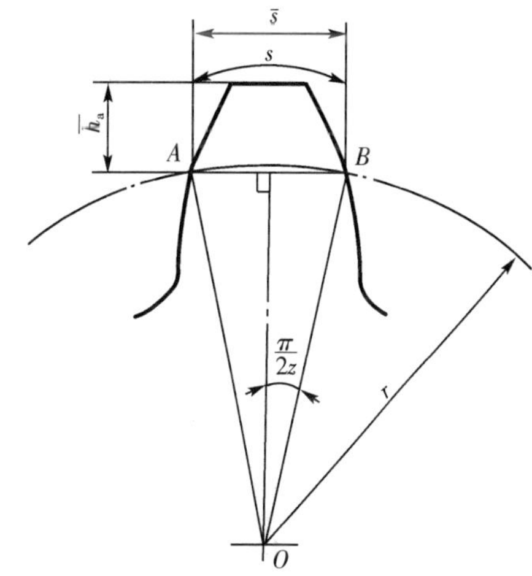

图 9-7　分度圆弦齿厚和弦齿高

2. 分度圆弦齿厚和弦齿高

测量公法线长度适用于直齿圆柱齿轮，对于斜齿圆柱齿轮将受到齿宽条件的限制。此外，测量公法线长度也不能用于锥齿轮和蜗轮。在这些情况下，通常测量分度圆弦齿厚。

如图 9-7 所示，分度圆弦齿厚就是轮齿两侧渐开线与分度圆交点之间的距离 $\overline{AB}$，记作 $\bar{s}$。弦齿厚 AB 的中点到齿顶圆的最短距离称为分度圆弦齿高，记作 $\bar{h}_a$。由图可得分度圆弦齿厚与弦齿高公式

$$\bar{s}=mz\sin\frac{90°}{z} \tag{9-7}$$

$$\bar{h}_a=m[h_a^*+\frac{z}{2}(1-\cos\frac{90°}{z})] \tag{9-8}$$

由于测量分度圆弦齿厚是以齿顶圆为基准的，测量结果必然受到齿顶圆误差的影响，而公法线长度测量与齿顶圆无关。

【例 9-1】　国产某机床的传动系统，需换一个损坏的齿轮。测得其齿数 $z=24$，齿顶圆直径 $d_a=77.95$mm，已知为正常齿制，试求齿轮的模数和主要尺寸。

【解】　国产机床，齿轮压力角为 20°；正常齿制，$h_a^*=1$，$c^*=0.25$

(1) 求齿轮的模数

由表 9-3　　$m=\frac{d_a}{z+2h_a^*}=\frac{77.95}{24+2\times1}=2.998\ \text{mm}$

由表 9-2　　$m=3\ \text{mm}$

(2) 计算主要尺寸

$$d=mz=3\times24=72\ \text{mm}$$

$$d_f=m(z-2.5)=3\times(24-2.5)=64.5\ \text{mm}$$

$$d_b=d\cos\alpha=72\times\cos20^\circ=67.66\ \text{mm}$$

$$p=\pi m=3.14\times3=9.42\ \text{mm}$$

$$s=e=p/2=9.42/2=4.71\ \text{mm}$$

【例 9-2】 现有一正常齿制标准直齿圆柱齿轮，已知 $m=2\text{mm}$，$z=42$，求跨齿数 K，公法线长度 W，分度圆弦齿厚 $\bar{s}$ 和弦齿高 $\bar{h}_a$。

【解】 (1) 求跨齿数 K

由式 (9-6)　　$K=\frac{z}{9}+0.5\approx0.111z+0.5=5.12$，$K=5$

(2) 求公法线长度 W

由式 (9-5)　　$W=m[2.9521(K-0.5)+0.014z]$

$$=2\times[2.9521\times(5-0.5)+0.014\times42]=27.745\ \text{mm}$$

(3) 求分度圆弦齿厚 $\bar{s}$ 和弦齿高 $\bar{h}$

由式(9-7)、式(9-8)　　$\bar{s}=mz\sin\frac{90^\circ}{z}=2\times42\times\sin\frac{90^\circ}{42}=3.14\ \text{mm}$

$$\bar{h}_a=m[h_a^*+\frac{z}{2}(1-\cos\frac{90^\circ}{z})]=2\times[1+\frac{42}{2}(1-\cos\frac{90^\circ}{42})]=2.029\ \text{mm}$$

第四节　渐开线标准直齿圆柱齿轮的啮合传动

一、渐开线直齿圆柱齿轮的正确啮合条件

一对轮齿的啮合只能使主、从动齿轮各转过有限的角位移，而依靠若干对轮齿一对接一对地依次啮合，才能实现齿轮的连续传动。为了保证轮齿的正常交替啮合，主、从动齿轮相邻两齿同侧齿廓在啮合线上所卡的线段必须相等，即 $KK_1=KK_2$（图 9-8a）。否则将出现相邻两齿廓在啮合线上不接触（图 9-8b）或重叠现象（图 9-8c），而无法正确啮合传动。

根据渐开线的性质可知，$\overline{KK_1}=p_{b1}$，$\overline{KK_2}=p_{b2}$，因此两齿轮正确啮合条件是 $p_{b1}=p_{b2}$，即两齿轮基圆齿距相等，而 $p_b=p\cos\alpha=\pi m\cos\alpha$，即 $m_1 cos\alpha_1=m_2\cos\alpha_2$。由于渐开线齿轮的模数和压力角已标准化，所以两轮正确啮合的条件为

$$\begin{cases}m_1=m_2=m\\ \alpha_1=\alpha_2=\alpha\end{cases}\tag{9-9}$$

即两齿轮的模数和压力角分别相等。

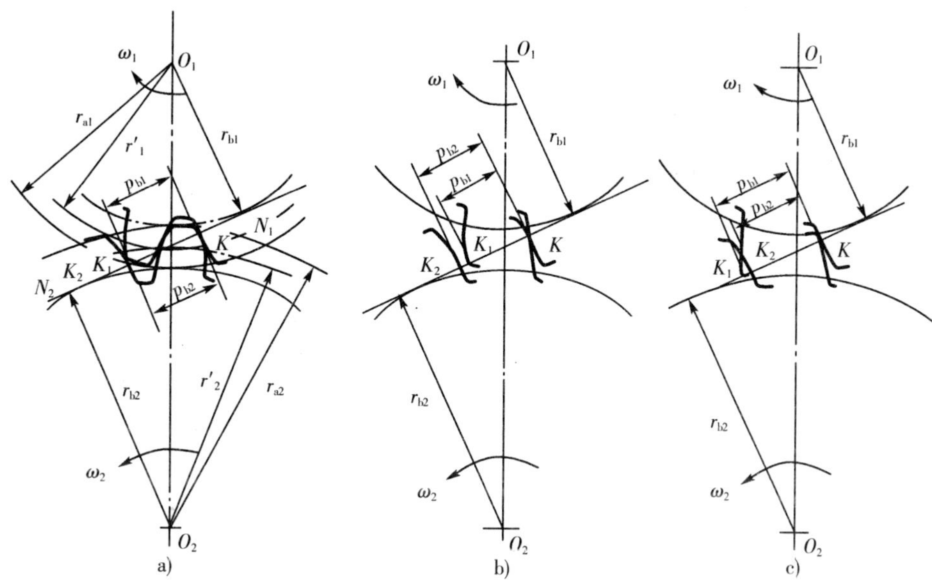

图 9－8 渐开线齿轮正确啮合条件

二、连续传动条件及重合度

为保证连续平稳传动还必须做到，当前一对轮齿尚未脱离啮合前，后一对轮齿已经进入实际啮合线 B_1B_2 区域内啮合，如图 9－9a 所示；至少当前一对轮齿到达啮合终点 B_1 即将脱离啮合时，后一对轮齿刚刚在啮合起点 B_2 处啮合，如图 9－9b 所示。这就要求实际啮合线必须大于或等于基圆齿距，即

$$\overline{B_2B_1} \geqslant p_b \tag{9-10}$$

此式通常称为连续传动条件。

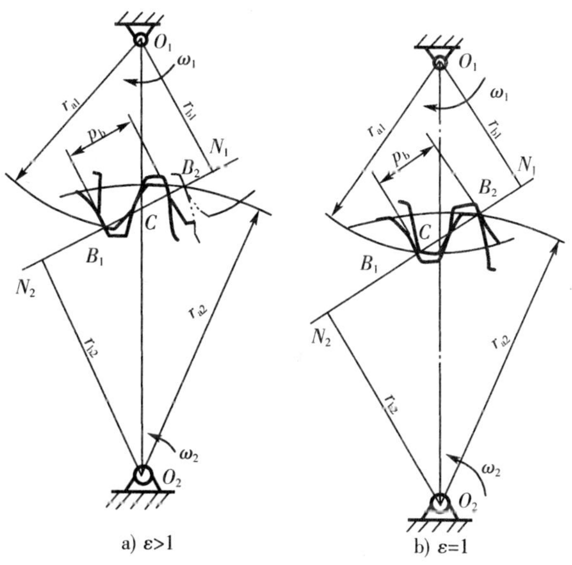

图 9－9 连续传动条件

设 $\overline{B_2B_1}/p_b=\varepsilon$，称为重合度，要求 $\overline{B_2B_1} \geqslant p_b$ 就是要求

$$\varepsilon=\overline{B_2B_1}/p_b\geqslant 1 \tag{9-11}$$

重合度表示实际啮合线区间上相啮合的轮齿对数。重合度 ε 大表示同时啮合的轮齿对数多，多对啮合的区间长，从而可以提高传动的承载能力，同时传动也平稳。

重合度的大小，可以通过作图法在啮合线 N_1N_2 上确定 B_2、B_1 点，量取 $\overline{B_2B_1}$，与 p_b 相比而得到。

三、齿轮传动的正确安装

外啮合齿轮传动时，其安装中心距为两齿轮节圆半径之和，即 $a'=r'_1+r'_2$，而 $r'=r_b/\cos\alpha'$，$r_b=r\cos\alpha$，因此，$a'=m(z_1+z_2)\cos\alpha/(2\cos\alpha')$。可见，若两齿轮的中心距增大，其啮合角也相应增大。但齿轮的几何尺寸没有变化，这就导致齿侧有间隙，该间隙称为侧隙（图 9－10b）。由于传动中两节圆作纯滚动，所以，圆周侧隙 j_t 等于节圆齿距 p' 与两齿轮节圆齿厚和（$s'_1+s'_2$）之差，即 $j_t=p'-s'_1-s'_2$。为了避免两齿轮反向传动时产生空程和冲击，齿轮传动的正确安装应保证理论上无侧隙（图 9－10a）。无侧隙的条件是 $j_t=0$，即 $s'_1+s'_2=p'$。

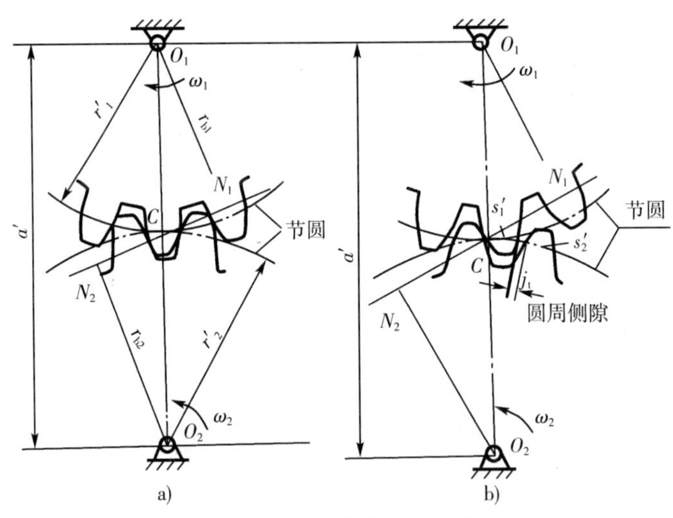

图 9－10　齿轮传动的安装

对于标准齿轮传动，$e_1=s_1=e_2=s_2=p/2$，因此，只要将标准齿轮安装成节圆与分度圆重合，就满足了无侧隙条件 $s'_1+s'_2=s_1+s_2=p=p'$。此时

$$a'=r'_1+r'_2=r_1+r_2=\frac{1}{2}m(z_1+z_2)=a \tag{9-12}$$

将节圆与分度圆重合时的安装中心距称为标准中心距，用 a 表示。

图 9－11 所示为正确安装的渐开线标准直齿内啮合齿轮传动，同样可以推得

$$a'=r'_2-r'_1=r_2-r_1=\frac{1}{2}m(z_2-z_1)=a \tag{9-13}$$

必须指出，为了保证齿面润滑，避免轮齿因摩擦发生热膨胀而产生卡死现象以及补偿加工误差，齿轮传动应留有很小的侧隙。此侧隙一般在制造齿轮时由齿厚负偏差予以保证，而在设计计算齿轮尺寸时仍假设无侧隙存在。

由上述可知，安装中心距等于标准中心距时，啮合角等于压力角，节圆与分度圆重合。如果齿轮的安装中心距 a' 与标准中心距不一致，则两轮的节圆与分度圆不重合，啮合角不等于压力角。由 $a'=a\cos\alpha/\cos\alpha'$ 得

$$\cos\alpha'=\frac{a}{a'}\cos\alpha \qquad (9-14)$$

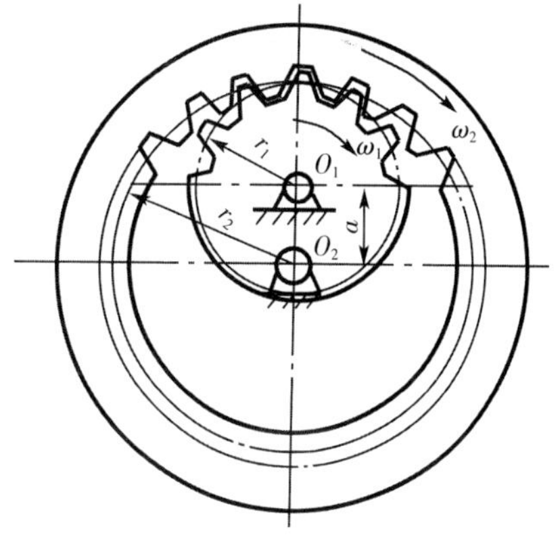

图 9-11　内齿合传动

四、齿条与齿轮传动

1. 齿条及其特性

齿条是基圆为无穷大的渐开线齿轮，其齿廓为直线，如图 9-5c 所示。用以确定齿条尺寸的直线称为中线，中线上的齿厚等于槽宽，即 $s=e$。齿条与齿轮比较，有如下特点：

（1）同侧齿廓上各点法线平行，齿条运动为沿中线的平动。所以，齿条上各点的压力角都相等，即 $\alpha_K=\alpha=20°$。齿条的压力角又称齿形角。

（2）同侧齿廓相互平行，所以齿条在不同高度上的齿距都相等，即 $p_K=p=\pi m$。

2. 齿条与齿轮的啮合特点

如图 9-12 所示，标准齿轮和齿条正确安装时，齿轮的分度圆与齿条的中线相切并作纯滚动。此时齿轮的节圆与分度圆重合，节点为 C，啮合线垂直于齿条的齿廓并与齿轮的基圆切于 N_1 点，啮合角 α' 等于压力角 α。

当齿条的中线沿 O_1C 远离（或靠近）齿轮时（如图 9-12 中双点划线的位置），由于齿轮基圆的大小及位置未变，齿条直线齿廓的方位也未变，因此，啮合线位置不变，节点 C 的位置也没有改变，齿轮的节圆依然与分度圆重合，此时与齿轮节圆相切并作纯滚动的是与齿条中线相平行的节线。

综上所述可知，渐开线齿轮与齿条啮合传动，不论齿条的中线是否与齿轮的节圆相切（是否标准安装），啮合线为固定直线，齿轮的节圆总是与分度圆重合，啮合角总是等于分度圆上的压力角，齿条移动的速度 $v_2=r_1\omega_1$。

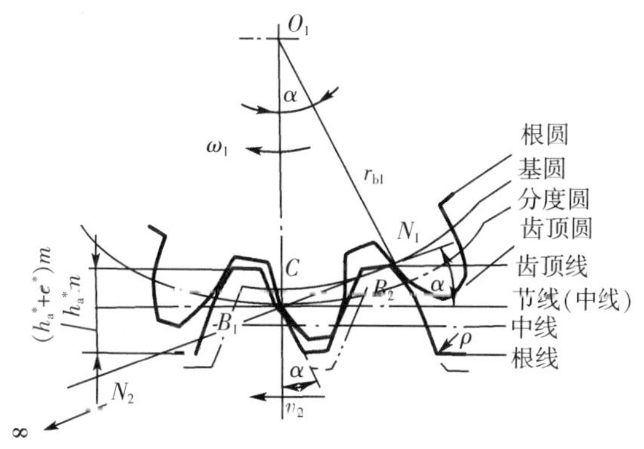

图 9-12　齿轮齿条传动

第五节 渐开线齿轮的加工原理与根切现象

一、齿轮轮齿的加工方法及其原理

齿轮轮齿的加工方法很多，如铸造、冲压、轧制、粉末冶金等，生产中常用的是切削加工，切削法又可分为仿形法和展成法两类。

1. 仿形法

仿形法是利用与齿廓曲线相同的成型铣刀在机床上直接切除齿槽，加工出齿形的加工方法。通常在普通铣床上用盘状（图 9-13）或指状铣刀，辅以分度头进行加工。圆盘铣刀的外形和齿轮的齿槽形状相同。铣齿时，将毛坯安装在机床工作台上，圆盘铣刀绕其自身轴线旋转，而毛坯沿平行于齿轮轴线方向，作直线移动。铣出一个齿槽后，转动分度头将齿轮毛坯转过 $360°/z$，再铣第二个齿槽，依此类推。

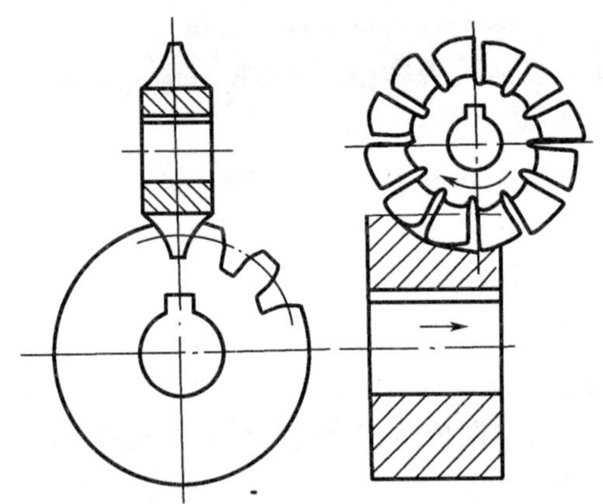

图 9-13 仿形法切制齿轮

仿形法加工无须专用机床，加工方便易行，但效率低，分度累积误差大，精度低。齿轮齿廓的形状是由基圆决定的，$r_b = mz\cos\alpha/2$，对模数和压力角相同而齿数不同的齿轮，欲制造精确，需每一种齿数配一把铣刀，这在实际中是不可能的。为简化刀具数量，采用八把一套或十五把一套铣刀，其每把铣刀可切削齿数在一定范围内的齿轮。为保证加工出来的齿轮在啮合时不会被卡住，每一号铣刀的齿形都是按所加工的一组齿轮中齿的最少的那个齿轮的齿形制成的。因此，当用这把铣刀切削同组齿轮中其他齿数的齿轮时，齿形有误差。生产中通常用同一号铣刀切制同模数不同齿数的齿轮，故齿形通常是近似的。表 9-4列出了 1～8 号铣刀加工齿轮的齿数范围。

表 9-4 各号铣刀加工的齿数范围

刀号	1	2	3	4	5	6	7	8
齿数范围	12～13	14～16	17～20	21～25	26～34	35～54	55～134	≥135

2. 展成法

展成法是利用齿轮的啮合原理进行轮齿加工的方法。常用的加工方法有滚齿、插齿、剃齿、珩齿、磨齿等。图 9－14 为齿轮插刀插制轮齿，插齿刀为外齿轮形刀具，由机床保证插齿刀与齿坯作齿轮啮合运动，同时插齿刀沿齿坯轴向进行往复切削运动，使齿坯被切成与插齿刀相啮合的齿轮。切削刃相对于齿坯的各个位置所形成的包络线，即为加工齿轮的齿廓。当齿轮插刀的齿数无穷多，基圆半径趋于无穷大，则齿轮插刀演变为齿条插刀，如图 9－15 所示，加工时，插刀沿齿坯轴线作上下的切削运动和让刀运动，齿坯转动，切削刃相对于齿坯的各个位置所形成的包络线，即为加工齿轮的齿廓。图 9－16 为齿轮滚刀滚制轮齿。齿轮滚刀为齿条形刀具，其轴向剖面齿廓与齿条相同，滚刀转动时，与被加工齿坯作相当于齿轮齿条的啮合运动，同时滚刀沿齿坯轴向进给，加工过程连续，故生产效率较高。

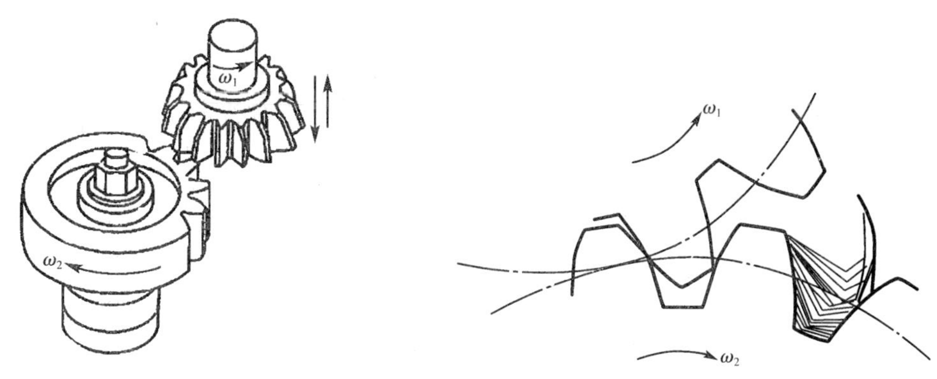

图 9－14 齿轮插刀加工齿轮

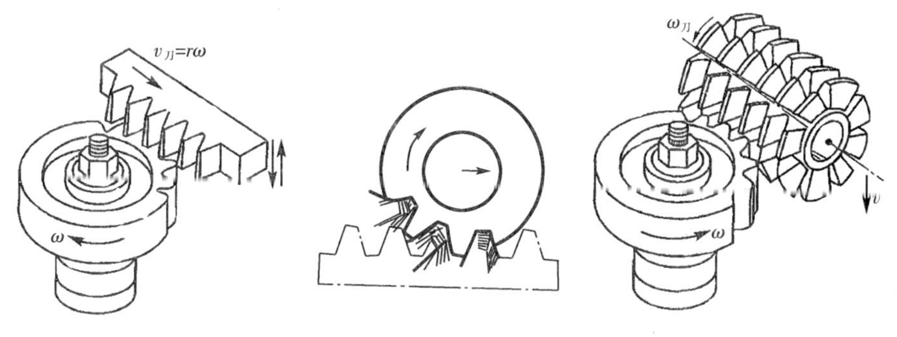

图 9－15 齿条插刀加工齿轮图　　图 9－16 齿轮滚刀滚制轮齿

二、根切现象及避免根切的措施

1. 根切现象

用齿条刀具按展成法加工标准齿轮时，如果被加工齿轮齿数过少，如图 9－17a 所示，刀具齿顶线与啮合线的交点 B_2 将会超过极限啮合点 N_1，这时刀具会把已加工好的齿根渐开线齿廓切去一部分，如图中阴影处，这种现象称为根切，根切的轮齿如图 9－17b 所示。根切不仅削弱轮齿的抗弯强度，而且降低重合度，影响传动的平稳性，因此，通常应力求避免。

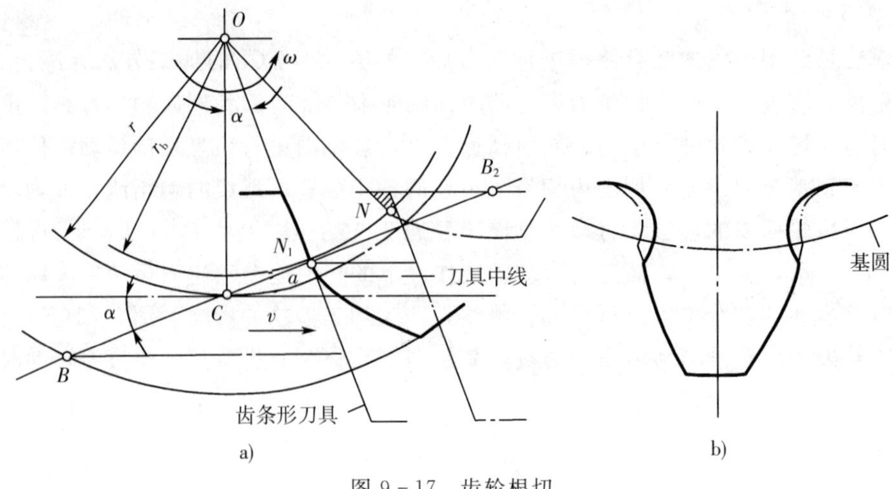

图 9-17　齿轮根切

2. 避免根切的措施

(1) 展成法加工标准齿轮的最少齿数　如上所述，要避免根切必须保证 $CB_2 \leqslant CN_1$。r_b愈小，N_1点愈接近节点 C，产生根切的可能性愈大，如图 9-18 所示。

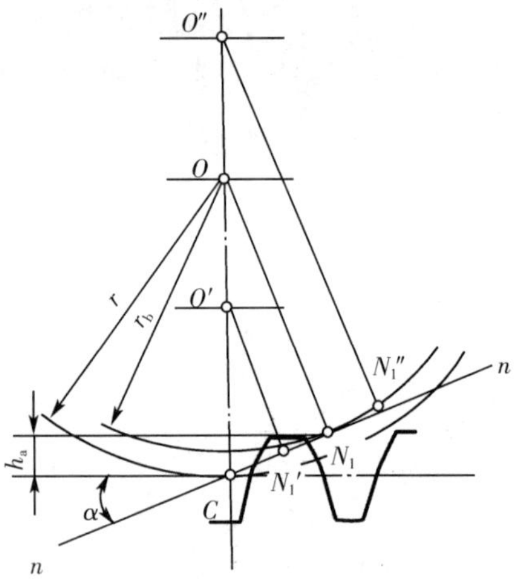

图 9-18　齿轮根切与齿数关系

由图 9-17a 可得

$$CB_2 = \frac{h_a^* m}{\sin\alpha} \qquad CN_1 = \frac{mz\sin\alpha}{2}$$

代入上式并整理后得

$$z \geqslant \frac{2h_a^*}{\sin^2\alpha} \tag{9-15}$$

对于正常齿制标准齿轮 $h_a^* = 1$，$\alpha = 20°$，则 $z_{\min} = 17$，这是标准渐开线齿轮避免根切的最少齿数。为避免根切，通常选择齿数不小于 17。

(2) 采用展成法变位加工　由图 9-17a 看出，如果把齿条刀具沿径向外移一段距离，使 B_2点移至 N_1点以下，这样加工便不会发生根切，这种加工方法称为变位加工。

第六节　变位直齿圆柱齿轮传动

一、变位齿轮概念

用齿条形刀具加工齿轮，刀具中线 NN（也称加工节线）与轮坯的分度圆（也称加工节圆）相切，如图 9-19a 所示。由于刀具节线上齿厚与齿槽宽相等，切出的齿轮在分度圆上齿厚与齿槽宽也相等，该齿轮为标准齿轮。

切削变位齿轮时，刀具相对切削标准齿轮时移动的径向距离 X（$X = xm$）称为变位

量，x 为变位系数，由轮坯中心外移，x 取正值；反之，x 取负值，相应加工出的齿轮分别称为正变位齿轮和负变位齿轮，如图 9－19b、c 所示。标准齿轮可看成变位系数 $x=0$ 的特殊变位齿轮。由于齿条在不同高度上的齿距 p、压力角 α 都是相同的，所以无论齿条刀具的节线位置如何变化，切出变位齿轮的模数 m、压力角 α 都与齿条刀具中线上的模数 m、压力角 α 相同，且是标准值。同时刀具与齿坯相对运动不变，所以加工出的齿轮的齿数也相同。故它的分度圆直径、基圆直径均与标准齿轮的相同。其齿廓曲线和标准齿轮的齿廓曲线是同一基圆上形成的渐开线，只是部位不同，如图 9－19d 所示。

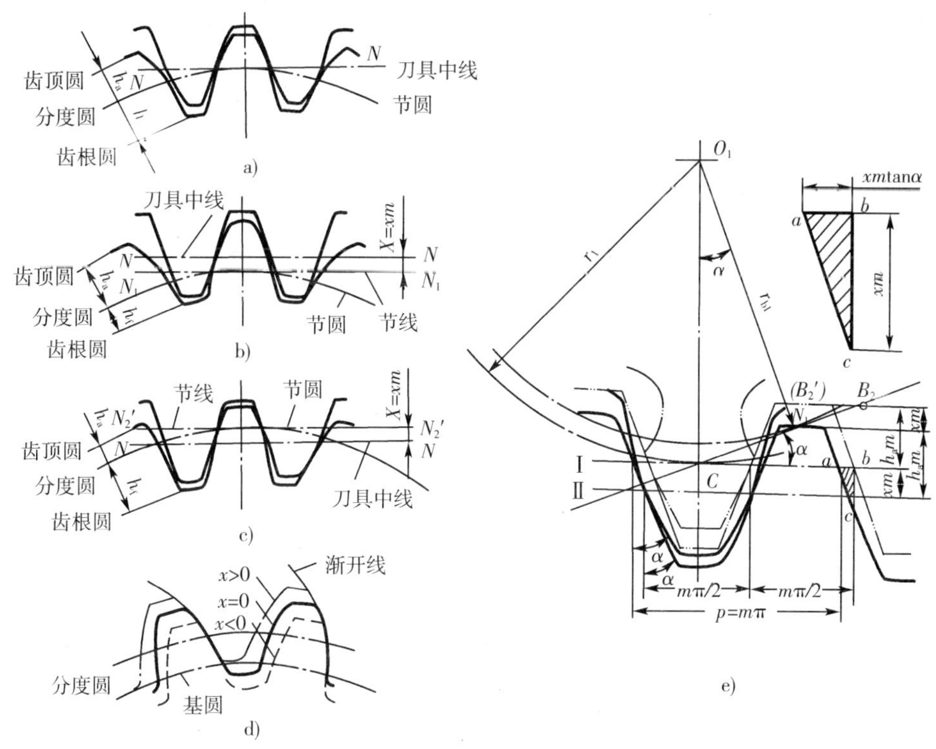

图 9－19　变位齿轮加工原理及其齿形

二、变位齿轮的特点

（1）当 $x>0$ 时，刀具节线上齿槽宽增大，齿厚减小，因此，正变位齿轮分度圆齿厚 s 增大，齿槽宽 e 减小，其变动量 $\Delta s=2xm\tan\alpha$，如图 9－19e 所示。其齿根圆齿厚增大，齿顶圆齿厚减小（变尖）；$x<0$ 时，上述尺寸变化相反。

（2）当 $x>0$ 时，刀具的齿顶线外移，因此，正变位齿轮的齿根圆直径 d_f 增大，要保持相应的齿高，齿顶圆直径 d_a 也增大。$x<0$ 时，上述尺寸变化相反。

（3）当 $x>0$ 时，齿根高 h_f 减小，齿顶高 h_a 增大。$x<0$ 时，上述尺寸变化相反。

（4）刀具齿顶线随刀具外移，它与啮合线的交点 B_2 移向 N_1，如图 9－19e 所示。利用变位齿轮这一特点，可避免根切。

（5）由于变位齿轮的齿槽宽与齿厚都发生变化，中心距也会变化，利用这一特点，可调整齿轮传动的中心距。

三、变位齿轮传动类型、特点及应用

根据变位系数及其和 x_Σ 的不同，变位齿轮传动可以分为以下三种类型：

1. 标准齿轮传动

又称第一类零传动。可以看作变位齿轮传动的一种特殊情况，两个齿轮的变位系数均为零，即 $x_1=x_2=0$。为避免根切，其中小齿轮齿数不小于最小齿数 z_{min}。

2. 高变位齿轮传动

又称第二类零传动。两个齿轮的变位系数和为零，且小齿轮变位系数 $x_1>0$，大齿轮变位系数 $x_2<0$，即 $x_1=-x_2\neq0$。该传动中心距 a' 等于标准中心距 a，啮合角 α' 等于压力角 α，但齿顶高、齿根高发生变化。为避免根切，其齿数和的条件为 $z_1+z_2\geqslant2z_{min}$。

3. 角变位齿轮传动

两个齿轮的变位系数和不为零，即 $x_1+x_2\neq0$。该传动中心距 a' 不等于标准中心距 a，啮合角 α' 不等于压力角 α。其中 $x_\Sigma>0$ 称为正角度变位传动，简称正传动；$x_\Sigma<0$ 称为负角度变位传动，简称负传动。

现将各类变位齿轮传动的类型、特点及应用列于表 9-5。

表 9-5　变位齿轮传动类型、特点及应用

<table>
<tr><td rowspan="2">项　目</td><td colspan="2">零传动</td><td colspan="2">角变位齿轮传动</td></tr>
<tr><td>标准齿轮传动</td><td>高变位齿轮传动</td><td>正传动</td><td>负传动</td></tr>
<tr><td rowspan="2">变位系数</td><td colspan="2">$x_1+x_2=0$</td><td rowspan="2">$x_1+x_2>0$</td><td rowspan="2">$x_1+x_2<0$</td></tr>
<tr><td>$x_1=x_2=0$</td><td>$x_1=-x_2\neq0$</td></tr>
<tr><td>中心距
啮合角</td><td colspan="2">$a'=a$
$\alpha'=\alpha$</td><td>$a'>a$
$\alpha'>\alpha$</td><td>$a'<a$
$\alpha'<\alpha$</td></tr>
<tr><td>齿数限制条件</td><td>$z_1>z_{min}$
$z_2>z_{min}$</td><td>$z_1+z_2\geqslant2z_{min}$</td><td>无限制</td><td>$z_1+z_2>2z_{min}$</td></tr>
<tr><td>特点及应用</td><td>应用广泛</td><td colspan="2">避免根切，改善轮齿强度；用于修理及非标准中心距场合</td><td>凑配中心距场合</td></tr>
</table>

第七节　齿轮传动的失效形式与设计准则

齿轮传动是靠轮齿的啮合来传递运动和动力的，轮齿失效是齿轮常见的主要失效形式。由于传动装置有开式、闭式，齿面硬度有软齿面（硬度≤350HBS）、硬齿面（硬度>350HBS），齿轮转速有高与低，载荷有轻与重之分，所以实际应用中常会出现各种不同的失效形式。分析研究失效形式有助于建立齿轮设计的准则，提出防止和减轻失效的措施。

一、轮齿失效形式

1. 轮齿折断

轮齿传递动力时，相当于一悬臂梁，在齿根处受到的弯曲应力很大，而且是交变应力，同时齿根的过渡圆角处具有较大的应力集中，轮齿在交变载荷的不断作用下，齿根的应力集中处会产生疲劳裂纹，裂纹逐渐扩展直至轮齿断裂，这种折断称为疲劳折断，如图9-20a所示。此外，若齿轮材料的脆性较大，在受到短时过载或过大的冲击载荷时，或严重磨损导致齿厚过薄，常会引起轮齿的突然折断，称为过载折断。

如果齿轮宽度过大，由于制造、安装的误差使其局部受载过大时，会造成局部折断，如图9-20b所示，若安装齿轮的轴弯曲变形过大而引起轮齿局部受载过大时，也会发生局部折断。

提高轮齿抗折断能力的措施有：①减小齿根应力集中（增加齿根过渡圆角，降低齿根部分表面粗糙度）；②提高安装精度及支承刚性，避免轮齿偏载；③改善热处理，使其有足够的齿芯韧性和齿面硬度；④齿根部分进行表面强化处理（喷丸、滚压）；⑤设计时限制齿根弯曲应力，使其小于许用值。

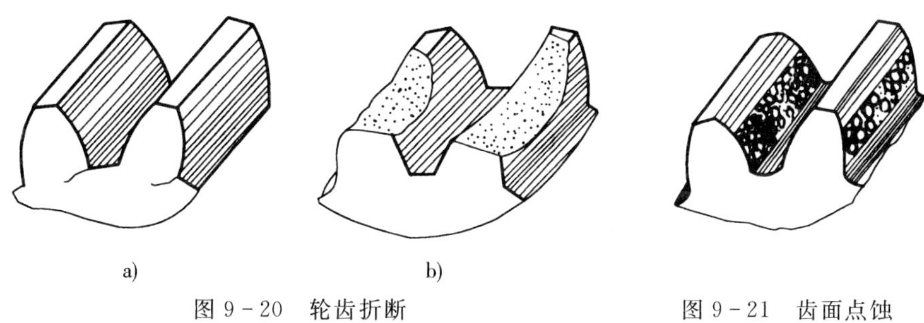

图9-20　轮齿折断

图9-21　齿面点蚀

2. 齿面点蚀

轮齿进入啮合时，齿面接触处产生很大的接触应力，脱离后接触应力即消失。对齿廓工作面上某一固定点来说，它受到的是近似于脉动变化的接触应力。如果接触应力超过了轮齿材料的接触疲劳极限时，齿面上产生裂纹，裂纹扩展致使表层金属微粒剥落，形成小麻点，这种现象称为齿面点蚀，见图9-21。实践表明，由于轮齿在节线附近啮合时，同时啮合的齿对数少，且轮齿间相对滑动速度小，润滑油膜不易形成，所以点蚀首先出现在靠近节线的齿根面上。一般闭式传动中的软齿面较易发生点蚀失效，设计时应保证齿面有足够强度。为防止过早出现点蚀，可采取以下措施：①提高齿面硬度；②降低表面粗糙度；③选用较高粘度的润滑油；④提高齿轮加工和安装精度；⑤改善散热。

3. 齿面磨损

轮齿在啮合过程中存在相对滑动，使齿面间产生摩擦磨损。如果有金属微粒、砂粒、灰尘等进入轮齿间，将引起磨粒磨损。如图9-22所示，磨损将破坏渐开线齿形，并使侧隙增大而引起冲击和振动，严重时甚至因齿厚减薄过多而折断。磨损是开式传动的主要失效形式。防止措施：①提高齿面硬度；②降低表面粗糙度；③降低滑动系数；④润滑油定期清洁和更换；⑤变开式为闭式。

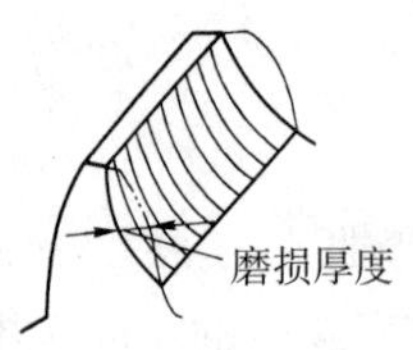

图 9-22 齿面磨损

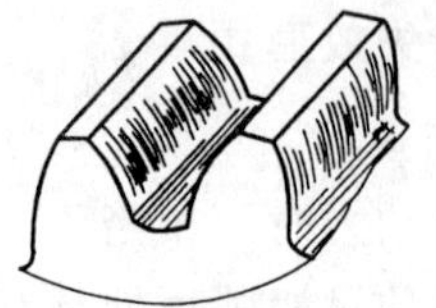
图 9-23 齿面胶合

4. 齿面胶合

在高速重载的齿轮传动中，齿面间的高压、高温使油膜破裂，局部金属互相粘接继而又相对滑动，金属从表面被撕落下来，而在齿面上沿滑动方向出现条状伤痕，称为胶合，如图 9-23 所示。低速重载的传动因不易形成油膜，也会出现胶合。

在实际中采用下列方法以防止胶合的产生：①采用抗胶合能力强的润滑油；②降低齿面间相对滑动速度 v_S；③提高齿面硬度；④使配对齿轮有适当的硬度差；⑤改善润滑与散热条件。

5. 塑性变形

当齿轮材料较软而载荷较大时，轮齿表面材料将沿着摩擦力方向发生塑性变形，导致主动轮齿面节线处出现凹沟，从动轮齿面节线处出现凸棱，从而使齿面正确轮廓曲线被损坏影响齿轮的正常啮合，如图 9-24 所示。

为防止齿面塑性变形，可采取的措施包括：①提高齿面硬度；②采用高粘度的润滑油或加极压添加剂。

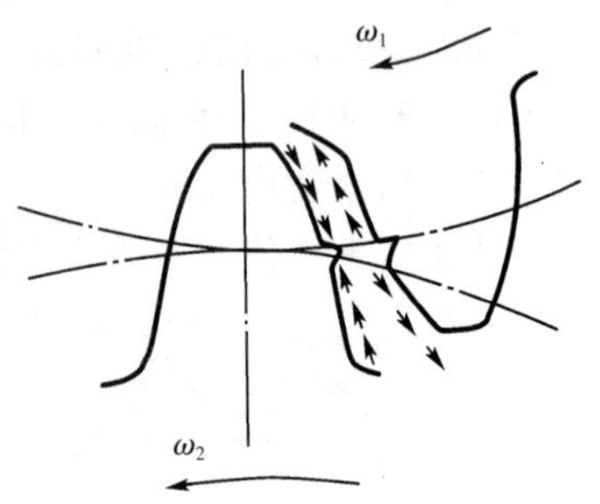

图 9-24 齿面的塑性流动

二、设计准则

设计齿轮传动时应根据齿轮传动的工作条件、失效情况等，合理地确定设计准则，以保证齿轮传动有足够的承载能力。工作条件、齿轮的材料不同，齿轮的失效形式就不同，设计准则、设计方法也不同。

(1) 对于闭式软齿面（HBS≤350）齿轮传动，齿面点蚀是主要的失效形式，应先按齿面接触疲劳强度进行设计计算，确定齿轮的主要参数和尺寸，然后再按弯曲疲劳强度校核齿根的弯曲强度。

(2) 闭式硬齿面传动（HBS>350），齿面硬化不易发生点蚀，但因硬化热处理后齿根脆化，故常因齿根折断而失效，通常先按齿根弯曲疲劳强度进行设计计算，确定齿轮的模数和其他尺寸，然后再按接触疲劳强度校核齿面的接触强度。

(3) 对于开式齿轮传动中的齿轮，齿面磨损为其主要失效形式，故通常按照齿根弯曲疲劳强度进行设计计算，确定齿轮的模数，再考虑磨损因素，将模数增大 10%～20%，一般无需校核接触强度。

第八节 齿轮常用材料及许用应力

一、齿轮材料的基本要求

通过对轮齿失效形式分析可见，对齿轮材料的基本要求为：①齿面要有足够的硬度，

以获得较高的抗点蚀、抗磨损、抗胶合和抗塑性变形的能力；②齿芯要有足够的强度和韧性，从而具有抗变载荷和冲击载荷的能力；③要有良好的加工工艺性和热处理性能，使之便于加工且便于提高其力学性能。最常用的齿轮材料是钢，此外还有铸铁及一些非金属材料等。

二、齿轮常用材料及热处理

1. 锻钢

因具有强度高、韧性好、便于制造和热处理等优点，大多数齿轮都用锻钢制造。

下面介绍软齿面齿轮和硬齿面齿轮常用的材料。

（1）软齿面齿轮

软齿面齿轮（HBS≤350），常用中碳钢和中碳合金钢，如 45、40Cr 等，进行正火或调质处理，加工方法常热处理后精切齿形，精度一般可达 7 级、8 级，制造简便、经济，但齿面强度低，适合于对精度、强度和速度要求不高的齿轮传动。

在设计时应注意使小齿轮的齿面硬度比大齿轮高 30～50HBS。因为小齿轮齿根较薄且工作中受载荷次数更多。另外当大小齿轮有较大硬度差时，较硬的小齿轮会对较软的大齿轮齿面产生冷作硬化的作用，可提高大齿轮的接触疲劳强度。

（2）硬齿面齿轮

硬齿面齿轮（HBS＞350）传动，齿面接触强度大大提高，同时，抗磨损、抗胶合、抗塑性变形的能力也大为提高，在相同条件下，传动尺寸要比软齿面的小得多。因此，采用硬齿面齿轮是发展趋势。

硬齿面常用材料有中碳钢和中碳合金钢，如 40Cr，38CrMoAlA，经表面淬火处理，硬度可达 40～55HRC。若采用低碳钢和低碳合金钢如 20Cr，20CrMnTi 等，需渗碳淬火，硬度可达 56～62HRC，由于热处理后，轮齿变形较大，需磨齿精切，精度可达 5 级、6 级。对内齿轮和难以磨削的齿轮，可采用渗氮处理获得需要的硬度。

2. 铸钢

当齿轮的尺寸较大（大于 400～600mm）而不便于锻造时，可用铸造方法制成铸钢齿坯，再进行正火处理以细化晶粒。

3. 铸铁

脆性较大，因此机械强度、抗冲击和耐磨性较差，但抗胶合和点蚀能力较强，适用于工作平稳、低速和小功率场合。常用灰铸铁和球墨铸铁，有较好的机械性能和耐磨性。

4. 非金属材料

常用的有工程塑料、夹布胶木。适于高速、轻载和精度不高的传动中，特点是噪音较低，无需润滑。另外，在某些低速传动和精密仪器仪表中还用铜合金和铝合金作齿轮，具有耐腐蚀、自润滑等特性。

常用的齿轮材料及其机械性能列于表 9－6。

表 9-6　齿轮的常用材料及其力学性能

材　料	牌　号	热处理	硬　度	机械性能 MPa		应用范围
				屈服极限	强度极限	
优质碳素钢	45	正火	170～220 HBS	284～294	570～588	低速中载非重要齿轮
		调质	229～280 HBS	340～370	630～650	低速中载重要齿轮
		表面淬火	40～50 HRC	430～460	750	低速重载或高速中载，很小冲击
合金钢	38CrMoAlA	调质	230HBS	830	980	耐磨性强，要求载荷平稳、润滑良好
	40Cr	调质	240～286HBS	490～540	680～730	低、中速中载重要齿轮
		表面淬火	48～55HRC	900	650	高速中载，无猛烈冲击
	42SiMn	调质	217～280HBS	440～510	680～780	
		表面淬火	45～55HRC			
	20Cr	渗碳淬火	56～62HRC	392	630	高速中载承受冲击的重要齿轮
	20CrMnTi	渗碳淬火	56～62HRC	834	1 079	
铸钢	ZG310～570	正火	160～210HBS	320	570	中速中载，直径大
		表面淬火	40～50HRC			
	ZG340～640	正火	170～230HBS	343	630	
		调质	240～270HBS			
灰铸铁	HT300	人工时效	187～255HBS		294	低速轻载，很小冲击
	HT350		197～269HBS		343	
球墨铸铁	QT600－2	正火	229～302HBS	412	588	中、低速轻载，有小冲击
	QT500－5		147～241HBS	343	490	

三、许用应力

齿面接触疲劳许用应力

$$[\sigma_H]=\frac{Z_N\cdot\sigma_{Hlim}}{S_H} \tag{9-16}$$

齿根弯曲疲劳许用应力

$$[\sigma_F]=\frac{Y_N\cdot\sigma_{Flim}}{S_F} \tag{9-17}$$

其中 σ_{lim} 是试验条件下失效概率为1%的疲劳极限。接触疲劳极限 σ_{Hlim} 查图 9－25；弯曲疲劳极限 σ_{Flim} 查图 9－26，如果齿轮受对称循环弯曲应力，则将图中查得的值乘 0.7。

另外，应根据材料及热处理质量高低，在图示区域内取值，材料及热处理质量好则取值偏上，反之取偏小值。S_H和S_F分别为齿面接触疲劳强度安全系数和齿根弯曲疲劳安全系数，可查表9－7。Z_N 和Y_N分别为齿面接触疲劳寿命系数和齿根弯曲疲劳寿命系数，为考虑应力循环次数影响的寿命系数。接触疲劳寿命系数Z_N查图9－27，弯曲疲劳寿命系数Y_N查图9－28；图中横坐标为应力循环次数N，$N=60njL_h$，其中n为齿轮转速，单位为r/min，j为齿轮每转同侧齿面啮合次数，L_h为齿轮工作寿命，单位为小时（h）。

表9－7　安全系数S_H和S_F

安全系数	软齿面（≤350HBS）	硬齿面（≥350HBS）	渗碳淬火齿轮或铸造齿轮和重要齿轮
S_H	1.0～1.1	1.1～1.2	1.3
S_F	1.3～1.4	1.4～1.6	1.6～2.2

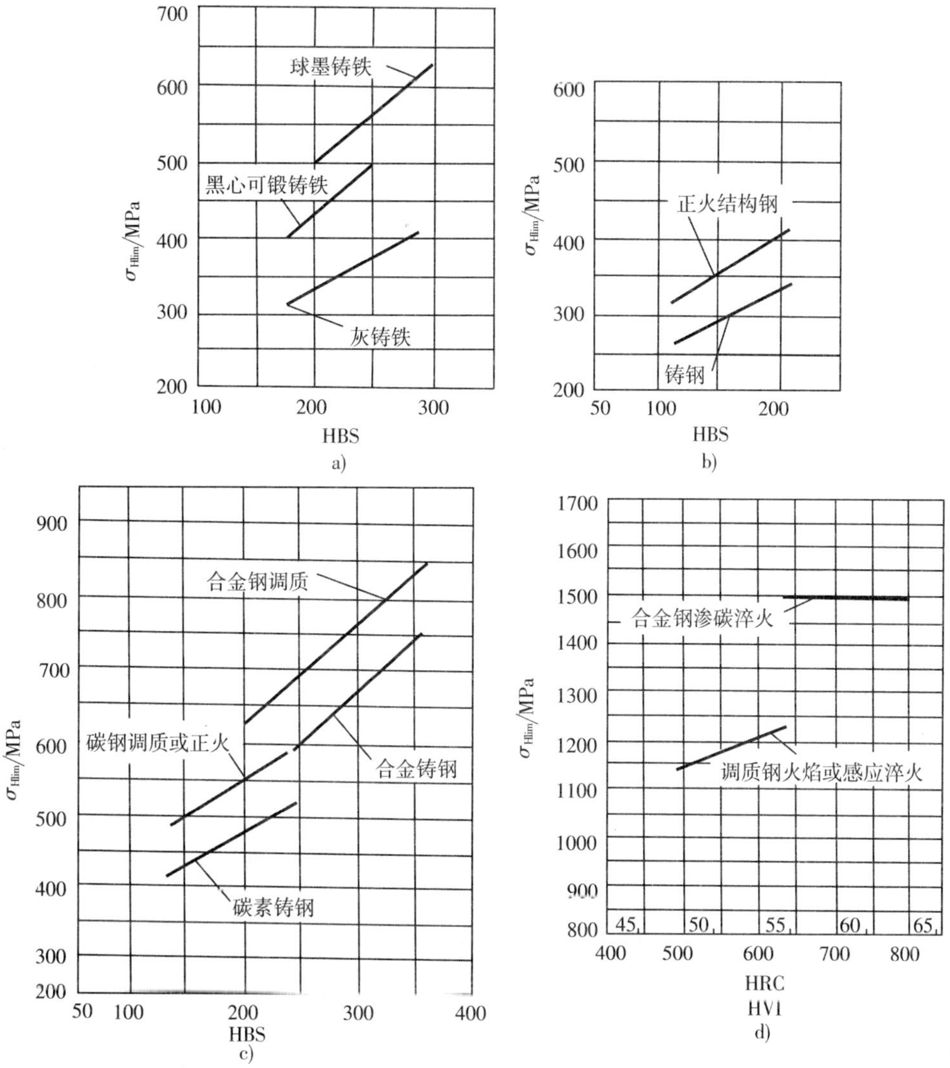

a）铸铁　b）正火结构钢和铸钢　c）调质钢和铸钢　d）碳钢及表面淬火钢

图9－25　试验齿轮接触疲劳极限σ_{Hlim}

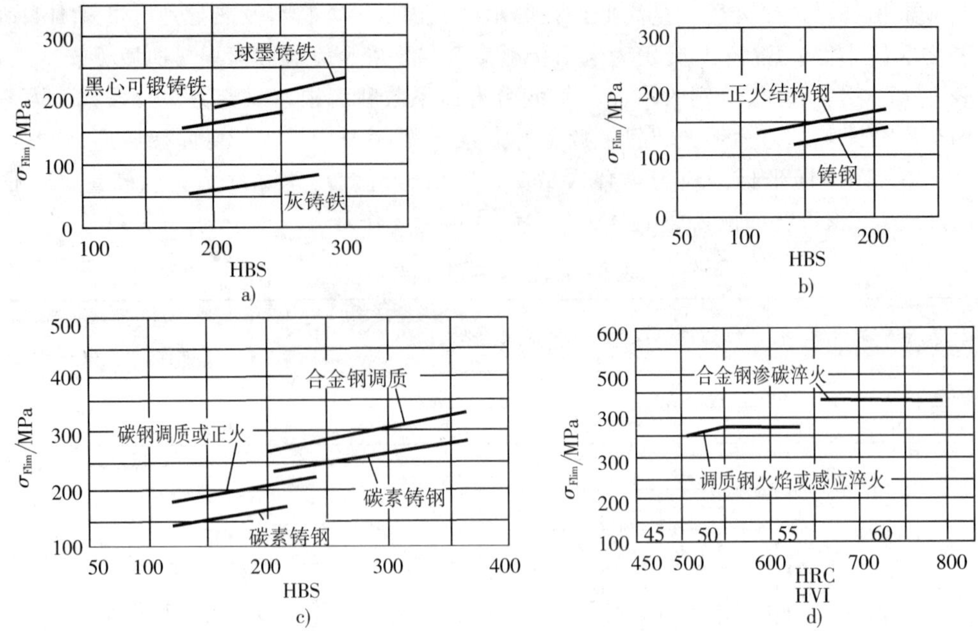

a）铸铁　b）正火结构钢和铸钢　c）调质钢和铸钢　d）碳钢及表面淬火钢

图 9－26　试验齿轮弯曲疲劳极限 σ_{Flim}

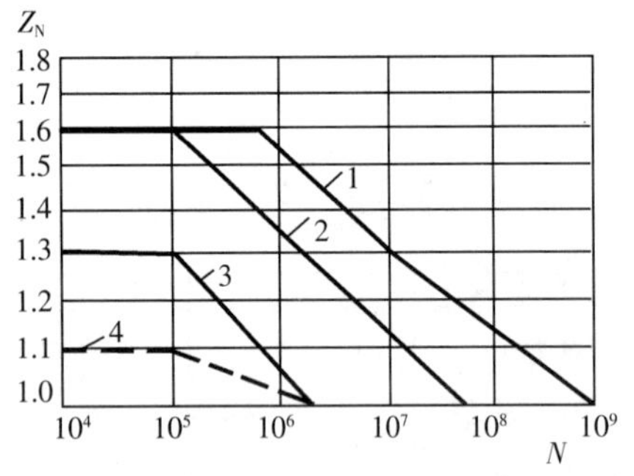

1—碳钢正火、调质，表面淬火及渗碳，球墨铸铁（允许一定的点蚀）；2—同 1，不允许出现点蚀；3—碳钢调质后气体氮化、氮化钢气体氮化，灰铸铁；4—碳钢调质后液体氮化

图 9－27　接触疲劳寿命系数 Z_N

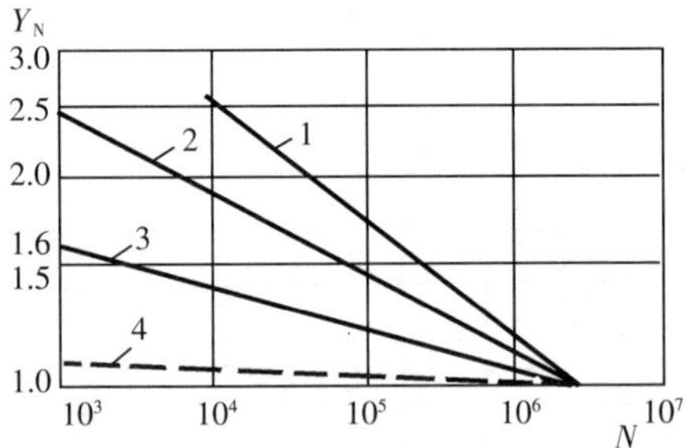

1—碳钢正火、调质，球墨铸铁；2—碳钢经表面淬火、渗碳；3—氮化钢气体氮化，灰铸铁；4—碳钢调质后液体氮化

图 9－28　弯曲疲劳寿命系数 Y_N

第九节　齿轮传动的精度

齿轮在加工过程中，由于刀具和机床本身等原因，使加工成的齿轮不可避免地产生一定的误差。因此，应根据使用要求选定恰当的精度等级，以控制齿轮的误差。

一、齿轮传动的使用要求

根据齿轮传动的使用要求，齿轮精度主要包括传动精度和齿侧间隙两个方面。现分别叙述如下：

（1）传递运动的准确性

要求齿轮在一转范围内实际转角和公称转角之差的总幅度（即转角误差的最大值）不超过一定的限度，从而使齿轮副传动比以一转为周期的变化幅度限制在一定范围。

（2）传动的平稳性

要求齿轮在一转过程中，一齿距范围内的转角误差的最大值不超过一定限度，从而使齿轮副的瞬时传动比的变化（即转角的全部误差多次重复的数值）限制在一定范围内，以减小传动时的冲击、振动和噪声。

（3）载荷分布的均匀性

要求齿轮在传动中，两工作齿面接触良好，其接触面积（即接触斑点在齿长、齿高方向所占比例的大小）不低于一定的限度，以避免轮齿过早磨损，影响齿轮寿命。

（4）传动侧隙的合理性

为保证正常润滑的需要，防止传动时轮齿的热变形和弹性变形而咬死，要求啮合轮齿非工作齿面间留有合适的侧隙。但侧隙也不宜过大，否则，对于经常需要正反转的传动齿轮副，会引起换向冲击并产生空程。

影响上述齿轮传动使用要求或齿轮传动性能的主要原因是齿轮和齿轮副误差。因此，必须对齿轮和齿轮副提出一定的检验项目，并规定精度等级。

二、精度等级

GB/T10095.1—2001 规定齿轮及齿轮副精度等级为 12 级。从 1 级到 12 级，表示精度从高到低依次排列。一般机械传动中，齿轮常用的精度等级为 6～8 级。

根据齿轮各项误差特性及对传动性能的主要影响，标准将检验项目分为 3 个公差组。第Ⅰ公差组主要影响传动的准确性，第Ⅱ公差组主要影响传动的平稳性，第Ⅲ公差组主要影响传动时齿面载荷分布的均匀性。每个公差组包括若干个检验项目公差或极限偏差，各项精度等级对应的各项公差值，可查阅 GB/T10095.1—2001 或有关设计手册。

三、齿轮精度等级的选择

设计齿轮传动时，应该根据传动的用途、工作条件、传动功率的大小和圆周速度 v 来确定精度等级，表 9-8 为常见机器中齿轮精度等级。表 9-9 为常用等级齿轮的圆周速度。

表 9-8　常见机器中齿轮精度等级

机器名称	精度等级	机器名称	精度等级
测量齿轮	3～5	锻压机床	6～9
金属切削机床	3～8	载重汽车及一般减速器	6～9
轻便汽车	5～8	起重机	7～10
内燃机车和电气机车	6～9	矿山用卷扬机	8～10
拖拉机及轧钢机小齿轮	6～10	农业机械	8～11

表 9－9　常用等级齿轮的最大圆周速度（m/s）

精度等级	圆柱齿轮		锥齿轮
	直　齿	斜　齿	直　齿
6 级	15	25	9
7 级	10	17	6
8 级	5	10	3
9 级	3	3.5	1.5

注：锥齿轮传动的圆周速度按平均直径计算。

第十节　标准直齿圆柱齿轮传动的强度计算

一、轮齿的受力分析

图 9－29 所示为标准直齿圆柱齿轮传动，主动轮上转矩为 T，若不计摩擦力，在接触点 P 处作用力 F_n 沿渐开线法线方向，即啮合线方向，在分度圆上 F_n 可分解为圆周力 F_t 和径向力 F_r。由图可知，主动轮上的力为

$$\left.\begin{aligned} &\text{圆周力}\quad F_{t1}=\frac{2T_1}{d_1}\\ &\text{径向力}\quad F_{r1}=F_{t1}\tan\alpha\\ &\text{法向力}\quad F_n=\frac{F_t}{\cos\alpha}\end{aligned}\right\}\qquad(9-18)$$

式中：T_1——小齿轮上传递的扭矩，N. mm；

d_1——小齿轮的分度圆直径，mm；

α——压力角，对于标准齿轮，$\alpha=20°$。

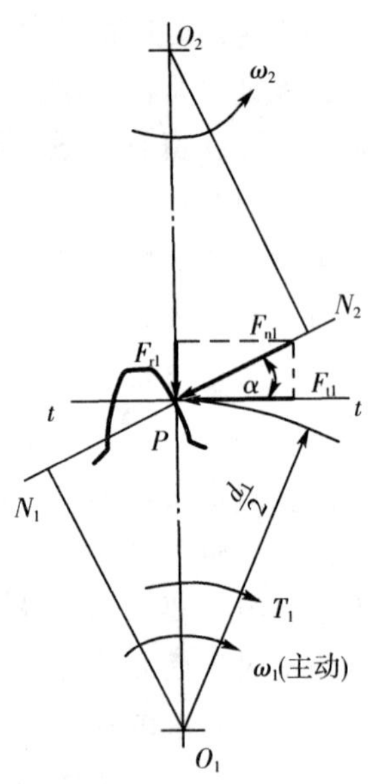

图 9－29　直齿圆柱齿轮传动的受力分析

根据作用力与反作用力之间的关系，则得主动轮上所受的圆周力是阻力，方向与其转向相反；从动轮所受的圆周力是驱动力，与其转向相同。两个轮上的径向力分别指向各自轮心。

二、轮齿的计算载荷

前面分析齿面接触线上的法向载荷 F_n，未考虑实际条件下的载荷波动，故 F_n 为名义载荷。齿轮传动实际工作时，由于原动机与工作机运转不平稳，会引起齿轮产生附加的外部动载荷。齿轮制造和装配误差以及弹性变形，轴的弯曲、扭转变形，轴承、支座弹性变形及制造和装配误差等内部因素，也会引起附加载荷。

考虑各种因素，在实际计算中通常用 KF_n 取代名义载荷 F_n，K 为载荷系数，由表 9－10 查取。计算载荷用 F_{nc} 表示，即

$$F_{nc}=KF_n \qquad (9-19)$$

表 9-10 载荷系数 K

工作机械	原动机		
	均载、轻微冲击（如电动机、汽轮机）	中等冲击（如多缸内燃机）	严重冲击（如单缸内燃机）
均载、轻微冲击（发电机、带式输送机、轻型绞车、机床进给机构、均匀物料搅拌机）	1～1.2	1.2～1.6	1.6～1.8
中等冲击（机床主传动、重型绞车、不均匀物料搅拌机和混合机、多缸柱塞泵）	1.2～1.6	1.6～1.8	1.8～2.0
严重冲击（冲床、剪床、轧机、冶金机械、挖掘机、橡胶压轧机、重型离心机）	1.6～1.8	1.9～2.1	2.2～2.4

注：(1) 外部机械与齿轮装置之间有挠性联接时，值可适当减小；

(2) 增速传动建议取表值 1.1 倍。

三、齿面接触疲劳强度计算

齿面接触疲劳强度计算是为了防止齿面疲劳点蚀。疲劳点蚀是由于传动过程中齿面受接触应力反复作用所致。由于渐开线齿廓上各点的曲率半径不同，各啮合点上的载荷大小也不同，故不同接触点的接触应力也就不同。直齿圆柱齿轮在节点处往往为单对齿相啮合，是受力较大的状态，并且轮齿相对速度为零，润滑条件不良，承载能力最弱，因而疲劳点蚀常发生在节线附近，此外，节点处的接触应力计算简便，故一般选节点处的接触应力（图 9-30 所示）σ_H 作为齿面最大接触应力的计算点，并用弹性力学的列赫兹公式计算，即

$$\sigma_H=\sqrt{\frac{F_{nc}\left(\frac{1}{\rho_1}\pm\frac{1}{\rho_2}\right)}{\pi\left[\left(\frac{1-\mu_1^2}{E_1}\right)+\left(\frac{1-\mu_2^2}{E_2}\right)\right]b}} \tag{9-20}$$

式中：F_{nc}——作用在轮齿上的法向力，N；

b——轮齿的宽度，mm；

E_1、E_2——分别为两齿轮材料的弹性模量，MPa；

μ_1、μ_2——分别为两齿轮材料的泊松比；

ρ_1、ρ_2——分别为两齿轮接触处的曲率半径，mm；

“＋”用于外啮合；“－”用于内啮合。

因泊松比 μ 和弹性模量 E 都与材料有关，为简化计算，令

$$Z_E=\sqrt{\frac{1}{\pi\left[\left(\frac{1-\mu_1^2}{E_1}\right)+\left(\frac{1-\mu_2^2}{E_2}\right)\right]}}$$

式中 Z_E 为材料的弹性系数，其值见表 9-11。将其代入式（9-20）可得

$$\sigma_H=Z_E\sqrt{\frac{F_{nc}}{b}\left(\frac{1}{\rho_1}\pm\frac{1}{\rho_2}\right)} \tag{9-21}$$

表 9-11　弹性系数 Z_E（$\sqrt{\text{MPa}}$）

大齿轮材料		钢	铸钢	球墨铸铁	灰铸铁
小齿轮材料	钢	189.8	188.9	181.4	162.0
	铸钢	—	188.0	180.5	161.4
	球墨铸铁	—	—	173.9	156.6
	灰铸铁	—	—	—	143.7

如图 9-30 所示，在节点处的曲率半径分别为

$$\rho_1=\overline{PN_1}=\frac{d_1}{2}\sin\alpha,\ \rho_2=\overline{PN_2}=\frac{d_2}{2}\sin\alpha$$

式中：d_1、d_2——分别为两齿轮分度圆的直径；

α——分度圆上的压力角（=20°）。

则 $\frac{\rho_2}{\rho_1}=\frac{d_2}{d_1}=\frac{z_2}{z_1}=u$（齿数比）

$$\frac{1}{\rho_1}\pm\frac{1}{\rho_2}=\frac{\rho_2\pm\rho_1}{\rho_1\rho_2}=\frac{\rho_2/\rho_1+1}{\rho_1\ (\rho_2/\rho_1)}$$

$$=\frac{1}{\rho_1}\cdot\frac{u\pm1}{u}=\frac{2}{d_1\sin\alpha}\cdot\frac{u\pm1}{u}$$

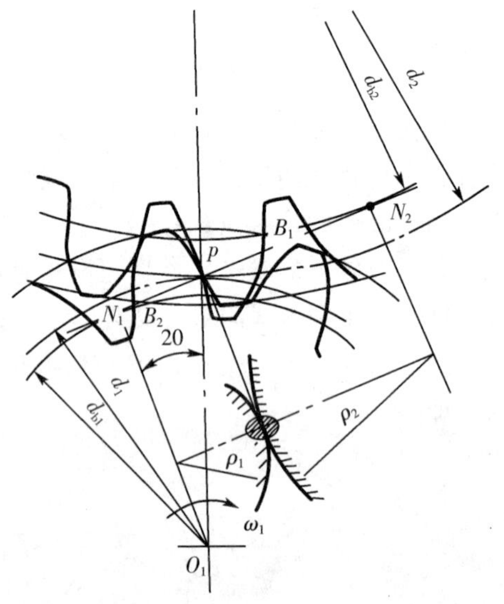

图 9-30　齿轮接触强度计算简图

将上式及 $F_{nc}=KF_n=KF_t/\cos\alpha$ 代入式（9-21）得

$$\sigma_H=Z_E\sqrt{\frac{KF_{t1}}{b\cos\alpha}\cdot\frac{2}{d_1\sin\alpha}\cdot\frac{u\pm1}{u}}$$

$$=Z_E\sqrt{\frac{KF_{t1}}{bd_1}\cdot\frac{u\pm1}{u}}\cdot\sqrt{\frac{2}{\sin\alpha\cos\alpha}}$$

令 $Z_H=\sqrt{\frac{2}{\sin\alpha\cos\alpha}}=\sqrt{\frac{4}{\sin2\alpha}}=2.49$，称为节点区域系数，代入上式得

$$\sigma_H=2.49Z_E\sqrt{\frac{KF_{t1}}{bd_1}\cdot\frac{u\pm1}{u}}$$

为计算方便用转矩 T_1 表示载荷：$F_{t1}=2T_1/d_1$，得齿面接触疲劳强度校核公式

$$\sigma_H=3.52Z_E\sqrt{\frac{KT_1}{bd_1^{\ 2}}\cdot\frac{u\pm1}{u}}\leqslant[\sigma_H] \tag{9-22}$$

引入齿宽系数 $\psi_d=b/d_1$，则得齿面接触疲劳强度的设计公式

$$d_1\geqslant\sqrt[3]{\frac{KT_1}{\psi_d}\cdot\frac{u\pm1}{u}\left(\frac{3.52Z_E}{[\sigma_H]}\right)^2} \tag{9-23}$$

若两齿轮材料都选用钢时，$Z_E=189.8\sqrt{\text{MPa}}$，将其分别代入校核公式（9－22）和设计公式（9－23），可得一对钢齿轮的校核公式

$$\sigma_H=668\sqrt{\frac{KT_1}{bd_1^{\ 2}}\cdot\frac{u\pm1}{u}}\leqslant[\sigma_H] \tag{9-24}$$

设计公式

$$d_1\geqslant76.43\sqrt[3]{\frac{KT_1}{\psi_d[\sigma_H]^2}\cdot\frac{u\pm1}{u}} \tag{9-25}$$

应用上述公式时应注意以下几点：

①两齿轮齿面的接触应力 $\sigma_{H1}=\sigma_{H2}$；②由于两齿轮的材料、热处理方法一般不同，因此许用接触应力 $[\sigma_{H1}]$ 与 $[\sigma_{H2}]$ 也不一定相等，进行强度计算时应选用较小值；③齿轮材料、转矩 T_1、齿宽 b 和齿数比 u 确定后，σ_H 随小齿轮分度圆直径 d_1（或中心距 a）而变化，若 d_1 或 d_2 减小，则 σ_H 增大，齿面接触疲劳强度相应减小，即齿轮的齿面接触疲劳强度取决于 d_1 或 a，而与模数不直接相关。

四、齿根弯曲疲劳强度计算

为了防止轮齿根部的折断，在进行齿轮设计时要计算齿根弯曲疲劳强度。轮齿的疲劳折断主要和齿根弯曲应力的大小有关。为简化计算，假定全部载荷由一对轮齿承受，且载荷作用于齿顶时齿根部分产生的弯曲应力最大。计算时将轮齿看作悬臂梁，危险截面用30°切线来确定，即作与轮齿对称中心线成30°角并与齿根过渡曲线相切的两条直线，连接两切点的截面即为齿根危险截面，如图 9－31 所示。

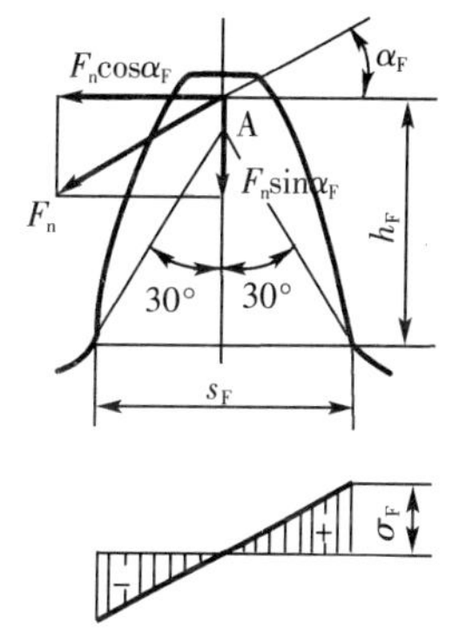

图 9－31 轮齿的弯曲强度

沿啮合线作用于齿顶的法向力 F_n 可分解为互相垂直的两个分力 $F_n\cos\alpha_F$ 和 $F_n\sin\alpha_F$（α_F 为齿顶压力角），前者对齿根产生弯曲应力，后者产生压缩应力。因压应力较小，对抗弯强度计算影响较小，故可忽略不计。

齿根危险截面的弯矩 $M=F_{nc}\cos\alpha_F\cdot h_F$，抗弯截面系数 $W=\frac{bs_F^2}{6}$，弯曲应力为

$$\sigma_F=\frac{M}{W}=\frac{F_{nc}\cos\alpha_F h_F}{\frac{1}{6}bs_F^2}=\frac{6F_{nc}\cos\alpha_F h_F}{bs_F^2}$$

将 $F_{nc}=KF_n=KF_t/\cos\alpha=\frac{2KT_1}{d_1\cos\alpha}$代入上式，得

$$\sigma_F=\frac{2KT_1}{d_1}\cdot\frac{6h_F\cos\alpha_F}{bs_F^2\cos\alpha}=\frac{2KT_1}{bd_1m}\cdot\frac{6\ (h_F/m)\ \cos\alpha_F}{(s_F/m)^2\cos\alpha}$$

为简化计算，令$\frac{6\ (h_F/m)\ \cos\alpha_F}{(s_F/m)^2\cos\alpha}=Y_F$，称为齿形系数，它是考虑齿形对齿根弯曲应力的影响系数。因 h_F 和 s_F 都与 m 成正比，故 Y_F 只与齿形有关，而与模数无关，是一个无因次的系数。齿形系数取决于齿数与变位系数，对于标准齿轮则仅取决于齿数，标准外齿轮的齿形系数值可查表 9-12。

表 9-12　标准外齿轮的齿形系数 Y_F

Z	17	18	19	20	22	25	28	30	35	40	45	50	60	80	100	200
Y_F	2.97	2.91	2.85	2.81	2.75	2.65	2.58	2.54	2.47	2.41	2.37	2.35	2.30	2.25	2.18	2.14

表 9-13　标准外齿轮的应力修正系数 Y_S

Z	17	18	19	20	22	25	28	30	35	40	45	50	60	80	100	200
Y_S	1.53	1.54	1.55	1.56	1.58	1.59	1.61	1.63	1.65	1.67	1.69	1.71	1.73	1.77	1.80	1.88

考虑到齿根圆角处的应力集中以及齿根危险截面上压应力等的影响，引入应力修正系数 Y_S（见表 9-13），计入载荷系数 K（见表 9-10），即可得出轮齿齿根弯曲疲劳强度的校核公式为

$$\sigma_F=\frac{2KT_1}{bd_1m}Y_FY_S=\frac{2KT_1Y_FY_S}{bm^2z_1}\leqslant[\sigma_F]\tag{9-26}$$

式中：T_1——主动轮的转矩，N·mm；

b——轮齿的接触宽度，mm；

m——模数；

z_1——主动轮齿数；

$[\sigma_F]$——轮齿的许用弯曲应力，MPa，可按式(9-17)计算并查有关表格确定。

引入齿宽系数 $\psi_d=b/d_1$（设计时选定），将 $b=\psi_d d_1$ 和 $m=d_1/z_1$，代入上式得出齿根弯曲疲劳强度的设计公式

$$m\geqslant1.26\sqrt[3]{\frac{KT_1}{\psi_d {z_1}^2}\cdot\frac{Y_FY_S}{[\sigma_F]}}\tag{9-27}$$

应注意，通常两个相啮合齿轮的齿数是不相同的，故齿形系数 Y_F 和应力修正系数 Y_S 都不相等，而且齿轮的许用应力也不一定相等，因此必须分别校核两齿轮的齿根弯曲强度。在设计计算时，应将两齿轮的$\frac{Y_FY_S}{[\sigma_F]}$比值进行比较，取其中较大者代入式(9-27)计算。

第十一节 斜齿圆柱齿轮传动

一、斜齿轮齿廓曲面的形成和啮合特点

前面所述渐开线形齿廓是在端平面（垂直于齿轮轴线的面）内的齿廓。实际圆柱齿轮是有一定宽度的，因此齿轮的齿廓沿轴线方向形成一曲面。直齿圆柱齿轮轮齿渐开线曲面的形成如图 9－32a 所示，平面 S 沿基圆柱作纯滚动时，其上与基圆柱母线 AA 平行的直线 KK 在空间走过的轨迹即渐开线曲面，平面 S 称为发生面，形成的曲面即为直齿圆柱齿轮的齿廓曲面。

斜齿圆柱齿轮齿廓曲面的形成如图 9－32b 所示，当平面 S 沿基圆柱作纯滚动时，其上与母线 AA 成一倾斜角 β_b 的斜直线在空间所走过的轨迹为一个渐开线螺旋面，该螺旋面即为斜齿圆柱齿轮的齿廓曲面，β_b 称为基圆柱上的螺旋角。

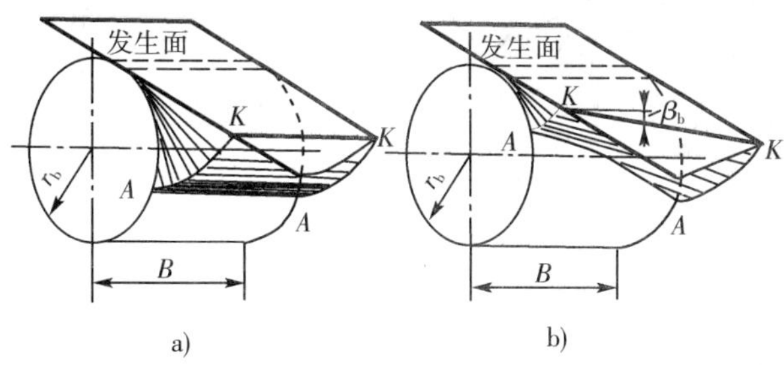

图 9－32 渐开线齿面的形成

直齿圆柱齿轮啮合时，齿面的接触线均平行于齿轮轴线。如图 9－33a，因此齿轮是沿整个齿宽同时进入啮合、同时脱离啮合的，载荷沿齿宽突然加上及卸下。因此直齿轮传动的平稳性较差，在高速和重载的场合，容易产生冲击、振动和噪声。

一对平行轴斜齿圆柱齿轮啮合时，斜齿轮的齿廓是逐渐进入啮合、逐渐脱离啮合的。如图9－33b 所示，斜齿轮的齿廓接触线长度由零逐渐增加，又逐渐缩短，直至脱离接触，载荷也不是突然加上或卸下的，因此斜齿轮传动平稳，连续性好，承载能力高，适用于高速、重载、大功率的场合。

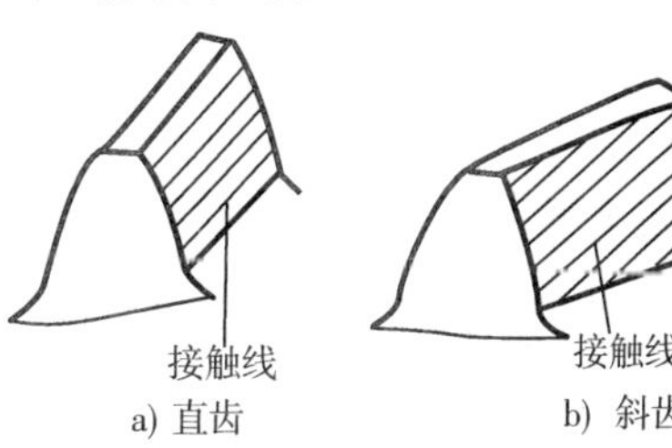

图 9－33 齿轮啮合的接触线

二、斜齿轮的基本参数和几何尺寸计算

1. 基本参数

斜齿轮的轮齿为螺旋形，端面齿廓是渐开线，所以有关齿形的尺寸应在端平面内进行计算。但展成法加工时，斜齿轮的法面齿形与刀具相同，且啮合时的作用力也是在法向平面内，故斜齿轮的法面参数为标准值。

（1）螺旋角

斜齿轮分度圆柱面与齿廓交线为螺旋线，展开成一斜直线，如图 9－34 所示。该直线与轴线的夹角为 β，称为斜齿轮在分度圆柱上的螺旋角，简称斜齿轮的螺旋角。设螺旋线

绕一周时齿轮轴方向前进的距离（导程）为 p_Z，分度圆柱直径为 d，则

$$\tan\beta=\frac{\pi d}{p_Z} \tag{9-28}$$

因为斜齿圆柱齿轮各圆柱上螺旋线的导程相同，所以对于基圆柱同理可得其螺旋角为

$$\tan\beta_b=\frac{\pi d_b}{p_z}$$

联立以上两式得

$$\tan\beta_b=\frac{d_b}{d}\tan\beta=\tan\beta\cos\alpha_t \tag{9-29}$$

斜齿轮按其齿廓渐开螺旋面的旋向，可分为右旋和左旋两种，如图 9－35 所示。

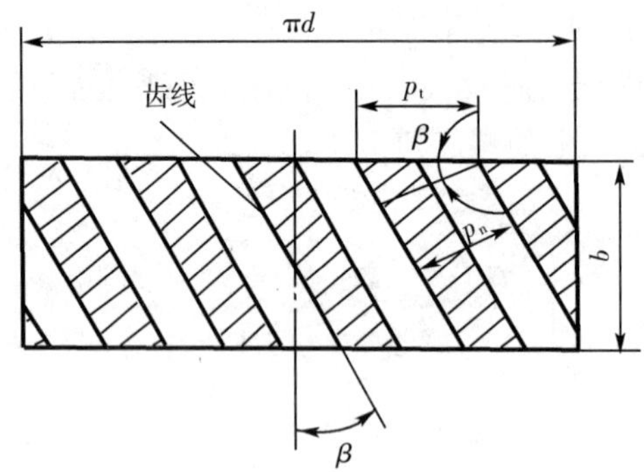

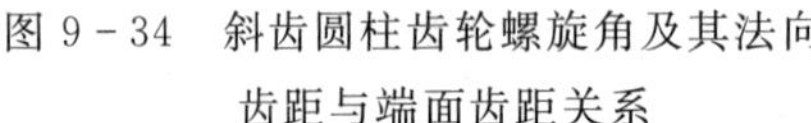
图 9－34　斜齿圆柱齿轮螺旋角及其法向齿距与端面齿距关系

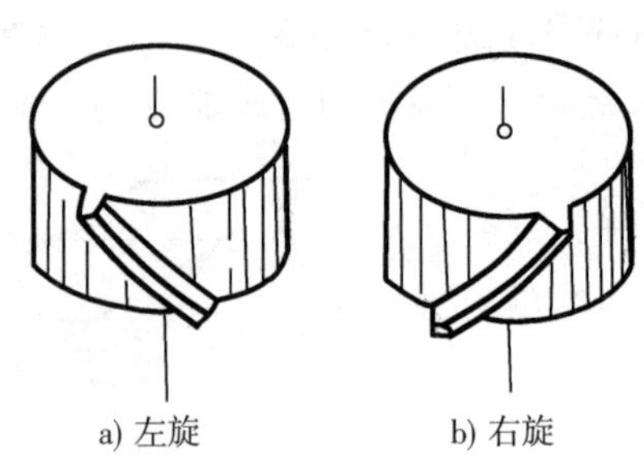

图 9－35　斜齿圆柱齿轮轮齿螺旋线方向

（2）模数

如图 9－34 所示，端面齿距 p_t 与法面齿距 p_n 关系为 $p_n=p_t\cdot\cos\beta$，因为 $p=\pi m$，所以 $\pi m_n=\pi m_t\cdot\cos\beta$，故斜齿轮法面模数与端面模数的关系为

$$m_n=m_t\cdot\cos\beta \tag{9-30}$$

（3）压力角

由于斜齿圆柱齿轮和斜齿条啮合时，它们的法面压力角和端面压力角应分别相等，所以斜齿圆柱齿轮法面压力角 α_n 和端面压力角 α_t 的关系可通过斜齿条得到。如图 9－36 所示的斜齿条中，$\triangle a'b'c'$ 在法面上，$\triangle abc$ 在端面上，$\angle aa'c=90°$，在直角三角形 $\triangle abc$、$\triangle a'b'c$ 中可得

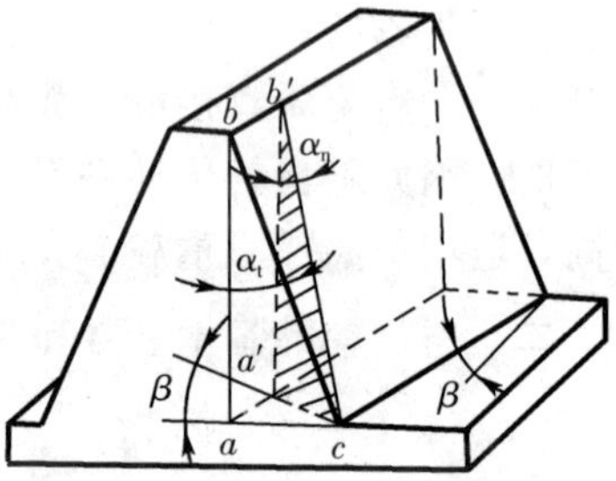

图 9－36　斜齿轮的压力角

$$\tan\alpha_t=\frac{ac}{ab},\qquad \tan\alpha_n=\frac{a'c}{a'b'}$$

而 $a'c=ac\cdot\cos\beta$，同时 $ab=a'b'$，因此

$$\tan\alpha_n=\frac{a'c}{a'b'}=\frac{ac\cdot\cos\beta}{ab}$$

即

$$\tan\alpha_n=\tan\alpha_t\cdot\cos\beta \tag{9-31}$$

(4) 齿顶高系数及顶隙系数

斜齿轮的齿顶高和齿根高在端面和法面是相等的，即

$$h_{an}^* \cdot m_n = h_{at}^* \cdot m_t; \qquad c_n^* \cdot m_n = c_t^* \cdot m_t$$

将式 (9-30) 代入以上两式即得

$$h_{at}^* = h_{an}^* \cos\beta, \quad c_t^* = c_n^* \cos\beta \tag{9-32}$$

标准斜齿轮的法向参数为标准值，即 $h_{an}^* = 1$，$c_n^* = 0.25$。

2. 斜齿轮的几何尺寸计算

斜齿轮的啮合在端面上相当于一对直齿轮的啮合，因此将斜齿轮的端面参数代入直齿轮的计算公式，就可得到斜齿轮的相应尺寸，见表 9-14。

表 9-14 外啮合标准斜齿圆柱齿轮传动的几何尺寸计算公式

名　称	符　号	计算公式
分度圆直径	d	$d = m_t z = (m_n / \cos\beta)\ z$
齿顶高	h_a	$h_a = h_{an}^* m = m_n$
齿根高	h_f	$h_f = 1.25 m_n$
全齿高	h	$h = h_a + h_f = 2.25 m_n$
齿顶圆直径	d_a	$d_a = d + 2h_a$
齿根圆直径	d_f	$d_f = d - 2h_f$
标准中心距	a	$a = \frac{1}{2}(d_1 + d_2) = \frac{1}{2} m_t (z_1 + z_2) = \frac{m_n}{2\cos\beta}(z_1 + z_2)$

斜齿轮传动的中心距与螺旋角 β 有关。当一对斜齿轮的模数、齿数一定时，可以通过改变其螺旋角 β ($\beta = 8° \sim 15°$) 的大小来调整中心距，而无须变位。

三、平行轴斜齿轮传动的正确啮合条件和重合度

1. 正确啮合条件

斜齿轮在端面内的啮合相当于直齿轮的啮合，平行轴外啮合标准斜齿轮正确啮合的条件为：①法向模数相等，$m_{n1} = m_{n2}$；②法面压力角相等，$\alpha_{n1} = \alpha_{n2}$；③螺旋角大小相等、方向相反，$\beta_1 = -\beta_2$ (内啮合时，旋向相同)。

2. 标准斜齿轮传动的重合度 ε

为了便于分析与计算重合度，我们用端面尺寸相同的直齿轮与斜齿轮进行比较。

如图 9-37 所示，上面为直齿轮，下面为斜齿轮。图中 B_2B_2 和 B_1B_1 分别表示在啮合平面内，同一对轮齿开始啮合到退出啮合时的位置。B_2B_2 与 B_1B_1 直线之间区域是轮齿的啮合区。

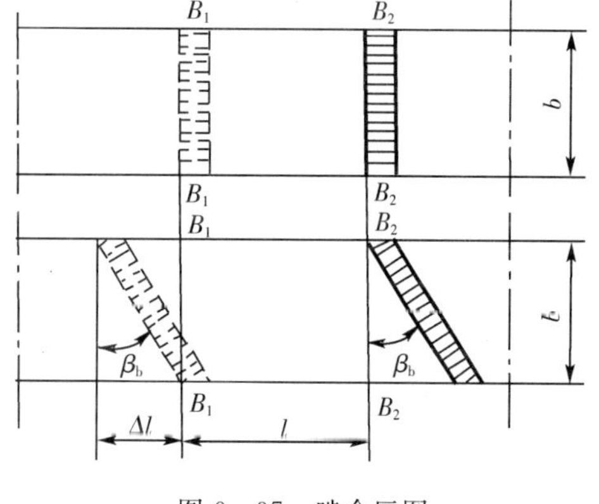

图 9-37 啮合区图

对于斜齿轮来说，由于不是沿整个齿宽同时进入啮合，而是先从轮齿的一端进入啮

合，随着齿轮转动而逐渐沿整个齿宽接触。到 B_1B_2 处退出啮合时也是由轮齿的一端先行退出啮合，直到该轮齿转到图中虚线终了位置时，整个轮齿才全部退出啮合。因此，斜齿轮啮合区比直齿轮啮合区大 Δl。斜齿轮的重合度为

$$\varepsilon=\frac{l}{p_b}+\frac{\Delta l}{p_b}=\varepsilon_t+\frac{b\tan\beta_b}{p_b} \tag{9-33}$$

式中：ε_t——端面重合度（它等于相应直齿轮的重合度）。

由上式可知，斜齿轮的重合度随齿宽 b 和螺旋角 β_b 的增大而增大，故斜齿轮重合度比直齿轮大得多，这就是斜齿轮传动平稳、承载能力高的主要原因。

四、斜齿轮的当量齿数

如图 9-38 所示，过斜齿轮齿线上任一点 C，作法平面 nn，与分度圆柱交线为一椭圆。椭圆上 C 点附近的齿廓，可视为斜齿圆柱齿轮的法向(面)齿廓。以椭圆在 C 点的曲率半径 ρ 为分度圆半径，斜齿轮的法面模数 m_n 为模数，压力角为 α_n 的直齿圆柱齿轮，其齿廓与斜齿轮的法向齿廓近似相同。该直齿圆柱齿轮称为所述斜齿轮的当量齿轮，其齿数称为斜齿轮的当量齿数，用 z_v 表示。

图 9-38 斜齿圆柱齿轮的当量齿数

由高等数学和图中几何关系可得

椭圆长半轴 $a=d/(2\cos\beta)$

椭圆短半轴 $b=r=d/2$

曲率半径为 $\rho=\dfrac{a^2}{b}=\left(\dfrac{r}{\cos\beta}\right)^2\cdot\dfrac{1}{r}=\dfrac{d}{2\cos^2\beta}$

当量齿轮的齿数

$$z_v=\frac{2\pi\rho}{\pi m_n}=\frac{2r}{m_n\cos^2\beta}=\frac{2}{m_n\cos^2\beta}\left(\frac{m_t z}{2}\right)$$

$$=\frac{z}{m_n\cos^2\beta}\left(\frac{m_n}{\cos\beta}\right)=\frac{z}{\cos^3\beta} \tag{9-34}$$

式中：z——斜齿圆柱齿轮的实际齿数。

进行强度计算和选择加工刀具时，需按当量齿轮的齿数和齿形为准，标准斜齿轮不发生根切的最少齿数为

$$z_{min}=z_{vmin}\cos^3\beta=17\cos^3\beta \tag{9-35}$$

由此可见，斜齿轮的最少齿数比直齿轮要少，因而斜齿轮机构更加紧凑。

五、斜齿圆柱齿轮的强度计算

1. 轮齿的受力分析

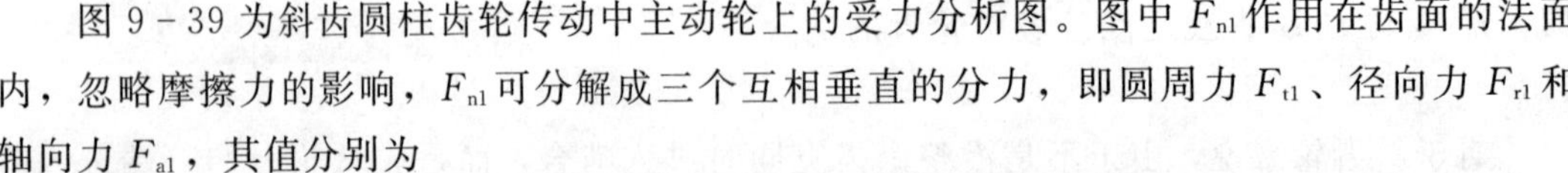

图 9-39 为斜齿圆柱齿轮传动中主动轮上的受力分析图。图中 F_{n1} 作用在齿面的法面内，忽略摩擦力的影响，F_{n1} 可分解成三个互相垂直的分力，即圆周力 F_{t1}、径向力 F_{r1} 和轴向力 F_{a1}，其值分别为

圆周力 $F_{t1}=2T_1/d_1$

径向力 $F_{r1}=F_{t1}\tan\alpha_n/\cos\beta$ (9-36)

轴向力 $F_{a1}=F_{t1}\tan\beta$

式中：T_1——主动轮传递的转矩，N·mm；

d_1——主动轮分度圆直径，mm；

β——分度圆上的螺旋角；

α_n——法面压力角。

圆周力和径向力的方向判别与直齿轮相同。轴向力的方向根据左右手螺旋定则判定，即根据主动轮轮齿的齿向伸左手或右手（左旋伸左手，右旋伸右手），握住轴线，四指代表主动轮的转向，大拇指所指即为主动轮所受的轴向力 F_{a1} 的方向。作用于从动轮上的力可根据作用与反作用力之间的关系来判定。

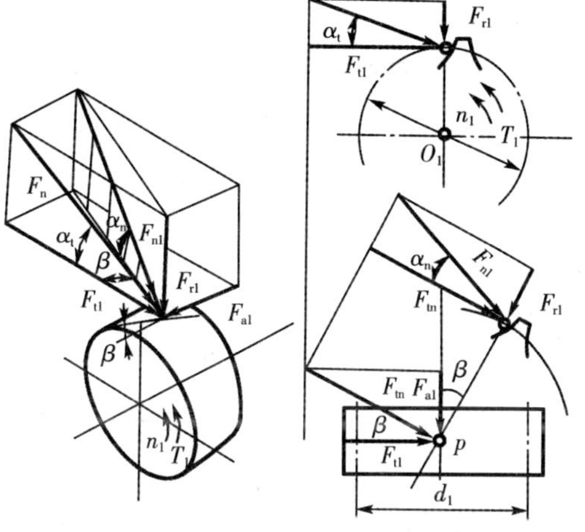

图 9-39 斜齿圆柱齿轮的受力分析

2. 斜齿圆柱齿轮的强度计算

斜齿圆柱齿轮传动的强度计算方法与直齿圆柱齿轮相似，但由于斜齿轮啮合时齿面接触线的倾斜以及传动重合度的增大等因素的影响，使斜齿轮的接触应力和弯曲应力降低。其强度计算公式可表示为：

（1）齿面接触疲劳强度计算

校核公式为

$$\sigma_H=3.17Z_E\sqrt{\frac{KT_1}{bd_1{}^2}\cdot\frac{u\pm1}{u}}\leqslant[\sigma_H] \tag{9-37}$$

设计公式为

$$d_1\geqslant\sqrt[3]{\frac{KT_1}{\psi_d}\cdot\frac{u\pm1}{u}\left(\frac{3.17z_E}{[\sigma_H]}\right)^2} \tag{9-38}$$

校核公式中根号前的系数比直齿轮计算公式中的系数小，所以在受力条件等相同的情况下求得的 σ_H 值也随之减小，即接触应力减小。这说明斜齿轮传动的接触强度比直齿轮传动的高。

（2）齿根弯曲疲劳强度计算

校核公式为

$$\sigma_F=\frac{1.6KT_1}{bd_1m_n}Y_FY_S=\frac{1.6KT_1\cos\beta}{bm_n^2z_1}Y_FY_S\leqslant[\sigma_F] \tag{9-39}$$

设计公式为

$$m_n\geqslant1.17\sqrt[3]{\frac{KT_1\cos^2\beta}{\psi_dz_1{}^2}\cdot\frac{Y_FY_S}{[\sigma_F]}} \tag{9-40}$$

设计时应将 $Y_{F1}Y_{S1}/[\sigma_F]_1$ 和 $Y_{F2}Y_{S2}/[\sigma_F]_2$ 两比值中的较大值代入上式，并将计算所得的法面模数按标准模数圆整。Y_F、Y_S 应按斜齿轮的当量齿数查取。

有关直齿轮传动的设计方法和参数选择原则对斜齿轮传动基本上都是适用的。

第十二节 直齿圆锥齿轮传动

一、圆锥齿轮传动的特点和类型

圆锥齿轮传动主要用于相交轴和交错轴传动。按齿线形状分为直齿、斜齿和曲线齿锥齿轮。前者易于制造，实用于低速、轻载的场合，后者传递平稳，承载能力强，用于高速、重载场合，但设计和制造较复杂。本节只讨论应用较广的直齿圆锥齿轮传动。直齿圆锥齿轮的齿线是分度圆锥面的直母线，用于相交轴齿轮传动，两轴的交角可以任意确定，常用的为$\sum=90°$，如图 9-40 所示。其几何特点：齿顶圆锥、分度圆锥面和齿根圆锥面相交于一点，轮齿分布在圆锥面上，从大端逐渐向锥顶缩小。

二、直齿圆锥齿轮的基本参数和几何尺寸计算

图 9-41a 所示为不等顶隙收缩齿圆锥齿轮，其节圆锥与分度圆锥重合，轴交角$\sum=90°$。图 9-41b 所示为等顶隙收缩齿锥齿轮。标准直齿锥齿轮各部分名称及几何尺寸计算公式见表 9-15。由于大端轮齿尺寸大，计算和测量误差小，且便于确定齿轮外形尺寸，规定大端参数采用标准值。

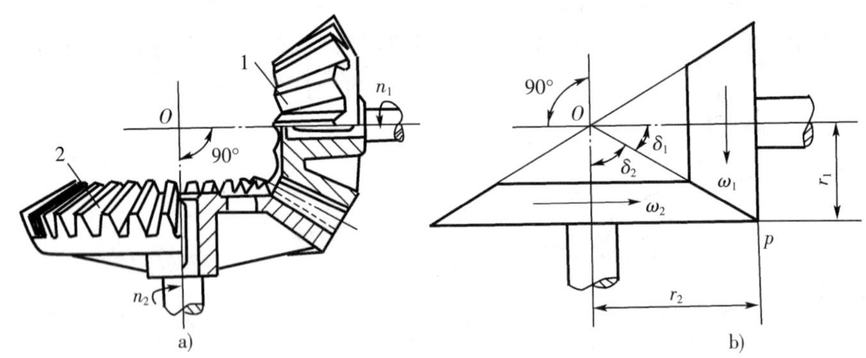

图 9-40 直齿锥齿轮传动

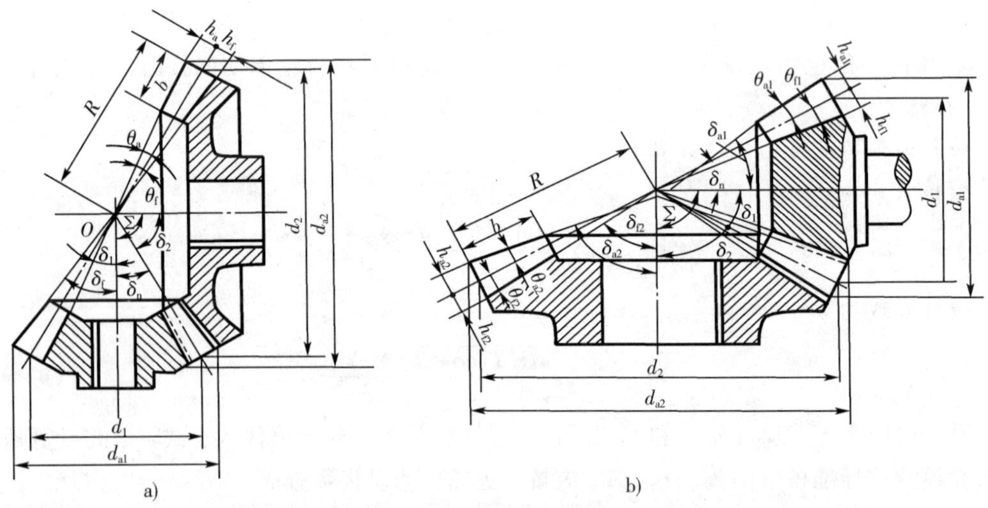

图 9-41 锥齿轮几何尺寸

表 9-15 标准直齿圆锥齿轮传动的主要几何尺寸计算公式（$\sum=90°$）

名 称	符 号	计算公式
分度圆锥角	δ	$\delta_1=\operatorname{arccot} z_2/z_1$ $\delta_2=90°-\delta_1$
分度圆直径	d	$d=mz$
当量齿数	z_v	$z_{v1}=z_1/\cos\delta_1$， $z_{v2}=z_2/\cos\delta_2$
齿顶高	h_a	$h_{a1}=h_{a2}=h_a{}^* m$
齿根高	h_f	$h_{f1}=h_{f2}=(h_a{}^*+c^*)m$
齿顶圆直径	d_a	$d_f=d+2h_a\cos\delta$
齿根圆直径	d_f	$d_f=d-2h_f\cos\delta$
锥距	R	$R=\dfrac{d_1}{2\sin\delta_1}=\dfrac{1}{2}\sqrt{d_1{}^2+d_2{}^2}=\dfrac{m}{2}\sqrt{z_1{}^2+z_2{}^2}$
齿宽和齿宽系数	b，ψ_R	$\psi_R=\dfrac{b}{R}\leqslant\dfrac{1}{3}$，$b$ 为齿宽，$\psi_R=0.25\sim0.3$
齿顶角	θ_a	不等顶隙收缩齿 $\theta_{a1}=\theta_{a2}=\arctan\dfrac{h_a}{R}$ 等顶隙收缩齿 $\theta_{a1}=\theta_{f2}$， $\theta_{a2}=\theta_{f1}$
齿根角	θ_f	$\theta_{f1}=\theta_{f2}=\arctan\dfrac{h_f}{R}$
齿顶圆锥角	δ_a	$\delta_{a1}=\delta_1+\theta_{a1}$， $\delta_{a2}=\delta_2+\theta_{a2}$
齿根圆锥角	δ_f	$\delta_{f1}=\delta_1-\delta_{f1}$， $\delta_{f2}=\delta_2-\delta_{f2}$

三、圆锥齿轮齿廓的形成、背锥和当量齿数

圆柱齿轮的齿廓曲面是发生面在基圆柱上作纯滚动时形成的；圆锥齿轮的齿廓则是发生面在基圆锥上作纯滚动时形成的，如图 9-42 所示。因此发生面上 K 点产生的渐开线称为球面渐开线。

由于球面不能展成平面，给设计和制造带来很多困难，因此需将球面渐开线用一个与它非常接近的圆锥面上的渐开线来代替，如图 9-43a 中的圆锥 $O'AB$。此圆锥与圆锥齿轮大端处的分度圆相切，且其母线 $O'A$ 与圆锥齿轮分度圆锥的母线 OA 相垂直。圆锥 $O'AB$ 称为圆锥齿轮在大端处的背锥。将图 9-43b 的两锥齿轮的背锥展开成两个扇形齿轮，这两个扇形齿轮的齿廓分别为两背锥的齿廓，它们的分度圆半径分别为背锥的锥距 r_{v1}、r_{v2}，其模数与压力角也都分别等于两锥齿轮大端的模数与压力角，齿数为锥齿轮的实际齿数。将扇形齿轮补足成完整的齿轮，该齿轮就称为圆锥齿轮的当量齿轮，见图 9-43b，当量齿轮的齿数称为当量齿数，用 z_v 表示。

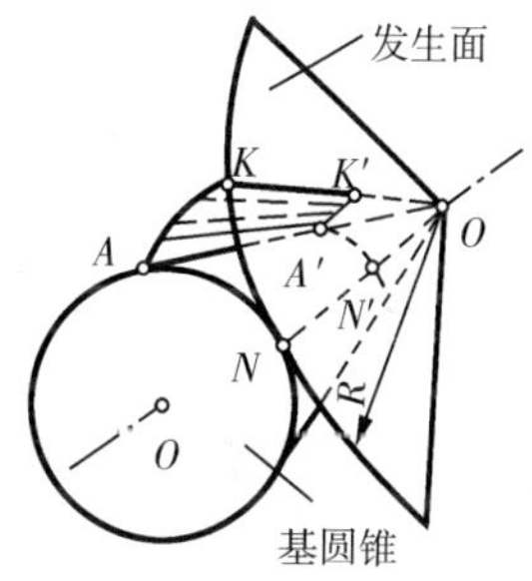

图 9-42 直齿圆锥齿轮齿廓的形成

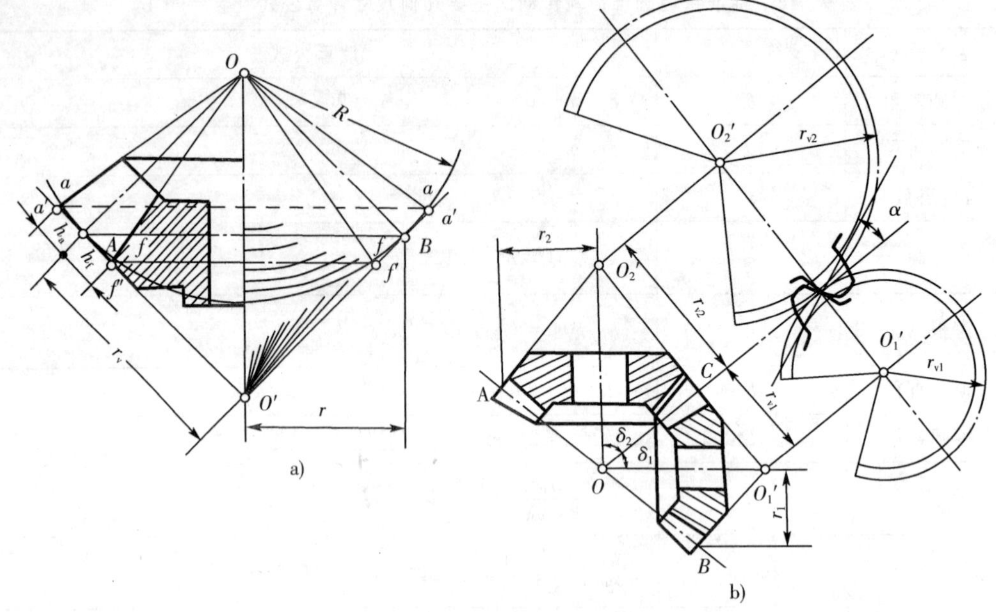

图 9-43　背锥和当量齿数

由图 9-43 可知

$$r_{v1}=r_1/\cos\delta_1=mz_1/2\cos\delta_1$$

而
$$r_{v1}=mz_{v1}/2$$

故
$$z_{v1}=z_1/\cos\delta_1,\qquad z_{v2}=z_2/\cos\delta_2 \tag{9-41}$$

由上式可知：$z_{v1}>z_1$、$z_{v2}>z_2$

用成形铣刀加工直齿圆锥齿轮，无论是选择模数和铣刀的刀号，还是确定弯曲强度计算中的齿形系数和直齿圆锥齿轮不根切的最少齿数，都是以当量齿数为依据的。

标准直齿圆柱齿轮不根切的最少齿数 $z_{min}=17$，故圆锥齿轮不发生根切的最少齿数为

$$z_{min}=z_{vmin}\cos\delta=17\cos\delta \tag{9-42}$$

四、直齿圆锥齿轮传动的啮合条件

由于直齿圆锥齿轮的齿厚和齿高，从大端到小端逐渐缩小，为使直齿圆锥齿轮在计算和测量时有较高的精度，通常都把直齿圆锥齿轮中齿形较大处的大端模数取为标准模数，大端分度圆处的压力角取为标准压力角。

一对直齿圆锥齿轮传动的正确啮合条件可从当量直齿圆柱齿轮的正确啮合条件得到，即两轮大端模数和大端分度圆的压力角分别相等

$$m_1=m_2=m,\qquad \alpha_1=\alpha_2=\alpha \tag{9-43}$$

五、直齿圆锥齿轮的强度计算

1. 受力分析

图 9-44 所示为圆锥齿轮传动主动轮上的受力情况。将主动轮上的法向力简化为集中

载荷 F_n，且 F_n作用在位于齿宽 b 中间位置的节点 P 上，即作用在分度圆锥的平均直径 d_{m1}处。当齿轮上作用的转矩 T_1时，若忽略接触面上摩擦力的影响，法向力 F_n可分解成三个互相垂直的分力，即圆周力 F_{t1}、径向力 F_{r1}以及轴向力 F_{a1}，计算公式分别为：

$$\left.\begin{aligned}&\text{圆周力}\quad F_{t1}=2T_1/d_{m1}\\&\text{径向力}\quad F_{r1}=F'\cdot\cos\delta=F_{t1}\tan\alpha\cdot\cos\delta\\&\text{轴向力}\quad F_{t1}=F'\cdot\sin\delta=F_{t1}\tan\alpha\cdot\sin\delta\end{aligned}\right\}\qquad(9-44)$$

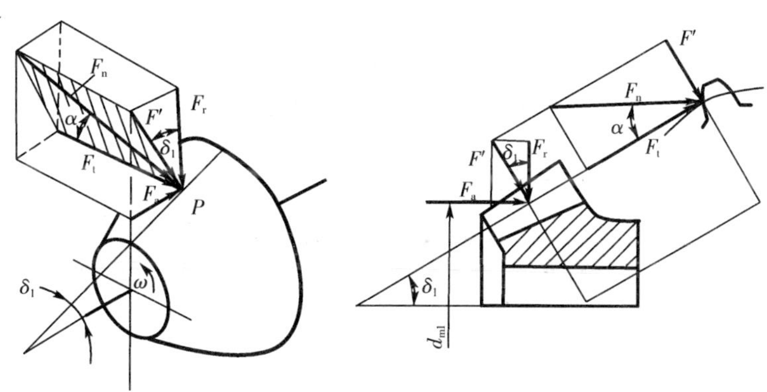

图 9-44 圆锥齿轮的受力分析

d_{m1}可根据几何尺寸关系由分度圆直径 d_1、锥距 R 和齿宽 b 来确定，即

$$\frac{R-0.5b}{R}=\frac{0.5d_{m1}}{0.5d_1}$$

则

$$d_{m1}=\frac{R-0.5b}{R}d_1=(1-0.5\psi_R)\ d_1 \qquad (9-45)$$

圆周力和径向力方向的确定方法与直齿轮相同，两齿轮的轴向力方向都是沿着各自的轴线方向并指向轮齿的大端。大齿轮的受力可根据作用力与反作用力之间的关系来确定：$F_{t1}=-F_{t2}$，$F_{r1}=-F_{a2}$，$F_{a1}=-F_{r2}$，负号表示二力的方向相反。

2. 强度计算

计算直齿圆锥齿轮的强度时，可按齿宽中点处一对当量直齿圆柱齿轮的传动作近似计算。

当两轴交角 $\Sigma=90°$时，齿面接触疲劳强度的校核公式为

$$\sigma_H=\frac{4.98Z_E}{1-0.5\psi_R}\sqrt{\frac{KT_1}{\psi_R d_1^{\,3}\mu}}\leqslant[\sigma_H] \qquad (9-46)$$

设计公式为

$$d_1\geqslant\sqrt[3]{\frac{KT_1}{\psi_R u}\left(\frac{4.98Z_E}{(1-0.5\psi_R)\ [\sigma_H]}\right)^2} \qquad (9-47)$$

式中：ψ_R 为齿宽系数，$\psi_R=b/R$，一般 $\psi_R=0.25\sim0.3$。其余各项符号的意义与直齿轮相同。

齿根弯曲疲劳强度计算的校核公式为

$$\sigma_F=\frac{4KT_1Y_FY_S}{\psi_R(1-0.5\psi_R)^2z_1{}^2m^3\sqrt{u^2+1}}\leqslant[\sigma_F] \qquad (9-48)$$

设计公式为

$$m\geqslant\sqrt[3]{\frac{4KT_1Y_EY_S}{\psi_R(1-0.5\psi_R)^2z_1{}^2[\sigma_F]\sqrt{u^2+1}}} \qquad (9-49)$$

计算得到的模数 m 应按表 9－16 进行圆整。

表 9－16　锥齿轮模数

0.1	0.35	0.9	1.75	3.25	5.5	10	20	36
0.12	0.4	1	2	3.5	6	11	22	40
0.15	0.5	1.125	2.25	3.75	6.5	12	25	45
0.2	0.6	1.25	2.5	4	7	14	28	50
0.25	0.7	1.375	2.75	4.5	8	16	30	
0.3	0.8	1.5	3	5	9	18	32	

第十三节　齿轮的结构设计及齿轮传动的润滑和效率

一、齿轮的结构设计

齿轮的结构设计主要包括选择合理的结构型式，依据经验公式确定齿轮的轮毂、轮辐、轮缘等各部分的尺寸及绘制齿轮的零件工作图等。

常用的齿轮结构型式有以下几种：

1. 齿轮轴

当圆柱齿轮的齿根圆至键槽底部的距离 $e<(2\sim2.5)m_n$，或当圆锥齿轮小端的齿根圆至键槽底部的距离 $e<(1.6\sim2)m$ 时，应将齿轮与轴制成一体，称为齿轮轴，如图 9－45 所示。

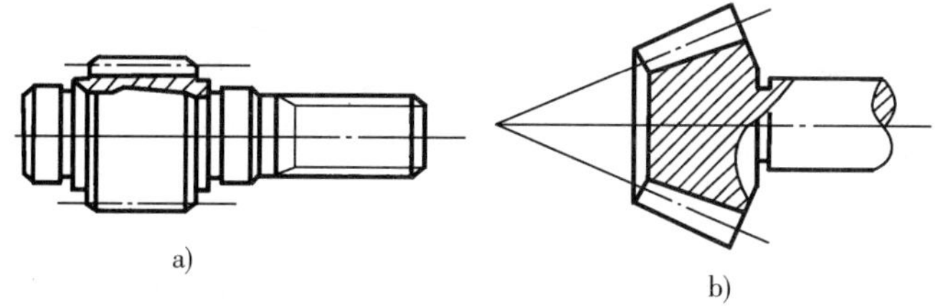

图 9-45 齿轮轴

2. 实体式齿轮

当齿轮齿根圆与键槽底部距离 $e>2m$，且齿轮的齿顶圆直径 $d_a\leqslant 200\text{mm}$ 时，可以采用实体式结构，如图 9-46 所示。这种结构型式的齿轮常用锻钢制造。

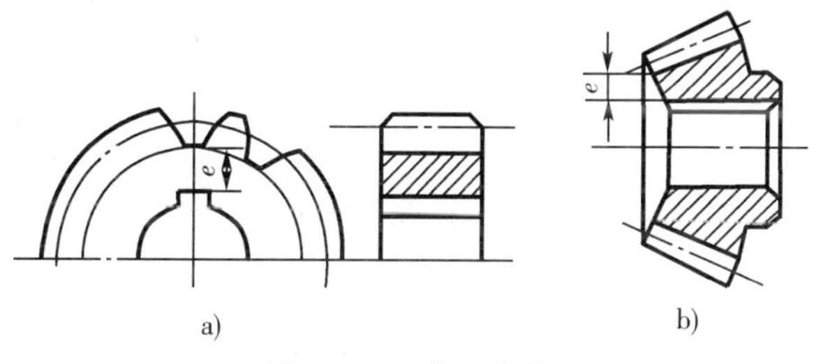

图 9-46 实心齿轮

3. 腹板式齿轮

当齿轮的齿顶圆直径 $d_a=200\sim 500\text{mm}$ 时，为减轻重量，常采用腹板式结构，如图 9-47 所示。这种结构的齿轮一般多用锻钢制造，其各部分尺寸由图中经验公式确定。

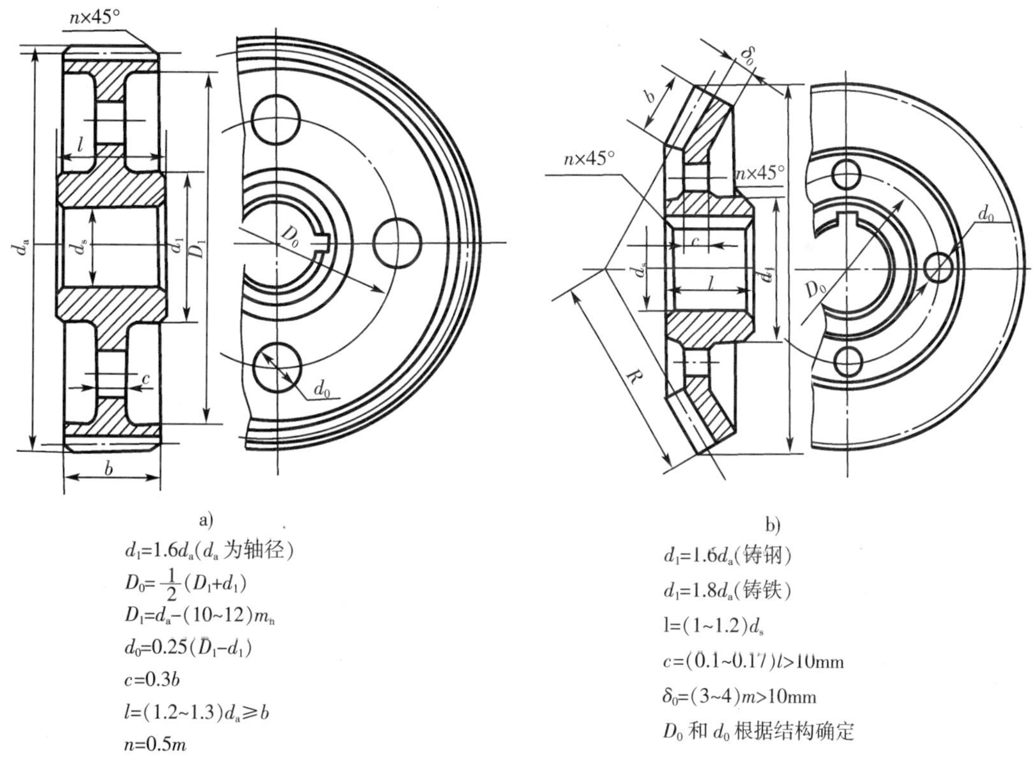

图 9-47 腹板式圆柱、锥齿轮

4. 轮辐式齿轮

当齿轮的齿顶圆直径 $d_a>500$mm 时，可采用轮辐式结构，如图 9－48 所示。这种结构的齿轮常采用铸钢或铸铁制造，其各部分尺寸按图中经验公式确定。

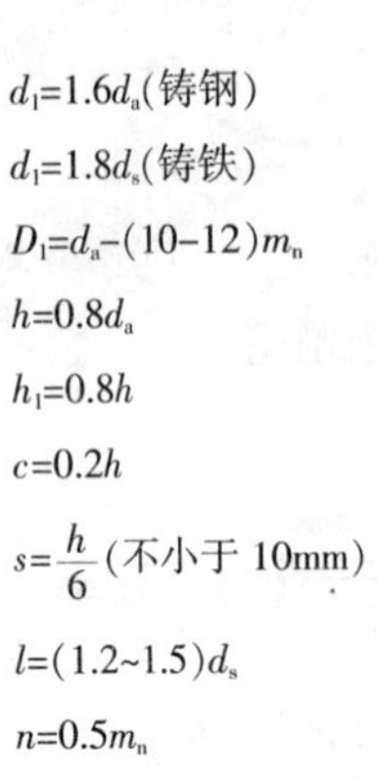

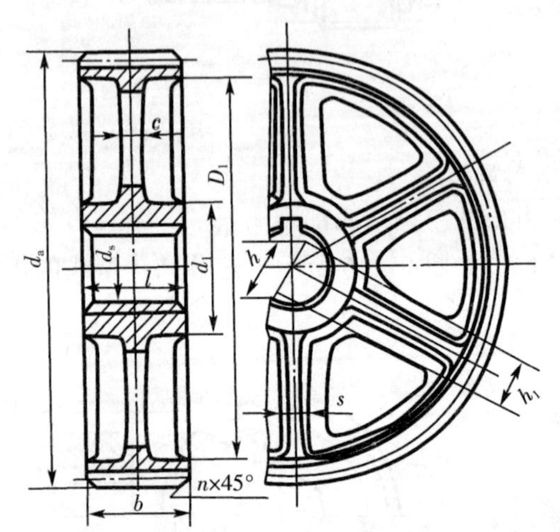

图 9－48　铸造轮辐式圆柱齿轮

二、齿轮传动的润滑

润滑对于齿轮传动十分重要。润滑不仅可以减少啮合齿面间的滑动摩擦，减轻磨损，提高传动效率，还可以起到防锈、散热、降低噪声、延长齿轮的使用寿命等作用。

1. 润滑方式

开式齿轮传动，通常采用人工定期润滑的方式。

闭式齿轮传动的润滑方式有浸油润滑和喷油润滑两种，主要取决于齿轮的圆周速度。当圆周速度 $v<12$m/s 时，广泛采用浸油润滑，自然冷却，如图 9－49a。为减小搅油损失和油温升高，浸油深度以 1～2 个齿高为易。速度高时取浅些，一般不小于 10mm。圆锥齿轮传动，浸油深度应达轮齿的整个宽度。多级齿轮传动，对未浸入油池的齿轮，可采用带油轮(如图 9－49b)。

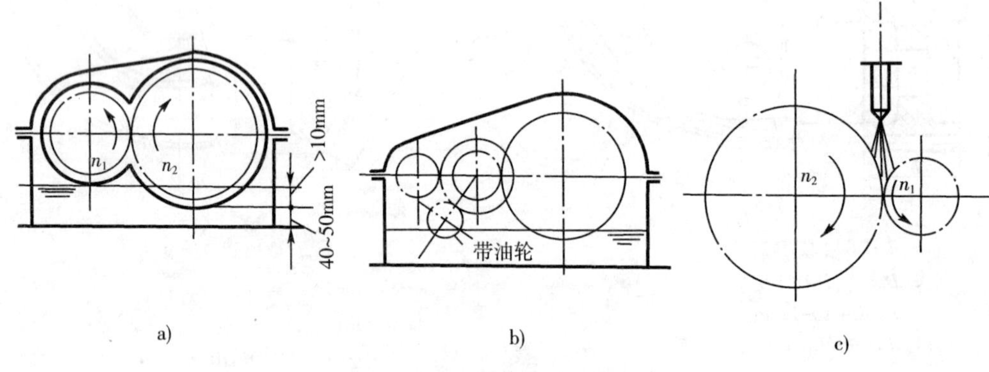

图 9－49　齿轮传动的润滑方式

圆周速度 $v>12$m/s 时，不宜采用浸油润滑，因为齿轮带上的油会因离心力被甩出而到不了啮合处，同时搅油会使温升加剧，加速润滑油的老化，搅起箱底沉淀物加速齿轮和

轴承的磨损。此时，最好采用喷油润滑（图 9－49c），润滑油经油管喷嘴喷入齿轮啮合区，能有效降低啮合区温度，提高抗点蚀能力。

2. 润滑剂的选择

低速时选择润滑脂，速度较高时选择油润滑。选择润滑油时，先根据齿轮的工作条件以及圆周速度由表 9－17 查得运动粘度值，再根据选定的粘度确定润滑油的牌号。

必须经常检查齿轮传动润滑系统的状况（如润滑油的油面高度等）。油面过低则润滑不良，油面过高会增加搅油功率的损失。对于压力喷油润滑系统还需检查油压状况，油压过低会造成供油不足，油压过高则可能是因为油路不畅通所致，需及时调整油压。

三、齿轮传动的效率

齿轮传动的功率损失主要包括啮合中的摩擦损失、轴承中的摩擦损失和搅动润滑油的功率损失。进行有关齿轮的计算时通常使用的是齿轮传动的平均效率。

当齿轮轴上装有滚动轴承，并在满载状态下运转时，传动的平均总效率 η 列于表 9－18 中，供设计传动系统时参考。

表 9－17　齿轮传动润滑油运动粘度推荐值 ν　　mm^2/s

齿轮材料	强度极限 σ_B (MPa)	圆周速度 v/（m/s）						
		<0.5	0.5～1	1～2.5	2.5～5	5～12.5	12.5～25	>25
铸铁、青铜	—	180（23）	120（15）	85	60	45	34	—
钢	450～1 000	270（34）	180（23）	120（15）	85	60	45	34
钢	1 000～1250	270（34）	270（34）	180（23）	120（15）	85	60	45
钢	1 250～1 600	450（53）	270（34）	270（34）	180（23）	120（15）	85	60
渗碳或表面淬火钢		450（53）	270（34）	270（34）	180（23）	120（15）	85	60

注：多级齿轮传动按各级粘度的平均值选取；括号内为 $\nu_{100°C}$，括号外为 $\nu_{50°C}$

表 9－18　装有滚动轴承的齿轮传动的平均效率

传动型式	圆柱齿轮传动	圆锥齿轮传动
6 级或 7 级精度的闭式传动	0.98	0.97
8 级精度的闭式传动	0.97	0.96
开式传动	0.95	0.94

第十四节　标准齿轮传动的设计计算

一、主要参数的选择

1. 齿数 z_1

中心距 a 不变的情况下，齿轮齿数 z_1 多，则重合系数 ε 增大，传动平稳性好。在分度圆直径不变的情况下，齿数增加使模数 m 降低，齿高 h 减小，使切齿的加工量减小，生产率提高。但同时齿厚 s 也减小，会导致弯曲强度降低。设计时，应在保证弯曲强度的前提下，取较多的齿数。

对闭式软齿面齿轮，以点蚀为主，弯曲强度总是富裕，故 z_1 可取多一些（20～40），以增加传动平稳性，减小冲击。

闭式硬齿面齿轮，齿根弯曲疲劳折断是主要失效形式，所以，z_1 宜取少些，以增加模数 m，一般 $z_1=17\sim20$，但 $z_1\geqslant17$。

2. 模数

模数影响轮齿的大小，影响齿轮的弯曲强度。设计时应在保证弯曲强度的前提下取较小的模数。当传递动力时，$m\geqslant1.5\sim2\text{mm}$。

3. 齿宽和齿宽系数

齿宽系数 $\psi_d=b/d_1$，当分度圆直径一定时，ψ_d 增大可增大齿宽，提高承载能力。但容易引起载荷分布不均匀，反而降低传动能力。因此设计时要合理选择。一般取 $\psi_d=0.2\sim1.4$，如表 9－19 所列。

在一般精度齿轮传动中，为补偿加工和装配的误差，设计时应使小齿轮比大齿轮宽一些，小齿轮齿宽取为 $b_1=b_2+$（5～10）mm，所以齿宽系数实际上为 $\psi_d=b_2/d_1$。齿宽 b_1、b_2 都应圆整为整数，最好个位数为 0 或 5。

表 9－19　齿宽系数 ψ_d

齿轮相对轴承的位置	齿面硬度	
	软齿面	硬齿面
对称布置	0.8～1.4	0.4～0.9
不对称布置	0.6～1.2	0.3～0.6
悬臂布置	0.3～0.4	0.2～0.25

注：（1）直齿圆柱齿轮取较小值，斜齿取较大值（人字齿可取 2）；
（2）载荷平稳、轴刚性大时取较大值，反之取小值。

4. 螺旋角

螺旋角 β 太小则斜齿轮的传动优势不显著，若 β 太大则相应的轴向力增大，从而增加了轴承的结构尺寸，传动效率下降，故一般 $\beta=8^\circ\sim15^\circ$。高速、大功率的传动场合，$\beta$ 取大值，低速、小功率的场合 β 取小值。β 的计算值应精确到（″）。

二、设计计算的步骤

（1）根据题目提供的工况等条件，确定传动形式，选定合适的齿轮材料和热处理方法，查表确定相应的许用应力。

（2）根据设计准则，设计计算模数 m 或分度圆直径 d_1。

（3）选择齿轮的主要参数。

（4）主要几何尺寸计算。

（5）根据设计准则校核接触强度或弯曲强度。

（6）校核齿轮的圆周速度，选择齿轮传动的精度和润滑方式等。

（7）绘制齿轮零件工作图。

【例 9-3】　试设计一级减速器中的直齿圆柱齿轮传动。该减速器传递功率 $P=10$kw，小齿轮转速 $n_1=955$r/min，传动比 $i=4$。减速器用电动机驱动，载荷平稳，单向运转。使用寿命为 10 年，单班制工作。

【解】　（1）选择齿轮材料及确定极限应力

由于该减速器无特殊要求，为制造方便，采用软齿面。根据表 9-6，小齿轮采用 45 钢调质，硬度为 220HBS～250HBS；大齿轮采用 45 钢正火，硬度为 170HBS～200HBS。

由图 9-25 查得

$$\sigma_{Hlim1}=560\text{MPa},\qquad \sigma_{Hlim2}=530\ \text{MPa}$$

由图 9-26 查得

$$\sigma_{Flim1}=210\ \text{MPa},\qquad \sigma_{Flim2}=190\ \text{MPa}$$

（2）按齿面接触强度设计计算

① 转矩

$$T_1=\frac{9.55\times10^6 P}{n_1}=\frac{9.55\times10^6\times10}{955}=1.0\times10^5\ \text{N}\cdot\text{mm}$$

② 载荷系数　　查表 9-10 取 $K=1.1$。

③ 齿数 z_1 和齿宽系数 ψ_d

小齿轮齿数 z_1 取为 25，则大齿轮齿数 $z_2=z_1 i=25\times4=100$。因单级齿轮传动为对称布置，而齿轮齿面又为软齿面，查表 9—19 取 $\psi_d=1$。

④ 许用接触应力

工作循环次数

$$N_1=60n_1 jL_h=60\times955\times1\times(10\times52\times40)\approx1.21\times10^9$$

$$N_2=60n_2 jL_h=N_1/i\approx3.03\times10^8$$

查图 9-27 取寿命系数 $Z_{N1}=1$，$Z_{N2}=1.06$。

由表 9-7 查得 $S_H=1$。

由式（9-16）和式（9-17）得

$$[\sigma_H]_1=\frac{Z_{N1}\cdot\sigma_{Hlim1}}{S_H}=560\ \text{MPa}$$

$$[\sigma_H]_2=\frac{Z_{N2}\cdot\sigma_{Hlim2}}{S_H}=\frac{1.06\times530}{1}=562\ \text{MPa}$$

故

$$d_1\geqslant76.43\sqrt[3]{\frac{KT_1(\mu\pm1)}{\psi_d u[\sigma_H]^2}}=76.43\sqrt[3]{\frac{1.1\times10^5\times5}{1\times4\times560^2}}=58.3\ \text{mm}$$

$$m=\frac{d_1}{z_1}=\frac{58.3}{25}=2.33\ \text{mm}$$

由表 9-2 取标准模数 $m=2.5$ mm。

（3）主要尺寸计算

$$d_1=mz_1=2.5\times25=62.5\ \text{mm}$$

$$d_2=mz_2=2.5\times100=250\ \text{mm}$$

$$b=\psi_d d_1=62.5\ \text{mm}$$

经圆整后取 $b_2=65$ mm。

$$b_1=b_2+5=70\text{ mm}$$

$$a=\frac{m}{2}(z_1+z_2)=\frac{2.5}{2}(25+100)=156.25\text{ mm}$$

(4) 校核齿根的弯曲强度

① 齿形系数　　查表 9-12 得　　$Y_{F1}=2.65$，$Y_{F2}=2.18$。

② 应力修正系数　　查表 9-13 得　　$Y_{S1}=1.59$，$Y_{S2}=1.80$。

③ 许用弯曲应力

弯曲疲劳安全系数　　查表 9-7 得　　$S_F=1.3$。

弯曲疲劳寿命系数　　查图 9-28 得　　$Y_{N1}=Y_{N2}=1$。

$$[\sigma_F]_1=\frac{Y_{N1}\cdot\sigma_{Flim1}}{S_F}=\frac{210}{1.3}=162\text{ MPa}$$

$$[\sigma_F]_2=\frac{Y_{N2}\cdot\sigma_{Flim2}}{S_F}=\frac{190}{1.3}=146\text{ MPa}$$

故

$$\sigma_{F1}=\frac{2KT_1Y_{F1}Y_{S1}}{bm^2z_1}=\frac{2\times1.1\times10^5\times2.65\times1.59}{65\times2.5^2\times25}=91\text{ MPa}<[\sigma_F]_1=162\text{ MPa}$$

$$\sigma_{F2}=\sigma_{F1}\frac{Y_{F2}Y_{S2}}{Y_{F1}Y_{S1}}=91\times\frac{2.18\times1.8}{2.65\times1.59}=85\text{ MPa}<[\sigma_F]_2=146\text{ MPa}$$

齿根弯曲强度校核合格。

(5) 验算齿轮的圆周速度

$$v=\frac{\pi d_1n_1}{60\times1000}=\frac{3.14\times62.5\times955}{60\times1000}=3.13\text{ m/s}$$

由表 9-9 可知，选取该齿轮传动为 8 级精度。

(6) 齿轮结构设计，并绘制齿轮工作图

(略)。

【例 9-4】 试设计一级斜齿圆柱齿轮减速器。该减速器传递功率 $P=60$kw，小齿轮转速 $n_1=960$ r/min，传动比 $i=4$。减速器用电动机驱动，用于重型机械，载荷为中等冲击，单向运转。使用寿命为 10 年，单班制工作。

【解】 (1) 选择齿轮材料及确定极限应力

考虑传动功率较大，采用硬齿面传动。根据表 9-6，小齿轮采用 20CrMnTi 渗碳淬火，硬度为 56HRC～62HRC；大齿轮采用 40Cr 渗碳淬火，硬度为 48HRC～55HRC。

由图 9-25 查得　　$\sigma_{Hlim1}=1\,450$MPa，$\sigma_{Hlim2}=1\,200$ MPa。

由图 9-26 查得　　$\sigma_{Flim1}=900$MPa，$\sigma_{Flim2}=700$ MPa。

(2) 按齿根弯曲强度设计计算

① 转矩　　$T_1=\dfrac{9.55\times10^6P}{n}=\dfrac{9.55\times10^6\times60}{960}=596\,875\text{ N}\cdot\text{mm}$

② 载荷系数　　查表 9-10 取 $K=1.4$。

③ 齿宽系数　　单级齿轮为对称布置，并且是硬齿面，由表 9-19 取 $\psi_d=0.7$。

④ 齿数和螺旋角　　考虑为硬齿面，取 $z_1=20$，$z_2=z_1i=20\times4=80$

初定螺旋角　　$\beta=15°$

当量齿数
$$z_{v1}=\frac{z_1}{\cos^3\beta}=\frac{20}{\cos^3 15^\circ}=22.19$$

$$z_{v2}=\frac{z_2}{\cos^3\beta}=\frac{80}{\cos^3 15^\circ}=88.77$$

⑤ 许用弯曲应力

齿形系数　　查表 9-12 得　　$Y_{F1}=2.75$，$Y_{F2}=2.22$。

应力修正系数　　查表 9-13 得　　$Y_{S1}=1.58$，$Y_{S2}=1.78$。

弯曲疲劳安全系数　　查表 9-7 得　　$S_F=1.5$。

工作循环次数

$$N_1=60njL_h=60\times960\times1\times(10\times52\times40)\approx1.2\times10^9$$

$$N_2=60n_2jL_h=N_1/i\approx3.0\times10^8$$

寿命系数　　查图 9-28 得　　$Y_{N1}=Y_{N2}=1$。

许用弯曲应力

$$[\sigma_F]_1=\frac{Y_{N1}\cdot\sigma_{Flim1}}{S_F}=\frac{1\times900}{1.5}=600\ \text{MPa}$$

$$[\sigma_F]_2=\frac{Y_{N2}\cdot\sigma_{Flim2}}{S_F}=\frac{1\times700}{1.5}=466.7\ \text{MPa}$$

$$\frac{Y_{F1}Y_{S1}}{[\sigma_F]_1}=\frac{2.75\times1.58}{600}\approx0.00724\ \text{MPa}^{-1}$$

$$\frac{Y_{F2}Y_{S2}}{[\sigma_F]_2}=\frac{2.22\times1.78}{466.7}\approx0.00847\ \text{MPa}^{-1}$$

将较大者$\frac{Y_{F2}Y_{S2}}{[\sigma_F]_2}$代入设计公式计算得

$$m_n\geqslant\sqrt[3]{\frac{1.6KT_1\cos^2\beta}{\psi_d\cdot z_1^2}\cdot\frac{Y_FY_S}{[\sigma_F]}}=\sqrt[3]{\frac{1.6\times1.4\times596875\times\cos^2 15^\circ\times0.00847}{0.7\times20^2}}=3.35\ \text{mm}$$

由表 9-2 取标准模数 $m_n=4$ mm。

（3）主要参数和几何尺寸确定

中心距
$$a=\frac{m_n(z_1+z_2)}{2\cos\beta}=\frac{4(20+80)}{2\cos15^\circ}=207.055\ \text{mm}$$

取 $a=210$。

螺旋角
$$\beta=\arccos\frac{m_n(z_1+z_2)}{2a}=\arccos\frac{4\times(20+80)}{2\times210}=17^\circ45'$$

此值与初选的一致，故不必重新计算。

分度圆直径
$$d_1=\frac{m_nz_1}{\cos\beta}=\frac{4\times20}{\cos15^\circ}=82.82\ \text{mm}$$

$$d_2=\frac{m_nz_2}{\cos\beta}=\frac{4\times80}{\cos15^\circ}=331.29\ \text{mm}$$

齿宽　　$b=\psi_d d_1=0.7\times82.82=58$ mm，取大齿轮齿宽 $b_2=60$ mm，$b_1=65$ mm。

（4）校核齿面接触强度

①接触寿命系数　　查图 9-27 得　$Z_{N1}=1$，　　$Z_{N2}=1.1$。

②接触安全系数　　查表 9-7 得　　$S_H=1.1$。

③许用接触应力

$$[\sigma_H]_1=\frac{Z_{N1}\cdot\sigma_{Hlim1}}{S_H}=\frac{1\times1\,450}{1.1}=1\,318.2\text{ MPa}$$

$$[\sigma_H]_2=\frac{Z_{N2}\cdot\sigma_{Hlim2}}{S_H}=\frac{1.1\times1\,200}{1.1}=1\,200\text{ MPa}$$

故

$$\sigma_H=3.17Z_E\sqrt{\frac{KT_1}{bd_1{}^2}\cdot\frac{u+1}{u}}=3.17\times189.8\sqrt{\frac{1.4\times596\,875}{60\times82.82^2}\cdot\frac{4+1}{4}}=958.3\leqslant[\sigma_H]$$

齿面接触疲劳强度合格。

（5）验算齿轮的圆周速度

$$v=\frac{\pi d_1n_1}{60\times1\,000}=\frac{3.14\times82.82\times960}{60\times1\,000}=4.2\text{ m/s}$$

由表 9－9 可知，选取该齿轮传动为 8 级精度。

（6）齿轮结构设计，并绘制齿轮工作图

（略）。

思考与练习

9－1 对于定传动比的齿轮传动，其齿廓必须满足的条件是什么？

9－2 渐开线的性质有哪些？渐开线齿轮中心距可分离的含义是什么？

9－3 什么是节圆？什么是分度圆？两者有什么关系？

9－4 一渐开线的基圆半径 $r_b=50$mm，求渐开线上半径为 $r_k=55$ 处 K 点的压力角 α_k、展角 θ_k 和曲率半径 ρ_k。

9－5 已知一渐开线齿轮的模数 $m=2.5$mm，压力角 $\alpha=20°$，齿数 $z=20$，求齿轮的基圆齿距和分度圆上的齿廓的曲率半径。

9－6 测得一正常齿制、压力角 $\alpha=20°$，标准齿轮的齿顶圆直径 $d_a=164$mm，齿高 $h=9$mm。试求该齿轮齿数 z、模数 m 和基圆直径 d_b。

9－7 直齿轮正确啮合的条件是什么？

9－8 什么叫直齿轮的重合度？连续传动的条件是什么？

9－9 试述齿轮加工方法，每种加工方法的基本原理及优缺点。

9－10 什么叫根切？为什么要避免根切？

9－11 加工压力角 $\alpha=20°$、齿顶高系数 $h_a^*=1$ 的标准直齿轮，不产生根切条件是什么？

9－12 一对外啮合标准直齿轮，已知两齿轮的齿数 $z_1=23$、$z_2=67$，模数 $m=3$mm，压力角 $\alpha=20°$，正常齿制。试求：(1) 正确安装时的中心距 a、啮合角 α' 及重合度 ε；(2) 实际中心距 $a'=136$mm 时的啮合角 α' 和重合度 ε。

9－13 某变速箱中的一对直齿轮，已知其齿数 $z_1=22$、$z_2=33$，模数 $m=2.5$mm，压力角 $\alpha=20°$，中心距 $a'=69$mm，正常齿制。试确定这对齿轮的主要尺寸（d_1、d_2、h、d_{a1}、d_{a2}）及公法线长度。

9－14 平行轴斜齿轮传动中，已知两轮的齿数 $z_1=30$、$z_2=40$，模数 $m_n=2.5$mm，压力角 $\alpha_n=20°$，齿宽 $b_1=65$mm、$b_2=60$mm，螺旋角 $\beta=15°$，正常齿制，正确安装。试求 (1) 两齿轮的分度圆直径 d_1、d_2；(2) 标准中心距 a；(3) 重合度 ε。

9－15 螺旋角 $\beta=15°$ 的标准斜齿轮，正常齿制，其不产生根切的最少齿数为多少？

9－16 为了使安装中心距大于标准中心距，可用以下三种方法：应用渐开线齿轮中心距的可分性；

用变位修正的直齿轮；用标准斜齿轮传动；试比较三种方法的优劣。

9-17　齿轮失效形式有哪些？采取什么措施减缓失效的发生？

9-18　齿轮的设计准则是什么？

9-19　齿面接触疲劳强度与哪些参数有关？哪些措施可以提高接触强度？

9-20　齿根弯曲疲劳强度与哪些参数有关？哪些措施可以提高弯曲强度？

9-21　已知单级闭式直齿圆柱齿轮传动，小齿轮材料45钢，调质处理；大齿轮ZG45正火；$P_1=4$kW，$n_1=720$r/min，$m=4$mm，$z_1=25$，$z_2=73$，$b_2=80$mm，$b_1=75$mm，单向运转，寿命15年，每年300工作日，两班制工作，小齿轮对轴承对称布置，电动机驱动，载荷有中等冲击，试校核齿轮传动的强度。

9-22　已知铣床的一对直齿圆柱齿轮传动，$P_1=7.5$kW，$n_1=1\ 450$r/min，$i=3.5$，寿命为12 000h，小齿轮对轴承不对称布置，试设计此齿轮传动。

9-23　已知单级闭式斜齿轮圆柱齿轮传动$P_1=10$kW，$n_1=1\ 210$r/min，$i=4.3$，电机驱动，双向运转，中等冲击，试设计此齿轮传动。

第十章 蜗杆传动

第一节 蜗杆传动的类型和特点

一、蜗杆传动的类型

蜗杆传动由蜗杆和蜗轮组成（图 10－1），用于传递空间交错的两轴间的运动和动力。一般来说，交错角 $\Sigma=90°$，蜗杆为主动件。蜗杆传动广泛应用于机床、起重机械、冶金机械、矿山机械和仪表中。

按蜗杆形状的不同蜗杆传动可分为圆柱面蜗杆传动（图 10－2a）、圆弧面蜗杆传动（图 10－2b）和锥面蜗杆传动（图 10－2c）。

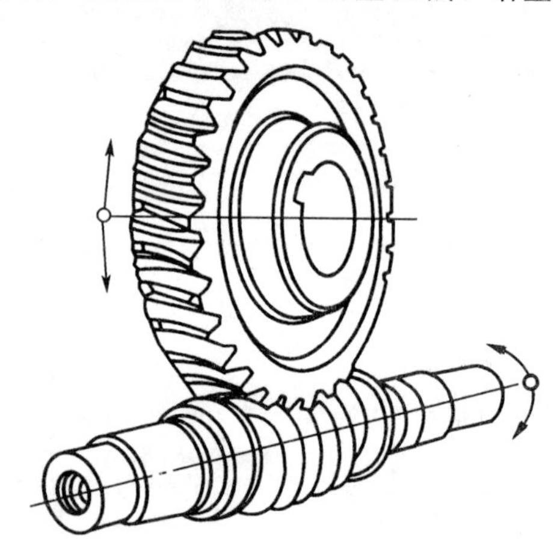
图 10－1　蜗杆传动

圆柱蜗杆传动包括普通圆柱蜗杆传动和圆弧圆柱蜗杆传动两类。

普通圆柱蜗杆的齿面除 ZK 型蜗杆外，一般是在车床上用直线刀刃的车刀车制的。根据车刀安装位置的不同，所加工出的蜗杆齿面在不同截面中的齿廓曲线也不同。根据不同的齿廓曲线，普通圆柱蜗杆可分为阿基米德蜗杆（ZA 蜗杆）、渐开线蜗杆（ZI 蜗杆）、法向直廓蜗杆（ZN 蜗杆）、锥面包络圆柱蜗杆（ZK 蜗杆）等。表 10－1 列出了这几种蜗杆传动及其特点。

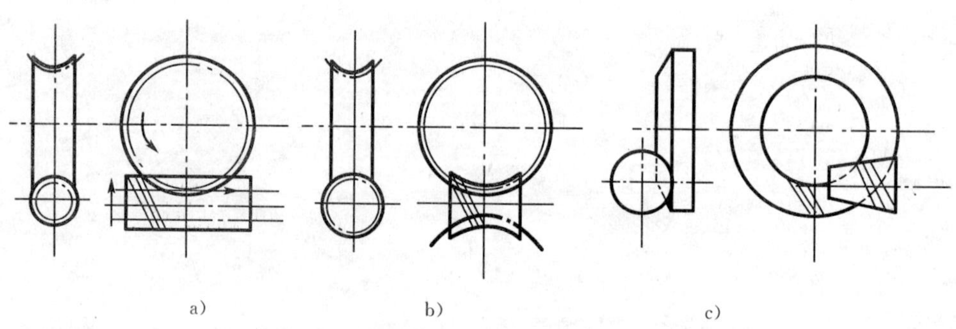

图 10－2　蜗杆传动类型

二、蜗杆传动的特点

蜗杆传动具有传动比大（传递动力时，一般 $i=10\sim80$，传递运动或在分度机构中，i 可达 1 000）、结构紧凑、传动平稳、噪声小、可以实现反行程自锁等优点。但相啮合的齿面间相对滑动速度较大，因此摩擦损失大，传动效率较低，一般为 0.70～0.90；反行程自锁时，效率仅为 0.4 左右；为减轻齿面磨损和防止胶合，蜗轮齿圈常用青铜制造，故成本较高；对制造和安装误差敏感，安装时对中心距尺寸精度要求较高。蜗杆传动通常用于传动功率小于 50kW 的场合，且不宜作长时间连续运转。

表 10－1 蜗杆传动的种类和特点

<table>
<tr><th>蜗杆传动种类</th><th>特　　点</th></tr>
<tr><td>阿基米德圆柱蜗杆（ZA 型）</td><td>蜗杆齿面为阿基米德螺旋面，端面齿廓为阿基米德螺旋线，轴向齿廓为直线，法向齿廓为凸廓曲线。在与之相啮合的蜗轮中间端截面中，蜗轮齿廓为渐开线。因此，在蜗杆轴向截面上，蜗杆与蜗轮啮合类似于渐开线斜齿圆柱齿轮与齿条的啮合
蜗杆可用直刃车制，加工方便。但导程角大时加工困难。齿面磨削十分困难，齿面的精度和表面粗糙度受到限制，故不便采用硬齿面蜗杆。传动效率较低。一般用于载荷较小，低速传动中</td></tr>
<tr><td>渐开线圆柱蜗杆（ZI 型）
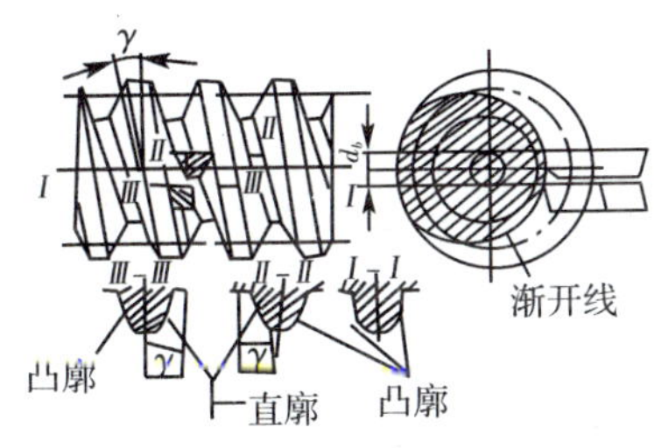</td><td>蜗杆齿面为渐开线螺旋面。端面齿廓为渐开线，在切于基圆柱的轴截面内，齿廓一侧为直线，另一侧为凸形曲线
加工时，车刀刀刃顶面应与基圆柱相切。蜗杆可以磨削，制造精度较高，效率较高。一般用于蜗杆头数较多、转速较高和要求精密的传动。应用较广</td></tr>
<tr><td>法向直廓蜗杆（ZN 型）
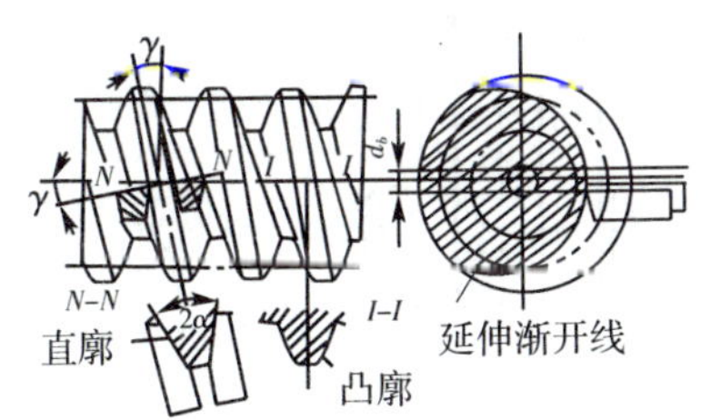</td><td>蜗杆齿廓在法向截面中为直线，在轴向截面中为外凸曲线，在端面上为延伸渐开线
可用单刀或双刀切制蜗杆，前者在法向剖面上，齿槽呈对称直线齿廓，后者刀齿呈对称直线齿廓。蜗杆可用砂轮磨齿，加工精度较高，加工较方便。常用于机床的传动中</td></tr>
</table>

（续表）

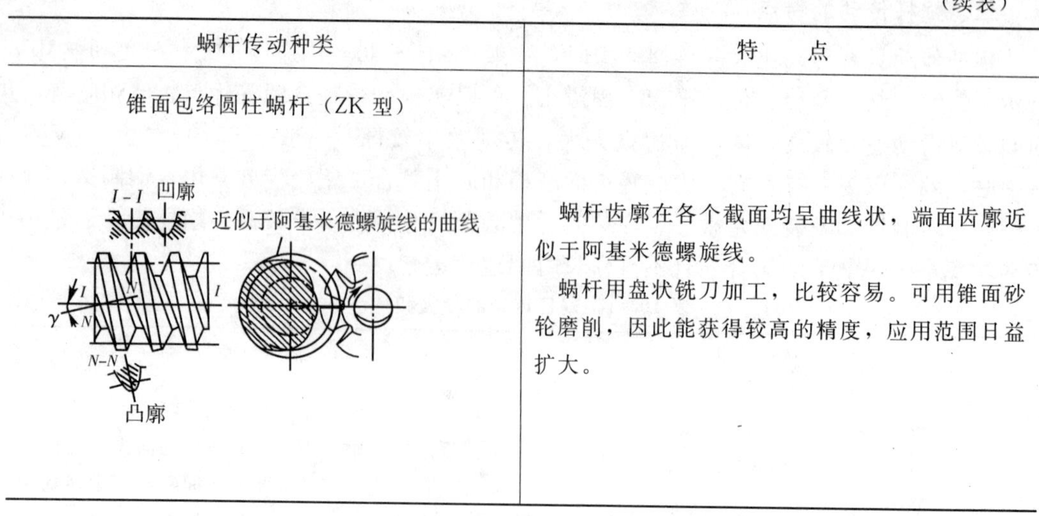

蜗杆传动种类	特　点
锥面包络圆柱蜗杆（ZK 型） 	蜗杆齿廓在各个截面均呈曲线状，端面齿廓近似于阿基米德螺旋线。 蜗杆用盘状铣刀加工，比较容易。可用锥面砂轮磨削，因此能获得较高的精度，应用范围日益扩大。

第二节　蜗杆传动的主要参数和几何尺寸计算

一、蜗杆传动的主要参数及其选择

对于轴交角 $\Sigma=90°$ 的圆柱蜗杆传动，通过蜗杆轴线并垂直于蜗轮轴线的平面称为中间平面（图 10－3）。在中间平面内，蜗轮与蜗杆的啮合相当于渐开线斜齿轮与齿条的啮合。因此，设计蜗杆传动时，其参数和尺寸均在中间平面内确定，并沿用渐开线圆柱齿轮传动的计算公式。

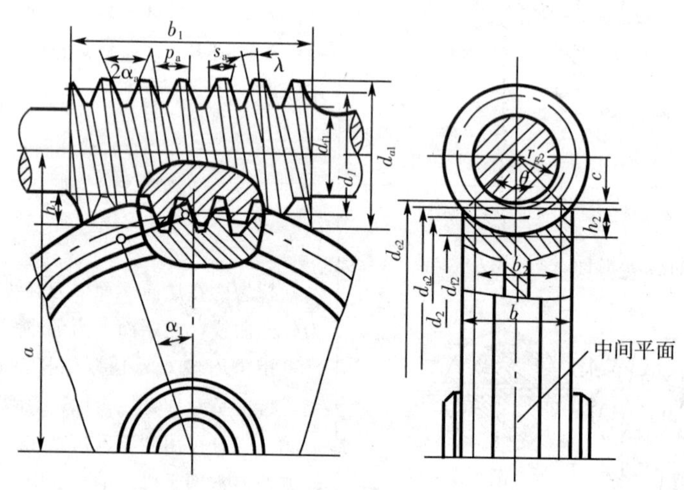

图 10－3　圆柱蜗杆传动的几何尺寸

1. 蜗杆头数 z_1、蜗轮齿数 z_2 和传动比 i

蜗杆头数（齿数）z_1 即为蜗杆螺旋线的数目，蜗杆的头数 z_1 一般取 1、2、4。当传动比大于 40 或要求蜗杆自锁时，取 $z_1=1$；当传递功率较大时，为提高传动效率、减少能量损失，常取 z_1 为 2、4。蜗杆头数越多，加工精度越难保证。

通常情况下取蜗轮齿数 $z_2=28\sim80$，若 $z_2<28$，会使传动的平稳性降低，且易产生根切；若 z_2 过大，蜗轮直径增大，与之相应蜗杆的长度增加，刚度减小，从而影响啮合的精度。

通常蜗杆为主动件，蜗杆传动的传动比 i 等于蜗杆与蜗轮的转速之比。当蜗杆转一周时，蜗轮转过 z_1 个齿，即转过 z_1/z_2 周，所以可得出下式

$$i=\frac{n_1}{n_2}=\frac{1}{z_1/z_2}=\frac{z_2}{z_1} \tag{10-1}$$

式中：n_1、n_2 分别为蜗杆、蜗轮的转速，r/min；z_1、z_2 可根据传动比 i 按表 10－2 选取。

值得提出的是蜗杆传动的传动比 i 仅与 z_1 和 z_2 有关，而不等于蜗轮与蜗杆分度圆直径之比，即 $i=z_2/z_1\neq d_2/d_1$。

表 10－2　蜗杆头数 z_1、蜗轮齿数 z_2 推荐值

传动比 $i=z_2/z_1$	7～13	14～27	28～40	＞40
蜗杆头数 z_1	4	2	2、1	1
蜗轮齿数 z_2	28～52	28～54	28～80	＞40

2. 模数 m 和压力角 α

如图 10－3 所示，在中间平面上蜗杆与蜗轮的啮合可看作齿条和齿轮的啮合，蜗杆的轴向齿距 p_{a1} 应等于蜗轮的端面齿距 p_{t2}，为了加工方便，规定中间平面上的参数为标准值，即蜗杆的轴向参数与蜗轮的端面参数分别相等，即

$$\begin{aligned} m_{a1}&=m_{t2}=m \\ \alpha_{a1}&=\alpha_{t2}=\alpha \end{aligned} \tag{10-2}$$

蜗杆的标准模数系列参见表 10－3 。

3. 蜗杆螺旋线升角 λ

蜗杆螺旋面与分度圆柱面的交线为蜗旋线。如图 10－4 所示，将蜗杆分度圆柱展开，其螺旋线与端面的夹角即为蜗杆分度圆柱上的螺旋线升角 λ，或称蜗杆导程角。由图可得蜗杆螺旋线的导程为

$$L=z_1 p_{a1}=z_1\pi m$$

蜗杆分度圆柱上螺旋线升角 λ 与导程的关系为

$$\tan\lambda=\frac{L}{\pi d_1}=\frac{z_1\pi m}{\pi d_1}=\frac{z_1 m}{d_1} \tag{10-3}$$

表 10-3 蜗杆基本参数（$\sum=90°$）（GB/T10085—1988）

模数 m/mm	分度圆直径 d_1/mm	蜗杆头数 z_1	直径系数 q	m^2d_2	模数 m/mm	分度圆直径 d_1/mm	蜗杆头数 z_1	直径系数 q	m^2d_2
1	18	1	18.000	18	6.3	(80)	1，2，4	12.698	3 175
1.25	20	1	16.000	31.25		112	1	17.778	4 445
	22.4	1	17.920	35	8	(63)	1，2，4	7.875	4 032
1.6	20	1，2，4	12.500	51.2		80	1，2，4，6	10.000	5 376
	28	1	17.500	71.68		(100)	1，2，4	12.500	6 400
2	(18)	1，2，4	9.000	72		140	1	17.500	8 960
	22.4	1，2，4，6	11.200	89.6	10	(71)	1，2，4	7.100	7 100
	(28)	1，2，4	14.000	112		90	1，2，4，6	9.000	9 000
	35.5	1	17.750	142		(112)	1，2，4	11.200	11 200
2.5	(22.4)	1，2，4	8.960	140		160	1	16.000	16 000
	28	1，2，4，6	11.200	175	12.5	(90)	1，2，4	7.200	14 062
	(35.5)	1，2，4	14.200	221.9		112	1，2，4	8.960	17 500
	45	1	18.000	281		(140)	1，2，4	11.200	21 875
3.15	(28)	1，2，4	8.889	278		200	1	16.000	31 250
	35.5	1，2，4，6	11.27	352	16	(112)	1，2，4	7.000	28 672
	45	1，2，4	14.286	447.5		140	1，2，4	8.750	35 840
	56	1	17.778	556		(180)	1，2，4	11.250	46 080
4	(31.5)	1，2，4	7.875	504		250	1	15.625	64 000
	40	1，2，4，6	10.000	640	20	(140)	1，2，4	7.000	56 000
	(50)	1，2，4	12.500	800		160	1，2，4	8.000	64 000
	71	1	17.750	1 136		(224)	1，2，4	11.200	89 600
5	(40)	1，2，4	8.000	1 000		315	1	15.750	126 000
	50	1，2，4，6	10.000	1 250	25	(180)	1，2，4	7.200	112 500
	(63)	1，2，4	12.600	1 575		200	1，2，4	8.000	125 000
	90	1	18.000	2 250		(280)	1，2，4	11.200	175 000
6.3	(50)	1，2，4	7.936	1 985		400	1	16.000	250 000
	63	1，2，4，6	10.000	2 500					

注：(1) 表中模数均系第一系列，$m<1$mm 的未列入，$m>25$mm 的还有 31.5、40 两种。属于第二系列的模数有 1.5mm、3mm、3.5mm、4.5mm、5.5mm、6mm、7mm、12mm、14mm；

(2) 表中蜗杆分度圆直径 d_1 均属第一系列，$d_1<18$mm 的未列入，此外还有 355mm。属于第二系列的有：30mm、38mm、48mm、53mm、60mm、67mm、75mm、85mm、95mm、106mm、118mm、132mm、144mm、170mm、190mm、300mm；

(3) 模数和分度圆直径均应优先选用第一系列。括号中的数字尽可能不采用。

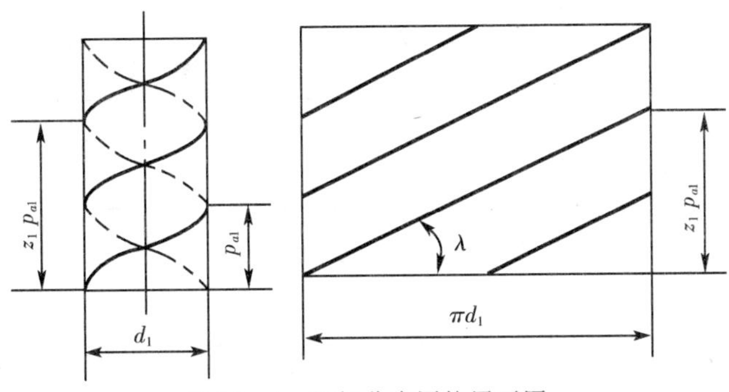

图 10-4 蜗杆分度圆柱展开图

通常蜗杆螺旋线的升角取 $\lambda=3.5°\sim27°$，如果欲提高传动效率，可取较大值；如果传动要求自锁，则应使 $\lambda<3°30'$。

4. 蜗杆分度圆直径 d_1 和蜗杆直径系数 q

加工蜗杆时，蜗杆滚刀的参数应与相啮合的蜗杆完全相同，几何尺寸基本相同。由式（10-3）可知蜗杆的分度圆直径 d_1 不仅与模数 m 有关，而且与 z_1 和 λ 有关，即同一模数的蜗杆，由于 z_1 和 λ 的不同，d_1 随之变化，致使滚刀数目较多，很不经济。为了减少滚刀的数量，有利于标准化，GB/T10085—1998 规定，对应于每一个模数 m，规定了一至四种蜗杆分度圆直径 d_1（如表 10-3），并把 d_1 与 m 的比值称为蜗杆直径系数，即

$$q=\frac{d_1}{m} \tag{10-4}$$

式中 d_1、m 已标准化；q 为导出量，不一定是整数。将此式代入式（10-3）得

$$\tan\lambda=\frac{z_1}{q} \tag{10-5}$$

由上两式知，当 m 一定时，q 越小，d_1 越小，升角 λ 越大，传动效率越高，但蜗杆的刚度和强度降低。

5. 中心距 a

蜗杆传动的中心距为

$$a=\frac{d_1+d_2}{2}=\frac{m(q+z_2)}{2} \tag{10-6}$$

蜗杆减速器的中心距应取标准值，其值尾数为 0 或 5mm，为了配凑成标准规定的中心距值，蜗杆传动常常需变位，其变位方法与齿轮传动相同。

二、蜗杆传动的几何尺寸计算

标准圆柱蜗杆传动的几何尺寸计算公式见表 10-4。

表 10-4 圆柱蜗杆传动的几何尺寸计算

名　称	计算公式	
	蜗　杆	蜗　轮
齿顶高	$h_{a1}=m$	$h_{a2}=m$
齿根高	$h_{f1}=1.2m$	$h_{f2}=1.2m$
分度圆直径	$d_1=mq$	$d_2=mz_2$
齿顶圆直径	$d_{a1}=m(q+2)$	$d_{a2}=m(z_2+2)$

（续表）

名　称	计算公式	
	蜗　杆	蜗　轮
齿根圆直径	$d_{f1}=m(q-2.4)$	$d_{f2}=m(z_2-2.4)$
顶隙	$c=0.2m$	
蜗杆轴向齿距 蜗轮端面齿距	$p_{a1}=p_{t2}=\pi m$	
蜗杆分度圆柱的导程角	$\lambda=\arctan(z_1/q)$	
蜗轮分度圆上轮齿的螺旋角		$\beta=\lambda$
中心距	$a=m(q+z_2)/2$	
蜗杆螺纹部分长度	$z_1=1、2, b_1\geqslant(11+0.06z_2)m$ $z_1=4, b_1\geqslant(12.5+0.09z_2)m$	
蜗轮咽喉母圆半径		$r_{g2}=a-\frac{1}{2}d_{a2}$
蜗轮最大外圆直径		$z_1=1, d_{e2}\leqslant d_{a2}+2m$ $z_1=2, d_{e2}\leqslant d_{a2}+1.5m$ $z_1=4, d_{e2}\leqslant d_{a2}+m$
蜗轮轮缘宽度		$z_1=1、2, b\leqslant 0.75d_{a1}$ $z_1=4, b\leqslant 0.67d_{a1}$
蜗轮轮齿包角		$\theta=2\arcsin(b_2/d_1)$ 一般动力传动 $\theta=70°\sim 90°$ 高速动力传动 $\theta=90°\sim 130°$ 分度传动 $\theta=45°\sim 60°$

【例 10－1】　一传递动力的标准圆柱蜗杆传动。已知模数 $m=8$，蜗杆头数 $z_1=2$，蜗轮齿数 $z_2=42$，蜗杆分度圆直径 $d_1=80$mm，试计算其蜗杆直径系数 q、蜗杆螺旋线升角 λ 及蜗杆传动的中心距 a。

【解】　蜗杆直径系数　$q=d_1/m=80/8=10$

蜗杆螺旋线升角　$\lambda=\arctan(z_1/q)=\arctan(2/10)=11.31°$

蜗杆传动中心距　$a=\frac{1}{2}m(q+z_2)=\frac{1}{2}\times 8\times(10+42)=208$ mm

第三节　蜗杆传动的失效形式、材料及结构

一、齿面间滑动速度

图 10－5 所示为轴交角 $\Sigma=90°$ 的蜗杆传动，在轮齿节点 C 处，蜗杆的圆周速度 v_1 和蜗轮的圆周速度 v_2 也成 90°夹角，所以蜗杆与蜗轮啮合传动时，齿廓间沿蜗杆齿面螺旋线方向有较大的滑动速度 v_s，其大小为

$$v_s = \sqrt{v_1{}^2 + v_2{}^2} = \frac{v_1}{\cos\lambda} \tag{10-7}$$

滑动速度的大小、对齿面的润滑情况、齿面失效形式、发热以及传动效率都有很大影响。

二、轮齿失效形式及计算准则

蜗杆传动轮齿的失效形式和齿轮传动轮齿的失效形式基本相同，有胶合、磨损、疲劳点蚀和轮齿折断等。但蜗杆传动轮齿的胶合与磨损要比齿轮传动严重得多，这是由于蜗杆传动轮齿齿面间滑动速度较大、温度升高、效率低，在润滑及散热不良时，闭式传动极易出现胶合。开式传动及润滑油不清洁的闭式传动，轮齿磨损速度很快。所以轮齿表面产生胶合、磨损、疲劳点蚀是蜗杆传动的主要失效形式。

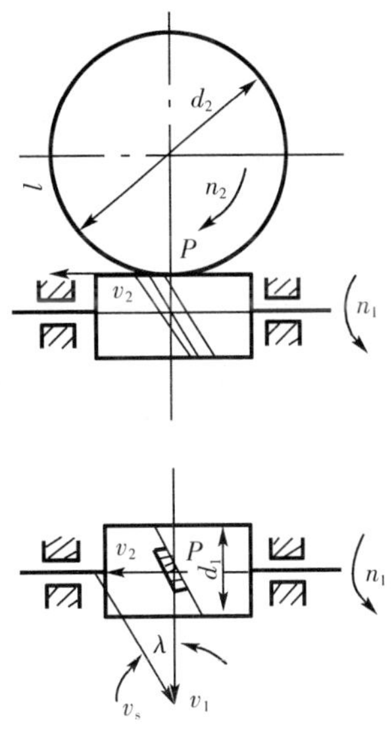

图 10-5 蜗杆传动和滑动速度

由于蜗杆齿是连续的螺旋齿，且蜗杆材料比蜗轮强度高，因此失效形式总出现在蜗轮轮齿上，所以只对蜗轮轮齿作强度计算。对闭式蜗杆传动的蜗轮轮齿仍按齿面接触疲劳强度设计，按齿根弯曲疲劳强度校核并进行热平衡验算；对开式蜗杆传动，只按齿根弯曲疲劳强度设计。由于蜗杆常与轴制成一体，设计时，可按一般轴对蜗杆强度进行验算，必要时还应进行刚度验算。

三、蜗杆蜗轮常用材料

根据蜗杆传动的失效特点，蜗轮材料不仅要有足够强度，还应有良好的减摩性、耐磨性和抗胶合能力。实践表明，较理想的材料组合是淬硬磨削的钢制蜗杆匹配青铜蜗轮。

1. 蜗杆材料

对高速、重载的传动，蜗杆材料常用低碳合金结构钢（如 20Cr、20CrMn、20CrMnTi 等）经渗碳淬火，表面硬度为 58～63HRC，并经磨削。对中速、中载的传动，蜗杆材料可用优质碳素钢或合金结构钢（如 45、40Cr、35SiMo 等）经表面淬火，表面硬度为 45～55HRC，也需磨削。低速、不重要的传动，可用 45 钢经调质处理（表面硬度＜270HBS）。

2. 蜗轮材料

常用的蜗轮材料为铸锡青铜（ZCuSn10Pb1、ZCuSn5Pb5Zn5）、铸铝青铜（ZCuAl10Fe3、ZCuAl10Fe3Mn2）及灰铸铁（HT200、HT150）等。铸锡青铜的抗胶合、减摩和耐磨性能最好，但价格较高，用于 $v_s \geqslant 3\text{m/s}$ 的重要传动；铸铝青铜具有足够的强度、耐冲击且价格便宜，但抗胶合及耐磨性能不如铸锡青铜，一般用于 $v_s \leqslant 6\text{m/s}$ 的传动；灰铸铁用于 $v_s \leqslant 2\text{m/s}$ 的不重要场合。

常用蜗杆蜗轮的配对材料见表 10-5。

表 10-5　蜗杆蜗轮配对材料

相对滑动速度 v_s (m/s)	蜗轮材料	蜗杆材料
≤25	ZCuSn10P1	20CrMnTi 渗碳淬火，56～62HRC　20Cr
≤12	ZCuSn5Pb5Zn5	45 高频淬火，40～50HRC 40Cr　50～55HRC
≤10	ZCuAl9Fe4Ni4Mn2 ZCuAl9Mn2	45 高频淬火，45～50HRC 40Cr　50～55HRC
≤2	HT150 HT200	45 调质　220～250HBS

四、蜗杆、蜗轮的结构

蜗杆的直径较小，常和轴制成一个整体（图 10-6）。螺旋部分常用车削加工，也可用铣销加工。车削加工时需有退刀槽，因此刚性较差。

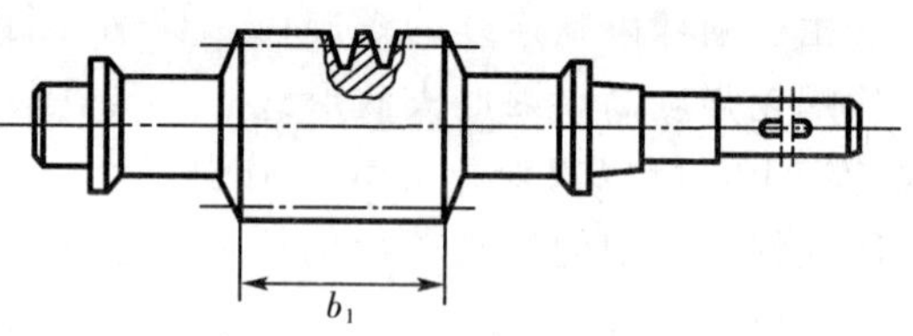

图 10-6　蜗杆轴

按材料和尺寸的不同，蜗轮分为多种型式，如图 10-7 所示。

1. 整体式蜗轮

图 10-7a 所示，主要用于直径较小的青铜蜗轮或铸铁蜗轮。

2. 齿圈式蜗轮

为了节约贵重金属，直径较大的蜗轮常采用组合结构，齿圈用青铜材料，轮芯用铸铁或铸钢制造。两者采用 H7/r6 配合，并用 4～6 个直径为(1.2～1.5)m 的螺钉加固，m 为蜗轮模数(如图 10-7b 所示)。为便于钻孔，应将螺孔中心线向材料较硬的轮芯部分偏移 2～3mm。这种结构用于尺寸不太大而且工作温度变化较小的场合。

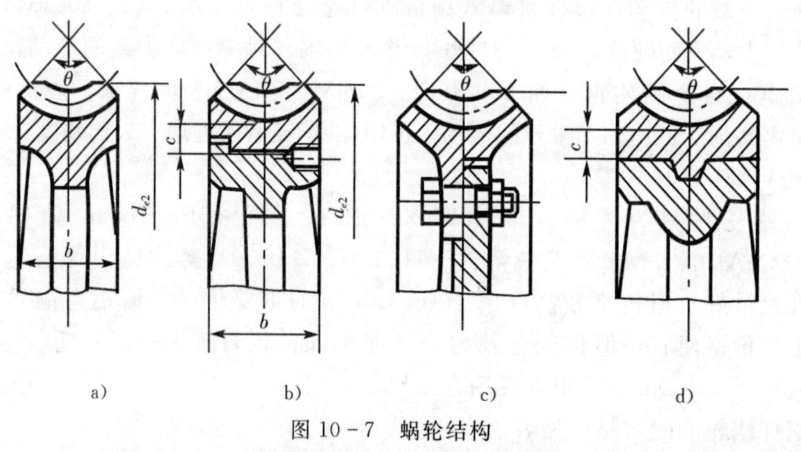

图 10-7　蜗轮结构

3. 螺栓连接式蜗轮

这种结构的齿圈与轮芯用普通螺栓或铰制孔用螺栓连接，由于装拆方便，常用于尺寸较大或磨损后需更换蜗轮齿圈的场合（如图 10－7c 所示）。

4. 镶铸式蜗轮

将青铜轮缘铸在铸铁轮芯上，轮芯上制出榫槽，以防轴向滑动（如图 10－7d 所示）。

第四节 蜗杆传动的强度计算

一、蜗杆传动的受力分析

1. 蜗轮旋转方向的判定

蜗轮旋转方向，按照蜗杆的螺旋线旋向和旋转方向，应用左手、右手定则判定。如图 10－8a 所示，当蜗杆为右旋，顺时针方向旋转(沿轴线向左看)时，则用右手，四个拇指顺着蜗杆转向握起来，大拇指沿蜗杆轴线所指的相反方向即为蜗轮上节点速度方向，因此，蜗轮逆时针方向旋转。

当蜗杆为左旋时，则用左手按相同方法判定蜗轮转向，如图 10－8b 所示。

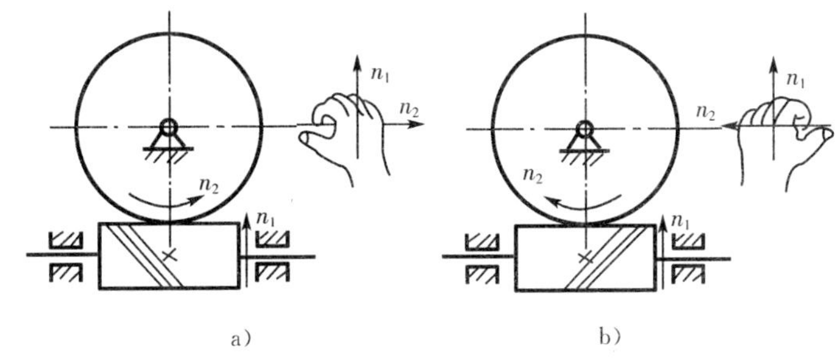

图 10－8 确定蜗轮的旋转方向

2. 轮齿上的作用力

蜗杆传动轮齿上的作用力和斜齿轮相似，如图 10－9a 所示，将齿面上的法向力 F_n 分解为三个相互垂直的分力；圆周力 F_t、轴向力 F_a 和径向力 F_r。由于蜗杆与蜗轮的交角为 90°，根据作用与反作用原理，蜗杆圆周力 F_{t1} 与蜗轮轴向力 F_{a2} 大小相等方向相反；蜗轮圆周力 F_{t2} 与蜗杆轴向力 F_{a1} 大小相等方向相反，蜗杆径向力 F_{r1} 与蜗轮径向力 F_{r2} 大小相等方向相反，如图 10－9b 所示。即

$$F_{t1}=\frac{2T_1}{d_1}=-F_{a2} \tag{10-8}$$

$$F_{t2}=\frac{2T_2}{d_2}=-F_{a1} \tag{10-9}$$

$$F_{r2}=F_{t2}\tan\alpha=-F_{r1} \tag{10-10}$$

式中：T_1、T_2——分别为作用在蜗杆和蜗轮上的转矩，N · mm，$T_2=T_1 i\eta$，η 为蜗杆传动的效率；

d_1、d_2——分别为蜗杆和蜗轮的分度圆直径，mm；

α——中间平面分度圆上的压力角，$\alpha=20°$。

上述力的方向：当蜗杆为主动时，蜗杆的圆周力 F_{t1} 的方向与蜗杆轮齿上节点的圆周速度方向相反。蜗轮圆周力 F_{t2} 的方向与蜗轮轮齿上节点的圆周速度方向相同。径向力 F_{r1} 和 F_{r2} 的方向对蜗杆、蜗轮皆由节点分别指向各自的轮心。

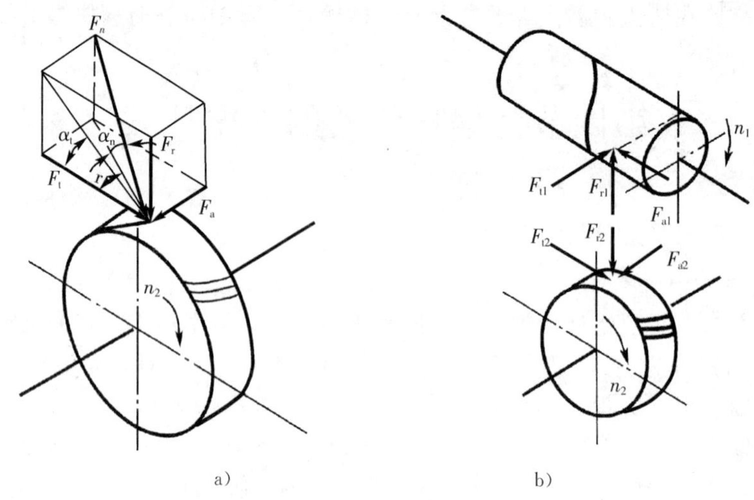

图 10-9　蜗杆蜗轮的作用力

二、蜗杆传动的强度计算

1. 蜗轮齿面接触疲劳强度计算

蜗轮齿面的接触疲劳强度计算与斜齿轮相似，仍以赫兹应力公式为基础，按蜗杆传动在节点处的啮合条件来计算蜗轮轮齿面的接触应力。经推导，对钢制蜗杆与青铜或铸铁蜗轮（指齿圈），蜗轮齿面的接触疲劳强度校核公式为

$$\sigma_H=480\sqrt{\frac{KT_2}{d_1 d_2^2}}=480\sqrt{\frac{KT_2}{m^2 d_1 z_2^2}}\leqslant[\sigma_H] \tag{10-11}$$

上式代入 $d=z_2 m$，整理后得蜗轮齿面接触疲劳强度的设计计算公式

$$m^2 d_1\geqslant KT_2\left(\frac{480}{z_2\ [\sigma_H]}\right)^2 \tag{10-12}$$

式中：K——载荷系数，$K=1\sim1.4$，当载荷平稳，$v_s\leqslant3\text{m/s}$，7 级以上精度时取小值，否则取大值；

T_2——蜗轮转矩，N·mm；

$[\sigma_H]$——蜗轮材料的许用接触应力，MPa；

其余符号的意义同前。

当按式（10-12）算出 $m^2 d_1$ 值后，可由表 10-3 查到适当的 m 和 q 值。

2. 蜗轮轮齿的齿根弯曲疲劳强度计算

由于蜗轮轮齿的形状复杂，因此很难精确计算齿根的弯曲应力，通常按斜齿圆柱齿轮的计算方法作近似计算。但蜗轮轮齿的弯曲疲劳强度高于斜齿轮轮齿的弯曲疲劳强度。

将蜗轮的有关参数代入斜齿轮的有关计算公式中，经过化简得出蜗轮齿根弯曲强度的校核公式为

$$\sigma_F = \frac{1.53KT_2\cos\lambda}{d_1 d_2 m} \cdot Y_{F2} \leqslant [\sigma_F] \tag{10-13}$$

设计公式为

$$m^2 d_1 \geqslant \frac{1.53KT_2\cos\lambda}{z_2\,[\sigma_F]} \cdot Y_{F2} \tag{10-14}$$

式中：Y_{F2}——蜗轮的齿形系数，按蜗轮的实有齿数 z_2 查表 10－6 可得出；

$[\sigma_F]$——蜗轮材料的许用弯曲应力，MPa；

其余符号的意义同前。

表 10－6　蜗轮的齿形系数　Y_{F2}（$\alpha=20°$，$h_a^*=1$）

z_2	10	11	12	13	14	15	16	17	18	19	20	22	24	26
Y_{F2}	4.55	4.14	3.70	3.55	3.34	3.32	3.07	2.96	2.89	2.82	2.76	2.66	2.57	2.51
z_2	28	30	35	40	45	50	60	70	80	90	100	150	200	300
Y_{F2}	2.48	2.44	2.36	2.32	2.27	2.24	2.20	2.17	2.14	2.12	2.10	2.07	2.04	2.04

在闭式蜗杆传动中，蜗轮轮齿的弯曲疲劳强度所限定的承载能力，大多超过由齿面接触疲劳强度和热平衡计算所限定的承载能力，故不必进行弯曲强度计算。只有在开式蜗杆传动中，或在经受强烈冲击的传动中，或当蜗轮采用脆性材料时，才需进行齿根弯曲疲劳强度计算。

3. 蜗轮材料的许用应力

（1）蜗轮材料的许用接触应力 $[\sigma_H]$

蜗轮材料的许用接触应力 $[\sigma_H]$ 由材料的抗失效能力决定。如蜗轮材料为锡青铜时，其失效形式主要为疲劳点蚀，许用应力的大小与应力循环次数有关，其计算公式为

$$[\sigma_H] = [\sigma_H]' \cdot K_{HN} \tag{10-15}$$

式中：$[\sigma_H]'$——蜗轮的基本许用接触应力，可从表 10－7 中查到；

K_{HN}——寿命系数，$K_{HN}=\sqrt[8]{\frac{10^7}{N}}$，其中 N 为应力循环次数，$N=60n_2jL_h$（n_2 为蜗轮转速，r/min，L_h 为工作寿命，单位为 h；j 为蜗轮每转一周单个轮齿参与啮合的次数）。当 $N=10^7$ 时，$K_{HN}=1$；当 $N>25\times10^7$ 时，取 $N=25\times10^7$；当 $N<2.6\times10^7$ 时，取 $N=2.6\times10^7$。

如蜗轮材料为铸铝铁青铜或铸铁时，其失效形式为胶合，此时接触强度计算为条件性计算，许用应力可根据材料和滑动速度由表 10－8 查得，其值与应力循环次数无关。

表 10－7　铸锡青铜蜗轮的基本许用接触应力 $[\sigma_H]'$（$N=10^7$）

蜗轮材料	铸造方法	适用的滑动速度 v_s m/s	蜗杆齿面硬度	
			≤350HB	>45HRC
铸锡磷青铜	砂型	≤12	180	200
ZCuSn10Pl	金属型	≤25	200	220
铸锡锌铅青铜	砂型	≤10	110	125
ZCuSn5Pb5Zn5	金属型	≤12	135	150

表 10-8　铸铝铁青铜及铸铁蜗轮的许用接触应力 $[\sigma_H]$

蜗轮材料	蜗杆材料	滑动速度 v_s（m/s）						
		0.5	1	2	3	4	6	8
ZCuAl10Fe3	淬火钢	250	230	210	180	160	120	90
HT150 HT200	渗碳钢	130	115	90	—	—	—	—
HT150	调质钢	110	90	70	—	—	—	—

注：(1) 蜗杆未经淬火时，需将表中 $[\sigma_H]$ 值降低 20%；

(2) 蜗轮的许用弯曲应力 $[\sigma_F]$。

蜗轮的许用弯曲应力的 $[\sigma_F]$ 计算公式为

$$[\sigma_F] = [\sigma_F]' \cdot K_{FN} \tag{10-16}$$

式中：$[\sigma_F]'$——基本许用弯曲应力，可从表 10-9 中查得；

K_{FN}——寿命系数，$K_{FN}=\sqrt[9]{\frac{10^6}{N}}$，其中 N 为应力循环次数，计算方法同前。当 $N>25\times10^7$ 时，取 $N=25\times10^7$；当 $N<10^5$ 时，取 $N=10^5$。

表 10-9　蜗轮材料的基本许用弯曲应力 $[\sigma_F]'$（$N=10^6$）

蜗轮材料及铸造方法	与硬度≤45HRC 的蜗杆相配时	与硬度>45HRC，并经磨光或抛光的蜗杆相配时
铸锡磷青铜（ZCuSn10Pl），砂模铸造青铜	46（32）	58（40）
铸锡磷青铜（ZCuSn10Pl），金属模铸造	58（42）	73（52）
铸锡磷青铜（ZCuSn10Pl），离心铸造	66（46）	83（58）
铸锡锌铅青铜（ZCuSnPb5Zn5），砂模铸造	32（24）	40（30）
铸锡锌铅青铜（ZCuSnPb5Zn5），金属模铸造	41（32）	51（40）
铸铝铁青铜（ZCuAl10Fe3），砂模铸造	112（91）	140（116）
灰铸铁（HT150），砂模铸造	40/	50/

注：表中括号内的值系用于双向传动的场合。

第五节　蜗杆传动的效率、润滑及热平衡计算

一、蜗杆传动的效率

蜗杆传动的功率损耗一般包括三部分：轮齿啮合时的摩擦损耗、轴承摩擦损耗及浸油零件搅动润滑油的功率损耗，因此其总效率为

$$\eta=\eta_1\eta_2\eta_3$$

式中：η_1、η_2、η_3分别为蜗杆传动的啮合效率、轴承效率和搅油效率，其中决定蜗杆传动总效率的主要因素为计入啮合摩擦损耗的效率 η_1。当蜗杆为主动件时，啮合效率可按螺旋传动的效率公式求出

$$\eta_1=\frac{\tan\lambda}{\tan(\lambda+\rho_v)}$$

通常取 $\eta_2\eta_3=0.95\sim0.97$，则蜗杆传动的总效率为

$$\eta=(0.95\sim0.97)\frac{\tan\lambda}{\tan(\lambda+\rho_v)} \tag{10-17}$$

式中：λ——蜗杆的螺旋升角（导程角）；

ρ_v——当量摩擦角，$\rho_v=\arctan f_v$，见表 10－10。

表 10－10 当量摩擦系数 f_v 和当量摩擦角 ρ_v

蜗轮材料	锡青铜				无锡青铜		灰铸铁			
蜗杆齿面硬度	≥45HRC		<45HRC		≥45HRC		≥45HRC		<45HRC	
滑动速度 v_s (m/s)	f_v	ρ_v	f_v	ρ_v	f_v	ρ_v	f_v	ρ_v	f_v	ρ_v
0.01	0.11	6°17′	0.12	6°51′	0.18	10°12′	0.18	10°12′	0.19	10°45′
0.10	0.08	4°34′	0.09	5°09′	0.13	7°24′	0.13	7°24′	0.14	7°58′
0.25	0.065	3°43′	0.075	4°17′	0.10	5°43′	0.10	5°43′	0.12	6°51′
0.50	0.055	3°09′	0.065	3°43′	0.09	5°09′	0.09	5°09′	0.10	5°43′
1.00	0.045	2°35′	0.055	3°09′	0.07	4°00′	0.07	4°00′	0.09	5°09′
1.50	0.04	2°17′	0.05	2°52′	0.065	3°43′	0.065	3°43′	0.08	4°34′
2.00	0.035	2°00′	0.045	2°35′	0.055	3°09′	0.055	3°09′	0.07	4°00′
2.50	0.03	1°43′	0.04	2°17′	0.05	2°52′				
3.00	0.028	1°36′	0.035	2°00′	0.045	2°35′				
4.00	0.024	1°22′	0.031	1°17′	0.04	2°17′				
5.00	0.022	1°16′	0.029	1°40′	0.035	2°00′				
8.00	0.018	1°02′	0.026	1°29′	0.03	1°43′				
10.0	0.016	0°55′	0.024	1°22′						
15.0	0.014	0°48′	0.020	1°09′						
24.0	0.013	0°45′								

注：硬度≥45HRC 时的 ρ_v 值系指蜗杆齿面经磨削、蜗传动经跑合并有充分润滑的情况。

由式（10－17）可知，在 λ 值的一定范围内 η 随 λ 的增大而增大，即增大 λ 角可提高传动的效率。多头蜗杆的角 λ 较大，故一般多采用多头蜗杆。但如果 λ 角过大，蜗杆的加工较困难，且当$\lambda>27°$时效率增加的幅度很小，因此一般取$\lambda\leqslant27°$。当$\lambda\leqslant\rho_v$时，蜗杆传动具有自锁性，但此时蜗杆传动的效率很低（小于50%）。

在进行设计时，η可按所选z_1估计取值：

闭式传动　　$z_1=1$　　$\eta=0.65\sim0.75$

　　$z_1=2$　　$\eta=0.75\sim0.82$

　　$z_1=4，6$　　$\eta=0.82\sim0.92$

自锁时　　$\eta<0.5$

开式传动　　$z_1=1，2$　　$\eta=0.60\sim0.70$

二、蜗杆传动的润滑

由于蜗杆传动有较大的相对滑动，发热量大、效率低，因此润滑对蜗杆传动显得十分重要，当润滑不良时，蜗杆传动的效率将显著降低，并会导致剧烈的磨损和胶合。为了防止传动中金属直接接触，通常采用粘度较大的润滑油，这样有利于形成动压油膜，从而减小磨损、缓和冲击，使传动平稳，以利于提高传动效率和蜗轮及蜗杆的寿命。

闭式蜗杆传动的润滑油粘度和给油方法，一般可根据蜗轮蜗杆的相对滑动速度、载荷类型等参考表10-11选择。对于青铜蜗轮，不允许采用抗胶合能力强的活性润滑油，以免腐蚀青铜齿面。对于开式传动，则采用粘度较高的齿轮油或润滑脂进行润滑。

对闭式蜗杆传动采用油池润滑时，在搅油损失不致过大的情况下，应使油池保持适当的油量，以利于蜗杆传动的散热。一般情况下置式蜗杆传动的浸油深度为蜗杆的一个齿高，上置式蜗杆传动的浸油深度约为蜗轮外径的1/3。

表10-11　蜗杆传动的润滑油粘度及给油方法

滑动速度 v_s (m/s)	<1	<2.5	<5	>5～10	>10～15	>15～25	>25
工作条件	重载	重载	中载	—	—	—	—
粘度 $\nu_{40℃}$ (mm²/s)	900	500	350	220	150	100	80
给油方法	油池润滑			油池润滑或喷油润滑	压力喷油润滑及其压力/MPa		
					0.07	0.2	0.3

三、热平衡计算

蜗杆传动工作时，齿面间相对滑动速度大，滑动摩擦发热量大。如果散热条件差，工作温度过高，将使润滑油粘度降低，油膜破坏，引起润滑失效，导致齿面胶合，并加剧磨损。所以，对闭式蜗杆传动应进行热平衡计算。

蜗杆传动转化为热量所消耗的功率为

$$Q_1=1\,000\,P_1(1-\eta)$$

经箱体散发热量的相当功率为

$$Q_2=K_s\cdot A(t_1-t_0)$$

蜗杆传动的热平衡条件为$Q_1=Q_2$，即

$$1\,000\,P_1(1-\eta)=K_sA(t_1-t_0)$$

得

$$t=\frac{1\,000(1-\eta)P_1}{K_s\cdot A}+t_0\leqslant[t_1] \tag{10-18}$$

式中：P_1——蜗杆的输入功率 KW；

K_s——散热系数，根据箱体周围通风条件，一般取 $K_s=10\sim17$ [W/m^2 · ℃]，自然通风良好地方取大值，反之取小值；

η——传动效率；

t_0——箱体周围空气的温度，℃，通常取 $t_0=20$℃；

t_1——当达到热平衡时，润滑油的温度，℃，应小于 70℃～90℃；

A——箱体散热面积，m^2，指内壁被油浸溅，而外壳与空气接触的箱壳外表面积。

对于箱体上的散热片及凸缘的面积，可近似按 50%计算。设计时，其散热面积可按下式初估

$$A=0.33\left(\frac{a}{100}\right)^{1.75} \tag{10-19}$$

式中：a 为中心距，mm；A 的单位为 m^2。

如果工作温度超过允许的范围时可采取下列措施：①箱体外表面设置散热片以增加散热面积 A；②蜗杆轴上安装风扇，如图 10-10a 所示；③箱体油池内装蛇形冷却水管，如图 10-10b 所示；④循环油冷却，如图 10-10c 所示。

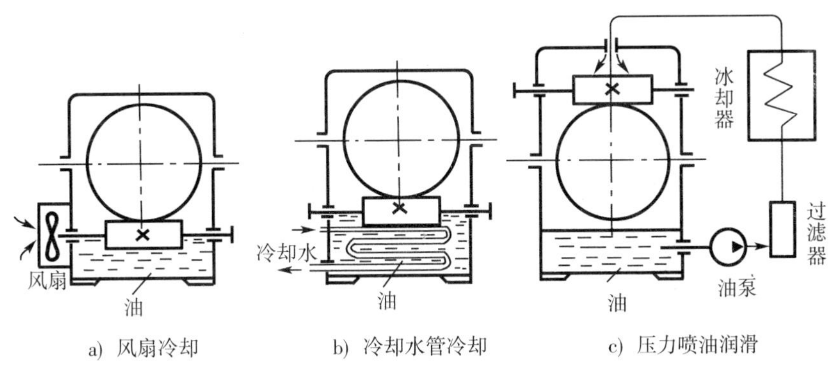

a) 风扇冷却　b) 冷却水管冷却　c) 压力喷油润滑

图 10-10 蜗杆传动的散热方法

【例 10-2】 设计一运输机的闭式蜗杆传动，已知蜗杆输入功率 $P_1=5.5$W，蜗杆转速 $n_1=960$r/min，传动比 $i=25$，载荷平稳，单向回转，预期使用寿命 15 000h，通风良好。

【解】 (1) 选择蜗杆、蜗轮材料并确定许用应力

蜗杆材料：选用 45 钢调质，硬度<350HBS。

蜗轮材料：选用铸锡青铜，ZCuSn10P1，砂型。

查表 10-7，蜗轮材料的基本许用接触应力为

$$[\sigma_H]'=180\ \text{MPa}$$

查表 10-9，蜗轮材料的基本许用弯曲应力为

$$[\sigma_F]'=46\ \text{MPa}$$

计算应力循环次数 N（蜗轮转速 $n_2=960/25=38.4$r/min）

$$N=60jn_2L_h=60\times1\times38.4\times15\,000=3.5\times10^7\ 次$$

计算寿命系数 K_{HN}、K_{FN}

$$K_{HN}=\sqrt[8]{\frac{10^7}{N}}=\sqrt[8]{\frac{10^7}{3.5\times10^7}}=0.86$$

$$K_{FN}=\sqrt[9]{\frac{10^6}{N}}=\sqrt[9]{\frac{10^6}{3.5\times10^7}}=0.67$$

计算许用应力

$$[\sigma_H]=[\sigma_H]'\cdot K_{HN}=180\times0.86=155\ \text{MPa}$$

$$[\sigma_F]=[\sigma_F]'\cdot K_{FN}=46\times0.67=31\ \text{MPa}$$

(2) 选择蜗杆头数和蜗轮齿数

由表 10－2 查取蜗杆头数 $z_1=2$，则

$$z_2=iz_1=25\times2=50$$

蜗轮齿数，合乎要求。

(3) 确定蜗轮传递的转矩 T_2

$$T_2=9.55\times10^6\frac{P_1}{n_2}\cdot\eta$$

估计效率 $\eta=0.82$，则

$$T_2=9.55\times10^6\times\frac{5.5}{38.4}\times0.82=11.22\times10^5\ \text{N}\cdot\text{mm}$$

(4) 按齿面接触疲劳强度计算

取载荷系数 $K=1.15$，由式（10－12）得

$$m^2d_1\geqslant KT_2\left(\frac{480}{z_2\ [\sigma_H]}\right)^2$$

$$=1.15\times11.22\times10^5\left(\frac{480}{50\times155}\right)^2$$

$$=4\ 950\ \text{mm}^2$$

查表 10－3，按 $m^2d_1\geqslant4\ 950\text{mm}^2$，选取 $m^2d_1=5\ 376\ \text{mm}^2$，得 $m=8$，$q=10$。则

$$d_1=mq=8\times10=80\text{mm},\ d_2=mz_2=8\times50=400\ \text{mm}$$

$$\lambda=\arctan\frac{z_1}{q}=\arctan\frac{2}{10}=11.31°$$

中心距
$$a=\frac{d_1+mz_2}{2}=\frac{80+8\times50}{2}=240\ \text{mm}$$

查表 10－6，得 $Y_{F2}=2.24$。

由式（10－13）得

$$\sigma_F=\frac{1.53KT_2\cos\lambda}{d_1d_2m}\cdot Y_{F2}=\frac{1.53\times1.15\times11.22\times10^5\times\cos11.31°}{80\times400\times8}\times2.24=17\ \text{MPa}<[\sigma_F]$$

齿根的弯曲疲劳强度校核合格。

(5) 验算传动效率 η

蜗杆分度圆速度为

$$v_1=\frac{\pi d_1n_1}{60\times1\ 000}=\frac{\pi\times80\times960}{60\times1\ 000}=4.02\ \text{m/s}$$

$$v_s=\frac{v_1}{\cos\lambda}=\frac{4.02}{\cos11.31°}=4.1\ \text{m/s}$$

查表 10－10 得　$f_v=0.031$，　$\rho=1°47'=1.783°$

$$\eta=(0.95\sim0.97)\ \frac{\tan11.31°}{\tan(11.31°+1.783°)}=0.82\sim0.83$$

与原估计 $\eta=0.82$ 相近。

(6) 热平衡计算

箱体散热面积

$$A=0.33\left(\frac{a}{100}\right)^{1.75}=0.33\times\left(\frac{240}{100}\right)^{1.75}=1.53\ \mathrm{m}^2$$

取室温 $t_0=20℃$，因通风散热条件较好，可取表面传热系数 $K_s=15\mathrm{W}/(\mathrm{m}^2\cdot℃)$，由式（10-18）计算油温 t_1

$$t_1=\frac{1\,000P_1(1-\eta)}{K_sA}+t_0=\frac{1\,000\times5.5(1-0.82)}{15\times1.53}+20=63℃<70℃$$

符合要求。

（7）绘制蜗杆、蜗轮零件工作图

（略）。

第六节　常用各类齿轮传动的选择

一、各类齿轮传动性能的比较

如前所述，常用的齿轮传动有直齿圆柱齿轮传动、斜齿圆柱齿轮传动、直齿锥齿轮传动、普通圆柱蜗杆传动等。这些齿轮传动常用来制造各种传动装置或各种减速器。

下面各类齿轮传动的主要性能，并进行分析比较，以便于正确地选用传动型式。

1. 功率 P

圆柱齿轮可能传递的功率范围最大，一般不超过 3 000kW，但随着现代工业向大型化发展，目前最大的传递功率可达到 60 000kW。

锥齿轮传动中直齿轮传动传递功率一般小于 450kW，而曲线齿锥齿轮传动则可大得多。蜗杆传动由于传动效率低，大功率长期运行极不经济。对于连续运转的蜗杆传动，最大功率一般都在 50kW 之内，最大不超过 150kW。

2. 传动比 i

圆柱齿轮单级传动比一般不超过 7，最大到 10。

直齿锥齿轮单级传动比一般小于 3，最大不超过 5。

蜗杆传动的传动比由于受效率和蜗轮尺寸的限制，传递动力的传动比一般小于 60，最大值小于 100；若只传递运动时，传动比可达 1 000。

3. 速度

对于普通精度等级（6 级）的直齿圆柱齿轮，其圆周速度不超过 15m/s。斜齿圆柱齿轮不超过 25m/s，高精度时可达到 100m/s 以上。高速时宜采用斜齿轮传动。

直齿锥齿轮由于制造精度和安装精度方面难以保证啮合精度，在普通精度等级时，一般不超过 5m/s。经磨削的可达 15m/s。曲线齿可达 25m/s 以上。

蜗杆传动的最高允许圆周速度受蜗杆型式和滑动速度的限制，一般不超过 10m/s，润滑良好时可达 15m/s。

4. 效率

圆柱齿动的平均效率最高。对于普通精度齿轮传动，开式 $\eta=0.92\sim0.96$，闭式 $\eta=0.95\sim0.99$，一般平均效率取为 0.96 左右。斜齿轮由于有轴向滑动，其效率一般低于直齿圆柱齿轮。

锥齿轮传动的效率比圆柱齿轮的低，一般为 0.92～0.96，曲线齿锥齿轮传动的效率比直齿锥齿轮传动略低。

蜗杆传动的效率，开式 $\eta=0.5\sim0.7$；闭式 $\eta=0.7\sim0.94$；自锁 $\eta=0.4\sim0.45$。

5. 尺寸、单位功率的重量和价格

齿轮传动的尺寸、重量和价格主要取决于材料、热处理及精度等级等因素。锥齿轮的尺寸与重量一般比圆柱齿轮大，价格也较高。

蜗杆传动的尺寸和重量一般比同一功率和同一传动比的圆柱齿轮小，价格低一些。传动比大时，尤为明显。但蜗轮需用铜合金制造，当尺寸较大时，价格较贵。

以上所说的尺寸是以中心距（或锥距）为参照尺寸的。

6. 噪声、抗冲击能力及寿命

齿轮传动的噪声比较大，精度越低，速度越高，噪声就越大。直齿圆柱齿轮的噪声比斜齿圆柱齿轮的噪声高。锥齿轮的噪声比圆柱齿轮的噪声高。蜗杆传动的噪声最小。

齿轮传动的抗冲击能力较差、蜗杆传动的抗冲击能力较好。

齿轮传动是所有机械传动中寿命最长的一种。蜗杆传动的寿命最短。

二、常用齿轮传动类型的选择

各类齿轮传动均有其优缺点。通常能满足工作机性能要求的传动类型有好几种可供选择。因此确定传动类型时除应满足工作机性能要求、适应工作条件、工作可靠外，还应满足结构尺寸紧凑、成本低、传动效率高等要求。在选择传动类型时应考虑以下几个方面：

（1）传递大功率时，一般均采用圆柱齿轮。锥齿轮只能用于传递小功率的场合，除非结构和布置上有需要，一般应尽量避免采用锥齿轮。

（2）在联合使用圆柱、锥齿轮时，应将锥齿轮放在高速级，这样可使锥齿轮上所受的载荷相对地减小，从而减小锥齿轮的尺寸。

（3）圆柱直齿轮和斜齿轮相比，一般斜齿轮的强度比直齿轮高，且传动平稳，所以斜齿轮适用于高速传动场合。如果圆周速度 $v>5\text{m/s}$，建议采用斜齿轮。但直齿轮构造简单，适用于低速（$v<2\sim3\text{m/s}$）的场合。在圆周速度相同的条件下，斜齿轮可选用较低的制造精度，使制造成本降低。

（4）直齿锥齿轮仅用于 $v<5\text{m/s}$ 的场合，高速时可采用曲齿等。

（5）由工作条件确定选用开式传动或闭式传动。

（6）蜗杆减速器主要有蜗杆在上方（上置式）和蜗杆在下方（下置式）两种形式。当蜗杆的圆周速度 $v<4\text{m/s}$ 时最好采用下置式蜗杆传动；$v>4\text{m/s}$ 时最好采用上置式蜗杆传动。

（7）联合使用齿轮、蜗杆传动时，有齿轮传动在高速级和蜗杆传动在高速级两种布置形式。前者结构紧凑，后者传动效率较高。

思考与练习

10-1 蜗杆传动的特点及使用条件是什么？

10-2 蜗杆传动的传动比如何计算？能否用分度圆直径之比表示传动比？为什么？

10-3 欲将蜗轮轴的输出转速提高到原来的2倍，而拟保持蜗杆直径不变且采用双头蜗杆代替单头蜗杆，则原来的蜗轮能否继续使用？为什么？

10-4　只要蜗杆模数 m 和直径系数 q 相同，不论蜗杆的头数 z_1 为多少，均可采用同一把蜗杆滚刀加工各种齿数的蜗轮，这种说法对吗？为什么？

10-5　与齿轮传动相比较，蜗杆传动的失效形式有何特点？为什么？

10-6　何谓蜗杆传动的中间平面？中间平面上的参数在蜗杆传动中有何重要意义？

10-7　试述蜗杆直径系数的意义，为何要引入蜗杆直径系数？

10-8　何谓蜗杆传动的相对滑动速度？它对蜗杆传动有何影响？

10-9　蜗杆的头数 z_1 及升角 λ 对啮合效率各有何影响？

10-10　蜗杆传动的效率为何比齿轮传动的效率低得多？

10-11 为什么对蜗杆传动要进行热平衡计算？当热平衡不满足要求时，可采取什么措施？

10-12　蜗杆传动的设计准则是什么？

10-13　常用的蜗轮、蜗杆的材料组合有哪些？设计时如何选择材料？

10-14　试分析图示的蜗杆传动中，蜗杆、蜗轮的转动方向及所受各分力的方向。

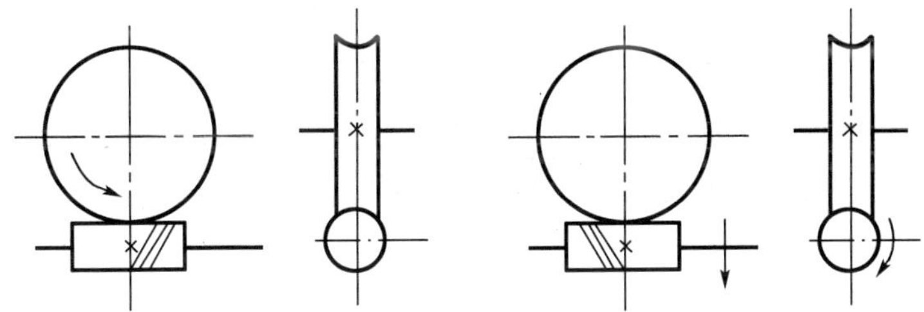

题 10-14 图

10-15　设计运输机的闭式蜗杆传动。已知电动机功率 $P=3\text{kW}$，转速 $n=960\text{r/min}$，蜗杆传动比 $i=21$，工作载荷平稳，单向连续运转，每天工作 8h，要求使用寿命为 5 年。

10-16　设计起重设备用闭式蜗杆传动。蜗杆轴的输入功率 $P=7.5\text{kW}$，蜗杆转速 $n_1=960\text{r/min}$，蜗轮转速 $n_2=48\text{r/min}$，间歇工作，每日工作 4h，预定寿命 10 年。

10-17　图示为蜗杆、斜齿轮传动，为使轴Ⅱ上的轴向力抵消一部分，斜齿轮 3 的旋向应如何？画出蜗轮及斜齿轮 3 上轴向力的方向。

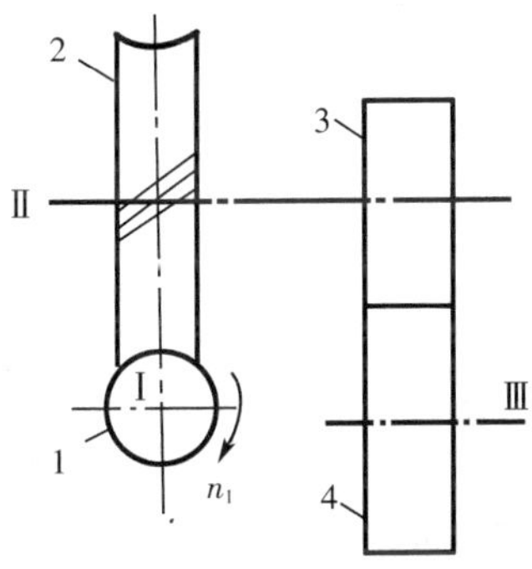

题 10-17 图

第十一章 齿 轮 系

第一节 齿轮系及其分类

在实际机械传动中，仅用一对齿轮往往不能满足生产上的多种要求，通常是采用一系列彼此相啮合的齿轮所组成的齿轮传动系统来达到目的的。这种多齿轮的传动装置称为齿轮系（简称轮系）。

齿轮系分为两大类：定轴齿轮系和行星齿轮系（或称周转轮系）。

一、定轴齿轮系

当齿轮系运转时，若其中各齿轮的轴线相对于机架的位置，都是固定不变的，则该齿轮系称为定轴齿轮系。

由轴线互相平行的圆柱齿轮组成的定轴齿轮系，称为平面定轴齿轮系，如图 11 - 1 所示。

包含有相交轴齿轮、交错轴齿轮等在内的定轴齿轮系，则称为空间定轴齿轮系，如图 11 - 2 所示。

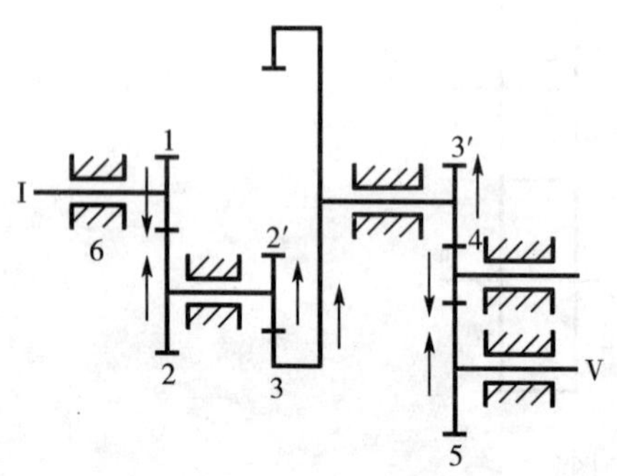

图 11 - 1 平面定轴轮系

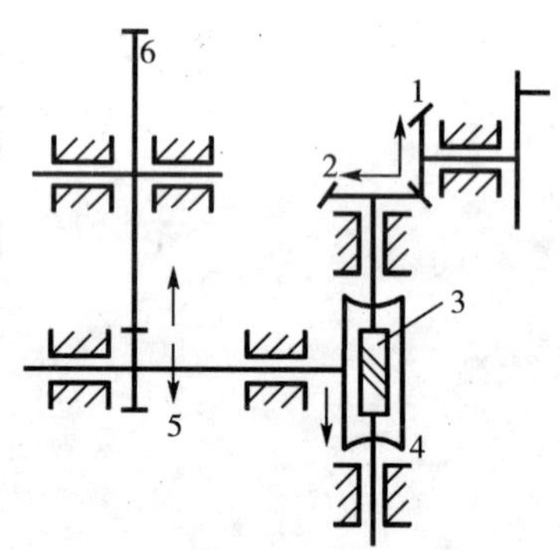

图 11 - 2 空间定轴轮系

二、行星齿轮系

在齿轮系运转时，若至少有一个齿轮的几何轴线绕另一齿轮固定几何轴线转动，则该齿轮系称为行星齿轮系。如图 11 - 3 所示的行星齿轮系，主要由行星齿轮、行星架和中心轮所组成。图 11 - 4 为行星齿轮系的简图。

在行星齿轮系中，活套在构件 H 上的齿轮 2，一方面绕自身的轴线 $O'O'$ 回转，另一方面又随构件 H 绕轴线 OO 回转，犹如天体中的行星，兼有自转和公转，故把作行星运动的齿轮 2 称为行星齿轮。支承行星齿轮的 H，则称为行星架。与行星齿轮相啮合且轴线位置固定的齿轮 1 和 3 称为中心轮，其中外齿轮称为太阳轮，而内齿中心轮称为内齿圈。一般行星齿轮系中都以中心轮和行星架作为运动的输入或输出构件，故称它们为行星齿轮系的基本构件。

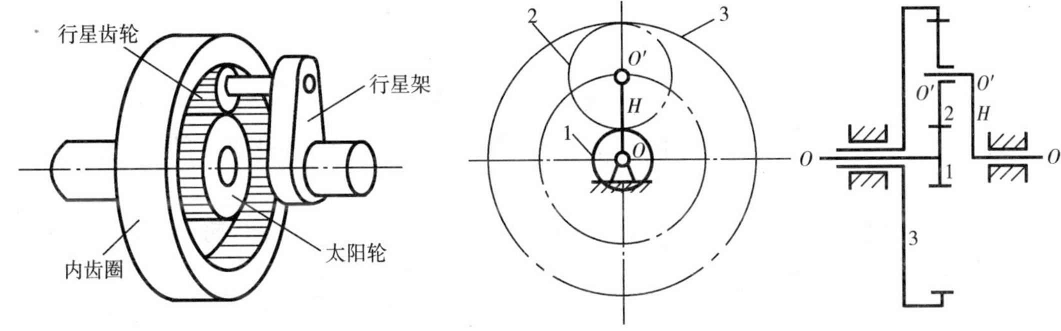

图 11－3　行星齿轮系结构　　　　图 11－4　行星齿轮系

根据结构复杂程度不同，行星齿轮系可分为以下三类：

（1）单级行星齿轮系　它是由一级行星齿轮传动机构构成的轮系，称为单级行星齿轮系，即它是由一个行星架及其上的行星轮和与之相啮合的中心轮所构成的齿轮系，如图 11－4 所示。本章主要讨论单级行星齿轮系。

（2）多级行星齿轮系　它是由两级或两级以上同类型单级行星齿轮传动机构构成的轮系，如图 11－5 所示。

（3）组合行星齿轮系　它是由一级或多级行星系与定轴齿轮系所组成的齿轮系，如图 11－6 所示。

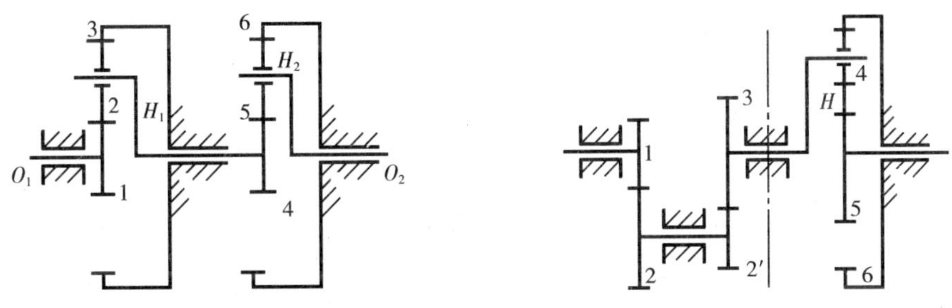

图 11－5　多级行星齿轮系　　　　图 11－6　组合行星轮系

行星齿轮系，根据其自由度的不同，可分为两类：

（1）简单行星齿轮系　自由度为 1 的行星齿轮系称为简单行星齿轮系，如图 11－7 所示。在此行星齿轮系中有固定的中心轮。

（2）差动齿轮系　自由度为 2 的行星齿轮系称为差动齿轮系。其中心轮均不固定，如图 11－4 所示。

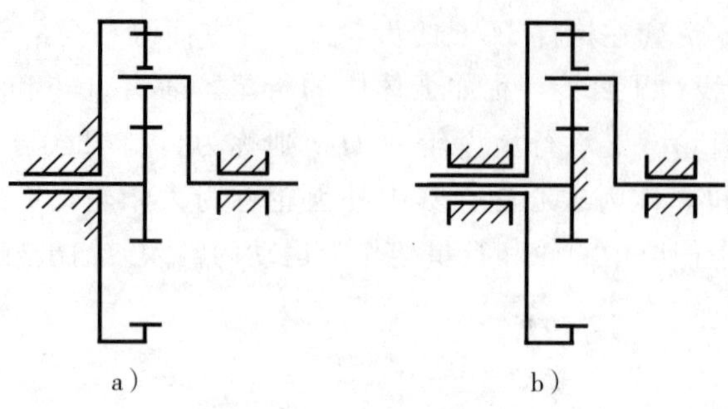

图 11-7 简单行星齿轮系

行星齿轮系按中心轮个数的不同又可分为如下三种类型：

(1) 2K-H 型行星齿轮系　它由两个中心轮（2K）和一个行星架（H）所组成，如图 11-4 所示。

(2) 3K 型行星齿轮系　它是由三个中心轮（3K）所组成的行星齿轮传动机构，如图 11-8 所示。

(3) K-H-V 型行星齿轮系　它是由一个中心轮（K）、一个行星架（H）和一个输出机构组成的行星齿轮传动机构，如图 11-9 所示。行星轮与输出轴 V 之间用等角速比输出机构联接，以实现等速比的运动输出，此等角速比输出机构简称为输出机构（或 W 机构）。当前使用比较广泛的渐开线少齿差行星齿轮传动和摆线少齿差传动皆属于 K-H-V 型行星齿轮系。

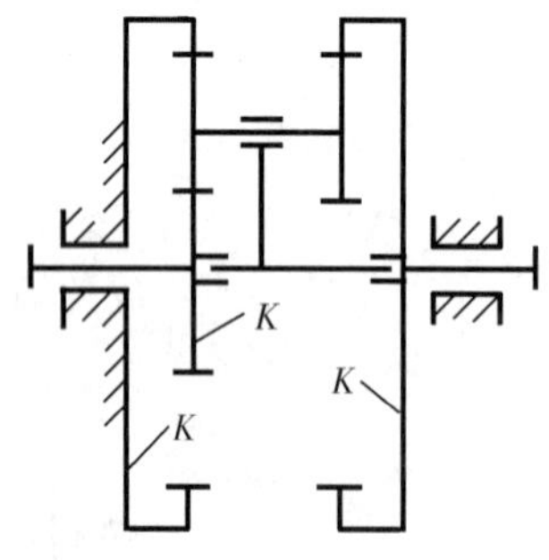

图 11-8 3K 型行星齿轮系

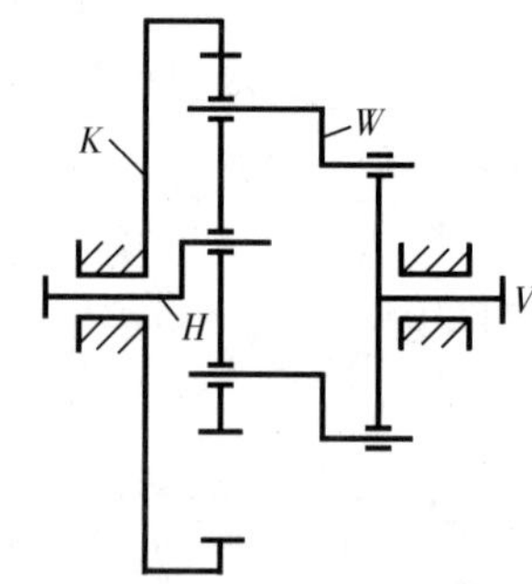

图 11-9 K-H-V 型行星齿轮系

第二节　定轴轮系传动比的计算

齿轮系中，首末两轮的角速度（或转速）之比，称为齿轮系的传动比，用 i 表示。因为角速度或转速是矢量，所以，讨论定轴齿轮系的传动比，既要计算传动比的数值，也要确定首末轮的转向关系。

一、平面定轴齿轮系传动比的计算

如图 11-1 所示的齿轮系，设齿轮 1 为首齿轮，齿轮 5 为末齿轮，z_1、z_2、z_2'、z_3、z_3'、z_4 及 z_5 分别为各齿轮的齿数，ω_1、ω_2、ω'_2、ω_3、ω'_3、ω_4 及 ω_5 分别为各齿轮的角速

度。该齿轮系的传动比 i_{15} 可由各对齿轮的传动比求出。

一对齿轮的传动比大小为其齿数的反比。若考虑转向关系，外啮合时两齿轮的转向相反，传动比取“－”号；内啮合时两齿轮的转向相同，传动比取“＋”号。故各对齿轮的传动比为

$$i_{12}=\frac{\omega_1}{\omega_2}=-\frac{z_2}{z_1};\qquad i_{2'3}=\frac{\omega'_2}{\omega_3}=\frac{z_3}{z'_2};$$

$$i_{3'4}=\frac{\omega'_3}{\omega_4}=-\frac{z_4}{z'_3};\qquad i_{45}=\frac{\omega_4}{\omega_5}=-\frac{z_5}{z_4}$$

其中 $\omega_2=\omega'_2$、$\omega_3=\omega'_3$。将以上各式两边连乘可得

$$i_{12}i_{2'3}i_{3'4}i_{45}=\frac{\omega_1\omega'_2\omega'_3\omega_4}{\omega_2\omega_3\omega_4\omega_5}=(-1)^3\frac{z_2z_3z_4z_5}{z_1z'_2z'_3z_4}$$

$$i_{15}=\frac{\omega_1}{\omega_5}=i_{12}i_{2'3}i_{3'4}i_{45}=(-1)^3\frac{z_2z_3z_5}{z_1z'_2z'_3}$$

上式表明，平面定轴齿轮系的传动比等于组成齿轮系的各对齿轮传动比的连乘积，也等于从动轮齿数的连乘积与主动轮齿数的连乘积之比。首末两齿轮转向相同还是相反，取决于齿轮系中外啮合齿轮的对数。

此外，在该齿轮系中齿轮 4 同时与齿轮 3′和末齿轮 5 啮合，其齿数可在上述计算式中消去，即齿轮 4 不影响齿轮系传动比的大小，只起到改变转向的作用，这种齿轮称为惰轮。

将上述计算式推广，若以 A 表示首齿轮，K 表示末齿轮，m 表示齿轮外啮合的对数，则平面定轴齿轮系传动比的计算公式为

$$i_{AK}=\frac{\omega_A}{\omega_K}=(-1)^m\frac{\text{各对齿轮从动轮齿数的连乘积}}{\text{各对齿轮主动轮齿数的连乘积}}\qquad(11-1)$$

首末两齿轮转向可用 $(-1)^m$ 来判别。i_{AK} 为负号时，说明首、末齿轮转向相反；i_{AK} 为正号时则转向相同。

二、空间定轴齿轮系传动比的计算

对空间齿轮传动比的大小也等于两齿轮齿数的反比，故也可用式（11－1）来计算空间齿轮系传动比的大小。但由于各齿轮轴线并不都互相平行，所以不能用 $(-1)^m$ 来确定首末齿轮的转向，而要采用在图上画箭头的方法来确定，如图 11－2 所示。

【例 11－1】　一手摇提升装置如图 11－10 所示。其中各轮齿数为 $z_1=20$、$z_2=50$、$z'_2=16$、$z_3=30$、$z'_3=1$、$z_4=40$、$z'_4=18$、$z_5=52$，试求传动比 i_{15}，并指出当提升重物时手柄的转向。

【解】　因为轮系中有空间齿轮，故只能用式（11－1）计算齿轮系传动比的大小。

$$i_{15}=\frac{z_2\cdot z_3\cdot z_4\cdot z_5}{z'_1\cdot z'_2\cdot z'_3\cdot z'_4}=\frac{50\times30\times40\times52}{20\times16\times1\times18}=541.67$$

当提升重物时，手柄的转向用画箭头方法确定，如图中箭头所示。

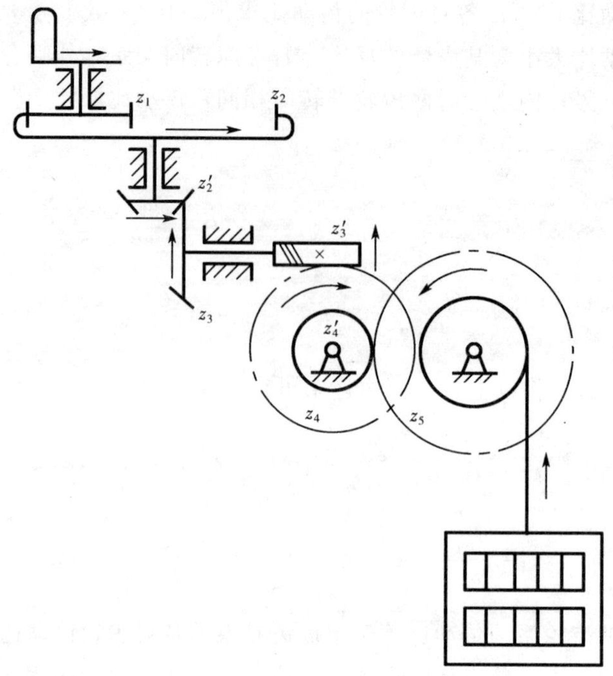

图 11-10　手摇提升装置

第三节　行星轮系传动比的计算

对于行星齿轮系，其传动比的计算显然不能直接利用定轴齿轮系传动比的计算公式。这是因为行星轮除绕本身轴线自转外，还随行星架绕固定轴线公转。

为了利用定轴齿轮系传动比的计算公式，间接求出单级行星齿轮系的传动比，可采用转化机构法（或叫“反转法”），即假设给整个轮系加上一个与行星架 H 的转速大小相等、方向相反的附加转速“$-n_H$”，则根据相对运动原理，此时行星齿轮系中各构件间的相对运动关系不变。正犹如钟表各指针的相对运动关系并不会因整个钟表作相对的附加反转运动而改变一样。但反转后行星架的转速为零，即原来运动的行星架转化为静止。这样原来的行星齿轮系就转化为一个假想的定轴齿轮系。这个假想的定轴齿轮系称为原行星齿轮系的转化机构。对于转化机构的传动比，则可按定轴齿轮系传动比的公式进行计算。而原来行星齿轮系的传动比，即可通过转化机构传动比计算公式间接求出。

图 11-11a 所示为差动齿轮系，图 11-11b 表示其转化机构。转化前、后各构件的转速如表 11-1 所示。

表 11-1　转化前、后差动齿轮系中各构件的转速

构　件	原轮系中的转速	转化机构中的转速
1	n_1	$n_1^H=n_1-n_H$
3	n_3	$n_3^H=n_3-n_H$
H	n_H	$n_H^H=n_H-n_H=0$

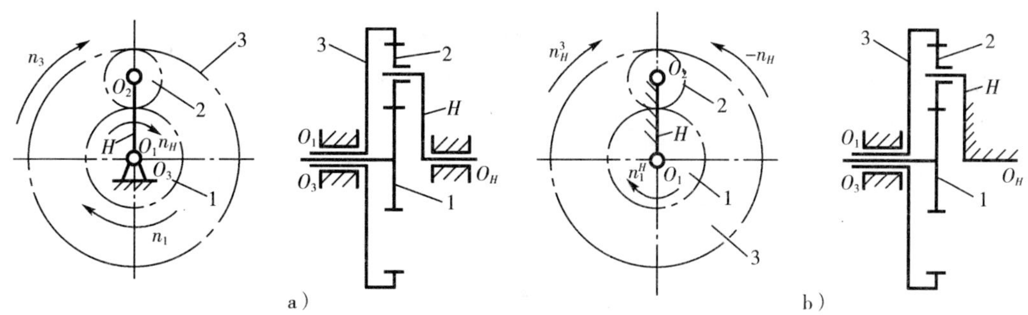

图 11-11　差动齿轮系及其转化机构

表中 n_1^H、n_3^H、n_H^H 分别表示转化机构中各构件相对于行星架 H 的转速。

对于转化机构的传动比 i_{13}^H 则可用定轴齿轮系的计算方法求出

$$i_{13}^H=\frac{n_1^H}{n_3^H}=\frac{n_1-n_H}{n_3-n_H}=-\frac{z_3}{z_1} \tag{11-2}$$

式中：负号表示齿轮 1 和齿轮 3 在转化机构中的转向相反。

上式虽没有直接表示出该差动齿轮系的传动比，但式中已包含了各基本构件转速与各轮齿数之间的关系。在计算齿轮系传动比时各轮齿数一般是已知的，若在 n_1、n_3、n_H 三个运动参数中已知任意两个（包括大小和方向），就可确定第三个，从而可求出该差动齿轮系中任意两轮的传动比。

推广到一般情况，行星齿轮系中任意两轮 A、K 以及行星架 H 的转速与齿数的关系为

$$i_{AK}^H=\frac{n_A^H}{n_K^H}=\frac{n_A-n_H}{n_K-n_H}=(-1)^m\frac{A\text{、}K\text{ 间各从动轮齿数的乘积}}{A\text{、}K\text{ 间各主动轮齿数的乘积}} \tag{11-3}$$

式中：A 为主动轮，K 为从动轮，中间各轮的主从地位也应按此假定判定；m 为齿轮 A 至 K 间外啮合的次数。

应用（11-3）式求行星齿轮系传动比时，必须注意以下几点：

（1）n_A、n_K、n_H 必须是轴线平行或重合的相应齿轮的转速。其原因在于公式推导过程中附加转速（$-n_H$）与各构件原来的转速是代数相加的，因而 n_A、n_K、n_H 必须是平行向量。正因为如此，对于圆锥齿轮所组成的差动齿轮系，如图 11-12 所示，其两中心轮之间或中心轮与行星架之间的传动比，可用上述公式求解。但行星轮的转速，则不能用上式求解。

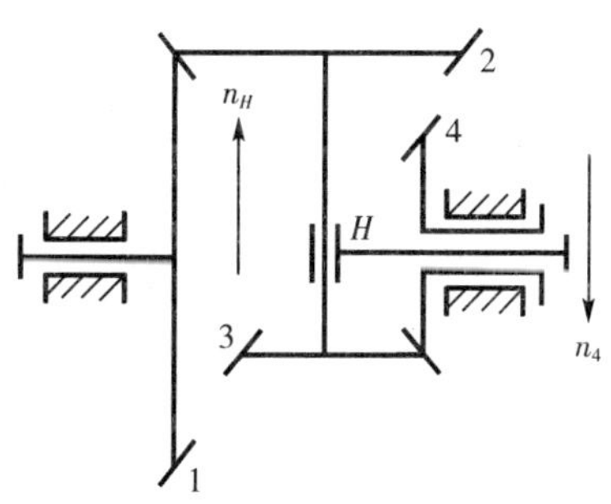

图 11-12　圆锥齿轮差动齿轮系

（2）将 n_A、n_K、n_H 的已知值代入公式时必须带正号或负号。在假定其中一已知转速的转向为正号以后，则加一已知转速的转向与其相

同时取正号，与其相反时取负号。

(3) $i_{AK}^{H} \neq i_{AK}$。i_{AK}^{H} 为转化机构中轮 A 与轮 K 的转速之比，其大小与正负号应按定轴齿轮系传动比的计算方法确定。而 i_{AK} 则是行星齿轮系中轮 A 与轮 K 的绝对转速之比，其大小与正号必须由计算结果确定。

对于单级简单行星齿轮系，由于有一个中心轮固定，因此只要有一个构件的转速已知，即可求出另一构件的转速。

【例 11-2】 一差动齿轮系如图 11-13 所示，已知各轮齿数为 $z_1=16$，$z_2=24$，$z_3=64$；齿轮 1 和齿轮 3 的转速为 $n_1=100\text{r/min}$，$n_3=-400\text{r/min}$，转向如图示。试求 i_{1H} 和 n_H。

【解】 由式（11-3）可得

$$i_{13}^{H}=\frac{n_1^H}{n_3^H}=\frac{n_1-n_H}{n_3-n_H}=(-1)^1\frac{z_3}{z_1}$$

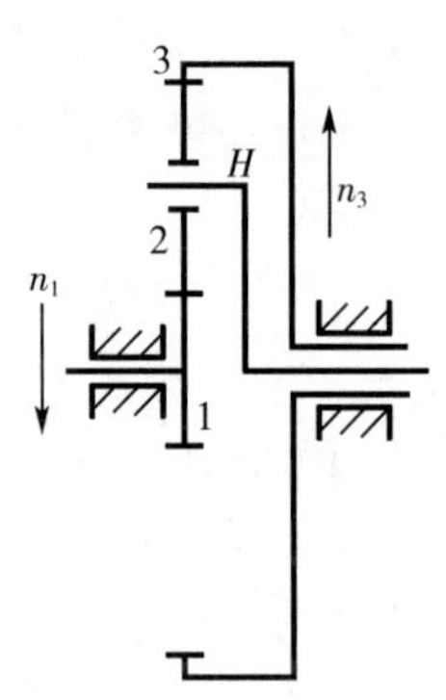

图 11-13 差动齿轮系

由题意知，齿轮 1、齿轮 3 转向相反。

将 n_1、n_3 及各轮齿数代入则得

$$\frac{100-n_H}{-400-n_H}=-\frac{64}{16}=-4$$

解得

$$n_H=-300\ \text{r/min}$$

由此可求得 $$i_{1H}=\frac{n_1}{n_H}=-\frac{1}{3}$$

以上解答中的负号表示行星架的转向与齿轮 1 相反，与齿轮 3 相同。

【例 11-3】 在图 11-12 所示齿轮系中，H 为输入构件，齿轮 1、齿轮 4 为输出构件。已知齿数 $z_1=60$，$z_2=40$，$z_3=z_4=20$；$n_H=600\ \text{r/min}$，$n_4=120\ \text{r/min}$，且 n_H 与 n_4 转向相反。求 n_1 和 i_{H1}。

【解】 齿轮系中齿轮 2、齿轮 3 为行星轮，齿轮 1、齿轮 4 为中心轮，H 为行星架。

由式（11-3），列出 i_{14}^{H}

$$i_{14}^{H}=\frac{n_1^H}{n_4^H}=\frac{n_1-n_H}{n_4-n_H}=+\frac{z_2\cdot z_4}{z_1\cdot z_3}$$

等式右端的正号，是在转化齿轮系中用画箭头的方法确定的。设 n_H 的转向为正，则 n_4 的转向为负，代入已知数据

$$\frac{n_1-(+600)}{(-120)-(+600)}=+\frac{40\times20}{60\times20}$$

解得 $n_1=120\ \text{r/min}$（与 n_H 转向相同）

$$i_{H1}=\frac{n_H}{n_1}=\frac{600}{120}=5$$

第四节　复合轮系传动比的计算

如果齿轮系中既包含定轴齿轮系，又包含行星齿轮系，或者包含几个行星齿轮系，则称为复合齿轮系，如图 11－14 所示。

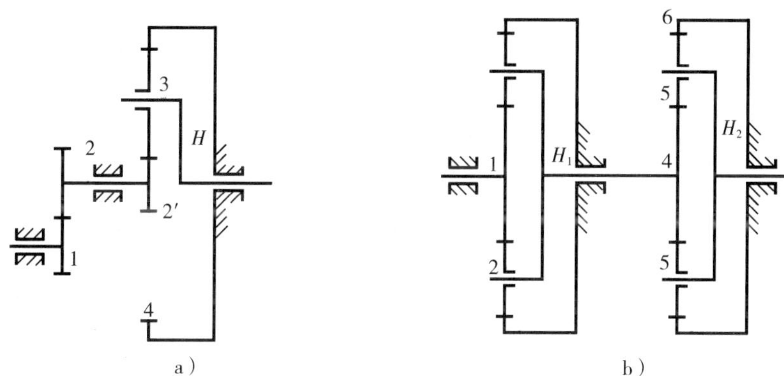

图 11－14　复合齿轮系

计算复合齿轮系传动比的步骤是：

（1）区分齿轮系中的行星齿轮系部分与定轴齿轮系部分，关键是要找出行星轮，支持它转动的为行星架，与它啮合的轴线位置固定的齿轮为中心轮；

（2）列出齿轮系中各部分的传动比计算公式，代入已知数据；

（3）根据各部分齿轮系之间的运动联系联立求解，进而求出复合齿轮系的传动比。

【例 11－4】　如图 11－15 机床变速传动装置简图中，已知各轮齿数，A 为快速进给电动机，B 为工作进给电动机，齿轮 4 与输出轴相连。求：（1）当 A 不动时，工作进给传动比 i_{64}；（2）当 B 不动时，快速进给传动比 i_{14}。

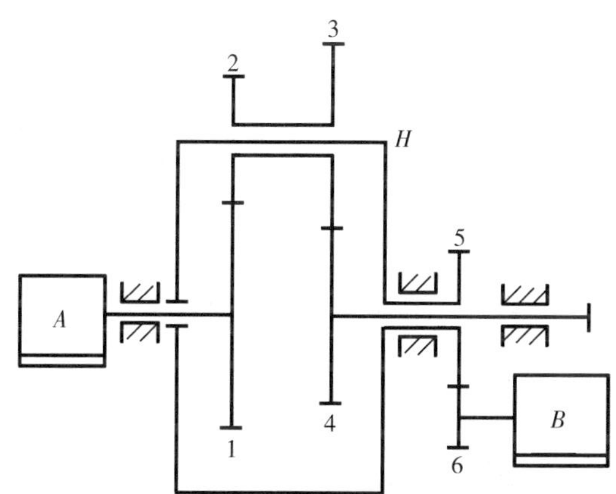

图 11－15　机床变速传动装置

【解】　（1）求 $n_A=0$ 时的工作进给传动比 i_{64}

当 $n_A=0$ 时，双联齿轮 2 和 3 为行星轮，H 为行星架，齿轮 1 和 4 为中心轮，它们一起构成行星齿轮系部分；齿轮 5 和 6 构成定轴齿轮系部分，该传动装置为复合齿轮系。

对行星齿轮系部分，由式（11-3），列出 i_{41}^{H}，可得

$$i_{41}^{H}=\frac{n_4-n_H}{n_1-n_H}=(-1)^2\frac{z_3\cdot z_1}{z_4\cdot z_2} \tag{a}$$

对定轴齿轮系部分，由式（11-1）可得

$$i_{65}=\frac{n_6}{n_5}=(-1)^1\frac{z_5}{z_6} \tag{b}$$

注意到此时 $n_1=n_A=0$，两部分齿轮系之间的运动联系为 $n_H=n_5$，由（b）得

$$n_5=-\frac{z_6}{z_5}n_6 \tag{c}$$

将（c）代入（a），整理得

$$i_{64}=\frac{n_6}{n_4}=\frac{1}{\frac{z_6}{z_5}\left(\frac{z_3\cdot z_1}{z_4\cdot z_2}-1\right)}$$

（2）求 $n_B=0$ 时的快速进给传动比 i_{14}

当 $n_B=0$ 时，由于 $n_B=n_6=n_5=n_H=0$，所以齿轮1、2、3、4构成定轴齿轮系，由式（11-1）得

$$i_{14}=\frac{n_1}{n_4}=(-1)^2\frac{z_2\cdot z_4}{z_1\cdot z_3}$$

本例的变速装置结构紧凑，操纵方便，并可在运动中变速，有一定的优越性。

第五节　轮系的功用

一、实现分路传动

利用轮系可使一个主动轴同时带动若干从动轴转动，并将运动从不同的传动路线传动给执行机构的特点可实现机构的分路传动。

图11-16所示为滚齿机上滚刀与轮坯之间作展成运动的传动简图。滚齿加工要求滚刀的转速 $n_{刀}$ 与轮坯的转速 $n_{坯}$ 必须满足 $i_{刀坯}=\frac{n_{刀}}{n_{坯}}=\frac{z_{坯}}{z_{刀}}$ 的传动比关系。主动轴Ⅰ通过锥齿轮1经齿轮2将运动传给滚刀；同时主动轴又通过直齿轮3经齿轮4—5、6、7—8传至蜗轮9，带动被加工的轮坯转动，以满足滚刀与轮坯的传动比要求。

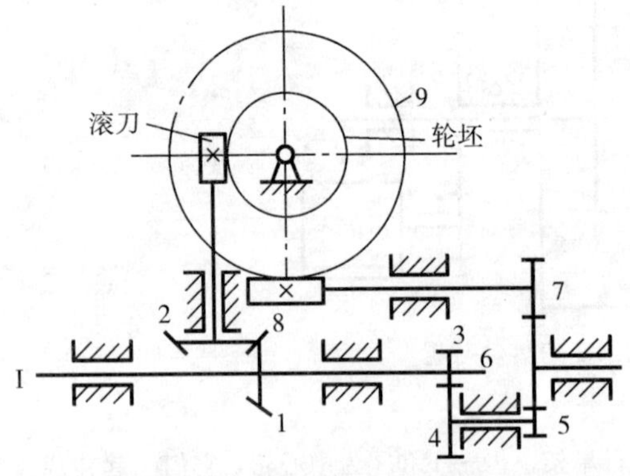

图11-16　滚齿机中的轮系

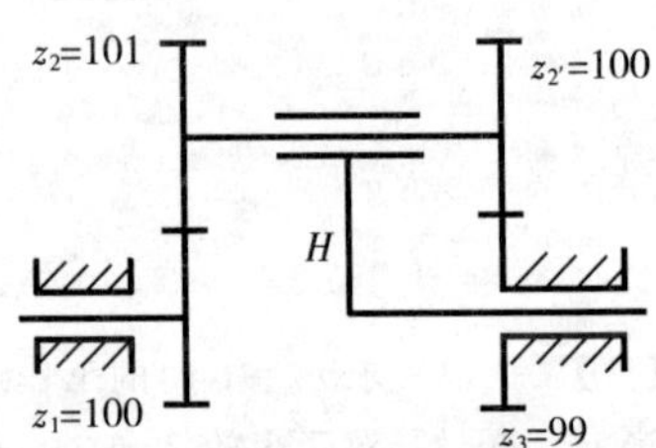

图11-17　行星减速器中的齿轮系

二、获得大的传动比

若想要用一对齿轮获得较大的传动比，则必然有一个齿轮要做得很大，这样会使机构的体积增大，同时小齿轮也容易损坏。如果采用多对齿轮组成的齿轮系，则可以很容易地获得较大的传动比。只要适当选择齿轮系中各对啮合齿轮的齿数，即可得到所要求的传动比。在行星齿轮系中，用较少的齿轮即可获得很大的传动比。如图 11－17 所示行星齿轮系中，输入件 H 对输出件 1 的传动比 $i_{H1}=10\,000$；不过这种齿轮系的传动效率很低，当轮 1 为主动件时，将发生自锁。

三、实现换向传动

在输入轴转向不变的情况下，利用惰轮可以改变输出轴的转向。

如图 11－18 所示车床上走刀丝杆的三星轮换向机构，扳动手柄 a 可实现如图 11－18a、11－18b 所示的两种传动方案。由于两方案仅相差一次外啮合，故从动轮 4 相对于主动轮 1 有两种输出转向。

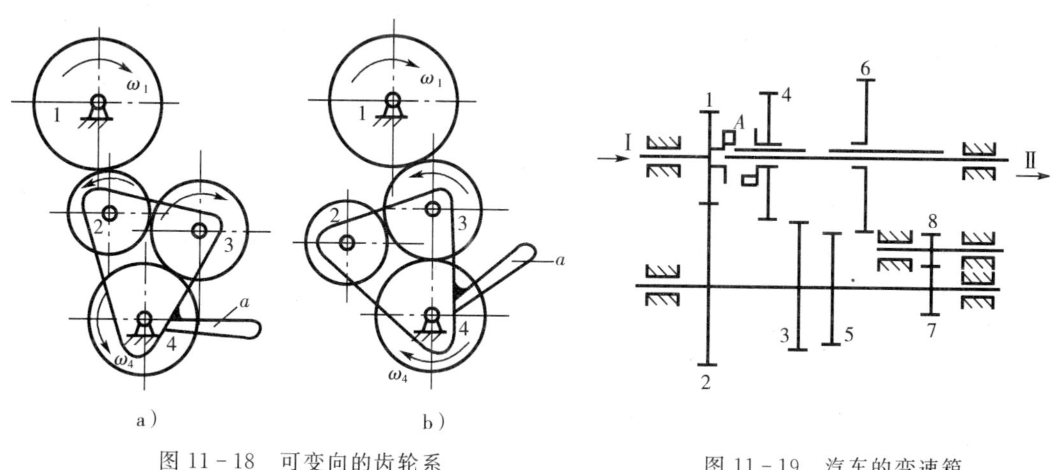

图 11－18 可变向的齿轮系

图 11－19 汽车的变速箱

四、实现变速传动

在输入轴转速不变的情况下，利用齿轮系可使输出轴获得多种工作转速。图 11－19 所示的汽车变速箱，可使输出轴得到 4 个档次的转速。一般机床、起重等设备上也都需要这种变速传动。

五、用于对运动进行合成与分解

在差动齿轮系中，当给定两个基本构件的运动后，第三个构件的运动是确定的。换而言之，第三个构件的运动是另外两个基本构件运动的合成。

同理，在差动齿轮系中，当给定一个基本构件的运动后，可根据附加条件按所需比例将该运动分解成另外两个基本构件的运动。

图 11－20 所示为滚齿机中的差动齿轮系。滚切斜齿轮时，由齿轮 4 传递来的运动传给中心轮 1，转速为 n_1；由蜗轮 5 传递来的运动传给 H，使其转速为 n_H。这两个运动经齿轮系合成后变成齿轮 3 的转速 n_3 输出。

因 $z_1=z_3$，则 $i_{13}^H=\dfrac{n_1^H}{n_3^H}=\dfrac{n_1-n_H}{n_3-n_H}=\dfrac{z_3}{z_1}=-1$， 故 $n_1=2n_H-n_1$。

图 11-21 所示的汽车后桥差速器即为分解运动的齿轮系。在汽车转弯时它可将发动机传到齿轮 5 的运动以不同的速度分别传递给左右两个车轮，以维持车轮与地面间的纯滚动，避免车轮与地面间的滑动摩擦导致车轮过度磨损。

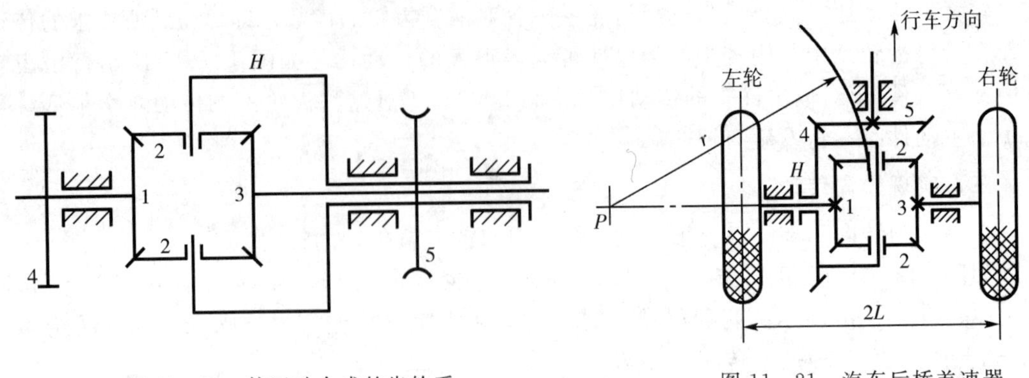

图 11-20　使运动合成的齿轮系

图 11-21　汽车后桥差速器

若输入转速为 n_5，两车轮外径相等，轮距为 $2L$，两轮转速分别为 n_1 和 n_3，r 为汽车行驶半径。当汽车绕图示 P 点向左转弯时，两轮行驶的距离不相等，其转速比为

$$\frac{n_1}{n_3}=\frac{r-L}{r+L} \tag{a}$$

差速器中齿轮 4、齿轮 5 组成定轴齿轮系，行星架 H 与齿轮 4 固联在一起，1—2—3—H 组成差动齿轮系。对于差动齿轮系 1—2—3—H，因 $z_1=z_2=z_3$，有

$$i_{13}^H=\frac{n_1^H}{n_3^H}=\frac{n_1-n_H}{n_3-n_H}=-\frac{z_3}{z_1}=-1$$

$$n_H=\frac{n_1+n_3}{2}$$

即

$$n_4=n_H=\frac{n_1+n_3}{2} \tag{b}$$

联立求解（a）、（b）两式得

$$n_1=\frac{r-L}{r}n_4$$

$$n_3=\frac{r+L}{r}n_4$$

若汽车直线行驶，因 $n_1=n_3$，所以行星齿轮没有自转运动，此时齿轮 1、2、3 和 4 相当于一刚体作同速运动，即

$$n_1=n_3=n_4=\frac{n_5}{i_{54}}=n_5\cdot\frac{z_5}{z_4}$$

由此可知，差动齿轮系可将一输入转速分解为两个输出转速。

第六节　其他新型齿轮传动装置简介

近年来，一些新型的行星齿轮传动装置以其独特的性能在机械工业中得到应用。比较常用的有：渐开线少齿差行星齿轮传动、摆线针轮行星传动和谐波齿轮传动等。它们的共同特点是结构紧凑、传动比大、质量轻和效率高。

一、渐开线少齿差行星齿轮传动装置

图 11－22 为渐开线少齿差行星轮系。它主要由固定的太阳轮 1、行星轮 2、行星架 H（输入端）、输出轴 V 及等速比机构 W 组成。当行星架 H 高速转动时，行星轮 2 便作平面回转运动，即一方面绕轴线 O_1 作公转，另一方面又绕其自身轴线 O_2 作反方向自转，通过等速比机构 W 将行星轮的转动同步传给输出轴 V。利用式（11－3）求得该装置的传动比为

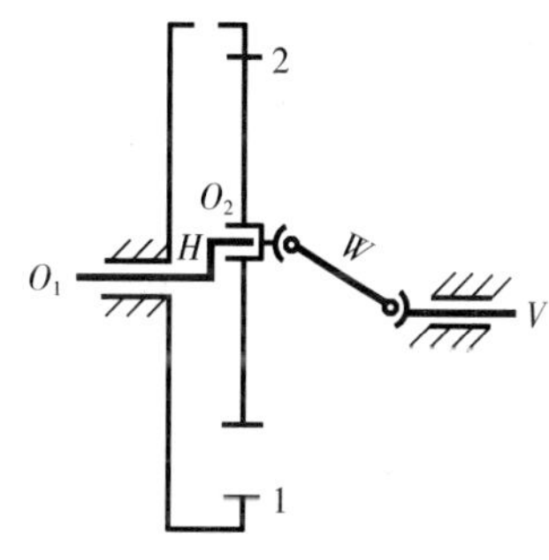

图 11－22　渐开线少齿差行星轮系

$$i_{H2}=-\frac{z_2}{z_1-z_2} \tag{11-4}$$

由式（11－4）可知，太阳轮 1 与行星轮 2 齿数差越少，传动比 i_{H2} 越大。通常，齿数差为 1～4，所以称为少齿差行星齿轮传动。

等速比机构 W 可以采用双万向节，十字滑块联轴器以及销孔式输出机构等。图 11－23所示为少齿差行星齿轮传动结构示意图。

少齿差行星齿轮传动虽然传动比大，但同时啮合的齿数少，承载能力较低，且齿轮必须采用变位齿轮，计算比较复杂；此外其径向受力也较大。

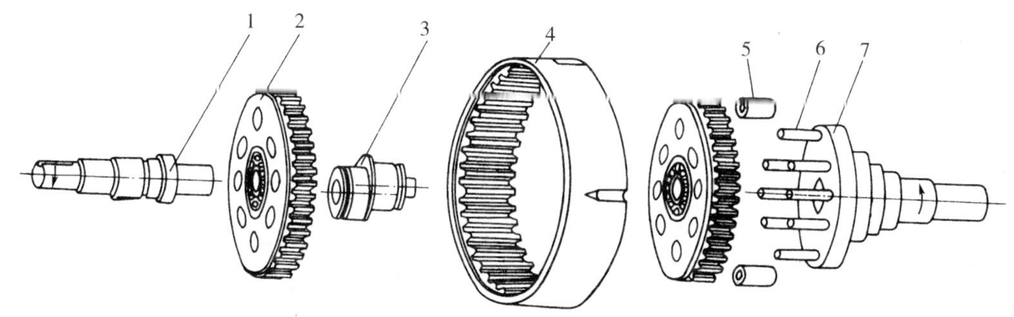

图 11－23　渐开线少齿差行星齿轮传动结构示意图

1—输入轴　2—行星轮　3—偏心轴　4—内齿轮　5—销轴套　6—销轴　7—输出轴

二、摆线针轮行星传动

摆线针轮传动是针对渐开线少齿差行星传动的主要缺点而改进发展起来的一种新型的传动。摆线针轮行星传动的减速原理、输出机构的形式，均与渐开线少齿差行星齿轮传动

相同，但其齿轮是采用摆线作为齿廓，其机构运动简图如图 11－24 所示。太阳轮 1 为针轮（针轮轮齿为带有滚动销套的圆柱销），固定在机壳上；行星轮 2 的轮齿为摆线齿。两轮的齿数相差 1。该传动装置的传动比为

$$i_{H2}=\frac{n_H}{n_2}-\frac{z_2}{z_1-z_2}=-z_2 \qquad (11-5)$$

这种传动装置承载能力大、效率高，但加工和安装精度要求高，散热也比较困难。摆线针轮行星传动在国防、冶金、矿山等部门得到广泛的应用。

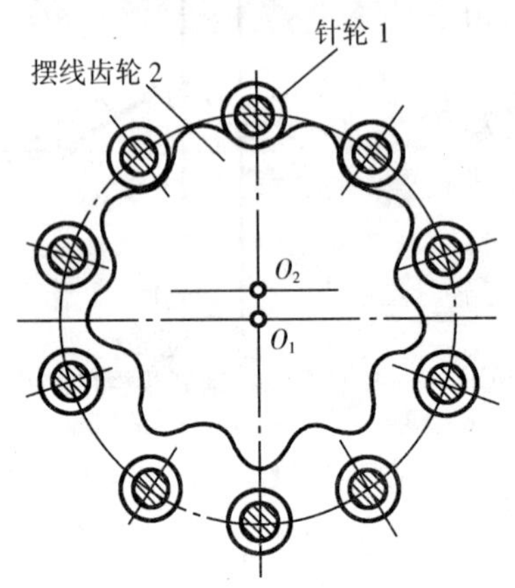

图 11－24　摆线针轮行星传动

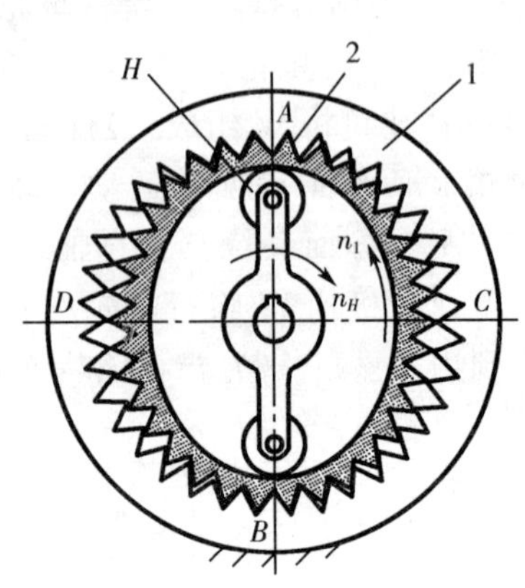

图 11－25　谐波齿轮传动

三、谐波齿轮传动装置

图 11－25 为谐波齿轮传动装置示意图。它主要由波发生器 H（相当于行星架）、刚轮 1（相当于太阳轮）和柔轮 2（相当于行星轮）组成。刚轮 1 是一个刚性内齿轮，柔轮 2 是一个容易变形的薄壁圆筒外齿轮，它们的齿距相同，但柔轮比刚轮少一个或几个齿。波发生器由一个转臂和几个滚子组成。通常波发生器 H 为原动件，柔轮 2 为从动件，刚轮 1 固定不动。

当波发生器 H 转动时，因为柔轮 2 的内壁孔径略小于波发生器长度，所以迫使柔轮产生弹性变形，其变形面呈椭圆形状。当椭圆长轴两端轮齿进入啮合时，短轴两端轮齿脱开，其余部位的轮齿处于过渡状态。随着波发生器回转，轮的长轴、短轴位置不断改变，使轮齿的啮合和脱开位置不断变化，从而实现运动的传递。该传动装置的传动比为

$$i_{H2}=-\frac{z_2}{z_1-z_2} \qquad (11-6)$$

这种传动可由柔轮直接输出，封闭性好，同时啮合的齿数多，承载能力高，且平稳无冲击；但对柔轮材料、加工和热处理要求高，工艺复杂，此外其散热条件也较差。目前，谐波齿轮传动已广泛应用于能源、造船、航空航天等部门。

第七节 减 速 器

减速器是一种由封闭在刚性壳体内的齿轮传动、蜗杆传动、齿轮—蜗杆传动所组成的独立部件，常用作原动机与工作机之间的减速传动装置。在少数场合也用作增速的传动装置，这时就称为增速器。

减速器的种类很多。常用的齿轮减速器、蜗杆减速器、行星减速器等三种：

（1）齿轮减速器　主要有圆柱齿轮减速器、锥齿轮减速器和圆锥—圆柱齿轮减速器三种。

（2）蜗杆减速器　主要有圆柱蜗杆减速器、圆弧齿蜗杆减速器、锥蜗杆减速器和蜗杆—齿轮减速器等。

（3）行星减速器　主要有渐开线行星齿轮减速器、摆线针轮减速器和谐波齿轮减速器等。

一、常用减速器的主要类型、特点和应用

1. 齿轮减速器

齿轮减速器按减速齿轮的级数可分为单级、二级、三级和多级减速器几种；按轴在空间的相互配置方式可分为立式和卧式减速器两种；按运动简图的特点可分为展开式、同轴式和分流式减速器等。

单级圆柱齿轮减速器的最大传动比一般为 $i_{max}=8\sim10$，作此限制主要为避免外廓尺寸过大。若要求 $i>10$ 时，就应采用二级圆柱齿轮减速器。

二级圆柱齿轮减速器应用于 $i=8\sim50$ 及高、低速级的中心距总和 $a_{\Sigma}=250\sim400$mm 的情况下。图 11－26a 所示为展开式二级圆柱齿轮减速器，它结构简单，可根据需要选择输入轴端和输出轴端的位置。图 11－26b、c 所示为分流式二级圆柱齿轮减速器，其中图 11－26b为高速级分流，图 11－26c 为低速级分流。分流式减速器的外伸轴可向任意一边伸出，便于传动装置的总体配置，分流级的齿轮均做成斜齿，一边左旋，另一边右旋以抵消轴向力。图 11－26g 所示为同轴式二级圆柱齿轮减速器，它的径向尺寸紧凑，轴向尺寸较大，常用于要求输入轴端和输出轴端在同一轴线上的情况。图 11－26e、f 所示为三级圆柱齿轮减速器，用于要求传动比较大的场合。图 11－26d、h 所示分别为单级锥齿轮减速器和二级圆锥—圆柱齿轮减速器，用于需要输入轴与输出轴成 90°配置的传动中。因大尺寸的锥齿轮较难精确制造，所以圆锥—圆柱齿轮减速器的高速级总是采用锥齿轮传动以减小其尺寸，提高制造精度。

齿轮减速器的特点是效率高、寿命长、维护简便，因而应用极为广泛。

2. 蜗杆减速器

蜗杆减速器的特点是在外廓尺寸不大的情况下可以获得很大的传动比，同时工作平衡、噪声较小，但缺点是传动效率较低。蜗杆减速器中应用最广的是单级蜗杆减速器。

单级蜗杆减速器根据蜗杆的位置可分为上置蜗杆（图 11－27a)、下置蜗杆（图 11－27c）及侧蜗杆（图 11－27b）三种，其传动比范围一般为 $i=10\sim70$。设计时应尽可能选用下置蜗杆的结构，以便于解决润滑和冷却问题。图 11－27d 所示为二级蜗杆减速器。

3. 蜗杆—齿轮减速器

这种减速器通常将蜗杆传动作为高速级，因为高速时蜗杆的传动效率较高。它适用的传动比范围为 50～130。

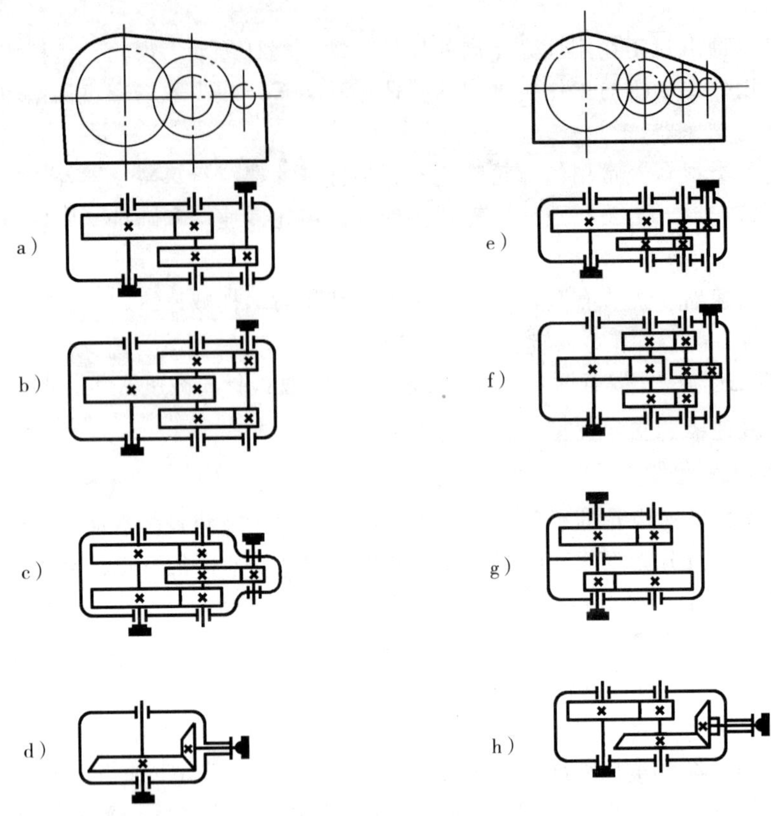

图 11-26　各式齿轮减速器

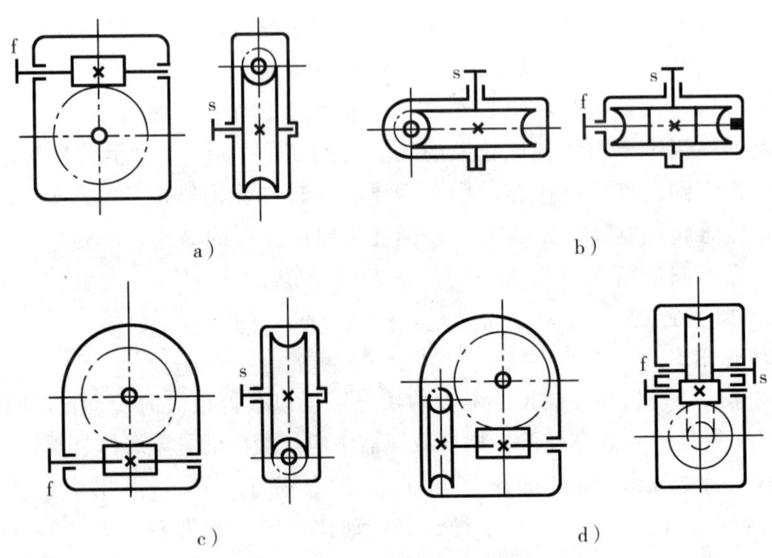

图 11-27　各式蜗杆减速器

s—低速级；f—高速级

二、减速器传动比的分配

由于单级齿轮减速器的传动比最大不超过 10，当总传动比要求超过此值时，应采用二级或多级减速器。此时就应考虑各级传动比的合理分配问题，否则将影响到减速器外形尺寸的大小，承载能力能否充分发挥等。根据使用要求的不同，可按下列原则分配传动比：

(1) 使各级传动的承载能力接近于相等；

(2) 使减速器的外廓尺寸和质量最小；

(3) 使传动具有最小的转动惯量；

(4) 使各级传动中大齿轮的浸油深度大致相等。

三、减速器的结构与润滑

1. 减速器的结构

图 11－28 所示为单级直齿圆柱齿轮减速器，它主要由齿轮（或蜗杆）、轴、轴承和箱体等组成。箱体必须有足够的刚度，为保证箱体的刚度及散热，常在箱体外壁上制有加强肋。为方便减速器的制造、装配及使用，还在减速器上设置一系列附件，如检查孔、透气孔、油标尺或油面指示器、吊钩及起盖螺钉等。

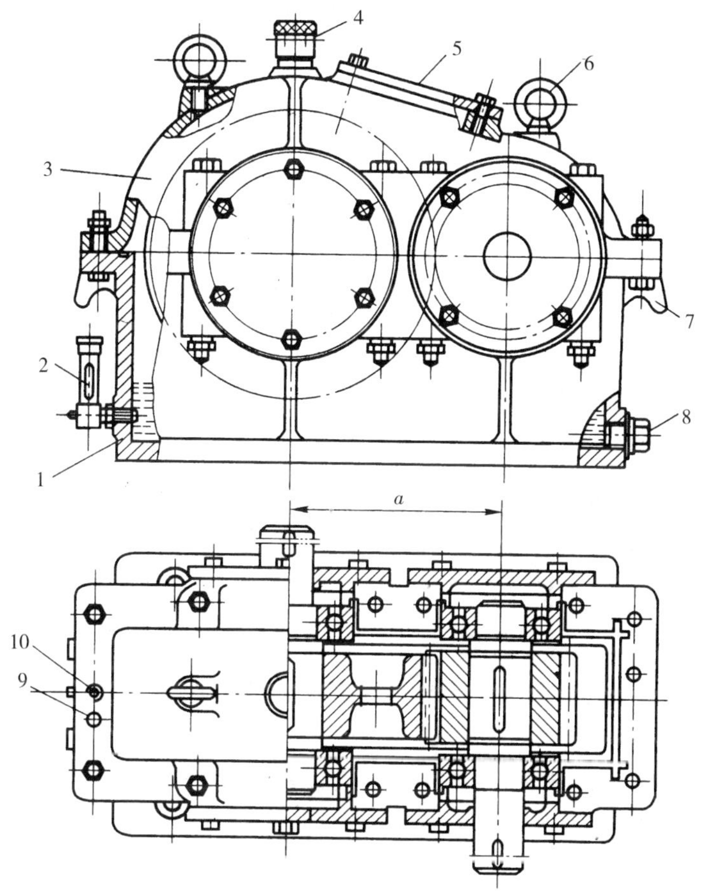

图 11－28 减速器

1—下箱体；2—油面指示器；3—上箱体；4—透气孔；5—检查孔盖；6—吊环螺钉；7—吊钩；8—油塞；9—定位销钉；10—起盖螺钉孔（带螺纹）

2. 减速器的润滑

减速器润滑的目的是为了减少摩擦损失及发热，防蚀、防锈，提高效率；以保证减速器正常工作。

对于减速器中的传动件(齿轮)、轴及轴承组合的结构、强度计算及其润滑等内容，可参看有关章节。

思考与练习

11-1 定轴齿轮系与行星齿轮系的主要区别是什么?

11-2 各种类型齿轮系的转向如何确定? $(-1)^m$ 方法适用于何种类型的齿轮系?

11-3 “转化机构法”的根据何在?

11-4 摆线针轮行星传动中，针轮与摆线轮的齿数差为多少?

11-5 谐波齿轮传动是怎样工作的? 谐波齿轮传动中刚轮与柔轮的齿数差如何确定?

11-6 谐波齿轮减速器与摆线针轮减速器相比有何特点?

11-7 如图所示的某二级圆柱齿轮减速器，已知减速器的输入功率 $P=3.8\text{kW}$，转速 $n_1=960\text{r/min}$，各齿轮齿数 $z_1=22$、$z_2=77$、$z_3=18$、$z_4=81$，齿轮传动效率 $\eta_{齿}=0.97$，每对滚动轴承的效率 $\eta_{滚}=0.98$。求：(1) 减速器的总传动比 $i_{\text{I}\,\text{III}}$；(2) 各轴的功率、转速及转矩。

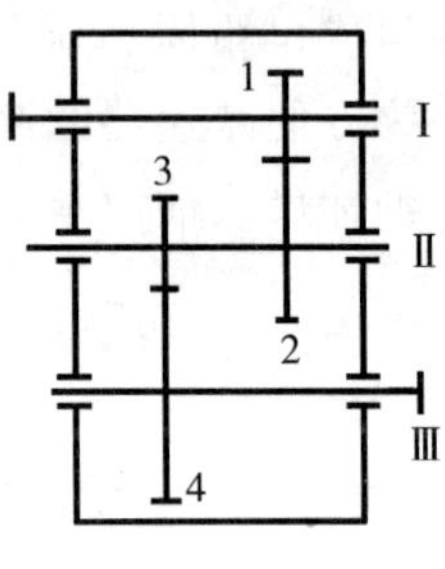

题 11-7 图

11-8 在图示的齿轮系中，已知各齿轮齿数（括号内为齿数），3′为单头右旋蜗杆，求传动比 i_{15}。

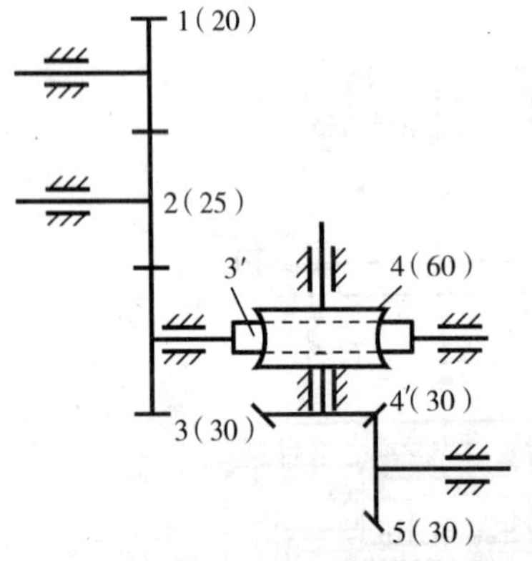

题11-8图

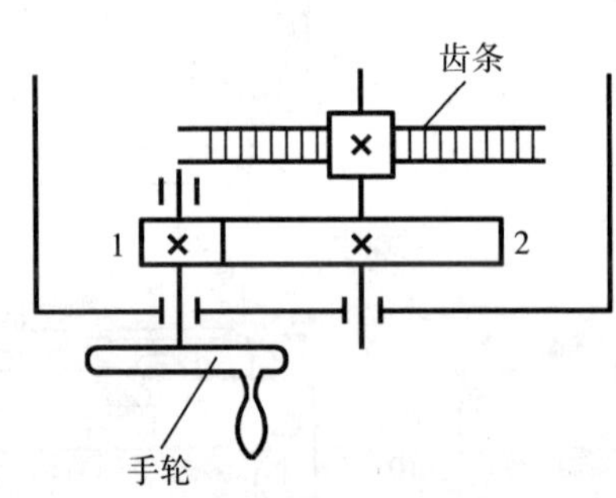

题11-9图

11-9 图示为车床溜板箱手动操纵机构。已知齿轮 1、齿轮 2 的齿数 $z_1=16$、$z_2=80$，齿轮 3 的齿数 $z_3=13$，模数 $m=2.5\text{mm}$，与齿轮 3 啮合的齿条被固定在床身上。试求当溜板箱移动速度为 1 m/min 时的手轮转速。

11-10 图示为汽车式起重机主卷筒的齿轮传动系统，已知各齿轮齿数 $z_1=20$、$z_2=30$、$z_6=33$、$z_7=57$，$z_3=z_4=z_5=28$，蜗杆 8 的头数 $z_8=2$，蜗轮 9 的齿数 $z_9=30$，试计算 i_{19}，并说明双向离合器的作用。

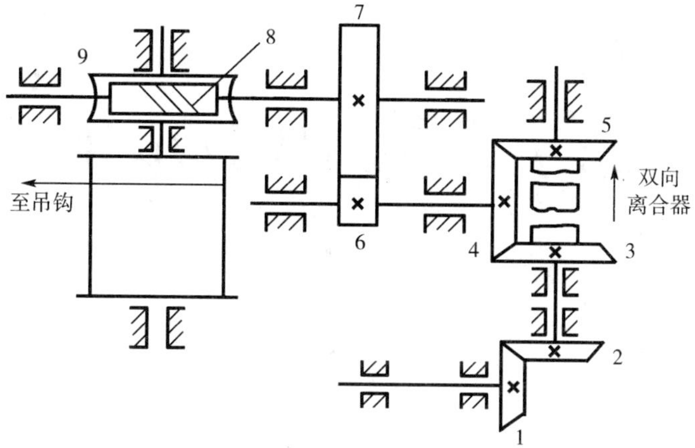

题 11-10 图

11-11 在图示的差速器中，已知 $z_1=48$，$z_2=42$，$z'_2=18$，$z_3=21$，$n_1=100\text{r/min}$，$n_3=80\text{r/min}$，其转向如图所示，求 n_H。

11-12 在图示齿轮系中，已知 $z_1=22$，$z_3=88$，$z'_3=z_5$，试求传动比 i_{15}。

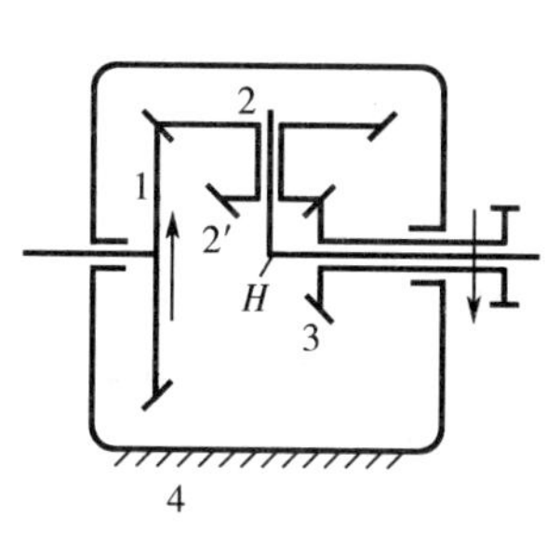

题 11-11 图

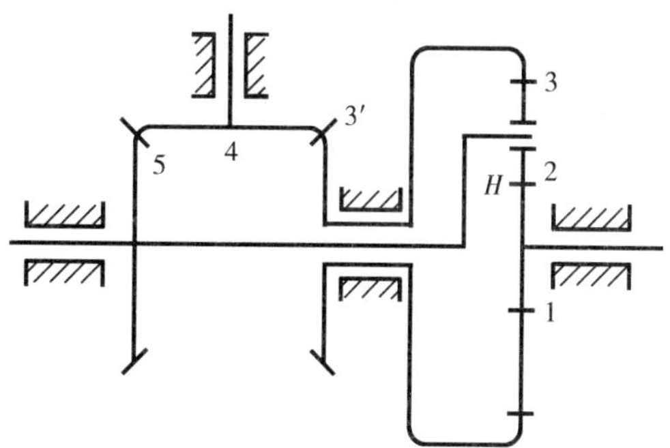

题 11-12 图

第十二章 机械传动设计

第一节 概　　述

如前所述，现代各种生产部门中所使用的机器一般由三大部分组成：原动装置、传动装置、执行装置。机械中最常见的原动装置为电动机。执行装置（即工作机）通常由电动机来驱动。在电动机与工作机之间以及在工作机内部，通常装置着各种传动机构。传动机构的形式有多种，如机械的、液压的、气动的、电气的以及综合的。其中最常见的为机械传动和液压传动。机械传动优点是：实现回转运动的结构简单；机械故障一般容易发现（液压传动的故障则不易找出原因）；传动较为准确，实现定比传动较为方便等。故机械传动应用最广。

机械传动是机械传动装置或机械传动系统的简称。它是利用机械运动方式传递运动和动力的系统。从运动的观点来看，机械传动系统通常包括机械运动速度变换机构（通常称传动机构）和机械运动形式变换机构（通常称执行机构）两部分。表 12 - 1 和表 12 - 2 列出了常用这两种机构及其特点。

表 12 - 1　实现转速变换的机构类型及其性能

<table>
<tr><th colspan="2">机构类型</th><th>传递功率</th><th>传动效率</th><th>线速度
m/s</th><th>单级
传动比</th><th>外廓
尺寸</th><th>成本</th><th colspan="2">主要优缺点</th></tr>
<tr><td colspan="2">摩擦轮传动机构</td><td>中、小</td><td>0.85～0.95</td><td></td><td>≤5～≤7</td><td>大</td><td>低</td><td colspan="2">工作平衡，结构简单，有过载打滑作用，适用于冲压机械，但不能严格保证传动比，轴上受力大</td></tr>
<tr><td rowspan="2">带传动
机构</td><td>V 带
平带</td><td rowspan="2">大、中、小</td><td>0.92～0.96</td><td>5～30</td><td>≤5～≤7</td><td>大</td><td>低</td><td rowspan="2">结构简单、维修方便，传动平衡，中心距变化范围广，但使用寿命较短</td><td>能缓和冲击，过载打滑，起保护作用，但不能保证恒定传动比</td></tr>
<tr><td>同步带</td><td>0.96～0.98</td><td>0.1～50</td><td>≤10</td><td>中</td><td>低</td><td>能保证恒定的平均传动比</td></tr>
<tr><td>链传动
机构</td><td>滚子链、
齿形链</td><td>大、中、小</td><td>0.93～0.97</td><td>5～25</td><td>≤6～≤10</td><td>大</td><td>中</td><td colspan="2">平均传动比准确，中心距变化范围广，传递功率大，高速时冲击振动较大，在振动冲击载荷作用下寿命较短</td></tr>
</table>

（续表）

机构类型		传递功率	传动效率	线速度 m/s	单级传动比	外廓尺寸	成本	主要优缺点
渐开线圆柱和圆锥齿轮传动机构	开式	大、中、小	0.92～0.96	≤5	≤3～≤5	中、小	中	适用的速度和功率范围广，寿命长，效率高，传动比准确，应用最广，但制造精度要求高，噪声较大
	闭式		0.96～0.99	≤20～≤100	≤7			
交错轴斜齿圆柱齿轮传动机构		小	0.94～0.96		≤3	中	中	相对滑动较大，磨损较大，不适于重载传动
蜗杆传动机构	自锁	中、小	0.3～0.4		10～80	小	高	传动比大，结构紧凑，反行程可自锁，但效率低，常需用价格较贵的青铜材料，制造精度要求高
	不自锁		0.7～0.9					
圆弧齿轮传动机构		大、中、小	0.98～0.99	4～50（高速传动可达100）	≤3～≤5	中、小	中	承载能力较高，但制造及安装精度要求也较高，刀具较复杂
渐开线行星齿轮传动机构	2K－H 型 3K 型	中、小	0.8 以上，最高可达 0.97～0.99		3～60	小	高	传动比大，结构较定轴齿轮传动紧凑，传递功率较大，但装配较复杂。根据类型不同，传动效率与传动比范围相差很大，大传动比时往往效率很低
	K－H－V 少齿差型	小	0.8～0.94		7～83	小	高	传动比大，体积小，重量轻，高速轴转速受限制
摆线针轮传动机构		中、小	0.9～0.97		9～87	小	高	传动比大，体积小，重量轻，寿命长，承载能力比少齿差行星传动高，但制造精度要求较高，高速轴转速有限制
谐波齿轮传动机构		小	0.90		260	小	高	传动比大，结构紧凑，但材料热处理要求高
机械无级调速机构		小	0.85～0.95		≤4～≤6	中	中	转速的变化可均匀过渡，结构紧凑，使用方便，但一般寿命较低，传动功率不高

表 12-2 实现运动形式变换的机构类型及其主要特点

机构类型	主要特点
连杆机构	结构简单、制造方便，行程距离较大，连接处为面接触，磨损较轻，能承受较大载荷；可实现按预定轨迹设计；难以实现任意给定的运动规律，多在输出件无严格运动要求时使用
凸轮机构	可以实现工作所需的任意运动规律（包括带停歇的运动）；设计方法简单，易于实现各执行构件动作的调整配合，较适用于各种自动机械和控制机构，一般行程较短，凸轮制造复杂，凸轮和从动件接触处易磨损，高速运转时冲击较大
螺旋机构	运动精度较高，工作平衡，尺寸紧凑，等速比传动，降速效果好；多用于机床的进给机构及机械的高速装置中；可传递较大轴向力，且易实现反行程自锁，也常用于起重，升降装置中，机械效率很低，螺纹易磨损，如采用滚珠螺旋，可大为改善
齿轮齿条机构	结构简单，制造方便，效率高，等速比传动，选用于速度较高或行程较大处；运动精度及平稳性不及螺旋机构，换向需借助其他机构
槽轮机构	结构比较简单，工作可靠，啮入啮出比较平稳；间歇运动转角不可调，有柔性冲击；多用于转位运动，每次槽轮转角不小于 45°
棘轮机构	结构简单，角位移调节方便，平稳性较差，高速时噪声大，传递动力不宜大。当要求间歇转动角度很小，或者根据工作需要需经常调节转角的大小时，宜选用棘轮机构
不完全齿轮机构	制造容易，动停比不受结构限制，但啮入啮出时冲击较大，转角不能调整，应用较少
组合机构	可以由同类型或不同类型的基本机构组合而成，可实现基本机构因结构限制而无法实现的预期运动和轨迹，如实现给定的输出函数、生成路径和运动，实现间歇和反向，避免柔性冲击，实现大摆角输出等，以满足生产上的各种需要和提高自动化程度

传动机构的主要功用为：

（1）将原动机输出的速度降低或增设，以适合工作机的需要；

（2）实现变速传动，以满足工作机的经常变速要求；

（3）把原动机输出的转矩，变换为工作机所需要的转矩或力；

（4）把原动机输出的等速旋转运动，转变为工作机所要求的、速度按某种规律变化的旋转或其他类型的运动；

（5）实现由一个或多个原动机驱动若干个相同或不同速度的工作机；

（6）由于受机体外形、尺寸的限制，或为了安全和操作方便，工作机不宜与原动机直接连接时，也需要用传动装置来连接。

除了机械传动外，其他类型传动形式在本书中不作讨论。

机械传动是机器的重要组成之一，其设计的优劣，对于机器的工作性能、工作可靠度和效率、外形尺寸、重量、制造成本等具有较大的影响。

第二节　常用机械传动机构的选择

机构选型的正确与否，将直接影响到机器的使用效果、结构的繁简程度及机构的尺寸等。选型时，必须在熟悉各种不同类型常用机构的运动特性的基础上，根据机器执行构件的运动形式和运动特点，先在各种常用机构中进行多方面的比较，或者在常用机构的基础上进行机构组合，然后选择其中最佳的机构及其组合。

机构选型时应考虑的问题：

一、执行机构的运动形式及原动机的类型

执行构件的运动形式一般有连续转动、往复移动、往复摆动、单向间歇转动、间歇往复移动、间歇往复摆动和实现给定轨迹等几种。表 12-3 列举了能够实现这些运动形式的常用刚性机构，可供选型时参考。

表 12-3　实现执行构件所需运动的刚性机构

执行构件运动形式	实现执行构件运动形式机构
连续转动	各种齿轮机构，平行四边形机构，双曲柄机构，转动导杆机构，万向联轴器及组合机构等
往复移动	曲柄滑块机构，移动导杆机构，各种直动从动件凸轮机构，齿轮齿条机构，螺旋机构及组合机构等
往复摆动	曲柄摇杆机构，曲柄摇块机构，滑块（由液压缸驱动）摇杆机构，齿条（由液压缸驱动）齿轮机构，各种摆动从动件凸轮机构及组合机构等
单向间歇转动	棘轮机构，槽轮机构，不完全齿轮机构及组合机构等
间歇往复移动或摆动	停—升—停—降等形式的凸轮机构，各种单向间歇运动机构，带动各种往复移动或摆动的组合机构
实现给定运动轨迹	各种铰链四杆机构，行星轮系及组合机构等

机构选型时还必须根据执行构件的运动形式和运动参数选择原动机的类型及其运动参数。原动机的运动形式不外乎转动、移动或摆动，相应的原动机有电动机，内燃机，气、液机构及直线电动机等。一般机械中大多选用各种交流电动机作原动机，但当有气、液源时最好选用气、液机构。原动机类型选择是否得当，将直接影响传动机构和执行机构的选型与设计，影响机器整个机械系统的复杂程度及传动质量。

选定原动机类型，便可根据执行构件的运动参数确定原动机的运动参数。以广泛使用的交流电动机为例，其同步转速分 3 000 r/min、1 500 r/min、1 000 r/min、750 r/min 四种，通常应尽量选用转速较高的电动机，因为相同功率下其尺寸小，价格较低。但当执行构件速度较低时，应综合考虑电动机与传动系统尺寸和价格后决定。

二、执行构件的运动规律或运动轨迹

机构选型时，不但要考虑执行构件的运动形式，还要考虑其运动规律或运动轨迹。例

如，若执行构件按给定运动规律作变速往复移动，可选择直动从动件凸轮机构作执行机构；若要求执行构件上某点近似实现给定轨迹，可选用简单的连杆机构；若要求精确地实现给定轨迹，则一般应选用含有凸轮机构的组合机构。

三、机构的运动链

不仅所选执行机构自身包括的运动副数和构件要尽量少，即运动链要尽量简短，而且要求根据所选执行机构设计的整个机械传动系统的运动链也尽可能简短。

四、运动副的形式

运动副的形式直接影响到机器的结构、寿命、效率和灵敏度。转动副制造简单，易保证运动副元素的配合精度，效率高。移动副制造困难，不易保证配合精度，效率低，一般用在直线运动场合。采用带高副的机构，可以减少运动副数和构件数，较易实现执行构件的运动规律和运动轨迹，但高副元素形状一般较复杂，制造较困难，且易于磨损，故一般用于传力不大的场合。

五、动力特性

注意选用如平底从动件凸轮机构等最小压力角机构，以便减少原动机轴上的力矩，节省原动机功率，减少机构的尺寸和质量。对于高速机构，应选用易于实现平衡的机构和构件，如齿轮机构、带传动机构等，以便于平衡机构的惯性力，减少动载荷。

六、机构的虚约束

在机械设计中，为了保证某些机构的运动确定性，改善受力状况，提高强度、刚度及减小机构外形尺寸，往往人为地引入某些虚约束。这对机构的制造和装配精度提出了更高的要求，否则将因尺寸误差过大而引起杆件的内力，甚至出现“卡死”现象。

总之，机构选型时，应在满足机器工作要求的前提下，力求使机构的结构简单，制造和安装方便，可靠耐用并具有较高的生产率，还要求机构具有较好的运动、动力特性和较高的机械效率。

第三节　机械传动的特性和参数

机械传动是用各种型式的机构来传递运动和动力，其性能指标有两类：一是运动特性，通常用转速、传动比、变速范围等参数来表示；二是动力特性，通常用功率、转矩、效率等参数来表示。

一、功率

机械传动装置所能传递功率或转矩的大小，代表着传动系统的传动能力。蜗杆传动由于摩擦产生的热量大和传动效率低，所能传递的功率受到限制，通常 $P<200$kW。

传递功率 P 的表达式为

$$P=\frac{Fv}{1\,000} \tag{12-1}$$

式中：F——传递的圆周力，N；

v——圆周速度，m/s；

P——传递的功率，kW。

当传递功率 P 为一定时，圆周力 F 与圆周速度 v 成反比（$F=P/v$）。在各种传动中，齿轮传动所允许的圆周力范围最大，传递的转矩 T 的范围也是最大的。

二、圆周速度和转速

圆周速度 v 与转速、轮的参考圆直径 d 的关系为

$$v=\frac{\pi nd}{60\times 1\,000} \tag{12-2}$$

式中：v 的单位为 m/s；n 的单位为 r/min；d 的单位为 mm。

在其他条件相同的情况下，提高圆周速度可以减小传动的外廓尺寸。因此，在较高的速度下进行传动是有利的。对于挠性传动，限制速度的因素是离心力作用，它在挠性件中会引起附加载荷，并且减小其有效拉力；对于啮合传动，限制速度的主要因素是啮合元件进入啮合和退出啮合时产生的附加作用力，它的增大会使所传递的有效力减小。

为了获得大的圆周速度，需要提高主动件的转速或增大其直径。但是，直径增大会使传动的外廓尺寸变大。因此，为了维持高的圆周速度，主要是提高转速。旋转速度的最大值受到啮合元件进入和退出啮合时的允许冲击力、振动及摩擦功的大小等因素的限制。齿轮的最大转速为 $n=(1\sim1.5)\times10^5$ r/min，链传动的链轮转速最高为 $n=(8\sim10)\times10^3$ r/min，平带传动的带轮转速最大值为 $n=(7\sim8)\times10^3$ r/min，在 V 带传动中，带轮转速最大值为 $n=(8\sim12)\times10^3$ r/min。

传递的功率与转矩、转速的关系为

$$T=9\,550\frac{P}{n} \tag{12-3}$$

式中：T——传递的转矩，N·m；

P——传递的功率，kW；

n——转速，r/min。

三、传动比

传动比反映了机械传动系统增速或减速的能力。一般情况下，传动装置均为减速传动。在摩擦传动中，V 带传动可达到的传动比最大，平带传动次之，然后是摩擦轮传动。在啮合传动中，就一对啮合传动而言，蜗杆传动可达到的传动比最大，其次是齿轮传动和链传动。

四、功率损耗和传动效率

机械传动效率的高低表明机械驱动功率的有效利用程度，是反映机械传动装置性能指标的重要参数之一。机械传动效率低，不仅功率损失大，而且损耗的功率往往产生大量的热量，必须采取散热措施。

传动装置的功率损耗主要是由摩擦引起的。因此，为了提高传动装置的效率就必须采取措施减少传动中的摩擦。如果以损耗系数 $\phi=1-\eta$ 来表征各种传动机构的功率损耗的情况，则齿轮传动为 $\phi=1\%\sim3\%$，蜗杆传动为 $\phi=10\%\sim36\%$，链传动为 $\phi=3\%$，平带传

动为 $\phi=3\%\sim5\%$（当 $v>25\text{m/s}$ 时可达 10%或更大），摩擦轮传动为 $\phi\approx3\%$。

五、外廓尺寸和重量

传动装置的尺寸与中心距 a、传动比 i、轮直径 d 及轮宽 b 有关，其中影响最大的参数是中心距 a。在传递的功率 P 与传动比 i 相同，并且都采用常用材料制造的情况下，不同形式传动的大致尺寸如图 12－1 所示。挠性传动（如带传动、链传动）的外廓尺寸较大，啮合传动中的直接接触传动（如齿轮传动）外廓尺寸较小。传动装置的外廓尺寸及重量的大小，通常以单位传递功率所占用的体积（m^3/kW）及重量（kg/kW）来衡量。

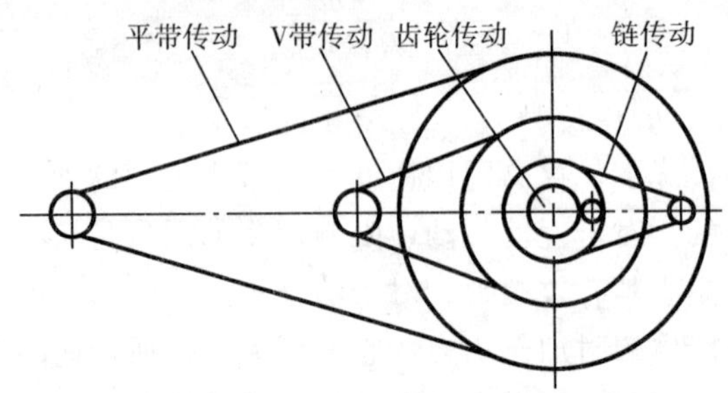

图 12－1　不同类型传动的外形尺寸比较

表 12－4 列出几种常见机械传动装置的主要性能指标及特点。

表 12－4　常见机械传动的主要性能指标及特点

类　型		传递功率/kW	速度/m/s	特　点
圆柱齿轮传动		≤3 000	≤50	承载能力和速度范围大，传动比恒定，外廓尺寸小，工作可靠，效率高，寿命长。制造安装精度要求高，噪声较大，成本较高。直齿圆柱齿轮可用作变速滑移齿轮；斜齿比直齿传动平稳，承载能力大
锥齿轮传动		直齿≤1 000 曲齿≤15 000	≤40	
蜗杆传动	开式	≤750 常用≤50	滑动速度≤15～50	结构紧凑，传动比大，当传递运动时，传动比可达到 1 000，传动平稳，可作自锁传动。制造精度要求较高，效率较低，蜗轮材料常用青铜，成本较高
	闭式			
单级 *NGW* 行星齿轮传动		≤6 500	高低速均可	体积小，效率高，重量轻，传递功率范围大。要求有载荷均衡机构，制造精度要求较高
普通 V 带传动		≤100	≤25～30	传动平稳，噪声小，能缓冲吸振；结构简单，轴间距大，成本低。外廓尺寸大，传动比不恒定，寿命短
链传动（滚子链）		≤200	≤20	工作可靠，平均传动比恒定，轴间距大，能适应恶劣环境。瞬时速度不稳定，高速时运动不平稳，多用于低速传动
摩擦轮传动		≤200 通常≤20	≤25～50	传动平稳，噪声小，有过载保护作用，传动比不恒定，抗冲击能力低，轴和轴承均受力大

第四节　机械传动的方案设计

传动方案设计，就是根据机器的功能要求、结构要求、空间位置、工艺性能、总传动比以及其他限制性条件，选择机械传动系统所需的传动类型，并拟定从原动机到工作机之间的总体布置方案，即合理地确定传动类型、合理安排多级传动中各种类型传动顺序及分配各级传动比。本节只能作原则性、概念性讨论。总体布置方案的具体研究可参阅有关资料。

一、传动类型的选择

机械传动的类型很多，各种传动形式均有其优缺点，根据运动形式和运动特点选择几个不同的方案进行比较，最后选择较合理的传动类型。

表 12－5 列出了几种常用机构的运动及其动力特性，供选用时参考。

表 12－5　常用机构的运动及其动力特性

机构类型	运动及动力特性
连杆机构	可以输出多种运动，实现一定轨迹、位置要求。运动副为面接触，故承载能力大，但动平衡困难，不宜用于高速
凸轮机构	可以输出任意运动规律的移动、摆动，但动程不大。运动副为滚动兼滑动的高副，故不适用于重载
螺旋机构	输出移动或转动，实现微动、增力、定位等功能。工作平稳、精度高，但效率低、易磨损
齿轮机构	圆形齿轮实现定传动比传动，非圆形齿轮实现变传动比传动。功率和转速范围都很大，传动比准确可靠
槽轮机构	输出间歇运动，转位平衡；有柔性冲击，不适用于高速
棘轮机构	输出间歇运动，并且动程可调；但工作时冲击、噪声较大，只适用于低速轻载
带传动	中心距变化范围较广。结构简单，具有吸振特点，无噪声，传动平稳。过载打滑，可起安全装置作用
链传动	中心距变化范围较广。平均传动比准确，瞬时传动比不准确，比带传动承载能力大，传动工作时动载荷及噪声较大，在冲击振动情况下工作时寿命较短

机械传动类型可参照下述原则进行选择：

(1) 定传动比传动的类型选择原则

① 功率范围　当传递功率小于 100kW 时，各种传动类型都可以采用。但功率较大时，宜采用齿轮传动，以降低传动功率的损耗。对于传递中小功率，宜采用结构简单而可靠的传动类型，以降低成本，如带传动。此时，传递效率是次要的。

② 传动效率　对于大功率传动，传动效率很重要。传动功率愈大，愈要采用效率高

的传动类型。

③ 传动比范围　不同类型的传动装置，最大单级传动比差别较大。当采用多级传动时，应合理安排传动的次序。

④ 布局与结构尺寸　对于平行轴之间的传动，宜采用圆柱齿轮传动、带传动、链传动；对于相交轴之间的传动，可采用锥齿轮或圆锥摩擦轮传动；对于交错轴之间的传动，可采用蜗杆传动或交错轴斜齿轮传动。两轴相距较远时可采用带传动、链传动；反之，可采用齿轮传动。

⑤ 其他要求　例如噪声要求，链传动和齿轮传动的噪声较大，带传动和摩擦轮传动的噪声较小。

(2) 有级变速传动的类型选择原则

(3) 无级变速传动的类型选择原则

以上两点，本节不作讨论。

二、传动顺序的布置

在多级传动中，各类传动机构的布置顺序，不仅影响传动的平稳性和传动效率，而且对整个传动系统的结构尺寸也有很大影响。因此，应根据各类传动机构的特点，合理布置，使各类传动机构得以充分发挥其优点。

合理布置传动机构顺序的一般原则如下：

(1) 承载能力较小的带传动宜布置在高速级，使之与原动机相连，齿轮或其他传动布置在带传动之后，这样既有利于整个传动系统的结构尺寸紧凑、匀称，又有利于发挥带传动的传动平稳、缓冲减振和过载保护的特点。

(2) 链传动平稳性差，且有冲击、振动，不适于高速级，一般应将其布置在低速级。

(3) 根据工作条件选用开式或闭式传动。闭式齿轮传动一般布置在高速级，以减小闭式传动的外廓尺寸、降低成本；开式齿轮传动制造精度较低、润滑不良、工作条件差、磨损严重，一般应布置在低速级。

(4) 传递大功率时，一般均采用圆柱齿轮。在多级齿轮传动中，其布置顺序原则可查阅第十章第六节。

(5) 在传动系统中，若有改变运动形式的机构，如连杆机构、凸轮机构、间歇运动机构等，一般将其设置在传动系统的最后一级。

此外，在布置传动机构的顺序时，还应考虑各种传动机构的寿命和装拆维修的难易程度。

三、总传动比的分配

合理地将总传动比分配到传动系统的各级传动中，是传动系统设计的另一个重要问题。它直接影响传动装置的外廓尺寸、总重量、润滑状态及工作能力。

在多级传动中，总传动比 i 与各级传动的传动比 i_1、i_2、i_3、…之间的关系为

$$i=i_1\cdot i_2\cdot i_3\cdots i_n \tag{12-4}$$

传动比分配的一般原则为：

(1) 各级传动机构的传动比应尽量在推荐的范围内选取，其值列于表 12－6 中。

表 12-6 常用机械传动的单级传动比推荐值

类型	平带传动	V 带传动	链传动	圆柱齿轮传动	锥齿轮传动	蜗杆传动
推荐值	2～4	2～4	2～5	3～5	2～3	8～40
最大值	5	7	6	10	5	80

(2) 各级传动应做到尺寸协调，结构匀称、紧凑。

(3) 各传动零件应彼此避免发生干涉，防止传动零件与轴干涉，并使所有传动零件安装方便。

(4) 在卧式齿轮减速器中，通常应使各级大齿轮的直径相近，以便于齿轮浸油润滑。

传动比分配是一项复杂又艰巨的任务，往往要经过多次测算，分析比较，最后确定出比较合理的结果。

第五节 机械传动的设计顺序

机械传动系统设计的一般顺序为：

(1) 确定传动系统的总传动比

对于传动系统来说，其输入转速 n_d 为原动机的额定转速，而它的输出转速 n_r 为工作机所要求的工作转速，则传动系统的总传动比为

$$i=\frac{n_d}{n_r}$$

(2) 选择机械传动类型和拟定总体布置方案

根据机器的功能要求、结构要求、空间位置、工艺性能、总传动比及其他限制性条件，选择传动系统所需的传动类型，并拟定从原动机到工作机之间的传动系统的总体布置方案。

(3) 分配总传动比

根据传动方案的设计要求，将总传动比分配到各级传动。

(4) 计算机械传动系统的性能参数

性能参数的计算，主要包括动力计算和效率计算等，这是传动方案优劣的重要指标，也是各级传动强度计算的依据。

(5) 确定传动装置的主要几何尺寸

通过各级传动的强度分析、结构设计和几何尺寸计算，确定其基本参数和主要几何尺寸，如齿轮传动的齿数、模数、齿宽和中心距等。

(6) 绘制传动系统的运动简图（即传动系统图）

(7) 绘制传动部件和总体的装配图

思考与练习

12－1 简述机械传动装置的功用。

12－2 选择传动类型时应考虑哪些主要因素？

12－3 常用机械传动装置有哪些主要性能？

12－4 机械传动的总体布置方案包括哪些内容？

12－5 简述机械传动装置设计的主要内容和一般步骤。

第十三章　轴和轴毂联接

第一节　概　　述

轴是机器中最重要的零件之一，对整个机器能否正常工作有重要影响。轴的主要功用是定位及支承回转类零件，传递运动和动力。

根据轴的承载性质不同可将轴分成为转轴、传动轴和心轴。转轴是指在工作过程中既承受弯矩又传递扭矩的轴，如图 13－1 所示。传动轴则只承受扭矩，如图 13－2 所示。心轴是指只承受弯矩而不传递扭矩的轴，心轴还可细分为转动心轴和固定心轴这两类，如图 13－3 所示为固定心轴。机械工程中大量接触的轴是转轴。其实，心轴会在轴颈处的摩擦力作用下构成阻力矩、传动轴会在自重作用下形成弯矩，只是这两者对轴的作用微乎其微，故而我们仍可称其为心轴和传动轴。

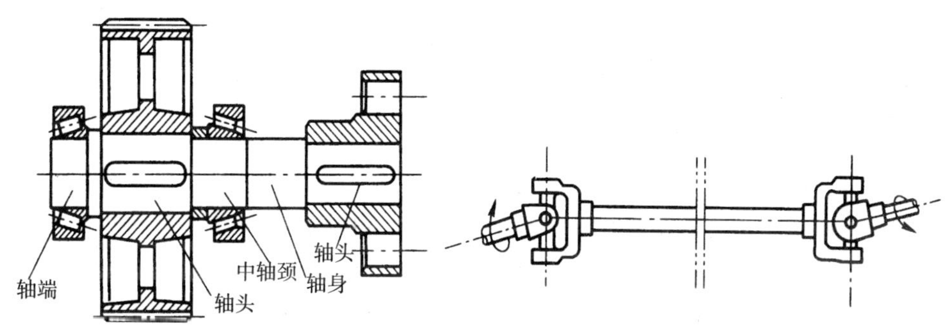

图 13－1　转轴　　　　图 13－2　传动轴

根据轴线的形状不同，轴又可分成为直轴、曲轴和挠性轴，如图 13－4 所示。本章只讨论直轴。

此外，按轴的结构、形状等又可将直轴分为阶梯轴、光轴。其中阶梯轴易于做到等强度设计，且轴上零件拆装方便，应用广泛。光轴多用于传动。在需要减轻重量以及其他特殊需要的情况下，还可将轴设计成空心的，如图 13－4 所示。

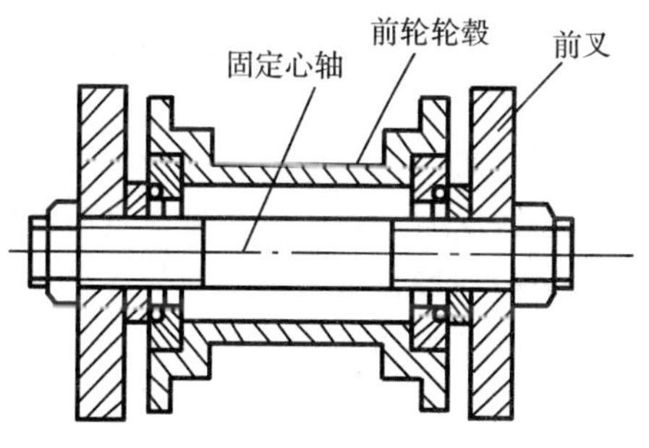

图 13－3　心轴（固定心轴）

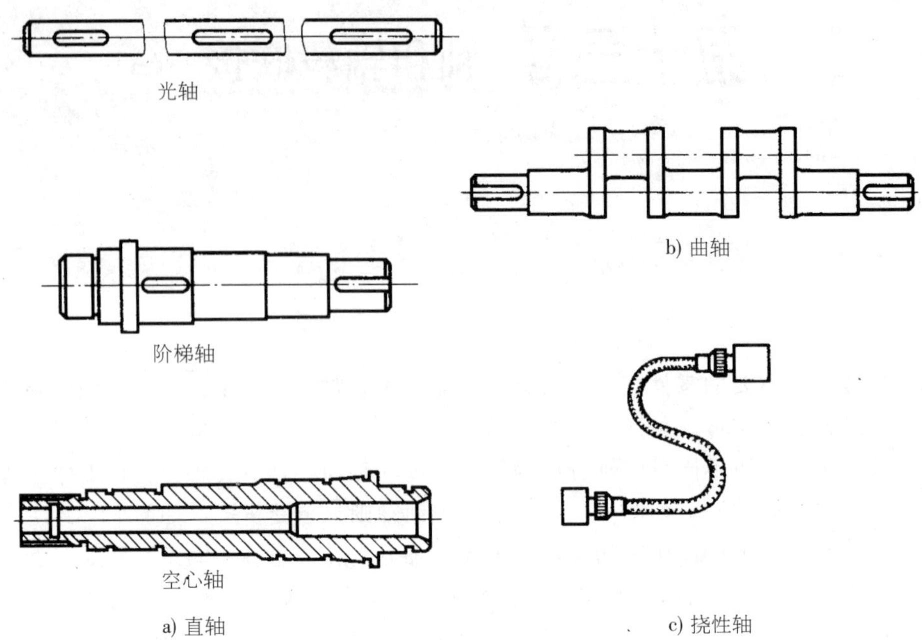

图 13－4　按形状对轴进行分类

第二节　轴的材料与选择

轴工作时，内部应力多为交变循环应力，所以，轴的损坏多为疲劳破坏，轴对应力集中很敏感。有些轴的表面直接作为运动副的一部分，对耐磨性也有一定的要求。轴的选材还要考虑从毛坯到后期加工的工艺性好坏。

基于以上考虑，轴的材料主要选用碳素钢和合金钢，毛坯多为轧制圆钢或锻件。碳素钢的强度低于合金钢，但它的价格低廉，对应力集中的敏感性低，通过适当的热处理也能提高其耐磨性和抗疲劳强度，所以，选用碳素钢制造轴最普遍。另外，常温下碳素钢和合金钢相比，两者的弹性模量相差不大，靠选用合金钢来增大轴的刚度并不合适。轴的材料选合金钢的目的是降低轴的尺寸重量等，或是利用合金钢良好的淬火性来满足轴局部表面的耐磨性要求。

对于曲轴等某些形状复杂，工作要求比较特殊的轴，可以选用高强度合金铸铁或球墨铸铁铸造成型，这些材料也有良好的吸振性和耐磨性，对应力集中不敏感。

制造轴最常用的碳素钢是 45 号钢，其他诸如 35 号、40 号钢等也可选用。要求不高时，也可选用 Q235A、Q275 等普通碳素钢。为发挥其机械性能，选用此类钢要进行调质或正火处理。合金钢中较常用于制造轴的主要是 20Cr、40Cr、35CrMo、35SiMn 等。

现将轴常用材料及其对应的热处理措施和机械性能列于表 13－1 中供参考。

表 13-1 轴的常用材料、热处理及机械性能

材料牌号	热处理	毛坯直径 /mm	硬度 /HBS	抗拉极限 σ_B /MPa	屈服极限 σ_S /MPa	弯曲疲劳极限 σ_{-1} /MPa	应用说明
Q235A				440	240	200	用于不重要或轻载的轴
Q275			190	520	280	220	
35	正火		143～187	520	270	250	用于一般轴
45	正火	≤100	170～217	600	300	275	应用最广泛
	调质	≤200	217～255	650	360	300	
40Cr	调质	≤100	241～286	750	550	350	用于重载冲击不大的轴
35SiMn	调质	≤100	229～286	800	520	400	类似于 40Cr
40MnB	调质	≤200	241～286	750	500	335	类似于 40Cr
35CrMo	调质	≤100	207～269	750	550	390	用于重载轴
20Cr	渗碳淬火回火	≤60	表面硬度 56～62HRC	650	400	280	用于强度、韧性和耐磨性要求高的轴

第三节 轴的结构设计

轴的结构设计是在满足工艺性要求的前提下确定轴的结构形状与尺寸，同时，对轴上零件的安装、定位与固定的方式进行确定。一般进行结构设计的已知条件有机器的装配简图、轴的转速、传递的功率、轴上零件的主要参数和尺寸等。

轴的结构设计是一个对各方因素进行综合的过程，很难有固定的模式，设计的成功与否可以用以下原则来判断：首先检查轴上各零件是否得到了可靠的轴向、周向定位与固定；其次检查轴上零件是否能够合理装拆，需要移动的零件是否运动受阻（例如滑移齿轮等），轴本身的结构是否便于加工；再者是检查轴的受载是否合理，跨度是否最小化，应力集中是否最小化等。

常见的轴多为阶梯形，由轴颈、轴头和轴身组成。轴与轴承配合处的轴段称为轴颈，安装轮毂的轴段称为轴头，轴颈和轴头之间的轴段称为轴身。另外，阶梯轴上截面突变处所形成的圆环平面叫轴肩，两轴肩之间环状的轴段叫轴环（见图 13-5）。

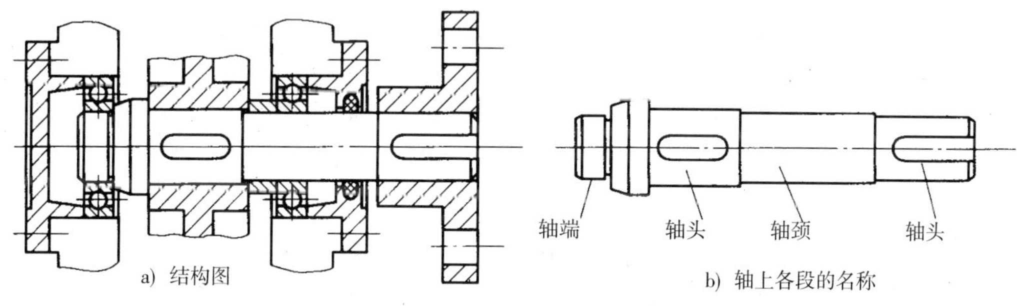

图 13-5 减速器输出轴的结构

一、轴直径估算

多数要设计的轴都是转轴，承受弯扭组合作用。但是，在开始设计轴时，由于轴上零件的位置和支承跨度等重要参数都没有确定，无法计算弯矩。为此只得采用简化试算的办法，把弯扭组合的轴当作只受扭的作用，按纯扭的强度条件算出所需要的轴径，将此轴径作为整个阶梯轴的最小直径值，其他轴段的尺寸依据结构、安装、工艺等要求依次增减。全部径向与轴向尺寸都确定下来后，再按弯扭组合的强度条件予以校核。

当然，有前期设计经验或同类零件设计可供参考时，我们还可以用类比法来确定轴的初始尺寸。例如，所设计的轴若与电动机轴相联接，我们就可以按电动机的轴径直接确定轴的直径。

设所设计轴为实心圆轴，按材料力学原理，其强度条件为

$$\tau=\frac{T}{W_{\mathrm{T}}}=\frac{9.55\times10^{6}\ \dfrac{P}{n}}{0.2d^{3}}\leqslant[\tau] \tag{13-1}$$

式中：τ、$[\tau]$ ——分别为轴的剪应力和许用剪应力，MPa；

T——轴所传递的转矩，N·mm；

W_{T}——轴的抗扭截面模量，mm^3；

P——轴所传递的功率，kW；

n——轴的转速，r/min；

d——轴的估算直径，mm。

由式（13-1）变形可得初估轴径的计算公式为

$$d\geqslant\sqrt[3]{\frac{T}{0.2\,[\tau]}}=\sqrt[3]{\frac{9.55\times10^{6}P}{0.2\,[\tau]\,n}}=C\sqrt[3]{\frac{P}{n}} \tag{13-2}$$

式中常用材料的 C 值、$[\tau]$ 值可查表 13-2。C 值、$[\tau]$ 值的大小与轴的材料及受载情况有关。当轴实际受载与纯扭转差别较大时（弯矩远比扭矩大），C 值取较大值，$[\tau]$ 值取较小值，否则相反。

表 13-2　几种常用材料的 C 和 $[\tau]$

轴的材料	Q235A，20	35	45	40Cr，35SiMn
$[\tau]$ /MPa	12～20	20～30	30～40	40～52
C	135～160	118～135	107～118	98～107

按式（13-2）计算出的轴径只能作为阶梯轴的最小直径。如果在该直径段上因结构需要而开设键槽，则要考虑键槽对轴强度的削弱，适当加大算出的 d 值。开一个键槽时，d 加大 3%～5%；开两个槽，加大 7%～10%。最后，将轴径圆整成标准值供以下设计使用。

二、轴上零件的定位与固定

所谓定位是指设计和安装时保证轴和轴上零件找到准确位置的过程，而固定是指工作时如何保持零件间的相对位置不变。设计中，定位结构或零件往往也同时起到固定作用。

轴上零件的定位与固定有两方面的内容：一是沿轴线方向使轴及其轴上零件获得确定

的安装位置并能承受轴向力，这叫轴向定位与固定；二是沿圆周方向保证轴上零件与轴不产生相对转动，从而能传递运动和扭矩，这叫周向定位与固定。

1. 轴向定位与固定

（1）轴环和轴肩结构

如图 13－6 所示为轴环和轴肩结构。这种结构承载能力大，结构简单，定位可靠，是最常用的轴向定位与固定的方法。

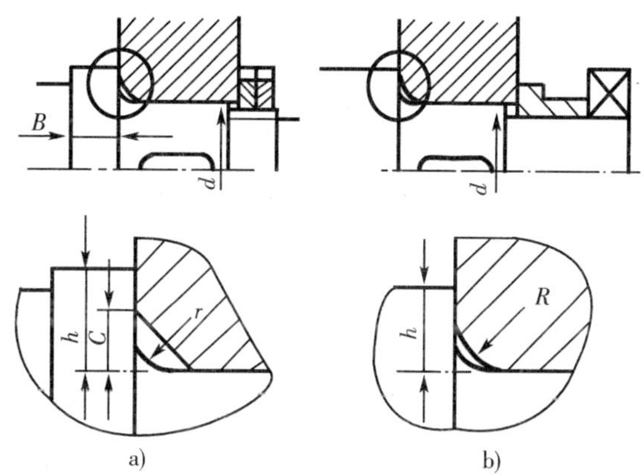

图 13－6　轴环与轴肩的结构

一般地，轴肩高度 $h=R$（C）$+$（0.5～2）mm；$b=$(0.1～0.15)d，也可以查取经验值来确定，见表 13－3。总的原则是轴上圆角尺寸 r 务必小于所装零件的圆角 R 或倒角 C，以保障可靠的定位。其中，轴上各零件的圆角 R 或倒角 C 的尺寸可查阅有关手册。需要注意的是，为保障滚动轴承的正常工作和顺利拆装，这类零件的 h 值必须依据各型号轴承的规定值查手册确定。另外，轴上被轴向固定的轮毂宽度必须比与之相配合的轴段长度大 2～3mm（见图 13－6b）。

表 13－3　轴肩高度和轴肩圆角一般经验值　　mm

轴径 d	10～18	18～30	30～50	50～80	80～120
圆角半径 r	1	1.5	2	2.5	3
轴肩高度	2	2.5	3	4	5

（2）套筒

短距离的轴向固定，可以用套筒对轴上两个零件之间进行相对固定，如图 13－6b 所示。使用套筒时须注意，套筒与轴的配合较松，不宜用于高速场合；套筒的两端可以做翻口或削边处理以满足固定和定位要求。

（3）双圆螺母或圆螺母配合止退垫片

当两轴上两相邻零件之间距离较大，不便使用套筒时，可以考虑采用双圆螺母或圆螺母配合止退垫片的结构。如图 13－7a 所示。这种结构要在轴上开设螺纹，应力集中明显。另外，考虑轴的工作特性，采用螺母固定务必考虑防松措施。以上这两点，都决定了这种场合多采用细牙螺纹。

（4）压板、挡板和挡圈

各类压板、挡板和挡圈的结构如图 13－7 所示。

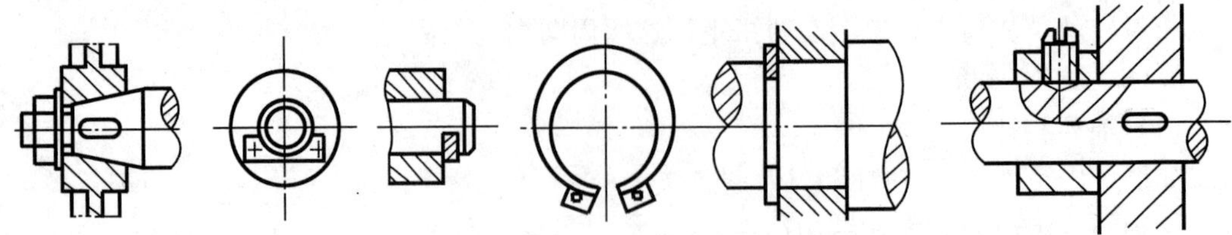

a）轴端压板　　b）轴端挡板　　c）弹性挡圈　　d）锁紧挡圈

图 13-7　各类压板、挡板和挡圈结构

（5）紧定螺钉、销钉等

受力不大的轴上零件，可以通过紧定螺钉或销固定在轴上，这种固定兼有周向固定作用，如图 13-8 所示。

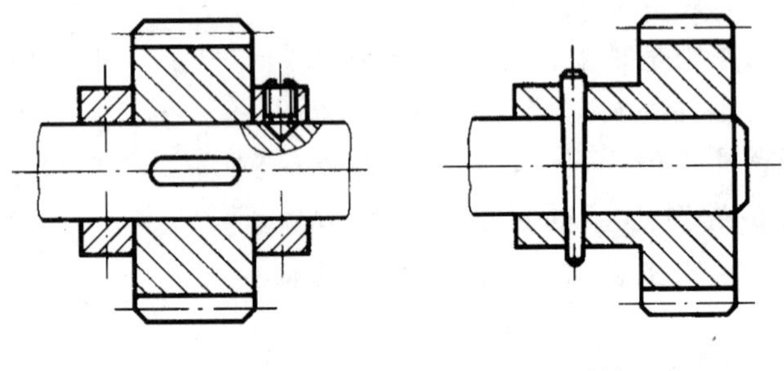

a）紧定螺钉和挡圈　　b）销钉

图 13-8　紧定螺钉和销钉

2. 周向固定

为传递扭矩，轴上零件必须获得周向固定。常用的周向固定零件有键、花键、销、过盈配合和成型面连接等方式。

三、轴结构设计中的强度、刚度和工艺性

1. 要注意零件的布置对轴性能的影响

要尽量缩短轴承的布置间距以减小轴的支承跨度，提高轴的强度和刚度。轴上齿轮相对于支承点要尽量对称布置以使齿轮齿宽方向上的载荷分布尽量均匀。应当让扭矩输入输出端尽量远离齿轮。轴上装有多个齿轮时，使输入轮布置在输出轮之间，如图 13-9 所示，以图 13-9b 方式布置各轮时，轴上最大扭矩为 T_1，而以图 13-9 a 方式布置齿轮时，轴上最大扭矩却为 T_1+T_2。

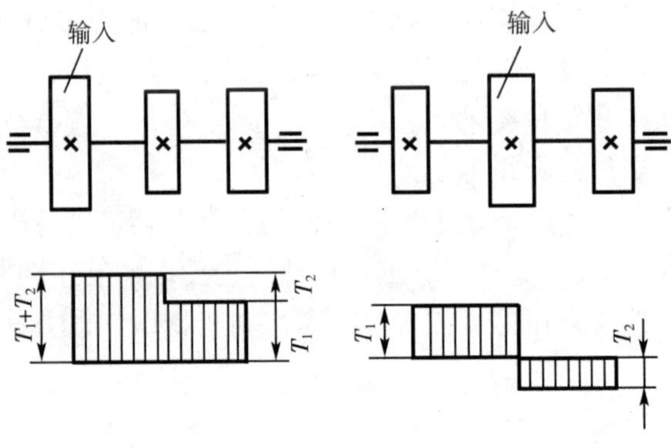

a)　　b)

图 13-9　轴上零件的合理布置

2. 要尽量克服各类应力集中的影响

轴表面质量的不足，截面的突变，轴上开设的螺纹、孔、键槽、轴内部的缺陷等均可造成应力集中，降低轴抵抗疲劳破坏的能力，设计中均要尽量避免或采取一些针对性措施。

举例说来，增大轴截面突变处的过渡圆角，设置减载结构，对轴表面进行碾压、喷丸等表面强化方法都可以一定程度提高轴的疲劳强度。

3. 要尽量做到轴结构的等强度设计

轴的结构设计要尽量满足等强度原则。例如，可以将轴设计成阶梯状。同时，也要考虑尽量减少轴上阶梯的数量。

4. 要注意轴工艺性问题

轴的结构简单些，加工就方便些。轴上各段的键槽应设置在同一母线上，键槽尺寸也尽量取为一致。各部位的圆角尺寸、倒角尺寸也尽量取为一致。需装配其他零件的轴段起始处应设置倒角以方便装配。轴上需磨削加工的轴段要留有砂轮越程槽，需加工螺纹的轴段应开设退刀槽。

第四节　轴的尺寸确定和强度校核

轴的尺寸确定是轴设计中关键性的一环，在轴的材料确定下来之后就要进行轴各部位尺寸的确定。设计计算过程一般按以下步骤进行：

（1）暂且不考虑轴的实际受载状况，均按纯扭转估算轴所需要的最小直径。

（2）依据该最小直径，依次往另一端推演其他各段直径，同时确定各段的长度。这一过程要综合考虑轴上零件的标准化要求、轴的跨度最小化、重量最小化、结构最简化、装拆方便化、定位与固定的合理化等要求。

（3）考虑加工、装配的工艺要求和强度要求等，查取有关手册，确定轴各部位键槽、圆角、倒角、退刀槽等细节结构。

（4）按弯扭组合的强度理论，选取合适的危险截面进行强度校核。若强度不足，则必须回头重新进行结构设计。若强度余量太大或与等强度设计要求相差太远，可修改局部结构后再行校核。

（5）对轴的扭转刚度、弯曲刚度、振动、稳定性等条件进行校核。详见有关文献。

（6）对于重要的轴进行疲劳强度校核。详见有关文献，此处略。

（7）给出结论，绘制轴的零件图，提出各种技术要求。

对危险截面的强度校核可以按以下方法和步骤进行：

（1）把轴简化为简支梁力学模型，简化力的作用形式和作用点分布，简化支点的支承效应，求出轴上各外载荷及支反力大小、方向和作用点。

（2）画出轴的空间力系图，将轴所受的各个作用力分解到水平面和竖直面内。

（3）分别作出水平和竖直面内的弯矩图 M_H 和 M_V。

（4）在 M_H 和 M_V 两图上取一些特定点（例如线段起点、终点、转折点、跳变点等），将二者合成起来得到合成弯矩图。合成公式为

$$M=\sqrt{M_{H}^{2}+M_{V}^{2}} \tag{13-3}$$

式中：M_H——水平面内的弯矩，N·mm；

M_V——垂直面内的弯矩，N·mm；

M——合成弯矩，N·mm。

（5）作出扭矩图 T。

（6）计算特定点的当量弯矩并绘制当量弯矩图，公式为

$$M_{e}=\sqrt{M^{2}+(\alpha T)^{2}} \tag{13-4}$$

式中：M——合成弯矩，N·mm；

T——扭矩，N·mm；

M_e——各特定截面的当量弯矩，N·mm；

α——考虑弯曲应力与扭转剪应力循环特性的不同而引入的修正系数。通常弯曲应力为对称循环变化应力，扭转剪应力随工作情况的变化而变化。对于不变转矩取 $\alpha=[\sigma_{-1b}]/[\sigma_{+1b}]\approx0.3$；对于脉动循环转矩取 $\alpha=[\sigma_{-1b}]/[\sigma_{0b}]\approx0.6$；对于对称循环转矩取 $\alpha=[\sigma_{-1b}]/[\sigma_{-1b}]=1$。其中 $[\sigma_{-1b}]$、$[\sigma_{0b}]$、$[\sigma_{+1b}]$ 分别为对称循环、脉动循环及静应力状态下的许用弯曲应力，其值列于表 13-4 中。

表 13-4　轴的许用弯曲应力　　MPa

材　料	σ_B	$[\sigma_{+1b}]$	$[\sigma_{0b}]$	$[\sigma_{-1b}]$
碳素钢	400	130	70	40
	500	170	75	45
	600	200	95	55
	700	230	110	65
合金钢	800	270	130	75
	900	300	140	80
	1 000	330	150	90
铸钢	400	100	50	30
	500	120	70	40

（7）分析危险截面，按当量弯矩校核其强度。当所设计的轴为圆截面时，公式为

$$\sigma_{e}=\frac{M_{e}}{W}=\frac{\sqrt{M^{2}+(\alpha T)^{2}}}{0.1d^{3}}\leqslant[\sigma_{-1b}] \tag{13-5}$$

式中：W——轴的抗弯截面系数，mm^3；

d——轴的待校核截面直径，mm；

M_e为当量弯矩，N·mm；

M——合成弯矩，N·mm；

T——扭矩，N·mm；

α——修正系数；

$[\sigma_{-1b}]$——许用弯曲应力，MPa。

轴的结构设计比较灵活，设计计算步骤较多，有时还需要反复。以下举例说明这一过程。

【例 13-1】　设计如图 13-10 所示单向运转减速器的低速轴。已知该轴传递的功率是 12kW，低速轴转速是 275r/min，从动齿轮的分度圆直径是 284.32mm，齿轮的齿宽是 80mm，齿轮啮合点处所受的

三个分力分别是圆周力 $F_t=2\,931N$，$F_r=1\,083N$，$F_a=517N$。

【解】　(1) 选择材料

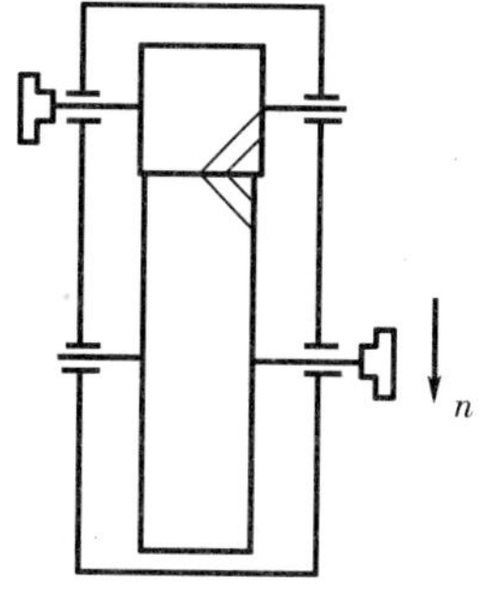

图 13-10　减速器示意图

该减速器为一般机械，无特殊要求，选用 45 号钢，配以调质处理。由表 13-1 查得其强度极限 $\sigma_B=650MPa$，由表 13-4 查得其许用弯曲应力 $[\sigma_{-1b}]=60MPa$。

(2) 按扭转强度条件初估轴径

由表 13-2 查得 $C=107\sim118$，带入式(13-2)中，得

$$d\geqslant C\sqrt[3]{\frac{P}{n}}=(107\sim118)\sqrt[3]{\frac{12}{275}}=37.67\sim41.54\ \text{mm}$$

由图 13-10 可见，阶梯轴最小直径处装有联轴器，必定开设键槽，故应将键槽对强度的影响考虑进去，将以上算出的直径加大 3%～5%，得直径为 39.55～43.62mm。查联轴器有关手册，取该段直径为标准直径系列 40mm。

(3) 轴的结构设计

①确定轴上零件定位与固定

轴上齿轮关于支点对称布置可改善轮齿受力的均匀性，单级减速器容易实现这种布置，故将轴承对称分布在齿轮两侧，齿轮在箱体内居中布置。

齿轮用平键获得周向固定。齿轮的左端用轴环定位，右端装套筒，套筒左边抵紧齿轮，右边抵紧在右轴承的内圈上。轴承采用内外圈不可分的深沟球轴承，与轴的周向固定靠其内圈与轴的过盈配合来实现，轴承的外圈靠右端的透盖定位，透盖又被螺栓固定在箱体上，左端也采用了类似的定位与固定结构，这样，整个轴和轴上零件全都获得了准确的定位与固定。

装配时，左轴承由轴的左端穿入，轴环以右的各轴段直径递减，可依次穿入齿轮、套筒和轴承等，拆卸顺序正好相反。

按以上思路可以先绘制出不带尺寸的结构示意图供后面设计时参考。

②确定轴各段径向尺寸

轴外伸端（轴段①）要装联轴器，查得联轴器标准孔径可取为 40mm，该段轴径取为 40mm。联轴器在轴上要能获得轴向定位，故在轴上设置一轴肩，查取联轴器的倒角尺寸后，按经验公式 $h=R\ (C)+(0.5\sim2)$ mm 确定该轴肩高度取为 2.5mm，亦即轴段②的轴径取为 45mm。轴段②上要安装密封圈，密封圈是标准件，查手册，45mm 直径是其标准直径之一，取 45mm 可行。轴段③要安装滚动轴承，也是标准件，查手册只有 50mm 直径可取，初步估计用型号为 6 210 的轴承，同时查出其轴肩定位高是 3.5mm，亦即套筒的端部应取 3.5mm 壁厚。轴段④用于安装齿轮，取一标准直径系列值 55mm。轴段⑤为一轴环，按表 13-3 可直径为 65mm（要承受齿轮轴向力，略加大）。轴段⑦显然应该是装轴承的，考虑工艺要求和精度保证的需要，该处轴承应当取为与右端相同型号的轴承，即 6 210 轴承。按该轴承的内圈定位要求，该轴承的定位轴肩直径取为 57mm，即轴段⑥轴径应取为 57mm。

最后，将轴上各轮毂类零件与轴的配合制按各段要求查手册确定下来。

③确定轴各段轴向尺寸

由题知齿轮轮毂宽是 80mm，对应段的轴段长可取为 78mm，略短些，这样才能让套筒牢靠压紧在齿轮的右端面上，而不是轴段④的右轴肩上。齿轮右端面到箱体内壁之间至少要留有 20mm 尺寸，用以保证运动件与不动部件之间的间隙。轴承左端面到箱体内壁之间留 5mm 尺寸以供轴向安装调整等用。查手册知6 210轴承的宽度为 20mm。至此，轴段③的长度可以确定，其值为 2+20+5+20=47mm。

为保证端盖的可靠定位，取端盖与轴承座圈孔的配合段长为$(0.1\sim0.15)D=10$mm（D 为轴承外径，6 210轴承外径为 90mm）。

查联轴器手册可知，装联轴器的轴段①应取长度为 110mm，联轴器到减速器箱体外壁之间的距离也

可以由联轴器手册查出，据此确定下轴段②的长度。

轴段⑤是一轴环结构，由经验公式 $B=(0.1\sim0.15)d$，取为 8mm。轴段⑥的长度按照满足齿轮关于轴承对称布置的原则自然确定为 17mm。轴段⑦取轴承的宽度 20mm 即可。

至此，不难看出，轴的支点跨距为 150mm，齿轮正好布置在该跨距的中点上。

④确定轴的细节结构如倒角、圆角、退刀槽等（参考相关设计手册，此处从略）。

把以上设计结果绘制出来，如图 13-11 所示，标明相应尺寸，供校核强度使用。

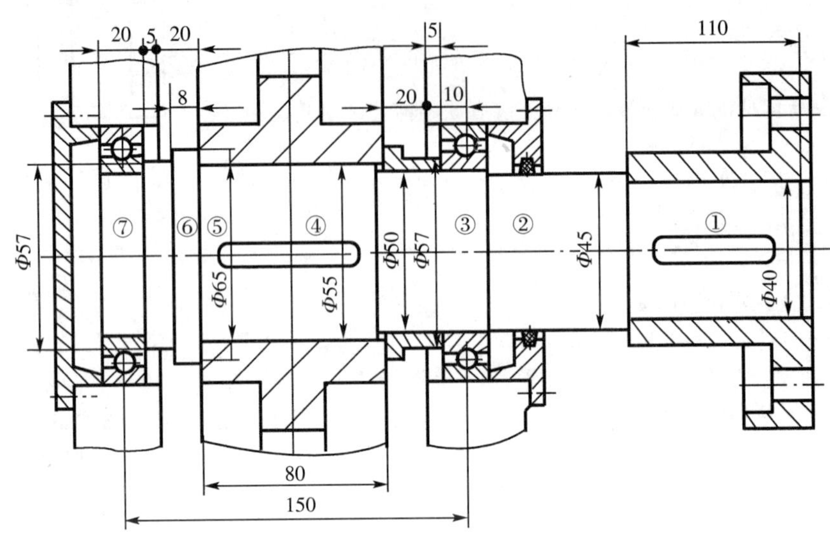

图 13-11　轴的结构设计简图

(4) 按弯扭组合强度条件校核轴的直径

①绘制轴的受力及简化模型图，如图 13-12a 所示。

②水平面内的受力及弯矩图，如图 13-12b、c 所示。

支反力 $R_{HA}=R_{HB}=F_t/2=1\,466$ N

H 面内 C 截面处的弯矩为 $M_{HC}=R_{HA}\times(L/2)=1\,466\times75=109\,950$ N·mm

H 面内 D 截面处的弯矩为 $M_{HD}=R_{HB}\times(0.5L-40)=1\,466\times35=51\,310$ N·mm

③竖直面内的受力及弯矩图，如图 13-12d、e 所示。

由 $\Sigma M_B=0$ 得　$R_{VA}\times L+F_a\times(d/2)-F_r\times(L/2)=0$

求得　$R_{VA}=52$ N，方向见图 13-12d。

由 $\Sigma F=0$ 得　$R_{VA}+R_{VB}-F_r=0$

求得　$R_{VB}=1031$ N，方向见图 13-12d。

V 面内 C 截面处左侧的弯矩为 $M_{VCL}=R_{VA}\times(L/2)=52\times75=3\,900$ N·mm

V 面内 C 截面处右侧的弯矩为 $M_{VCR}=R_{VB}\times(L/2)=1\,031\times75=77\,325$ N·mm

V 面内 D 截面处的弯矩为 $M_{VD}=R_{VB}\times(0.5L-40)=1\,031\times35=36\,085$ N·mm

④用公式 $M=\sqrt{M_H^2+M_V^2}$ 计算 C、D 截面的合成弯矩并作图，如图 13-12f 所示。

C 截面左侧：$M_{CL}=\sqrt{M_{HC}^2+M_{VCL}^2}=\sqrt{109\,950^2+3\,900^2}=110\,019$ N·mm

C 截面右侧：$M_{CR}=\sqrt{M_{HC}^2+M_{VCR}^2}=\sqrt{109\,950^2+77\,325^2}=134\,418$ N·mm

D 截面：$M_D=\sqrt{M_{HD}^2+M_{VD}^2}=\sqrt{51\,310^2+36\,085^2}=62\,728$ N·mm

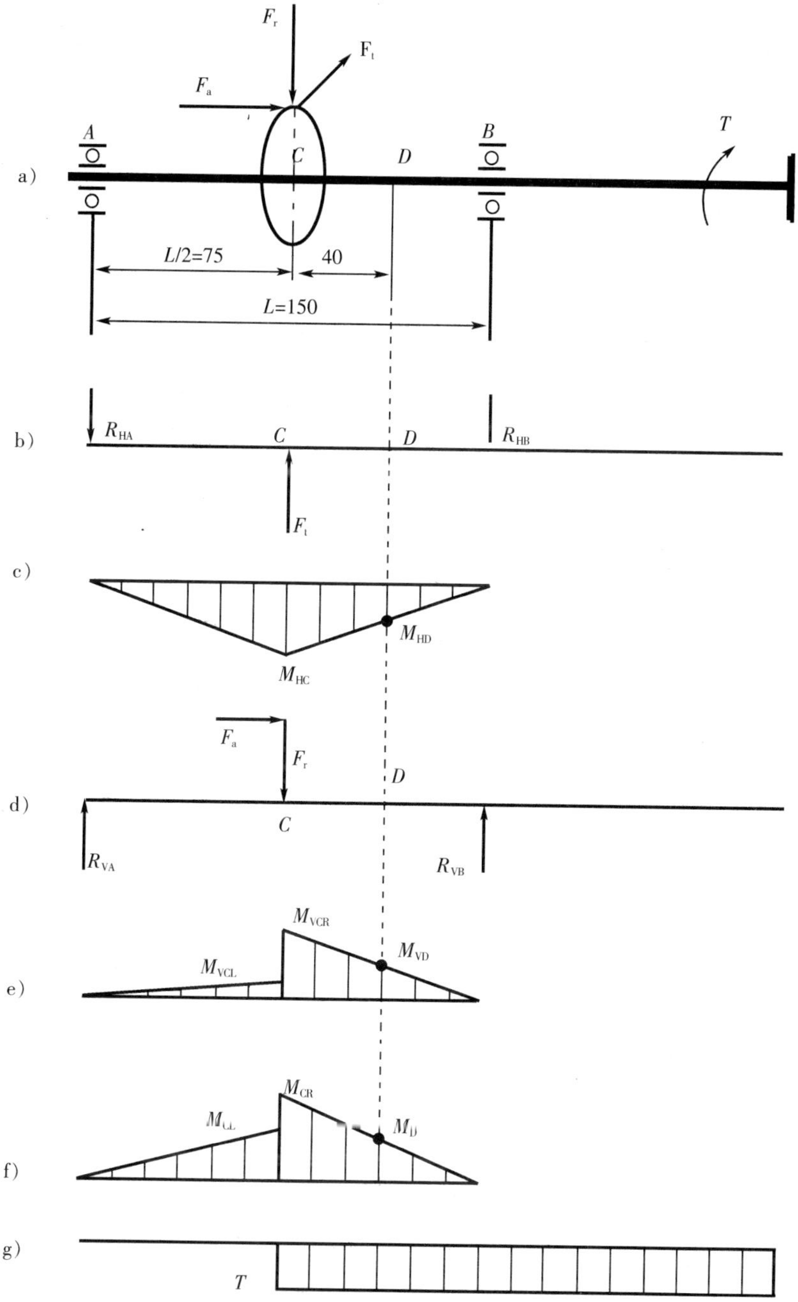

图 13　12　轴的受力、弯矩、扭矩图

⑤作扭矩图，如图 13－12f 所示。

$$T=9\ 550\,\frac{P}{n}=9\ 550\times\frac{12}{275}=417\ \mathrm{N\cdot mm}$$

⑥ 求当量扭矩。

单向运转的减速器，扭矩产生的剪应力应当是脉动循环，取 $\alpha=0.6$，将以上数据代入公式（13－4）可得

$M_{eCL}=\sqrt{M_{CL}^2+(\alpha T)^2}=\sqrt{110\ 019^2+(0.6\times 417\ 000)^2}=273\ 320\ \text{N}\cdot\text{mm}$

$M_{eCR}=\sqrt{M_{CR}^2+(\alpha T)^2}=\sqrt{134\ 418^2+(0.6\times 417\ 000)^2}=284\ 022\ \text{N}\cdot\text{mm}$

$M_{eD}=\sqrt{M_D^2+(\alpha T)^2}=\sqrt{62\ 728^2+(0.6\times 417\ 000)^2}=257\ 943\ \text{N}\cdot\text{mm}$

⑦分析危险截面，校核强度。

C、D 两截面扭矩相同，但 C 截面处当量弯矩大，D 截面处直径小，两处均需校核。将以上数据代入公式（13-5）可得

$$\sigma_{eC}=\frac{M_{eRC}}{W}=\frac{M_{eRC}}{0.1d^3}=\frac{284\ 022}{0.1\times 55^3}=17.1\ \text{MPa}$$

$$\sigma_{eD}=\frac{M_{eD}}{W}=\frac{M_{eD}}{0.1d^3}=\frac{257\ 943}{0.1\times 50^3}=20.6\ \text{MPa}$$

查表 13-4，许用弯曲应力 $[\sigma_{-1b}]=60\text{MPa}$，$C$、$D$ 两截面的 σ_e 均小于 $[\sigma_{-1b}]$，强度合乎要求。无需再修改轴的结构。

（5）绘制轴的零件图（略）。

第五节　轴毂联接

轴毂联接是指轴与轮毂（如齿轮、带轮、链轮等轮状零件）之间的联接。轴毂联接的作用是实现轴与毂的周向固定，用以传递运动和扭矩。某些情况下，轴毂联接也能实现轴向导向移动，构成所谓“动联接”（指机器工作时，被联接件之间可以有相对运动，与此相反的则称为静联接）。轴毂联接的常用零件有键、花键、销、过盈配合等。

一、键联接

键联接是常用的轴毂联接方式。键已经标准化，键的主要类型有平键、半圆键、楔键和切向键。

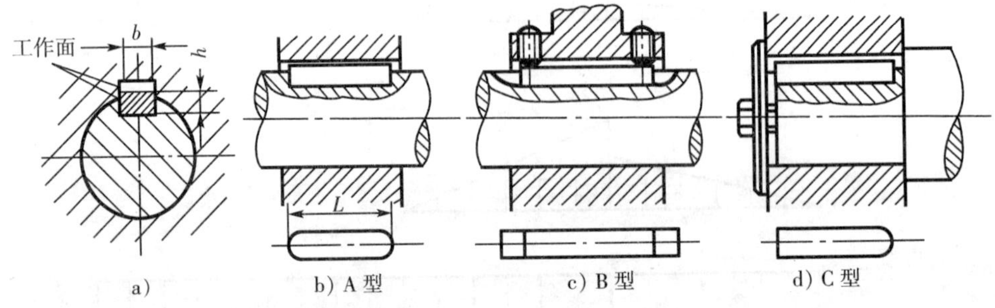

图 13-13　平键联接

1. 平键联接

如图 13-13 所示。平键按其结构的不同可分为圆头（A 型）、方头（B 型）和单圆头（C 型）三种，它们都是以两侧面为工作面，在高度方向上与轮毂上的键槽之间留有间隙，所以高度方向不参与工作。正常工作时，靠两侧面承受挤压与剪切来传递运动和扭矩。平键联接不能承受轴向力，无法对零件起到轴向定位与固定作用。

平键联接具有结构简单、装拆方便、对中性较好的特点，应用非常广泛。

当轴毂零件需要在轴上作轴向移动时（例如变速箱中的滑移齿轮），可以采用导键或滑键构成动联接，这两者均可视为平键结构的变形，两者的差别在于滑键可以适应更长的移动距离，如图 13－14、图 13－15 所示。

平键是标准件，其最主要参数是键宽 b、键高 h 和键长 L。这三个参数中的剖面参数 $b\times h$ 应当根据轴径从标准中查取，键长 L 可自行确定，但一般原则是比轮毂宽度略短且要在标准推荐的长度系列内取值。

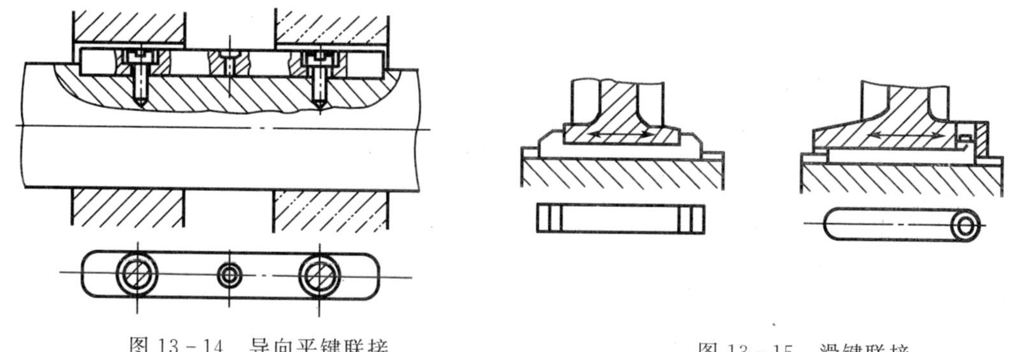

图 13－14　导向平键联接　　　　图 13－15　滑键联接

平键联接传载时的受力情况如图 13－16 所示，键的侧面承受挤压是主要的破坏原因，至于剖面 $a-a$ 承受剪切作用造成破坏的可能性很小，可不予考虑。所以，强度校核只要考虑轴的槽面、轮毂的槽面和键的侧面这三个受挤压面的被压溃或被磨损的情况即可。对于静联接，校核挤压强度，对于动联接，还要限制承压表面的压强不超过许可值。

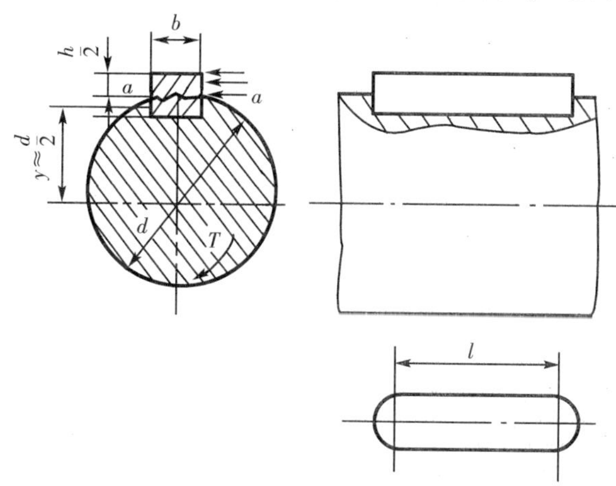

图 13－16　平键联接的受力情况

如图 13－16 所示，若挤压面沿键长方向载荷分布均匀，对于 A 型平键，实际承压面积应当是总长减去两端的圆弧段，即 1×（$h/2$）。所以，挤压强度条件是

$$\sigma_{jy}=\frac{4T}{dhl}\leqslant[\sigma_{jy}] \qquad (13-6)$$

对于导键等动联接，键槽的磨损将是其主要的失效形式，这时的强度校核应当以工作

面上的压强大小为准，故强度条件为

$$p=\frac{4T}{dhl}\leqslant [p] \tag{13-7}$$

式中：T——轴上扭矩，N·mm；

d——轴径，mm；

h——键的高度，mm；

l——键的有效工作长度（总长减去圆头尺寸），mm。

许用挤压应力和许用压强的值可查表 13-5。

表 13-5　键联接的许用应力和许用压强　MPa

应力种类	联接方式	零件材料	载荷性质		
			静载	轻微冲击	冲击
许用挤压应力 $[\sigma_{jy}]$	静联接	钢	125～150	100～120	60～90
		铸铁	70～80	50～60	30～45
许用压强 $[p]$	动联接	钢	50	40	30

经过校核若发现所选的键满足不了强度要求，则可适当加大轮毂宽度进而加大键长，但键长最好不要超过 2.5d，否则，很难保证键长方向上载荷分布均匀。另一个办法是在轴的直径方向上对称布置两个平键，考虑到载荷分配的不均匀性，这时的总承载能力可按单个平键的 1.5 倍来计算。

2. 半圆键联接

如图 13-17 所示。半圆键两个半圆形侧面是工作面，键上方的平面与轮毂上的槽底之间留有间隙。轴上键槽用尺寸与键相同的盘铣刀加工出来，键能在半圆槽中绕其中心摆动以适应轮毂中键槽底面的倾斜。

半圆键联接具有定心性能好，加工、装配方便的优点。同时，因键槽较深，对轴的强度削弱严重，一般只用于轻载联接或锥形轴端的辅助性联接。

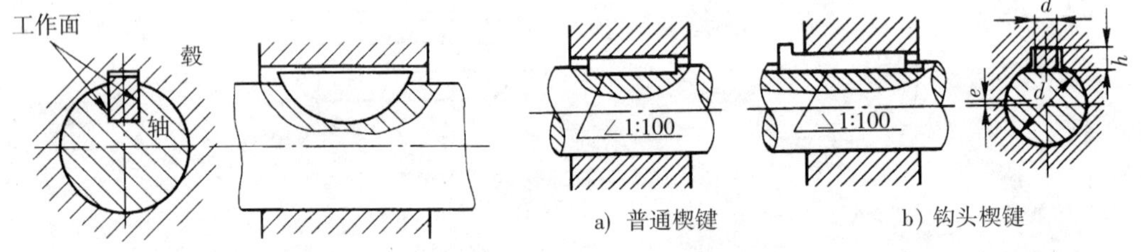

图 13-17　半圆键联接

图 13-18　楔键联接

3. 楔键连接

如图 13-18 所示。与平键不同，楔键的左右两侧面与键槽留有间隙，其上下两面是工作面。楔键的上表面有 1∶100 的斜度，轮毂的槽底也有 1∶100 的斜度。装配时沿轴向

打紧，两者间将产生很大压力，同时也会破坏对中性。传载时，靠摩擦力工作，在传递运动和扭矩的同时，也能单向承受轴向载荷。也正是因为靠摩擦力工作，所以在冲击、振动或变载作用时容易松动脱落。

楔键的特性决定了它多用于对中性要求不高，载荷平稳的低速场合。同时，考虑到楔键装拆的特点，它多用于轴端联接，若用于轴的中段，轴上开槽的长度至少要是键长的 2 倍。

4. 切向键联接

如图 13－19 所示。切向键由一对斜度为 1∶100 的楔键组成。其工作面是两楔键沿斜面合并后在上下方所形成的两个平行平面。工作时，靠上下工作面上的挤压力和摩擦力来传递扭矩和运动。为实现双向传动，必须同时使用两组切向键，两组切向键的布置一般错开 120°～130°。

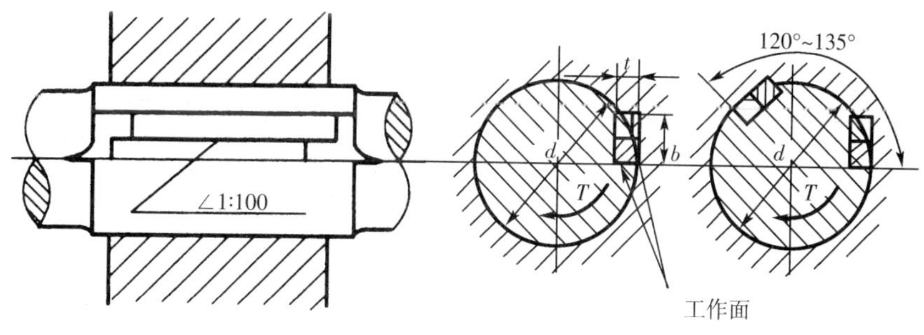

图 13－19 切向键连接

切向键键槽对轴的强度削弱较严重，多用于轴的直径较大、对中性要求不高的重载大型机械装置中。

二、花键联接

如图 13－20 所示。花键是将轴和毂孔上沿圆周方向制成多个形状对应均匀分布的键齿和键槽，靠多个齿槽侧面承受挤压来传递运动和扭矩的一类装置。花键的结构特点决定了花键联接具有承载能力高，对轴的强度削弱小，定心性和导向性都很好的特点。

花键常见的齿形有矩形（图 13－20a）、渐开线（图 13－20b）和三角形。矩形花键加工简便，应用较多。矩形花键可以有三种定心方式，即大径定心、小径定心和侧面定心，较常使用的是小径定心。定心方式对轴毂联接的对中性、传载能力和加工工艺都有直接的影响，主要依据使用要求和工艺特点来选择。渐开线花键的齿形是压力角为 30°的渐开线齿廓面，其齿廓的定心方式有侧面定心和外径定心两种，常用的定心方式为齿侧定心。渐开线花键具有齿根较厚且齿根圆角较大，承载能力强，工艺性强，定心性好等特点。三角形花键的键齿细小，多用于直径较小或薄壁件与

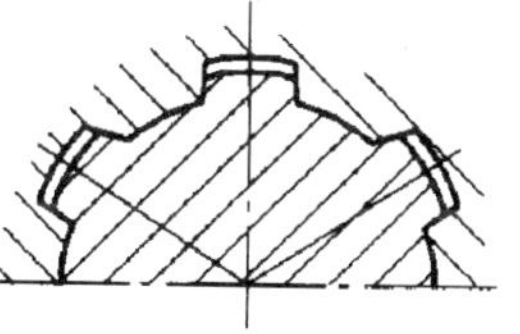

a）矩形花键

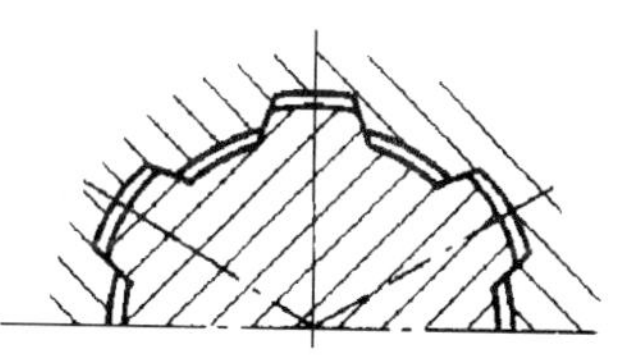

b）渐开线花键

图 13－20 花键联接

轴的联接。

花键多已标准化。花键的重要参数有大径 D、小径 d、键数 N、键槽宽 B。花键联接的设计首先要先考虑花键类型和定心方式的选择，然后根据相关标准来查取花键尺寸。对于重要联接，可以按照齿面压溃或磨损这两种失效形式进行校核。

三、销联接

销是机械工程中的常用零件，销的主要作用是定位、联接和作安全保护元件。

按结构的不同，销的类型很多，常用的有圆柱销、圆锥销、开尾圆锥销、开口销等。销联接除可用于轴毂联接以外，在其他不少场合也都有应用。如图 13－21 至图 13－24 所示为几类常用的销及其使用实例。

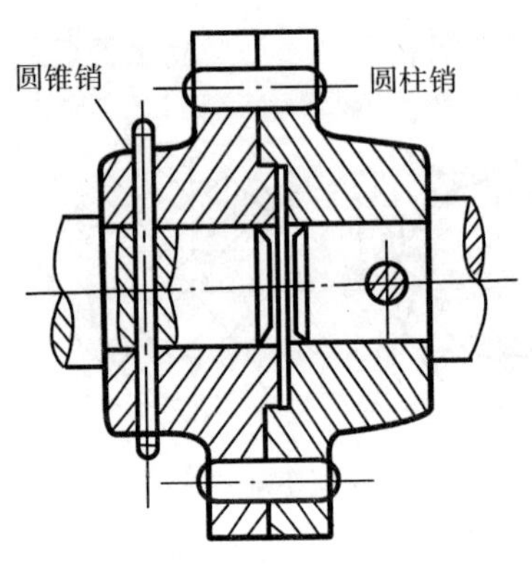

图 13－21　圆柱销和圆锥销

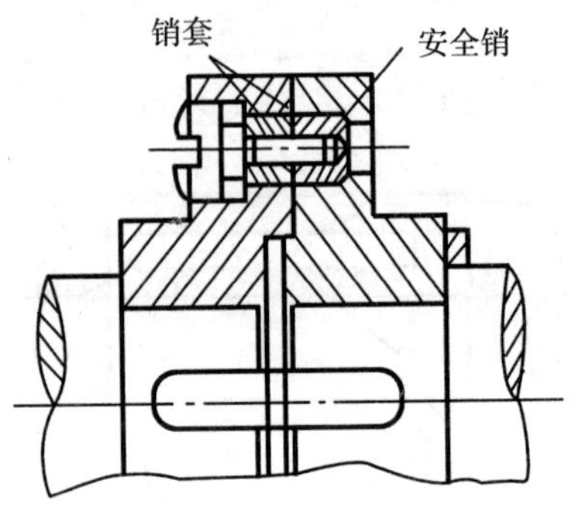

图 13－22　安全销

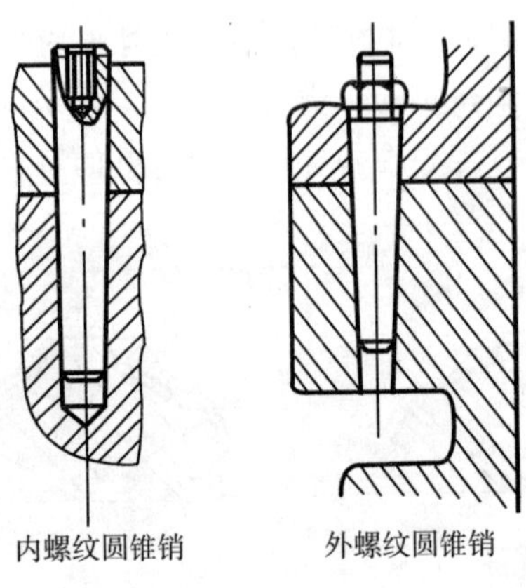

图 13－23　内螺纹圆锥销和螺尾销

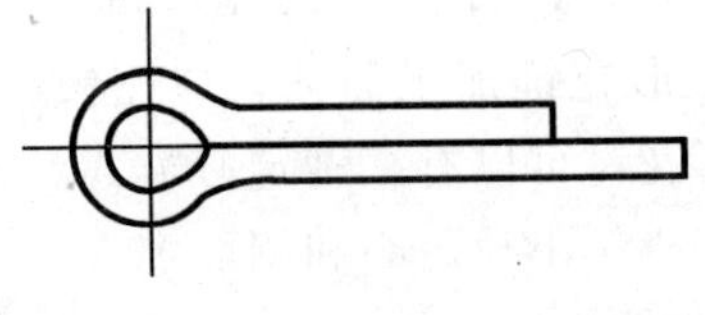

图 13－24　开口销

思考与练习

13-1 根据按受承载情况的不同，轴有哪些种类？自行车的中轴属于哪一类？

13-2 轴结构设计的一般步骤是什么？

13-3 轴上零件轴向固定和周向固定的方法分别有哪些？各自的适用场合怎样？

13-4 为什么多数轴的外形都是阶梯形？轴直径确定时一般要考虑哪些问题？

13-5 轴的强度校核公式 $\sigma_e=\frac{M_e}{W}=\frac{\sqrt{M^2+(\alpha T)^2}}{0.1d^3}\leqslant[\sigma_{-1b}]$ 中，α 的含义是什么？怎样选用？

13-6 提高轴的强度和刚度的常用措施有哪些？

13-7 键联接有哪些类型？平键联接有哪些特点？花键联接有何特点？

13-8 某减速器输出轴与铸钢齿轮采用平键联接，已知轴的直径为 80mm，齿轮轮毂长为 90mm，要传递的扭矩是 900N·mm，轴转速是 960r/min，载荷有轻微冲击。试选择合适的平键。

13-9 某传动轴传递 15kW 功率，转速为 750r/min，材料是 45 号钢正火处理。求该轴最小直径至少要多大？

13-10 参考本章图 13-10 所示的减速器。若该减速器的高速级电动机输入功率是 12kW，高速轴转速是 960r/min，主动齿轮的分度圆直径是 81.23mm，齿轮的齿宽和轮毂等宽，都是 85mm，齿轮啮合点处所受的三个分力分别是：圆周力 $F_t=2\,931$N；$F_r=1\,083$N；$F_a=517$N。试设计该减速器高速轴。

第十四章 轴　承

第一节　轴承的功用和类型

轴承的功用是支承轴及轴上的零件，保持轴的旋转精度，减少轴与支承之间的摩擦和磨损。

根据支承处相对运动表面摩擦性质的不同，轴承可分为滑动摩擦轴承（简称滑动轴承）和滚动摩擦轴承（简称滚动轴承）两大类。每一类轴承，按其所能承受载荷方向的不同，滑动轴承又可分为径向轴承（承受径向载荷）、推力轴承（承受轴向载荷）和径向推力组合轴承（同时承受径向和轴向载荷）；滚动轴承则可分为向心轴承（包括径向接触轴承和向心角接触轴承）和推力轴承。如图 14－1 和图 14－2 所示。

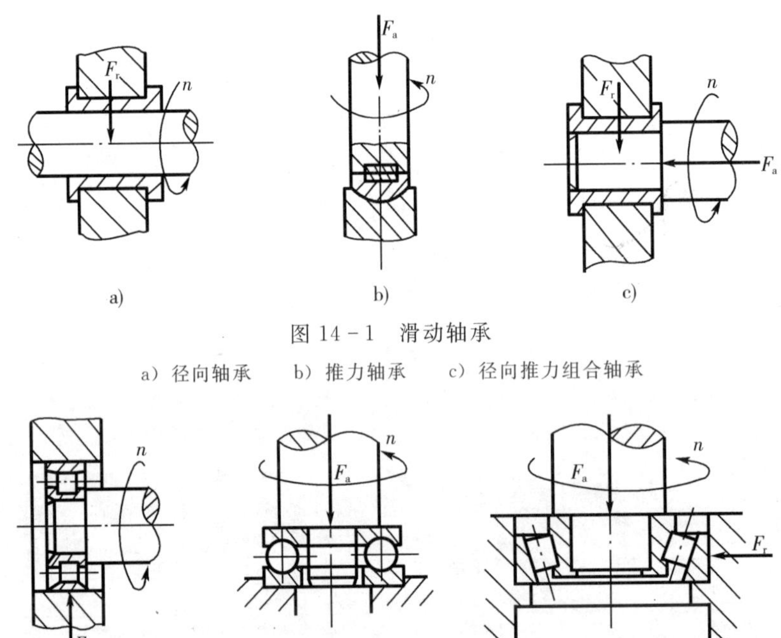

图 14－1　滑动轴承

a）径向轴承　b）推力轴承　c）径向推力组合轴承

图 14－2　滚动轴承

a）径向接触轴承　b）推力角接触轴承　c）推力轴承

是选择滑动轴承还是滚动轴承，取决于使用上的和工艺上的很多因素。由于滑动轴承的摩擦损耗一般都较大，维护也比较复杂，而滚动轴承是依靠主要元件间的滚动接触来支

承旋转零件，摩擦阻力小，功率消耗少，起动容易，所以在现代机器中广泛采用滚动轴承。

由于滑动轴承具有一些独特的优点，因而使其在某些特殊场合占有重要地位。滑动轴承主要应用于以下几种情况：

（1）工作转速特别高的场合（此种场合若用滚动轴承，其寿命将大为降低）。

（2）有巨大冲击和振动载荷的场合（滑动轴承的轴瓦和轴颈间存在的润滑油膜具有缓和冲击和阻尼作用）。

（3）对轴的支承位置要求特别精确的场合（滑动轴承比滚动轴承中影响精度的零件数少）。

（4）特重型轴承（由于是单件生产，采用滚动轴承造价高）。

（5）根据装配要求必须采用剖分式轴承的场合（该场合滚动轴承无法实现），如支承曲轴的轴承。

（6）轴的排列较紧密的场合（滑动轴承的径向尺寸较小）。

（7）在特殊工作条件（如在水或腐蚀性介质中）下工作的轴承。

因此，在大型汽轮机、发电机、压缩机、高速磨床、卫星通信地面接收站及航空发动机附件中多采用滑动轴承。

第二节 滚动轴承的结构、类型和特点

滚动轴承是标准件，由专业轴承厂家大规模生产。机械设计中应根据具体工作条件选用合适的轴承，并进行必要的强度计算和组合设计。

一、滚动轴承的结构

如图 14-3 所示，滚动轴承一般由外圈 1、内圈 2、滚动体 3 和保持架 4 等组成。滚动体位于内外圈的滚道之间。

内圈与轴颈配合，外圈和轴承座配合。当内外圈相对转动时，滚动体沿滚道滚动。为防止滚动体相互接触而增加摩擦，常用保持架将滚动体均匀隔开。滚动体的形状有球形、圆柱形、圆锥形、鼓形和针形等，如图 14-4 所示。

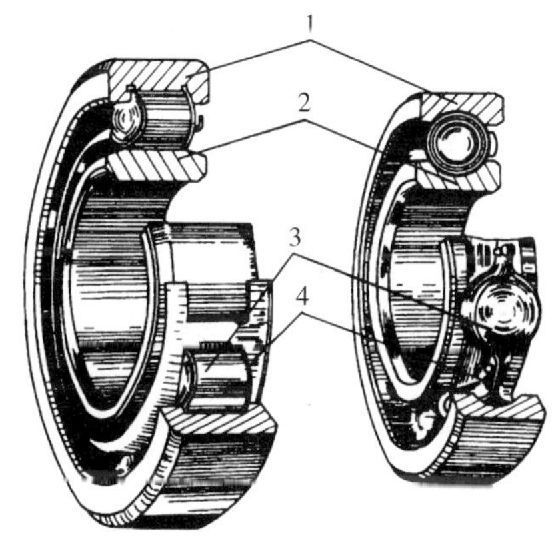

图 14-3 滚动轴承的基本结构

1—外圈 2—内圈 3—滚动体 4—保持架

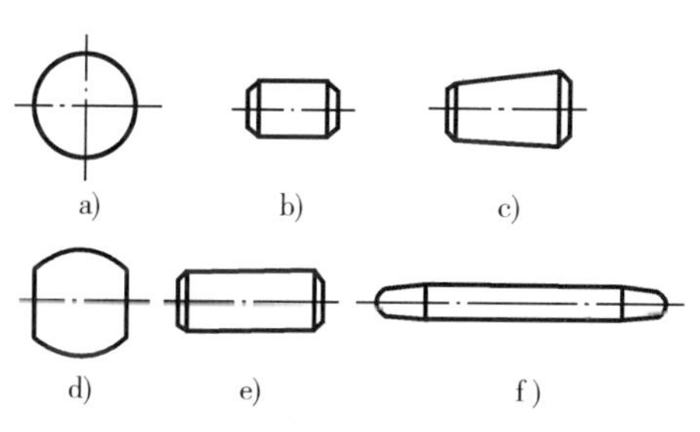

图 14-4 滚动体的形状

a）球 b）圆柱滚子 c）圆锥滚子

d）鼓形滚子 e）长圆柱滚子 f）滚针

滚动轴承的内圈、外圈和滚动体均采用强度高、耐磨性好的铬锰合金钢制造（如GCrl5、GCrl5SiMn 等），热处理后，硬度可达 60HRC 以上，保持架多用低碳钢冲压而成。

二、滚动轴承的类型及特点

滚动轴承按结构特点的不同有多种分类方法，各类轴承分别用于不同载荷、转速及特殊需要的场合。

（1）按其所能承受载荷的方向或公称接触角的不同可分为向心轴承和推力轴承（见表14－1）。

表 14－1　各类轴承的公称接触角

轴承类型	向心轴承		推力轴承	
	径向接触	向心角接触	推力接触	轴向接触
公称接触角 α	$\alpha=0°$	$0°<\alpha\leqslant45°$	$45°<\alpha<90°$	$\alpha=90°$
图　例		α	α	α
所受载荷性质	主要承受径向载荷	能同时承受径向载荷和轴向载荷	主要承受轴向载荷也能承受不大的径向载荷	只能承受轴向载荷

表中的 α 为滚动体与套圈接触角处的公法线与轴承径向平面（垂直于轴承轴心线的平面）之间的夹角，称为公称接触角。

（2）按滚动体的种类不同可分为球轴承和滚子轴承。球轴承的滚动体为球，球与滚道表面为点接触；滚子轴承的滚动体为滚子，滚子与滚道表面为线接触。因此在相同外廓尺寸的条件下，滚子轴承比球轴承的承载能力要高，抗冲击性能要好，但球轴承摩擦小，高速性能好（即极限转速高）。

（3）按工作时能否调心可分为调心轴承和非调心轴承，调心轴承允许的偏角大。

（4）按安装时内圈、外圈能否分别安装可分为分离轴承和不可分离轴承。

常用滚动轴承的类型、特性及应用见表 14－2。

表 14－2　常用滚动轴承的类型、特性及应用

轴承名称、类型及代号	结构简图、承载方向	极限转速比	允许角偏位	主要特性
调心球轴承 10000		中	2°～3°	主要承受径载荷，同时也能承受较小的双向轴向载荷，能自动调心

（续表）

轴承名称、类型及代号	结构简图、承载方向	极限转速比	允许角偏位	主要特性
调心滚子轴承 20000		低	0.5°～2°	能承受较大的径向载荷和少量的轴向载荷，具有调心性能
圆锥滚子轴承 30000	α	中	2′	能同时受较大的径向和单向轴向载荷。接触角 11°～16°，内外圈可分离，成对使用
双列深沟球轴承 40000		高	2′～10′	主要承受径向载荷，也能承受一定的轴向载荷，承载能力较深沟球轴承高
推力球轴承单列 51000 双列 52000		低	不允许	$\alpha = 90°$，只能承受单向（51000 型）或双向（52000 型）轴向载荷，不宜在高速时使用
深沟球轴承 60000		高	8′～16′	主要承受径向载荷，同时也能承受一定的双向轴向载荷。高转速时可用来承受不大的纯轴向载荷，极限转速高，抗冲击能力较差
角接触球轴承 7000C（α=15°） 7000AC（α=25°） 7000B（α=40°）	α	高	8′～16′	能同时承受径向和单向轴向载荷，公称接触角越大，轴向承载能力也越大，通常成对使用
推力圆柱滚子轴承 8000		低	不允许	能承受很大的单向轴向载荷
圆柱滚子轴承 N0000		较高	2′～4′	能承受较大的径向载荷，承载能力较深沟球轴承大，抗冲击能力较强，内外圈可分离
滚针轴承 NA0000		低	不允许	只能承受径向载荷，承载能力大，径向尺寸小，摩擦系数大，内外圈可分离

第三节　滚动轴承的代号

滚动轴承的类型很多，在各个类型中又有不同的结构、尺寸、精度等级和技术要求等，为了统一表征各类轴承的特点，便于组织生产和选用，GB/T272—1993 规定了轴承代号的表示方法。

滚动轴承代号由基本代号、前置代号和后置代号构成，其表示方式见表 14－3 所示。

表 14－3　滚动轴承代号的构成

前置代号	基本代号					后置代号						
轴承分部件代号	五	四	三	二	一	*内部结构代号	密封与防尘结构代号	保持架及其材料代号	特殊轴承材料代号	*公差等级代号	*游隙代号	多轴承配置代号
	类型代号	尺寸系列代号		内径代号								
		宽高度系列代号	直径系列代号									

注：(1) 基本代号下面的一至五表示代号自右向左的位置序数。

(2) “*”表示常用后置代号。

一、基本代号

基本代号表示轴承的基本类型、内径和尺寸系列。

1. 轴承内径

基本代号中右起第一、第二位数字表示轴承内径，表示方法见表 14－4。

表 14－4　常用轴承内径代号

内径代号	00	01	02	03	04～99
轴承内径/mm	10	12	15	17	数字×5

注：内径小于 10mm 和大于 495mm 的轴承内径代号标准中另有规定。

2. 直径系列

基本代号中右起第三位数字是轴承直径系列代号，表示结构相同、内径相同的轴承具有不同的外径和宽度，如图 14－5 所示。

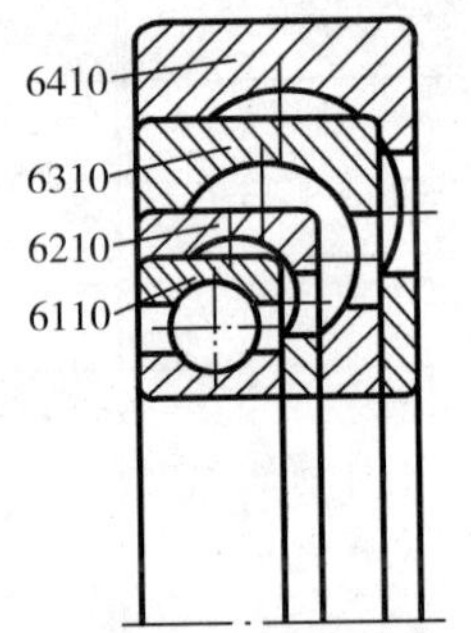

图 14－5　轴承的直径系列

3. 宽（高）度系列

基本代号中右起第四位数字是轴承的宽（高）度系列代号，表示内径、结构相同的轴承在宽度（向心轴承）或高度（推力

轴承）方面的变化。

直径系列和宽（高）度系列统称为尺寸系列，其表示方式见表 14－5。

表 14－5　滚动轴承尺寸系列代号

直径系列代号（外径↓）	向心轴承							推力轴承			
	宽度代号（→）							高度系列代号（→）			
	窄 0	正常 1	宽 2	特宽 3	特宽 4	特宽 5	特宽 6	特低 7	低 9	正常 1	正常 2
	尺寸系列代号										
超特轻 7	—	17	—	37	—	—	—	—	—	—	—
超轻 8	08	18	28	38	48	58	68	—	—	—	—
超轻 9	09	19	29	39	49	59	69	—	—	—	—
特轻 0	00	10	20	30	40	50	60	70	90	10	—
特轻 1	01	11	21	31	41	51	61	71	91	11	—
轻 2	02	12	22	32	42	52	62	72	92	12	22
中 3	03	13	23	33	—	—	63	73	93	13	23
重 4	04	—	24	—	—	—	—	74	94	14	24
特重 5	—	—	—	—	—	—	—	—	95	—	—

注：宽度系列代号为“0”时，不标出。

4. 轴承类型

基本代号中右起第五位数字（或字母）表示轴承类型，其代号见表 14－2。

二、前置代号

前置代号用字母表示成套轴承的分部件，如用 L 表示可分离轴承的可分离套圈，K 表示轴承的滚动体与保持架组件等。前置代号及其含义可参阅 GB/T272—1993。

三、后置代号

后置代号是轴承在结构形状、尺寸、公差、技术要求等有改变时，在其基本代号后添加的补充代号，常用代号见表 14－6～表 14－9，其他后置代号可参阅 GB/T272—1993。

表 14－6　轴承内部结构代号含义

代　号	示　例	含　义	代　号	示　例	含　义
C	角接触球轴承 7208C	公称接触角 $\alpha=15$	B	角接触球轴承 7210B	公称接触角 $\alpha=40$
	调心滚子轴承 23120C	C 型		圆锥滚子轴承 32312B	接触角增大
AC	角接触球轴承 7212AC	公称接触角 $\alpha=25$	E	角接触球轴承 7210E	加强型（内部结构改进，增大承载能力）

表 14-7　轴承公差等级代号及含义

代　号	示　例	含　义
/P0	61208	公差符合标准规定的 0 级（省略不标）
/P6	61208/6	公差符合标准规定的 6 级
/P6x	61208/6x	公差符合标准规定的 6x 级
/P5	61208/P5	公差符合标准规定的 5 级
/P4	61208/P4	公差符合标准规定的 4 级
/P2	61208/P2	公差符合标准规定的 2 级

表 14-8　轴承游隙代号及含义

代　号	示　例	含　义
/C1	6208/C1	游隙符合标准规定的 1 组
/C2	6208/C2	游隙符合标准规定的 2 组
—	6208	游隙符合标准规定的 0 组
/C3	6208/C3	游隙符合标准规定的 3 组
/C4	6208/C4	游隙符合标准规定的 4 组
/C5	6208/C5	游隙符合标准规定的 5 组

注：滚动轴承的游隙是指轴承无外载荷作用时，一个套圈固定，另一个套圈沿径向（或轴向）从一个极限位置到另一个极限位置的移动量。

表 14-9　轴承配置代号及含义

代　号	示　例	含　义
/DB	7210/DB	成对背对背安装
/DF	32208/DF	成对面对面安装
/DT	7210/DT	成对串联安装

滚动轴承代号举例：

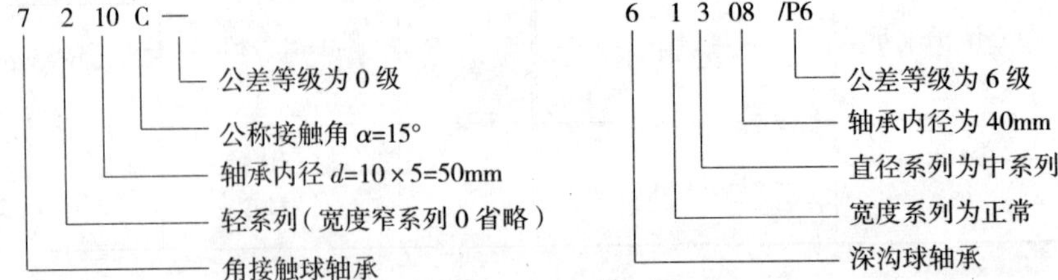

第四节　滚动轴承类型的选择

选用滚动轴承时，首先是选择轴承的类型。常用滚动轴承的类型及特点已在表 14－2 中列出。选择滚动轴承类型时，应考虑轴承所受载荷的大小、方向和性质，转速条件，调心性能，安装空间等多方面的因素。

一、载荷条件

轴承所受载荷的大小、方向和性质是选择轴承类型的主要依据。

（1）载荷大小　在同等条件下，滚子轴承比球轴承的承载能力大，因此，载荷较大时应选用滚子轴承。

（2）载荷方向　对于纯径向载荷，应选用向心轴承；对于纯轴向载荷，应选用推力轴承；当轴承同时承受径向和轴向载荷时，则应根据轴向载荷的大小选用不同公称接触角的角接触轴承，当使用圆锥滚子轴承或角接触球轴承时，为了平衡轴承内部产生的轴向力，并能在轴的两端起轴向定位作用，常常将此类轴承成对对称安装。

（3）载荷性质　载荷平稳时，可选用球轴承；有冲击和振动时，宜选用滚子轴承。

二、转速条件

在同等条件下，球轴承比滚子轴承有较高的极限转速，高速或要求旋转精度高时，应优先选用球轴承。高速轻载时，宜选用超轻、特轻或轻系列轴承；低速重载时应选用重或特重系列轴承。

三、调心性能

由于轴承的安装误差或轴的变形引起轴承内外圈中心轴线发生相对倾斜，称为角偏差。角偏差会严重影响轴承的正常运转和使用寿命。对于刚度差或安装精度低的轴—轴承系统，应采用具有一定调心性能的调心球轴承或调心滚子轴承。

四、安装、调整性能

当轴承的径向尺寸受安装条件限制时，应选用轻系列、特轻系列轴承或滚针轴承；当轴向尺寸受到限制时，宜选用窄系列轴承；为了便于安装、拆卸和调整轴承间隙,，可选用内外圈可分离的轴承。

五、经济性

一般情况下，球轴承比滚子轴承便宜，同型号轴承精度越高，价格越昂贵。在满足使用要求的前提下，尽量选用价格低廉的轴承。

第五节　滚动轴承的失效形式和设计准则

一、滚动轴承的受力分析

以深沟球轴承为例，如图 14－6 所示。当轴承受纯径向载荷时，径向载荷通过轴颈作用于内圈，而内圈又将载荷作用于下半圈的滚动体，其中处于 F_R 作用线上的滚动体承载最大。轴承工作时，内圈、外圈相对转动，滚动体既有自转又随着转动圈绕轴承轴线公转，这样轴承元件（内圈、外圈滚道和滚动体）所受的载荷呈周期性变化，可近似看作脉动循环应力。

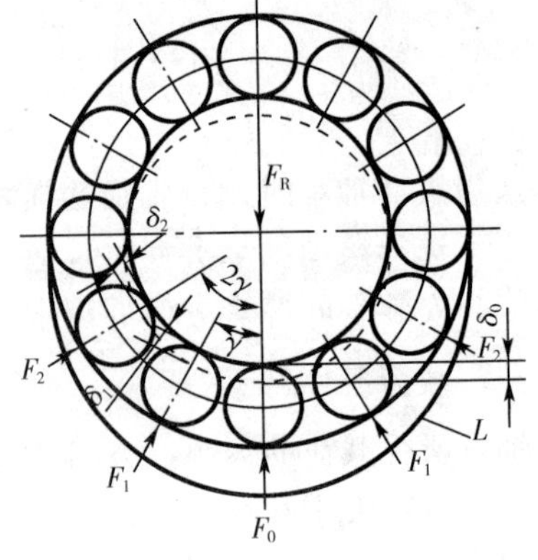

图 14－6　滚动轴承内部径向载荷的分布

二、滚动轴承的主要失效形式和设计准则

1. 失效形式

滚动轴承的失效形式有以下几种：

（1）疲劳点蚀

安装、润滑、维护良好的滚动轴承工作时，滚动体和内外圈都处在周期性的交变应力的作用，经过一定时间的运转后，工作表面上的材料将会逐渐出现局部脱落，从而导致失效，这就是疲劳点蚀。轴承出现疲劳点蚀后，运转时产生过大的振动和噪音，使机器丧失正常的工作精度。疲劳点蚀是滚动轴承的主要失效形式。为了避免疲劳点蚀，通常应按照滚动轴承的寿命计算确定轴承的型号。

（2）永久变形

当轴承工作转速很低（即 $n<10\text{r/min}$）时，或只作摆动时，由于过大的静载荷和冲击载荷，致使接触应力超过材料的屈服点，工作表面产生塑性变形，导致轴承工作中摩擦力矩、震动、噪音增大，运转精度降低，直至失效。若 $n<10\text{r/min}$ 时，永久变形、碎裂是滚动轴承主要的失效形式，应按照静强度计算确定轴承的型号。

（3）磨损

由于长期的摩擦，轴承的内圈、外圈、滚动体都会产生磨损。而密封不良、润滑不洁，又会加剧磨损。轴承磨损以后，由于轴承内的间隙量增大，导致旋转精度降低而报废。

此外，由于配合不当、拆装不合理等非正常原因，轴承内、外圈可能会发生破裂，应在使用和装拆轴承时充分注意这一点。

2. 计算准则

在选择滚动轴承的类型后要确定其型号和尺寸，为此需要针对轴承的主要失效形式进行计算。其计算准则为：

（1）对于一般转速的轴承（$10\text{r/min}< n<n_{\text{lim}}$），如果轴承的制造、保管、安装、使用等条件均为良好时，轴承的主要失效形式为疲劳点蚀，因此应以疲劳强度计算为依据进行轴承的寿命计算。

（2）对于高速轴承，除疲劳点蚀外其工作表面的过热而导致的轴承失效也是重要的失效形式，因此除需进行寿命计算外还应校验其极限转速。

（3）对于低速轴承（$n<10\text{r/min}$）或只作摆动的滚动轴承，可近似地认为轴承各元件是在静应力作用下工作的，其失效形式为塑性变形，应进行以不发生塑性变形为准则的静强度计算。

第六节 滚动轴承的寿命计算

滚动轴承寿命计算是保证轴承在一定载荷条件和工作期限内不发生疲劳点蚀失效。

一、基本额定寿命和基本额定动载荷

1. 寿命

轴承中任一元件首次出现疲劳点蚀前轴承所经历的总转数，或轴承在恒定转速下的总工作小时数称为轴承的寿命。

2. 可靠度

在同一工作条件下运转的一组近于相同的轴承能达到或超过某一规定寿命的百分率，称为轴承寿命的可靠度。

3. 基本额定寿命

一批同型号的轴承即使在同样的工作条件下运转，由于制造精度、材料均质程度等因素的影响各轴承的寿命也不尽相同。基本额定寿命是指一批同型号的轴承在相同条件下运转时，90％的轴承未发生疲劳点蚀前运转的总转数，或在恒定转速下运转的总工作小时数，分别用 L_{10} 和 L_{10h} 表示。按基本额定寿命的计算选用轴承时，可能有 10％以内的轴承提前失效，也即可能有 90％以上的轴承超过预期寿命。而对单个轴承而言，能达到或超过此预期寿命的可靠度为 90％。

4. 基本额定动载荷

轴承抵抗点蚀破坏的承载能力可由基本额定动载荷表示。基本额定寿命为 10^6 转，即 $L_{10}=1$（单位为 10^6r）时轴承能承受的最大载荷称为基本额定动载荷，用符号 C 表示。换而言之，即轴承在基本额定动载荷的作用下，运转 10^6 转而不发生点蚀失效的轴承寿命可靠度为 90％。如果轴承的基本额定动载荷大，则其抗疲劳点蚀的能力强。基本额定动载荷对于向心轴承而言是指径向载荷，称为径向基本额定动载荷 C_r；对于推力轴承而言是指轴向载荷，称为轴向基本额定动载荷 C_a。各种类型、各种型号轴承的基本额定动载荷值可在轴承标准中查得，或查附表 14－1～表 14－3。

二、当量动载荷

当轴承受到径向载荷 F_r 和轴向载荷 F_a 的复合作用时，为了计算轴承寿命时能与基本额定动载荷作等价比较，需将实际工作载荷转化为等效的当量动载荷 P。P 的含义是轴承在当量动载荷 P 作用下的寿命与在实际工作载荷条件下的寿命相等。当量动载荷的计算公式为

$$P=f_p(XF_r+YF_a) \tag{14-1}$$

式中：f_p——载荷系数，是考虑机器工作时振动、冲击对轴承寿命影响的系数，见表14－10；

F_r——径向载荷；

F_a——轴向载荷；

X、Y——分别为径向载荷系数和轴向载荷系数，如表 14－11 所列。

表 14-10　载荷系数 f_p

载荷性质	举　例	f_P
平稳运转或轻微冲击	电机、风机、水泵、气轮机	1.0～1.2
中等冲击	起重机、车辆、机床	1.2～1.8
剧烈冲击	破碎机、轧钢机、震动筛	1.8～3.0

表 14-11　滚动轴承当量动载荷 X、Y 系数

轴承类型		F_a/C_{0r}	e	单列轴承				双列轴承（或成对之安装单列轴承）			
				$F_a/F_r \leqslant e$		$F_a/F_r > e$		$F_a/F_r \leqslant e$		$F_a/F_r > e$	
				X	Y	X	Y	X	Y	X	Y
		0.014	0.19				2.30				2.30
		0.028	0.22				1.99				1.99
		0.056	0.26				1.71				1.71
		0.084	0.28				1.55				1.55
深沟球轴承	60000	0.11	0.30	1	0	0.56	1.45	1	0	0.56	1.45
		0.17	0.34				1.31				1.31
		0.28	0.38				1.15				1.15
		0.42	0.42				1.04				1.04
		0.56	0.44				1.00				1.00
		0.015	0.38				1.47		1.65		2.39
		0.029	0.40				1.40		1.57		2.28
		0.058	0.43				1.30		1.46		2.11
		0.087	0.46				1.23		1.38		2.00
角接触球轴承	70000C	0.12	0.47	1	0	0.44	1.19	1	1.34	0.72	1.93
		0.17	0.50				1.12		1.26		1.82
		0.29	0.55				1.02		1.14		1.66
		0.44	0.56				1.00		1.12		1.63
		0.58	0.56				1.00		1.12		1.63
	70000AC		0.68	1	0	0.41	0.87	1	0.92	0.67	1.41
调心球轴承	10000	—	1.5tanα	1	0	0.4	0.4cotα	1	0.42cotα	0.65	0.65cotα
圆锥滚子轴承	30000	—	1.5tanα	1	0	0.4	0.4cotα	1	0.45cotα	0.67	0.67cotα
调心滚子轴承	20000	—	1.5tanα					1	0.45cotα	0.67	0.67cotα

注：(1) C_{0r} 为径向基本额定静载荷，由产品目录查出；

(2) e 为判别轴向载荷 F_a 对当量动载荷 P 影响程度的参数；

(3) 对于表中未列入的值，可用线性插值法求出相应的 e、X、Y 值。

对于只承受纯径向载荷的向心轴承，其当量动载荷为

$$P = f_p F_r \tag{14-2}$$

对于只承受纯轴向载荷的推力轴承，其当量动载荷为

$$P=f_{p}F_{a} \tag{14-3}$$

【例 14-1】 已知某轴上有一个 6208 轴承，工作中承受径向载荷 $F_a=1\,500$N，轴向载荷 $F_r=3\,000$N，轻微冲击。试求其当量动载荷 P。

【解】 轴承工作中受轻微冲击，查表 14-10 得 $f_p=1.2$；查附表 14-1 得 $C_{0r}=18.0$KN，则 $F_a/C_{0r}=1\,500/18\,000=0.083$，根据表 14-11 得 $e=0.28$。

由于 $F_a/F_r=1\,500/3\,000=0.5>e=0.28$，所以取 $X=0.56$，$Y=1.55$

当量动载荷 $P=f_p(XF_r+YF_a)=1.2\times(0.56\times3\,000+1.55\times1\,500)=4\,806$ N

三、滚动轴承的寿命计算

大量试验证明滚动轴承所承受的载荷 P 与寿命 L 的关系如图 14-7 所示，其方程为

$$P^{\varepsilon}L_{10}=\text{常数}$$

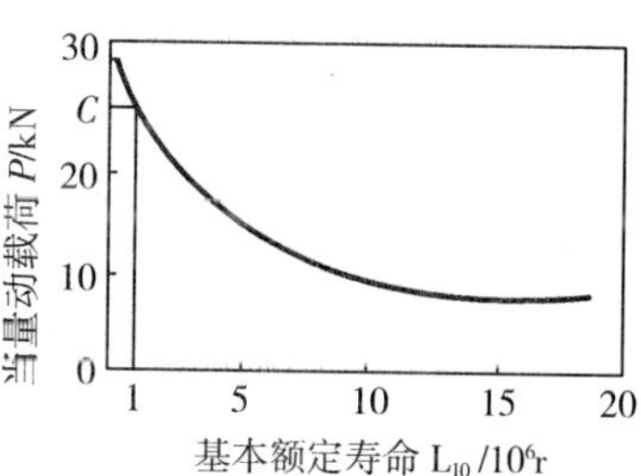

图 14-7　滚动轴承的 P-L 曲线

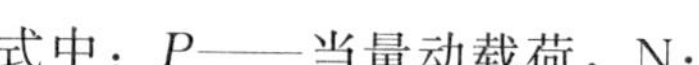

式中：P——当量动载荷，N；

L_{10}——基本额定寿命，10^6r；

ε——寿命指数，对于球轴承 $\varepsilon=3$，对于滚子轴承 $\varepsilon=10/3$。

由上式及基本额定动载荷的定义可得

$$P^{\varepsilon}L_{10}=C^{\varepsilon}\cdot 1$$

因此滚动轴承的寿命计算基本公式为

$$L_{10}=\left(\frac{C}{P}\right)^{\varepsilon} \tag{14-4}$$

若用给定转速下的工作小时数 L_{10h} 来表示，则为

$$L_{10h}=\frac{10^6}{60}\left(\frac{C}{P}\right)^{\varepsilon}$$

当轴承的工作温度高于 100℃时，其基本额定动载荷 C 的值将降低，需引入温度系数 f_T 进行修正，得

$$L_{10h}=\frac{10^6}{60n}\left(\frac{f_T C}{P}\right)^{\varepsilon}\geqslant[L_h] \tag{14-5}$$

若以基本额定动载荷 C 表示，可得

$$C\geqslant\frac{P}{f_T}\left(\frac{60n\,[L_h]}{10^6}\right)^{\frac{1}{\varepsilon}} \tag{14-6}$$

式中：n——轴承的工作转速，r/min；

f_T——温度系数，见表 14-12；

$[L_h]$——轴承的预期寿命，h，可根据机器的具体要求或参考表 14-13 确定。

表 14-12　温度系数 f_T

轴承工作温度/℃	100	125	150	175	200	225	250	300
f_T	1	0.95	0.90	0.85	0.80	0.75	0.70	0.60

表 14-13　轴承预期寿命 $[L_h]$ 的参考值

使 用 条 件	预期使用寿命（h）
不经常使用的仪器和设备	300～3 000
短期或间断使用的机械	3 000～8 000
间断使用，使用中不允许中断	8 000～12 000
每天 8 小时工作，经常不是满负荷	10 000～25 000
每天 8 小时工作，满负荷使用	20 000～30 000
24 小时连续工作，允许中断	40 000～50 000
24 小时连续工作，不允许中断	100 000 以上

四、角接触球轴承和圆锥滚子轴承的轴向载荷计算

为了使角接触球轴承（或圆锥滚子轴承）能正常工作，通常采用两个轴承成对使用、对称安装的方式，见图 14-8。这两类轴承的结构特点是在滚动体与滚道接触处存在接触角 α，当其承受径向载荷 F_r 时，要产生一个内部轴向力 F_S。在计算其所承受的轴向载荷时，要同时考虑外部轴向载荷和内部轴向力两个部分，并通过力的平衡关系求得轴承的总轴向载荷。

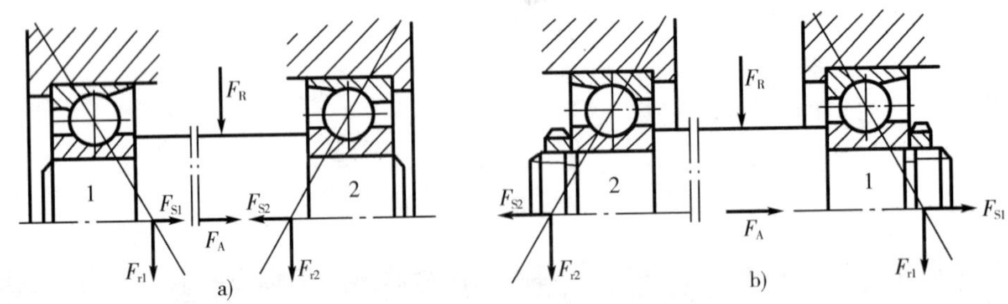

图 14-8　角接触球轴承（或圆锥滚子轴承）载荷的分布

a）正装（面对面）b）反装（背对背）

角接触球轴承和圆锥滚子轴承在受到径向力 F_r 的作用时，所产生的内部轴向力 F_S 的方向由外圈的宽边指向窄边，其值可按下表 14-14 所列的近似公式来计算。

表 14-14　角接触球轴承和圆锥滚子轴承的内部轴向力 F_S

轴承类型	角接触球轴承			圆锥滚子轴承
	7000C（$\alpha=15°$）	7000AC（$\alpha=25°$）	7000B（$\alpha=40°$）	
F_r	eF_r	$0.68F_r$	$1.14F_r$	$F_r/2Y$

注：（1）Y 为圆锥滚子轴承的轴向载荷系数，其值取表 14-11 中 $F_a/F_r>e$ 的 Y 值。

（2）若接触角 α 与 Y 的关系为 $Y=0.4\cot\alpha$，可查有关手册确定 α 的值。

如图 14－9a 所示的轴承Ⅰ及轴承Ⅱ为面对面安装，F_A 和 F_R 分别为作用在轴上的轴向载荷和径向载荷，F_{r1}、F_{r2} 分别为轴承Ⅰ、轴承Ⅱ所受径向反力，F_{S1}、F_{S2} 为由此产生的内部轴向力。轴上各轴向力的简化示意图如 14－9b 所示。

若 $F_A+F_{S1}>F_{S2}$，如图 14－9c 所示，则轴有向右移动的趋势，使右端轴承Ⅱ被“压紧”，左端轴承Ⅰ被“放松”，根据力的平衡关系，轴承Ⅱ的外圈上必有一个向左的附加轴向平衡力 F_{S2}'，即 $F_{S2}'+F_{S2}=F_A+F_{S1}$，由此可得 $F_{S2}'=F_A+F_{S1}-F_{S2}$。轴承Ⅰ只受自身内部轴向力 F_{S1} 的作用，而轴承Ⅱ则受到内部轴向力 F_{S2} 和附加轴向平衡力 F_{S2}' 的共同作用，因此，压紧端轴承Ⅱ的总轴向载荷

$$F_{a2}=F_{S2}'+F_{S2}=F_A+F_{S1}$$

放松端轴承Ⅰ的总轴向载荷

$$F_{a1}-F_{S1}$$

若 $F_A+F_{S1}<F_{S2}$，如图 14－9d 所示，则轴有向左移动的趋势，使左端轴承Ⅰ被“压紧”，右端轴承Ⅱ被“放松”。同理，轴承Ⅰ的外圈也必有一个向右的附加轴向平衡力 F_{S1}'，即 $F_{S2}=F_A+F_{S1}'+F_{S1}$，由此可得 $F_{S1}'=F_{S2}-F_A-F_{S1}$，则有

紧端轴承Ⅰ的总轴向载荷

$$F_{a1}=F_{S1}+F_{S1}'=F_{S2}-F_A$$

放松端轴承Ⅱ的总轴向载荷

$$F_{a2}=F_{S2}$$

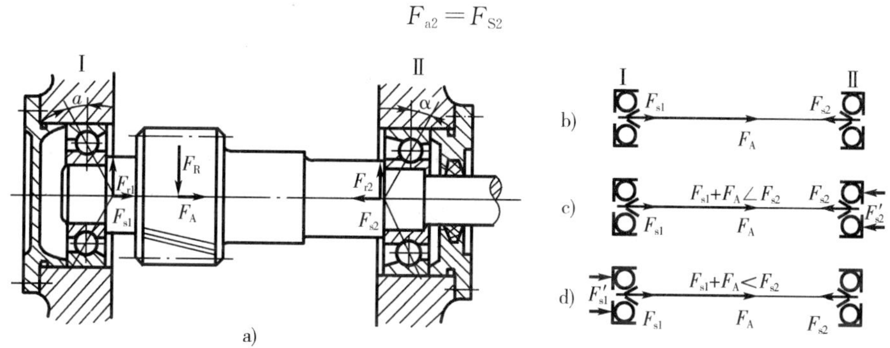

图 14－9 角接触球轴承（或圆锥滚子轴承）的轴向力

计算角接触球轴承及圆锥滚子轴承总轴向载荷的方法归纳为：

（1）根据轴承的安装方式，画出轴向力示意图；

（2）通过轴上全部轴向力（包括外部轴向载荷 F_A 和内部轴向力 F_{S1}、F_{S2}）合力的指向，判断轴的移动趋势，确定“压紧”与“放松”端轴承；

（3）“压紧”端轴承的总轴向载荷等于除其自身内部轴向力外，其他各轴向力的代数和；

（4）“放松”端轴承的总轴向载荷等于其自身内部轴向力。

【例 14－2】 一工程机械的传动装置中，根据工作条件决定采用一对向心角接触球轴承（如图 14－10 所示），并初选轴承型号为 7211AC。已知轴承所承受载荷 $F_{r1}=3\,300\text{N}$，$F_{r2}=1\,000\text{N}$，轴向载荷 $F_a=900\text{N}$，轴的转速 $n=1\,750\text{r/min}$，轴承在常温下工作，运转中受中等冲击，轴承预期寿命 10 000h。试问

所选轴承型号是否恰当?

【解】(1) 计算轴承的轴向力 F_{a1}、F_{a2}

由表 14-14 查得 7211AC 轴承内部轴向力的计算公式为

$$F_S = 0.68F_r$$

则 $F_{S1} = 0.68F_{r1} = 0.68 \times 3\,300 = 2\,244$ N（方向如图示）

$F_{S2} = 0.68F_{r2} = 0.68 \times 1\,000 = 680$ N（方向如图示）

因为 $F_{S2} + F_A = (680+900) = 1\,580\ \text{N} < F_{S1}$

所以轴承 2 为压紧端，故有

$$F_{a1} = F_{S1} = 2\,244\ \text{N}$$

$$F_{a2} = F_{S1} - F_A = (2\,244-900) = 1\,344\ \text{N}$$

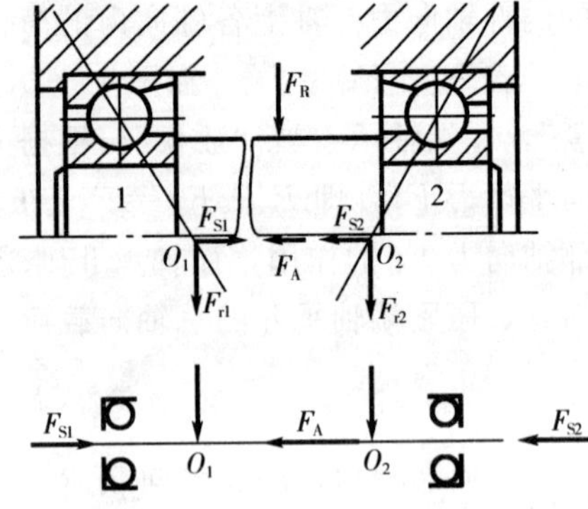

图 14-10　向心角接触轴承

(2) 计算轴承的当量动载荷 P_1、P_2

由表 14-11 查得 7211AC 轴承的 $e=0.68$，而

$$\frac{F_{a1}}{F_{r1}} = \frac{2\,244}{3\,300} = 0.68 = e$$

$$\frac{F_{a2}}{F_{r2}} = \frac{1\,344}{1\,000} = 1.344 > e$$

查表 14-11 可得 $X_1=1$，$Y_1=0$；$X_2=0.41$，$Y_2=0.87$。根据表 14-10 取 $f_P=1.4$，则轴承的当量动载荷为

$$P_1 = f_p\ (X_1F_{r1}+Y_1F_{a1}) = 1.4 \times (1\times 3\,300 + 0\times 2\,244) = 4620\ \text{N}$$

$$P_2 = f_p\ (X_2F_{r2}+Y_2F_{a2} = 1.4 \times (0.41\times 1\,000 + 0.87\times 1\,344) = 2211\ \text{N}$$

(3) 计算轴承寿命 L_{10h}

因两个轴承的型号相同，所以其中当量动载荷大的轴承寿命短。因 $P_1 > P_2$，所以只需计算轴承 1 的寿命。

查本章附表 14-2 得 7211AC 轴承的 $C_r = 50\,500$N。取 $\varepsilon=3$，$f_T=1$，则由式 (14-5) 得

$$L_{10h} = \frac{10^6}{60n}\left(\frac{f_TC}{P}\right)^{\varepsilon} = \frac{10^6}{60\times 1\,750} \times \left(\frac{1\times 50\,500}{4\,620}\right)^3 = 12\,437\ \text{h}$$

由此可见轴承的寿命大于轴承的预期寿命，所以所选轴承型号合适。

第七节　滚动轴承的静强度计算

为了限制滚动轴承在静载荷或冲击载荷作用下产生过大的永久变形，需对轴承进行静强度校核计算。尤其对于那些在工作载荷作用下基本不旋转，或者缓慢摆动以及转速极低的轴承，应按轴承的静强度来选择轴承的尺寸。

一、基本额定静载荷 C_0

基本额定静载荷对于向心轴承为径向额定静载荷 C_{0r}；对于推力轴承为轴向额定静载荷 C_{0a}。

径向额定静载荷 C_{0r} 是指轴承承受最大载荷的滚动体与滚道接触中心处引起与下列计算接触应力相当的径向静载荷：对调心轴承为 4 600MPa；对其他型号的球轴承为4 200MPa；

对滚子轴承为 4 000 MPa。

轴向额定静载荷 C_{0a}是指轴承承受最大载荷的滚动体与滚道接触中心处引起与下列计算接触应力相当的径向静载荷：对推力球轴承为 4 200MPa；对推力滚子轴承为 4 000MPa。

各类轴承的 C_0 值可由轴承标准中查得。

二、当量静载荷 P_0

当轴承同时受到径向载荷 F_r 和轴向载荷 F_a 的共同作用时，应按当量静载荷 P_0 进行计算。当量静载荷 P_0 为一假想载荷，在此载荷作用下，应力最大的滚动体和滚道接触处总的永久变形量与实际载荷作用下的永久变形量相等。

对向心轴承和角接触轴承，当量静载荷为径向当量静载荷 P_{0r}时，$\alpha=0°$的向心滚子轴承为

$$P_{or}=F_r \tag{14-7}$$

向心球轴承和 $\alpha\neq0°$的向心滚子轴承为

$$\begin{cases}P_{or}=X_oF_r+Y_oF_a\\P_{or}=F_r\end{cases} \tag{14-8}$$

式中 X_0、Y_0 分别为静径向载荷系数和静轴向载荷系数，见表 14－15。P_{or}取上式中两式计算值的较大值。

表 14－15 滚动轴承的 X_0 和 Y_0 值

轴承类型		单列		双列	
		X_0	Y_0	X_0	Y_0
深沟球轴承		0.6	0.5	0.6	0.5
角接触球轴承	$\alpha=15°$	0.5	0.46	1	0.92
	$\alpha=20°$		0.42		0.84
	$\alpha=25°$		0.38		0.76
	$\alpha=30°$		0.33		0.66
	$\alpha=35°$		0.29		0.58
	$\alpha=40°$		0.26		0.52
	$\alpha=45°$		0.22		0.44
调心球轴承 $\alpha\neq0°$		0.5	0.22cotα	1	0.44cotα
调心滚子轴承 $\alpha\neq0°$		0.5	0.22cotα	1	0.44cotα
圆锥滚子轴承		0.5	0.22cotα	1	0.44cotα

对推力轴承，当量静载荷为轴向当量静载荷 P_{0a}时，$\alpha=90°$的推力轴承为

$$P_{oa}=F_a \tag{14-9}$$

$\alpha\neq90°$的推力轴承为

$$P_{oa}=2.3F_r\tan\alpha+F_a \qquad (14-10)$$

三、静强度计算

限制轴承产生过大塑性变形的静强度计算公式为

$$\frac{C_0}{P_0}\geqslant S_0 \qquad (14-11)$$

式中：S_0——静强度安全系数，如表 14-16 所列；

C_0——基本额定静载荷，N；

P_0——当量静载荷，N。

对于有短期的严重过载、转速较高的轴承，或对承受强大冲击载荷、一般转速的轴承，除进行寿命计算外，还应进行静强度校核。

表 14-16　滚动轴承的静强度安全系数 S_0

使用要求或载荷		S_0
旋转轴承	正常使用 对旋转精度和运转平稳性要求较低、没有冲击和振动 对旋转精度和运转平稳性要求较高 承受较大振动和冲击	0.8～1.2 0.5～0.8 1.5～2.5 1.2～2.5
静止轴承 （静止、缓慢摆动、极低速旋转）	不需经常旋转的轴承、一般载荷 不需经常旋转的轴承、有冲击载荷或载荷分布不均 （例如水坝闸门 $S_0\geqslant1$，吊桥 $S_0\geqslant1.5$）	0.5 1～1.5

【例 14-3】　试对 7205AC 角接触球轴承进行静强度计算。已知轴承所受轴向载荷 $F_a=1\,300$N，径向载荷 $F_r=1\,800$N，载荷系数 $f_p=1.2$，工作转速 n=460r/min，每天工作 8 小时。

【解】（1）计算当量静载荷

查本章附表 14-2 得 7205AC 轴承的 $C_{0r}=9\,880$N，由表 14-15 查得 $X_0=0.5$，$Y_0=0.38$，由式(14-8)可得

$$P_{or}=X_0F_r+Y_0F_a=0.5\times1\,800+0.38\times1\,300=1\,394\text{ N}$$

$$P_{0r}=F_r=1\,800\text{ N}$$

取两者中的较大值为计算值，即 $P_0=1\,800$ N。

（2）静强度校核

由表 14-16，对旋转精度和平稳性要求高的轴承取 1.5～2.5，由式（14-11）得

$$\frac{C_0}{P_0}=\frac{9\,880}{1\,800}=5.5>S_0$$

所以轴承的静强度足够。

第八节　滚动轴承的组合设计

为保证滚动轴承的正常工作，除了要合理选择轴承的类型和尺寸外，还必须正确、合理地进行轴承的组合设计，即正确解决轴承的轴向位置固定、轴承和其他零件的配合、轴

承的调整与装拆等问题。

一、保证轴承组合支承部分的刚度和同轴度

轴和安装轴承的轴承座孔，以及轴承组合中的其他受力零件，必须有足够的刚度，这是因为这些零件的变形都会使滚动体滚动受阻而降低轴承的使用寿命。因此，轴承座孔壁应有足够的厚度，壁板上的轴承座的悬臂应尽可能地短，并用加强肋来增加其刚度，如图 14－11 所示。

对于一根轴上两个支承的座孔，必须尽可能地保证其同轴度，以免轴承内外圈间产生过大的偏斜而影响轴承的寿命。为此，应采用整体结构的机壳，并把安装轴承的两个孔一次镗出。如在一根上装有不同尺寸的轴承时，机壳上的轴承座孔仍一次镗出，这时可利用衬套来安装尺寸较小的轴承，如图 14－12 所示。若两个轴承座孔分在两个机壳上时，则应把两个机壳组合在一起进行镗孔，以保证其同轴度。

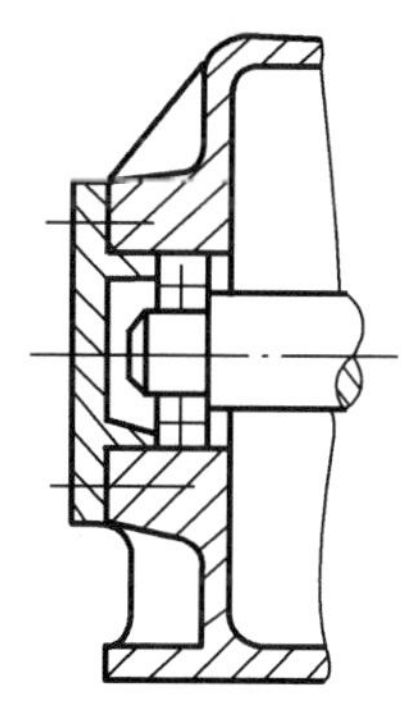

图 14－11 用加强肋增强轴承座孔刚性

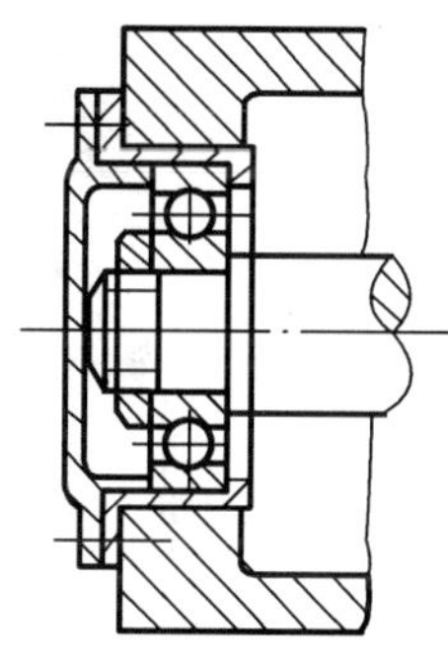

图 14－12 使用衬套的轴承座孔

二、轴承的配置

转轴一般采用双支承结构，每个支承一般由 1～2 个轴承组成。对受径向载荷和轴向载荷复合作用的轴，两个支承一般选用同型号的角接触轴承，且其沿安装轴的轴线方向的配置方式为以下两种形式：

（1）正装（面对面，见图 14－8a） 这种配置方式的轴系，结构简单，装拆与调整比较方便。轴的实际支点偏向两支点里侧，支承刚性较差。当轴受热膨胀时，两轴肩会分别带动左右轴承内圈向外移动，从而使轴承游隙减小，甚至卡死，所以采用正装时应特别注意轴承轴向游隙的调整。

（2）反装（背对背，见图 14－8b） 这种配置方式的轴系，其实际支点偏向两支点外侧，轴系的刚性较好，但结构复杂，装拆与调整不便，在轴受热伸长时，轴承的游隙会增大。在轴上安装轴承时，最好消除其轴向游隙以提高轴承的运转精度。

一般机器中多采用正装。

三、滚动轴承的轴向固定

1. 内圈固定

滚动轴承内圈轴向定位固定见表 14－17。

2. 外圈固定

滚动轴承外圈轴向定位固定见表 14－18。

表 14-17　轴承内圈轴向定位固定方式

定位固定方式	简　图	特点和应用
轴肩定位固定	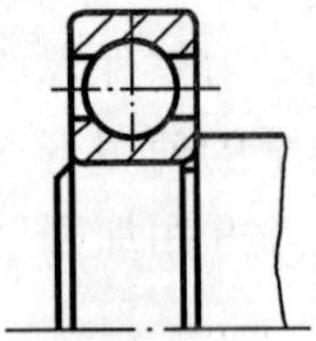	是为常用的一种方式，单向定位，简单可靠，适用各种轴承
弹性挡圈嵌在轴的沟槽内	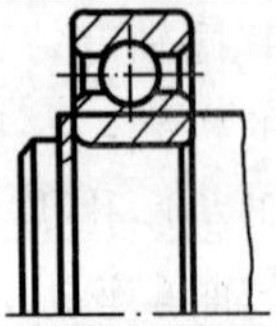	结构紧凑，装拆方便，无法调整游隙，承受轴向载荷较小，适用于转速不高的深沟球轴承
用螺钉固定轴端挡圈	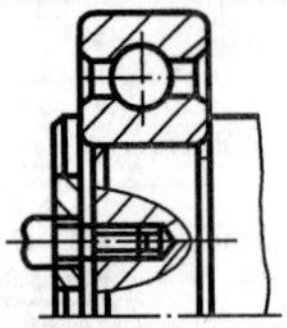	定位固定可靠，能承受较大的轴向力，适用于高转速下的轴承定位
用圆螺母定位固定	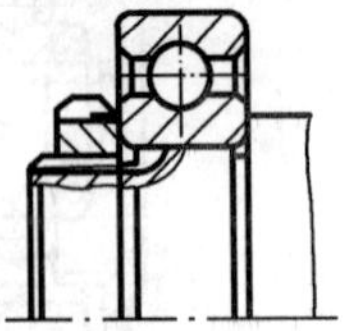	防松、定位安全可靠，承受轴向力大，适用于高速、重载

表 14-18　滚动轴承外圈轴向定位固定方式

定位固定方式	简　图	特点和应用
轴承盖固定	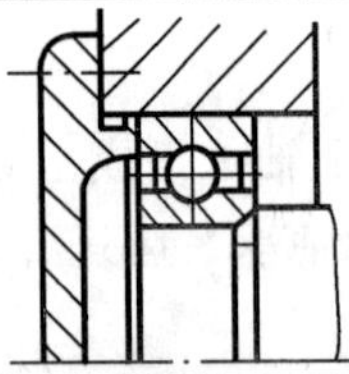	固定可靠、调整简便，应用广泛，适用于各类轴承的外圈单向固定
弹簧挡圈固定	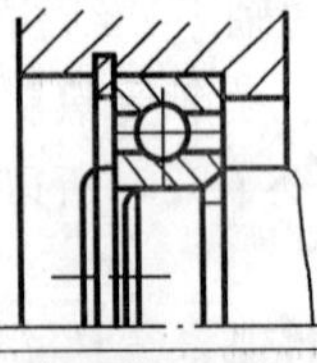	结构简单、紧凑，适用于转速不高、轴向力不大的场合
止动卡环固定	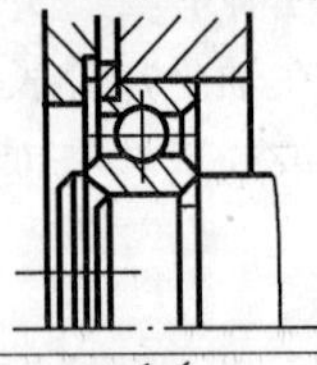	轴承外圈带有止动槽，结构简单、可靠，适用于箱体外壳不便设凸肩的深沟球轴承固定
螺纹环固定	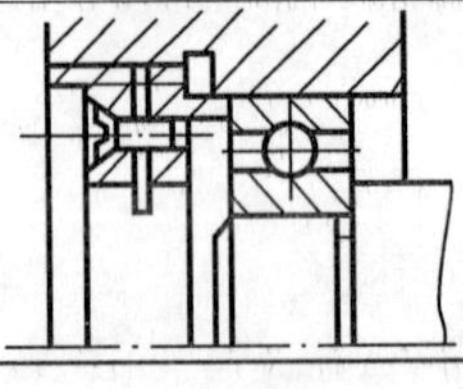	轴承座孔须加工螺纹，适用于转速高、轴向载荷大的场合

四、滚动轴承的支承结构形式

滚动轴承组成的支承结构必须满足轴组件轴向定位可靠、准确的要求，并要考虑轴在工作中有热伸长时其伸长量能够得到补偿。常用轴组件轴向固定的方式有以下三种。

1. 两端固定式

图 14－13a 所示为全固式支承结构，轴的两个支点中每个支点都能限制轴的单向移动，两个支点合起来就限制了轴的双向移动。这种支承形式结构简单，适用于工作温度变化不大的短轴（跨距≤350mm）。考虑到轴受热后会伸长，一般在轴承盖与轴承外圈端面间留有补偿间隙 $a=0.2\sim0.4$mm。也可由轴承游隙来补偿，如图 14－13a 上半部所示。当采用角接触球轴承或圆锥滚子轴承时，轴的热伸长量只能由轴承的游隙补偿。间隙和轴承游隙的大小可用垫片或图 14－13b 中所示的调整螺钉等来调节。

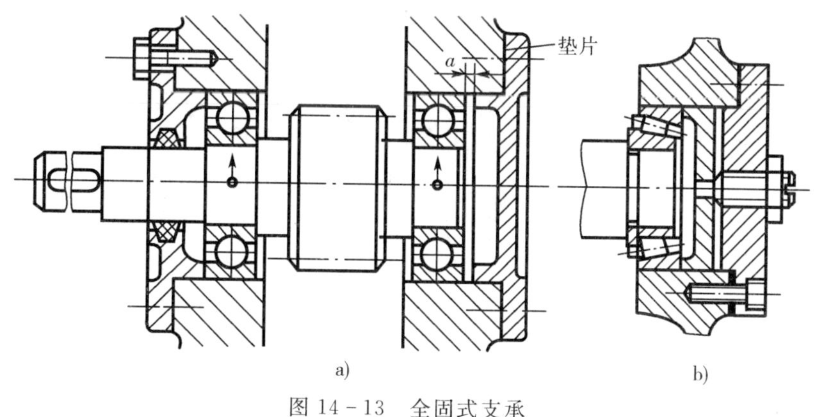

图 14－13　全固式支承

2. 一端固定、一端游动式

在图 14－14a 所示的支承结构中，一个支点为双向固定（图中左端），另一个支点则可做轴向移动（图中右端），这种支承结构称为游动支承。选用深沟球轴承作为游动支承时应在轴承外圈与端盖间留适当间隙；选用圆柱滚子轴承作为游动支承时（图 14－14b），

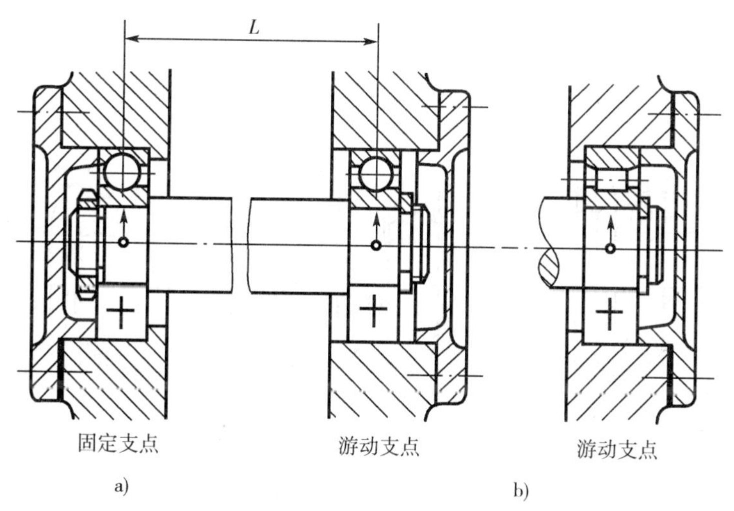

图 14－14　固游式支承

依靠轴承本身具有内、外圈可分离的特性达到游动目的。这种固定方式适用于工作温度较高的长轴（跨距 $L>350$mm）。

3. 两端游动式

如图 14－15 所示的人字齿轮传动中，小齿轮轴两端的支承均可沿轴向游动，即为两端游动，而大齿轮轴的支承结构采用了两端固定结构。由于人字齿轮的加工误差使得轴转动时产生左右窜动，而小齿轮轴采用两端游动的支承结构，满足了其运转中自由游动的需要，并可调节啮合位置。若小齿轮轴的轴向位置也固定，将会发生干涉以至卡死现象。

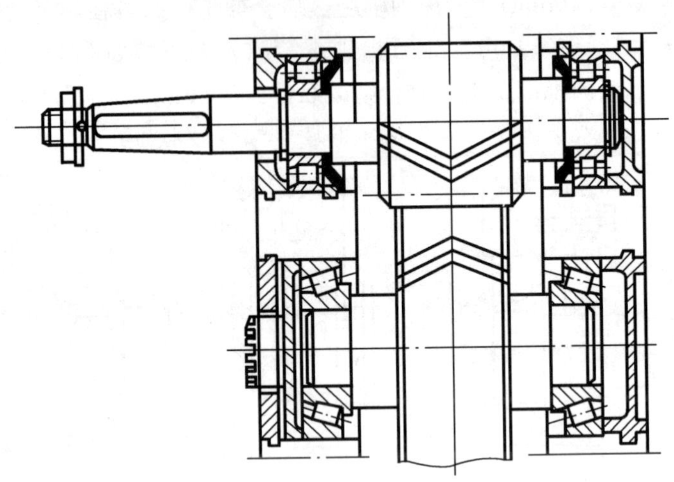

图 14－15　全游式支承

五、滚动轴承组合的调整

1. 轴承间隙的调整

为保证轴承正常运转，在装配轴承时，一般都要留有适当的间隙，常用的调整方法有三种：

(1) 调整垫片（图 14－16a）　增减轴承端盖与箱体结合面之间的垫片厚度以调整轴承间隙。

(2) 调节压盖（图 14－16b）　利用端盖上的螺钉调节可调压盖的轴向位置。

(3) 调整环（图 14－16c）　增减轴承端面与轴承端盖间的调整环厚度以调整轴承间隙。

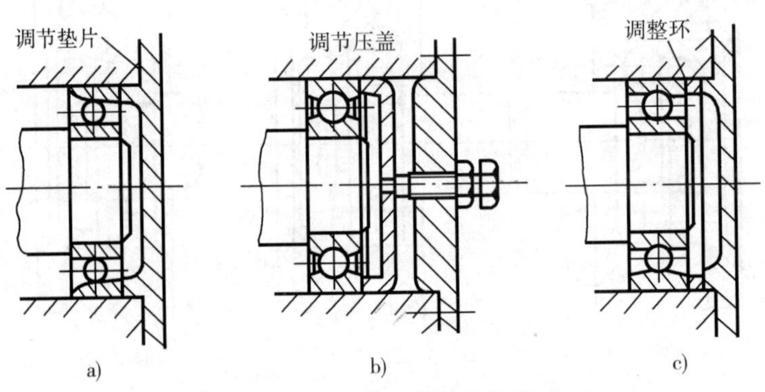

图 14－16　轴和间隙的调整

a）调整垫片　b）调节压盖　c）调整环

2. 轴承组合位置的调整

轴承组合位置调整的目的是使轴上零件具有准确的工作位置，如锥齿轮传动，要求两个节锥顶点要重合。这可以通过调整移动轴承的轴向位置来实现，如图 14－17 所示为锥齿轮轴系支承结构，套杯与机座之间的垫片 1 用来调整锥齿轮的轴向位置，而垫片 2 则用来调整轴承游隙。

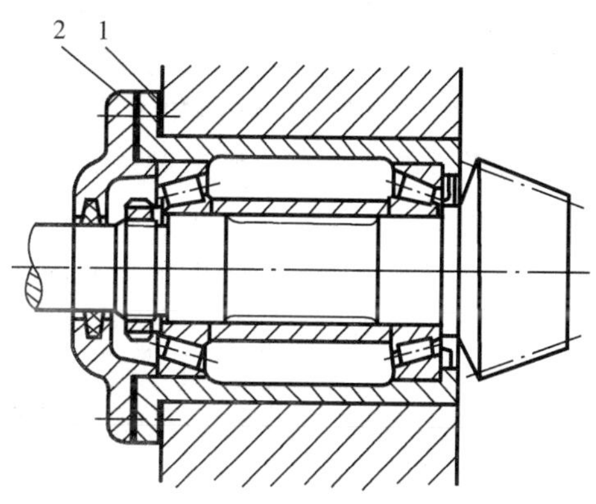

图 14－17　轴承组合位置调整

3. 滚动轴承的预紧

预紧是指安装时给轴承一定的轴向压力（预紧力），以消除其间隙，并使滚动体和内外圈接触处产生弹性预变形。预紧的作用是增加轴承刚度，减小轴承工作时的振动，提高轴承的旋转精度。

预紧的方法有：

（1）定位预紧　在轴承的内圈（或外圈）之间加上金属垫片（图 14－18a）或磨窄某一套圈的宽度（图 14－18b），在受一定轴向力后产生预变形实现预紧。

（2）定压预紧　利用弹簧的弹性压力使轴承承受一定的轴向载荷并产生预变形，实现定压预紧，如图 14－19 所示。

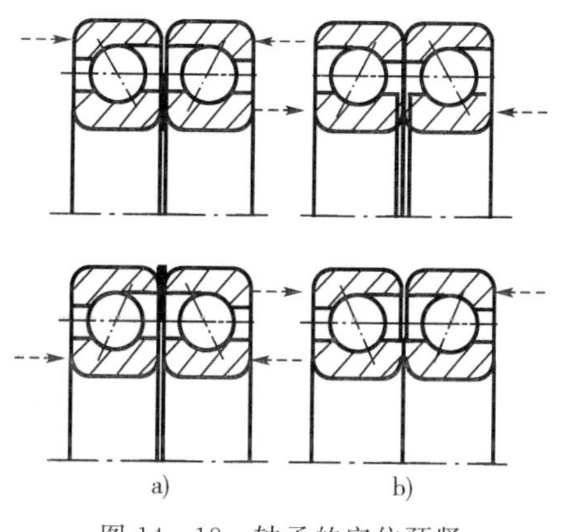

图 14－18　轴承的定位预紧

a）增加金属垫片　b）磨窄某一套圈宽度

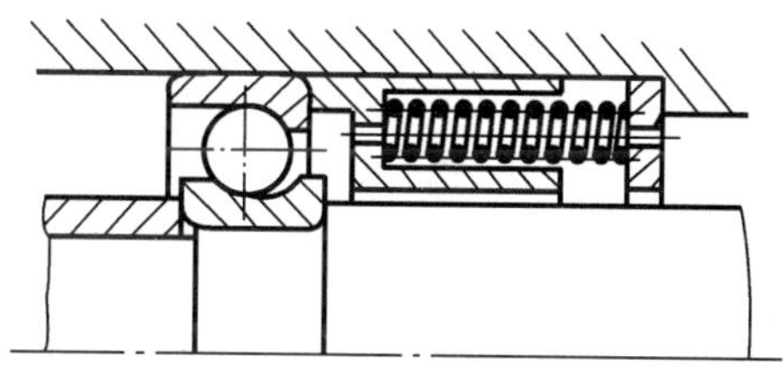

图 14－19　轴承的定压预紧

六、滚动轴承的配合与装拆

1. 滚动轴承的配合

滚动轴承是标准件，其内圈与轴颈的配合采用基孔制，外圈与轴承座孔的配合采用基轴制，由于轴承配合内外径的上偏差均为零，因而相同的配合种类，内圈与轴颈的配合较紧，外圈与轴承座孔的配合较松。

滚动轴承的配合种类和公差应根据轴承类型、转速、工作条件以及载荷大小、方向和性质来确定。对于转速较高、载荷及振动较大、旋转精度较高的转动套圈（通常为内圈），应采用较紧的配合；固定套圈（通常为外圈）、游动套圈或经常拆卸的轴承应采用较松的配合。有关滚动轴承配合的详细资料可参考有关机械设计手册。

2. 滚动轴承的装拆

轴承的内圈与轴颈的配合一般都较紧，安装时可用压力机配专用压套在内圈上施加压力，将轴承压套到轴颈上，如图 14－20 所示，也可在内圈上加套后用锤子均匀地敲击装入轴颈，但不允许直接敲击外圈，以防损坏轴承。对于尺寸较大、精度要求较高的轴承，可采用热油（油温 80～100℃）加热轴承的方法安装轴承。

轴承的拆卸应使用专门的拆卸工具，如图 14－21 所示，而且在轴的设计中应考虑到定位轴肩的高度应小于轴承内圈的厚度。

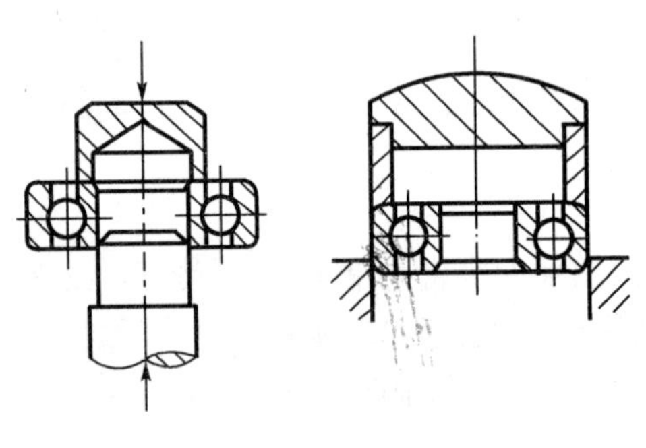

图 14－20　轴承的安装

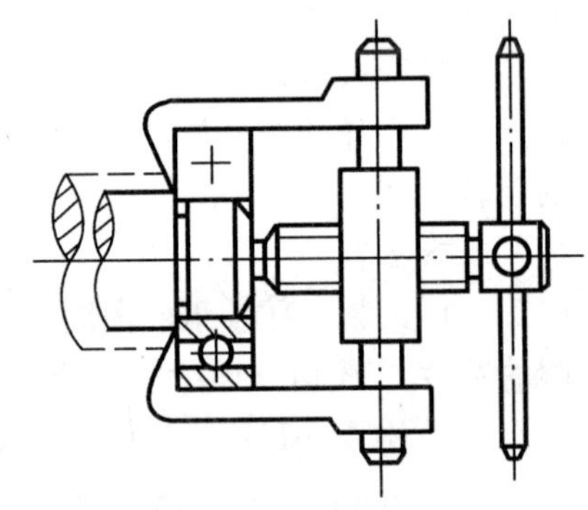

图 14－21　轴承的拆卸

七、滚动轴承的润滑与密封

根据滚动轴承的实际工作条件选择合适的润滑方式并设计可靠的密封结构，是保证滚动轴承正常工作的重要条件，对滚动轴承的使用寿命有着重要的影响。

1. 滚动轴承的润滑

滚动轴承润滑的主要目的是减少摩擦与磨损，同时起到冷却、吸振、防锈及降低噪声等作用。

滚动轴承常用的润滑剂有润滑油、润滑脂及固体润滑剂。润滑方式和润滑剂的选择，可根据表征滚动轴承转速大小的速度因素 dn 值来确定。表 14－19 列出了各种润滑方式下轴承的允许 dn 值。表 2－1、表 2－2 分别列出常用的润滑油、润滑脂的主要性能与用途。

表 14－19 各种润滑方式下轴承允许的 dn 值

轴承类型	脂润滑	油润滑			
		油浴、反溅润滑	油润滑	压力循环、喷油	油雾润滑
深沟球轴承	160 000	250 000	400 000	600 000	>600 000
调心球轴承	160 000	250 000	400 000		
角接触球轴承	160 000	250 000	400 000	600 000	>600 000
圆柱滚子轴承	120 000	250 000	400 000	600 000	
圆锥滚子轴承	100 000	160 000	230 000	300 000	
调心滚子轴承	80 000	120 000		250 000	
推力球轴承	40 000	60 000	120 000	150 000	

最常用的滚动轴承润滑剂为润滑脂。脂润滑适用于 dn 值较小的场合，其特点是润滑脂不易流失、易于密封、油膜强度高、承载能力强，一次加脂后可以工作相当长的时间。装填润滑脂时一般不超过轴承内空隙的1/3～1/2，以免因润滑脂过多而引起轴承发热，影响轴承的正常工作。

油润滑适用于高速、高温条件下工作的轴承。油润滑的优点是摩擦系数小、润滑可靠，且具有冷却散热和清洗的作用。缺点是对密封和供油的要求较高。

选用润滑油时，根据工作温度和 dn 值由图 14－22 选出润滑油应具有的粘度值，然后根据粘度值从润滑油产品目录中选出相应的润滑油牌号。

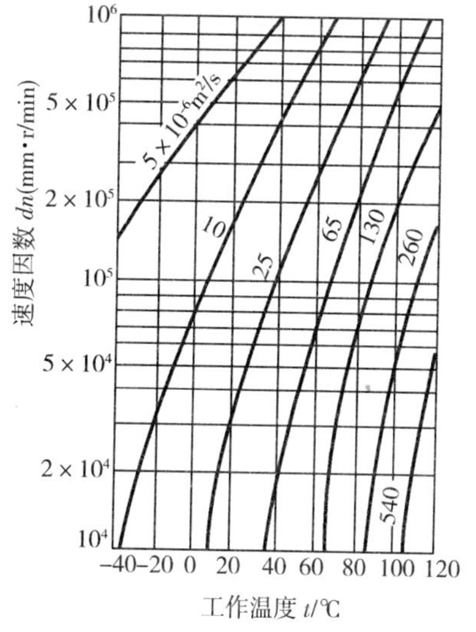

图 14－22 滚动轴承润滑油粘度的选择

常用的油润滑方式有：

（1）油浴润滑 如图 14－23 所示，轴承局部浸入润滑油中，油面不得高于最低滚动体中心。该方法简单易行，适用于中、低速轴承的润滑。

（2）飞溅润滑 这是一般闭式齿轮传动装置中轴承常用的润滑方法。利用转动的齿轮把润滑油甩到箱体的四周内壁面上，然后通过沟槽把油引到轴承中。

（3）喷油润滑 利用油泵将润滑油增压，通过油管或油孔，经喷嘴将润滑油对准轴承内圈与滚动体间的位置喷射，从而润滑轴承。这种方法适用于转速高、载荷大、要求润滑可靠的轴承。

（4）油雾润滑 油的雾化需采用专门的油雾发生器，如图 14－24 所示。油雾润滑有益于轴承冷却，供油量可以精确调节，适用于高速、高温轴承部件的润滑。使用时应注意避免油雾外逸而污染环境。

2. 滚动轴承的密封

为了保持良好的润滑效果及工作环境，防止润滑油泄出，阻止灰尘、杂物及水分的侵入，必须设计可靠的滚动轴承的密封结构。滚动轴承密封装置的选择与润滑的种类、工作环境和温度、密封表面的圆周速度等因素有关。滚动轴承的密封分接触式密封、非接触式密封和组合式密封等。

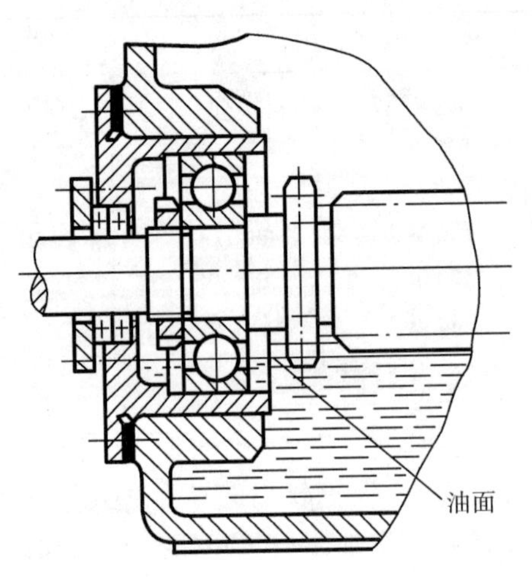

图 14－23　油浴润滑

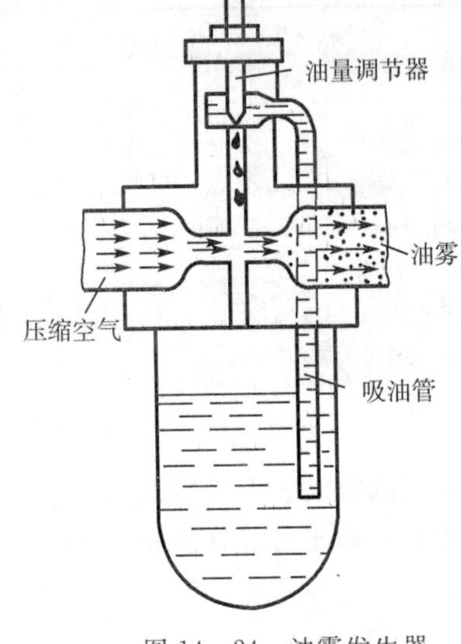

图 14－24　油雾发生器

各种密封装置的结构、特点及应用见表 14－20。

表 14－20　密封装置的类型、特点及应用

密封型式			简　图	特　点	应用范围
非接触式	间隙式	缝隙式		一般间隙为 0.1～0.3mm，间隙越小、间隙宽度越长、密封效果越好	适用于环境比较平均干净的脂润滑
		油沟式		在端盖配合面上开 3 个以上宽 3～4mm，深 4～5mm 的沟槽，并在其中填充脂	适用于脂润滑，速度不限
		W 形间隙		在轴或轴套上开有“W”形槽用来甩回渗漏的油，并在端盖上开回油孔（槽）	适用于油润滑，速度不限
	迷宫式	轴向迷宫		轴向迷宫曲路由轴套和端盖的轴向间隙组成。端盖剖分。曲路沿轴向展开，径向尺寸紧凑	适用于比较脏的工作环境，如金属切削机床的工作端

（续表）

密封型式			简 图	特 点	应用范围
非接触式	迷宫式	径向迷宫	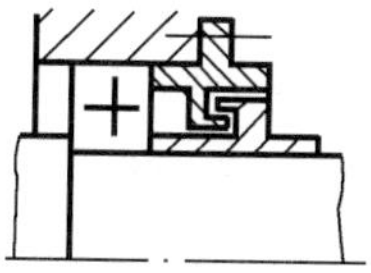	径向迷宫曲路由轴套和端盖的径向间隙组成。曲路沿径向展开，装拆方便	与轴向迷宫应用相同，但较轴向迷宫用得更广
		组合迷宫	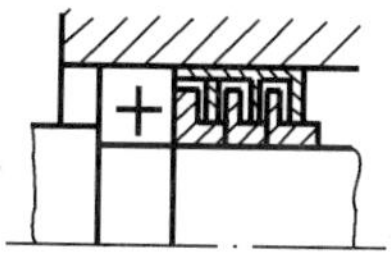	组合迷宫曲路由两组“Γ”形垫圈组成，占用空间小，成本低，组数越多密封效果越好	适用于成批生产的条件，可用于没或脂密封
非接触式		挡油盘	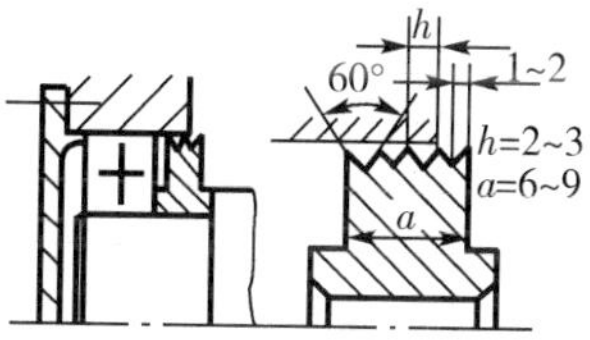 60° h 1~2 h=2~3 a=6~9 a	挡油盘随轴一起转动，转速越高密封效果越好	用于防止轴承中的油泄出，又可防止外部油流冲击或杂质侵入
		挡油环	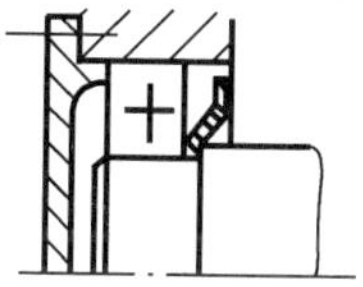	挡油环随轴一起转动，转速越高密封效果越好	用于脂密封，也可防止油侵入
接触式	毛毡密封	单毡圈	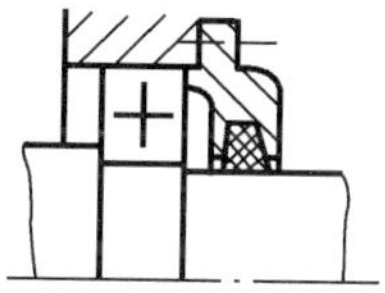	用羊毛毡填充槽中，使毡圈与轴表面经常摩擦以实现密封	用于干净、干燥环境的脂密封，一般接触处的圆周速度不大于 4～5m/s，抛光轴可达 7～8m/s
		双毡圈	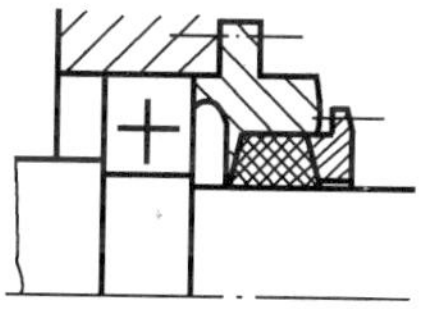	毛毡圈可间歇调紧，密封效果更好，而且拆换毛毡方便	同单毡圈密封的应用情况
	皮碗密封	密封唇向里	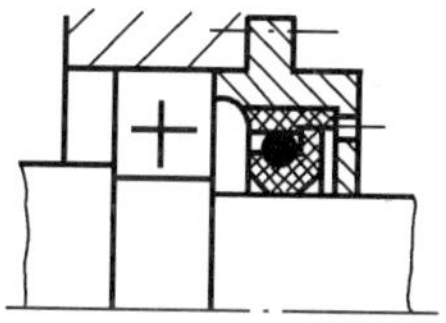	皮碗用弹簧圈把唇紧箍在轴上，密封唇朝向轴承，防止油泄出	用于油润滑密封，滑动速度不大于 7m/s，工作温度不大于 100℃
		密封唇向外	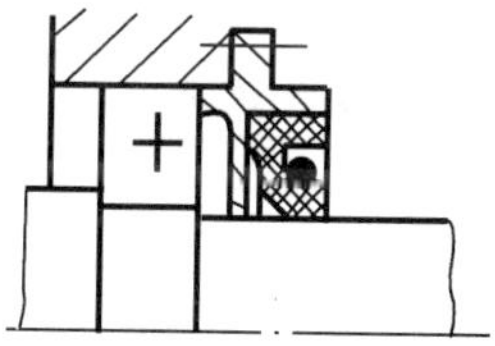	密封唇背向轴承，以防止外界灰尘、杂质侵入，也可防止油外泄	同密封唇向里的结构

（续表）

密封型式			简　图	特　点	应用范围
接触式	皮碗密封	双唇齿式		采用双唇皮碗，既可防油外泄，又可防灰尘、杂质侵入	同密封唇向里的结构
组合式		迷宫毛毡组合		迷宫与毡圈密封组合，密封效果好	适用于油或脂润滑的密封，接触处圆周速度不大于 7m/s
		挡油环皮碗组合		挡油环与皮碗密封组合	适用于油或脂润滑的密封，接触处圆周速度不大于 7～15m/s
		甩油环、W 形间隙密封组合		甩油环与“W”形间隙密封组合，无摩擦阻力损失，密封效果可靠	适用于油、脂润滑的密封，不受圆周速度限制，圆周速度越大效果越好

第九节　滑动轴承简介

一、滑动轴承的主要类型

滑动轴承按其所能承受的载荷方向分为：承受径向载荷的向心滑动轴承和承受轴向载荷的推力滑动轴承。

滑动轴承按其工作表面间的润滑和摩擦状态的不同分为：液体摩擦滑动轴承和非液体摩擦滑动轴承。

液体摩擦滑动轴承，轴颈与轴承表面间有一层润滑油膜，两金属表面不直接接触，可以有效降低表面摩擦和磨损。

非液体摩擦滑动轴承，轴颈与轴承表面之间虽然有一层油膜，但油膜很薄，不能完全避免两金属凸起部分的直接接触，因此摩擦损失较大。

二、滑动轴承的结构

1. 向心滑动轴承

向心滑动轴承一般由轴承座、轴瓦（或轴套）、润滑和密封装置组成。根据结构需要，向心滑动轴承有整体式和剖分式两种结构。

（1）整体式滑动轴承

图 14－25 所示为整体式滑动轴承，由轴承座和整体轴套组成。轴承座用螺栓与机架联接，顶部设有装油杯的螺纹孔。轴套压装在轴承座中，并用止动螺钉防止其相对运动。轴套上开有与油杯相联的油孔，并在其内表面开设油沟将润滑油导引到轴承承载区。

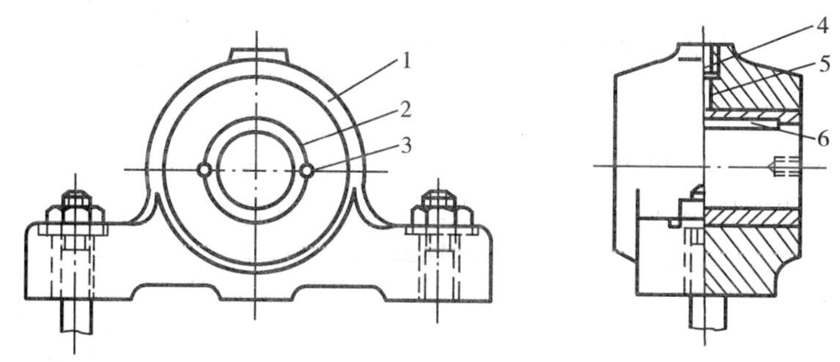

图 14－25 整体滑动轴承

1－轴承座 2－整体轴套 3－止动螺钉 4－油杯螺纹孔 5－油孔 6－油沟

整体式滑动轴承的结构简单、价格低廉，但装拆时轴只能从轴承的端部装入，而且轴承磨损后间隙无法调整。因此这种轴承多用于低速、轻载、间歇工作且不需要经常装拆的场合。

（2）剖分式滑动轴承

图 14－26 所示为典型的剖分式滑动轴承。它由轴承座、轴承盖、剖分的上、下轴瓦以及联接螺柱等组成。轴承盖与轴承座的剖分面常作成阶梯形定位止口，以便于对中定位和防止受力时产生相对位移。

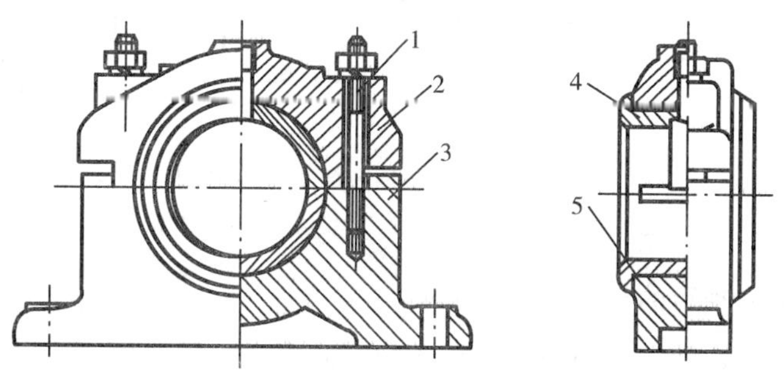

图 14－26 剖分式滑动轴承

1－螺柱 2－轴承盖 3－轴承座 4－上轴瓦 5－下轴瓦

这种轴承克服了整体式滑动轴承装拆不方便的弊端，而且轴承磨损后的间隙可用增减垫片或切削轴瓦分合面等方法加以调整，因而应用广泛。

（3）自动调心式向心滑动轴承

当轴承宽度 B 较大时（$B/d>1.5\sim2$），由于轴的变形、装配或工艺原因，会引起轴颈的偏斜，使轴承两端边缘与轴颈局部接触（边缘接触），这将导致轴承两端边缘的急剧磨损（图 14－27a）。因此，在这种情况下，应采用自动调心式滑动轴承。这种轴承的轴瓦支承表面和轴承座的接触部分呈球面，球面的中心恰好在轴线上（图 14－27b），轴承可绕球形配合面自动调整位置，以适应轴颈与轴瓦不同心的现象，避免出现边缘接触。

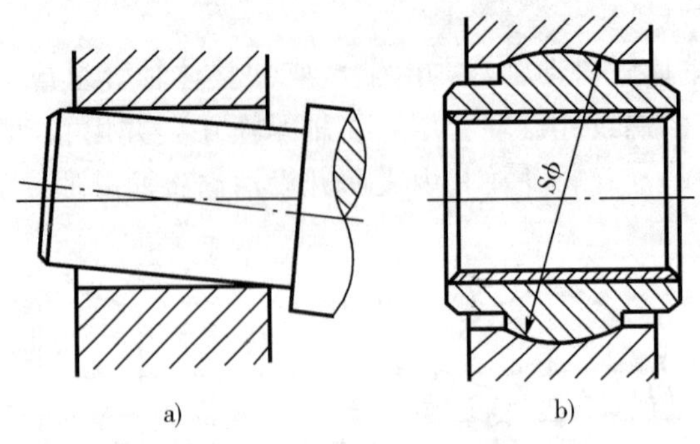

图 14－27　调心式向心滑动轴承

a）轴变形后造成的边缘接触　b）调心轴承

2. 推力滑动轴承

普通推力滑动轴承止推面的形状如图 14－28 所示。图 a 为实心端面推力轴承，结构最简单，但由于止推面上不同半径处的线速度不同，因而磨损不同，靠近轴心处压强很高，为改善这种结构的缺点，常将轴颈设计成环形（如图 b）或空心（如图 c）端面，以使压力分布趋于均匀。如载荷较大，则可做成多环式轴颈（如图 d）。

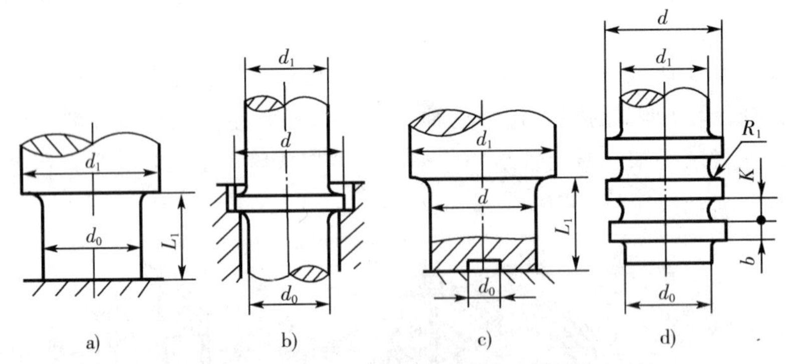

图 14－28　普通推力滑动轴承简图

a）实心式　b）单环式　c）空心式　d）多环式

三、轴瓦结构和轴承的材料

滑动轴承工作时，轴瓦直接与轴颈相接触，并存在一定速度的相对滑动。轴瓦的结构形式和材料性能将影响到轴承的使用性能和寿命。

1. 轴瓦的结构

整体式滑动轴承通常采用圆筒形轴套（如图 14－29a 所示），剖分式滑动轴承则采用剖分式轴套（习惯上称之为轴瓦）（图 14－29b 所示）。它们的工作表面既是承载面，又是摩擦面，因而是滑动轴承的核心零件。

为把润滑油导入轴承的工作表面，轴瓦上需开设油孔和油沟，如图 14－30 所示。当

宽径比 B/d 较小时，可以只开一个油孔，对于宽径比较大、可靠性要求较高的轴承，还应开设油沟。油沟一般开在非承载区。

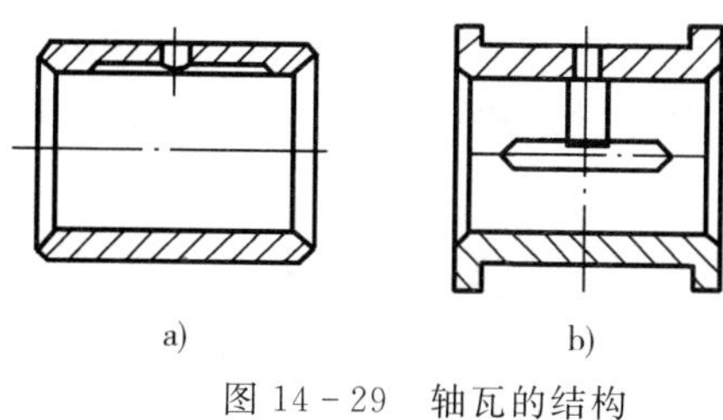

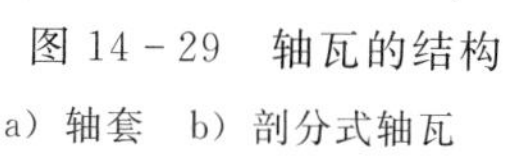
图 14－29　轴瓦的结构
a）轴套　b）剖分式轴瓦

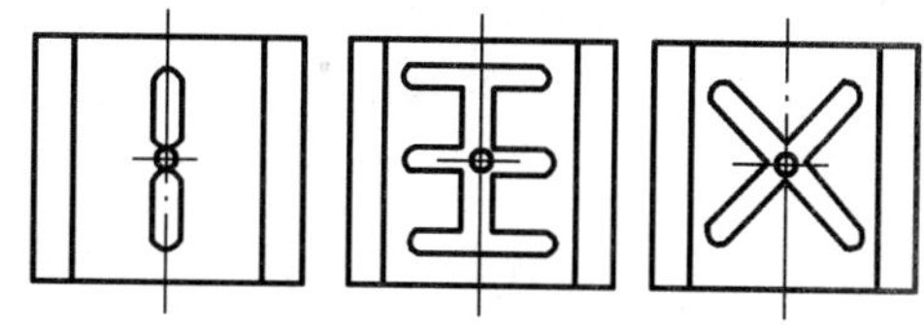
图 14－30　油孔和油沟

轴瓦可以用同一种材料制成，也可以在轴瓦内表面浇注一层轴承合金作减摩材料，以便节约贵重金属并改善接触面的摩擦性质。轴瓦内层合金部分称为轴承衬，外层部分称为瓦背。

2．轴承材料

轴承和轴承衬的材料统称为轴承材料。

对轴承材料的性能要求主要是由轴承的失效形式决定的。非液体摩擦滑动轴承的主要失效形式是磨损、胶合和疲劳破坏。因此，对轴承材料的要求是：

（1）具有足够的抗疲劳强度和良好的塑性。

（2）具有良好的嵌藏性和了顺应性。

（3）良好的减摩性、耐磨性和跑合性。

（4）导热性好、热膨胀系数小。

（5）良好的加工工艺性能。

常用的轴承材料有金属、粉末冶金、非金属材料，见表 14－21。

表 14－21　常用金属轴承材料及其性能

材　料	牌　号	$[p]$/ MPa	$[v]$/(m/s)	$[pv]$/(MPa · m/s)	备　注
锡锑轴承合金	ZSnSb11Cu6	平稳/25	80	20	用于高速、重载的重要轴承。变载荷下易疲劳，价高
	ZSnSb8Cu4	冲击/20	60	15	
铅锑轴承合金	ZPbSb16Sn16Cu2	15	12	10	用于中速、中载轴承，不宜受显著冲击，可作为锡锑轴承合金的代用品
	ZCuSn5Pb5Zn5	5	6	5	
锡青铜	ZCuSn10Pb1	15	10	15	用于中速、重载用及受变载荷的轴承
	ZCuSn5Pb5Zn5	8	3	15	用于中速、中载轴承
铅青铜	ZCuPb30	平稳/25 冲击/15	12 8	30 60	用于高速、重载轴承，能承受变载荷和冲击载荷
铝青铜	ZCuAl9Mn2	15	4	12	最宜于润滑充分的低速、重载轴承
黄铜	ZCuZn38Mn2Pb2	10	1	10	用于低速、中载轴承
铸铁	HT150～HT250	2～4	0.5～1	1～4	用于低速、轻载的不重要轴承，价廉

1. 金属材料

(1) 轴承合金（又称巴氏合金） 轴承合金有锡锑轴承合金和铅锑轴承合金，它们各以较软的锡或铅作基体，悬浮锑锡及铜锡硬晶粒。具有良好的减摩性、跑合性和嵌藏性，并且易浇铸。但由于其机械强度低、价格高，故通常作为轴承衬材料浇铸在青铜、钢或铸铁轴瓦上。

(2) 铜合金 铜合金是传统的轴瓦材料，它具有较高的强度和较好的减摩性、耐磨性，可分为青铜和黄铜两类。

青铜 在一般机械中，有半数以上的滑动轴承采用青铜材料。青铜又分为锡青铜、铅青铜和铝青铜等。锡青铜和铅青铜既有较好的减摩性和耐磨性，又有足够的强度，但跑合性差，适用于重载、中速机械。铝青铜的强度和硬度都较高，但抗胶合能力差，适用于低速、重载机械。

黄铜 黄铜是铜与锌的合金。其减摩性明显低于青铜，但具有良好的铸造和加工工艺性，适用于低速、轻载机械。

(3) 铝合金 铝合金具有强度高、耐腐蚀、导热性好等优点，但顺应性、嵌藏性、跑合性较差，可以用铸造、冲压等方法制造，适合批量生产。

(4) 铸铁 有普通灰铸铁、耐磨灰铸铁和球墨铸铁。铸铁中的石墨具有润滑作用，且价格低廉，适用于低速、轻载和不重要的场合。

2. 粉末冶金材料

粉末冶金材料是以粉末状的铁或铜为基本材料与石墨粉混合，经压制和烧结制成的多孔隙轴承材料，用这类材料制造的轴承称为粉末冶金含油轴承，它是利用材料的多孔特性，安装前先把轴瓦在热油中充分浸泡，使孔隙中充满润滑油，工作时轴瓦温度升高，油膨胀后进入摩擦表面进行润滑。停车后由于毛细作用，油又吸回轴瓦内，这种轴承可在长时间不加油的情况下工作。粉末冶金轴承价格低、耐磨性好，但力学性能差、韧性差，适用于工作平稳的中、低速场合。

3. 非金属材料

常用的非金属轴承材料是塑料，此外还有硬木和橡胶等。塑料与金属材料相比，具有良好的耐磨性和耐腐蚀性，但承载能力较低，导热性和尺寸稳定性差，适用于工作温度不高、载荷不大的场合。

四、非液体摩擦滑动轴承的计算

非液体摩擦滑动轴承常用于速度较低，载荷不大，使用要求不高，难以维护的工作场合，其主要失效形式是磨损和胶合。为防止轴承失效，应使轴颈和轴瓦的工作面间保持一层润滑油膜。影响油膜存在的因素很复杂，如载荷、温度、滑动速度以及润滑方式等，而且，非液体摩擦滑动轴承的失效往往是几种形式并存，互相影响。因此，目前对非液体摩擦滑动轴承承载能力的设计计算，还没有一种比较完善的方法。工程上，这类轴承常以润滑油膜不被破坏作为设计的最低标准，通常采用的计算方法是简化条件的计算，具体内容是限制轴承摩擦面的压强 p 和压强与轴颈圆周速度的乘积 pv。对于压强较小的轴承，还要限制轴承圆周速度 v。将计算出的 p、pv、v 值与许用值进行比较，必要时，再对设计进行修改，使其符合要求。

1. 向心滑动轴承的校核计算

(1) 校核压强 p

$$p=\frac{F}{Bd}\leqslant [p] \tag{14-12}$$

式中：F——径向载荷，N；

B——轴承宽度，mm；

d——轴颈直径，mm；

$[p]$——轴瓦材料的许用压强，MPa，其值可查表 14-21。

(2) 校核 pv 值

$$pv=\frac{F}{dB}\frac{\pi dn}{60\times 1\,000}=\frac{Fn}{19\,100B}\leqslant [pv] \tag{14-13}$$

式中：n——轴的转速，r/min；

$[pv]$——pv 的许用值，MPa·m/s，其值可查表 14-21。

(3) 校核轴颈的圆周速度 v

$$v=\frac{\pi dn}{60\times 1\,000}\leqslant [v] \tag{14-14}$$

式中：$[v]$——轴颈圆周速度的许用值，m/s，其值可查表 14-21。

2. 推力滑动轴承的校核计算

(1) 校核压强 p

$$p=\frac{F}{\frac{\pi}{4}(d^2-d_0^2)z}\leqslant [p] \tag{14-15}$$

式中：F——轴向载荷，N；

d、d_0——分别为环形支承面的外径和内径，mm；

z——支承面的环数。

(2) 校核 pv 值

$$pv_m=p\frac{\pi d_m n}{60\times 1\,000}\leqslant [pv] \tag{14-16}$$

式中：v_m——轴环的平均速度；

d_m——轴环的平均直径，$d_m=\frac{d_0+d}{2}$ mm。

(3) 校核轴颈的圆周速度 v

$$v_m-\frac{\pi d_m n}{60\times 1\,000}\leqslant [v] \tag{14-17}$$

五、液体摩擦滑动轴承简介

液体摩擦滑动轴承按其承载油膜形成原理的不同，分为液体静压轴承和液体动压轴承。

1. 液体静压轴承

静压轴承是用油泵将高压油压入轴承的工作面，强制形成承载油膜，保证轴承在液体摩擦的理想状态下工作。

由于静压轴承的轴颈与轴瓦之间不直接接触，理论上没有磨损，寿命长，效率高。而且压力油膜的存在，可以适当降低对轴颈和轴瓦的制造精度的要求，对轴瓦的材料要求也不高。但液体静压轴承需要附加一套高压供油装置，对各部件的密封性要求较高，所以应用受到一定限制，一般用于低速、重载或高精度的机械装置中，如精密机床、重型机械等。

2. 动压轴承

向心滑动轴承的轴颈与轴承孔之间有一定的间隙，静止时由于轴的自重轴颈位于轴承孔的下部，并与轴承孔自然形成楔形间隙。当轴转动时，将润滑油带入楔形间隙，由于进口大而内部窄小，润滑油必将因“拥挤”而产生一定的压力，随着转速的增加，润滑油的压力也在增大，从而将轴颈抬起，使摩擦表面完全脱离接触，实现液体动压润滑，如图 14 - 31 所示。

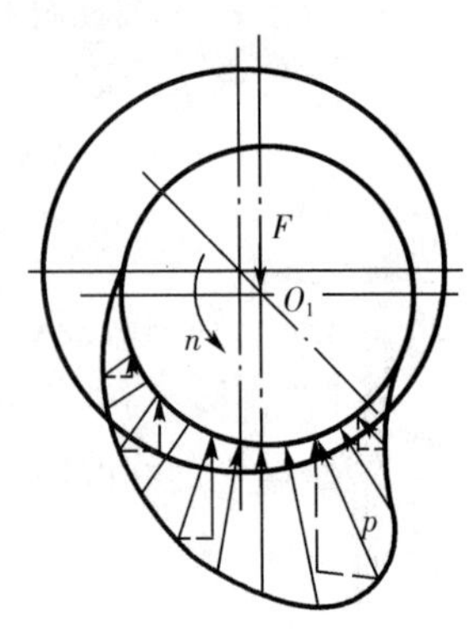

图 14 - 31　液体动压轴承的工作原理

为保证液体动压润滑的稳定性，需要对轴的旋转速度、载荷性质以及润滑油的粘度等提出要求，必要时进行专门的设计和计算。

六、滑动轴承的润滑

滑动轴承的润滑主要是为了减少摩擦和磨损，同时还可以起到冷却、吸振、防尘和防锈等作用。

1. 润滑剂及其选择

滑动轴承中常用的润滑剂为润滑油和润滑脂，其中润滑油应用最广。在某些特殊场合也可使用石墨、二硫化钼、水或气体等作润滑剂。

（1）润滑油

润滑油的选择应考虑轴承的载荷、速度、工作情况以及摩擦表面的状况等条件。对于载荷大、温度高的轴承，宜选用粘度大的油；反之宜选用粘度小的油。对于非液体摩擦滑动轴承，可参考表 14 - 22 选用润滑油。

表 14 - 22　滑动轴承常用润滑油牌号选择

轴颈圆周速度 v/(m/s)	轻载(p<3MPa) 工作温度(10℃～60℃)		中载(p=3MPa～7.5 MPa) 工作温度(10℃～60℃)		重载(p>7.5MPa～30 MPa) 工作温度(20℃～80℃)	
	运动粘度 ν_{40}/mm²/s	适用油牌号	运动粘度 ν_{40}/mm²/s	适用油牌号	运动粘度 ν_{40}/mm²/s	适用油牌号
0.3～1.0	60～80	L－AN46,L－AN68	85～115	L－AN100	10～20	L－AN100,L－AN150
1.0～2.5	40～80	L－AN46,L－AN68	65～90	L－AN100,L－AN150		
5.0～9.0	15～50	L－AN15,L－AN22 L－AN32				
>9	5～22	L－AN7,L－AN10 L－AN15				

（2）润滑脂

对于润滑要求不高、难以经常供油或摆动工作的非液体摩擦滑动轴承，可采用润滑脂润滑。具体可根据工作条件参考表 14－23 选用。

表 14－23　滑动轴承润滑脂的选择

轴承压强 p/MPa	轴颈圆周速度 v/（m/s）	最高温度/℃	选用润滑脂牌号
＜1.0	≤1.0	75	钙、锂基脂 L－XAAMHA3，ZL－3
1.0～6.5	0.5～5.0	55	钙、锂基脂 L－XAAMHA2，ZL－2
＞6.5	≤0.5	75	钙、锂基脂 L－XAAMHA3，ZL－3
≤6.5	0.5～5.0	120	钠、锂基脂 L－XACMGA2，ZL－2
1.0～6.5	≤0.5	110	钙钠基脂 ZGN－2
1.0～6.5	≤1.0	50～100	锂基脂 ZL－3

2. *润滑装置及润滑方法*

为了获得良好的润滑效果，除应正确地选择润滑剂外，还应选用合适的润滑方法和润滑装置。常用的润滑方法有：

（1）油润滑

①间歇式供油　直接由人工用油壶向油杯（图 14－32a、b 所示）中注油。此种润滑方法只适用于低速、轻载和不重要的轴承。

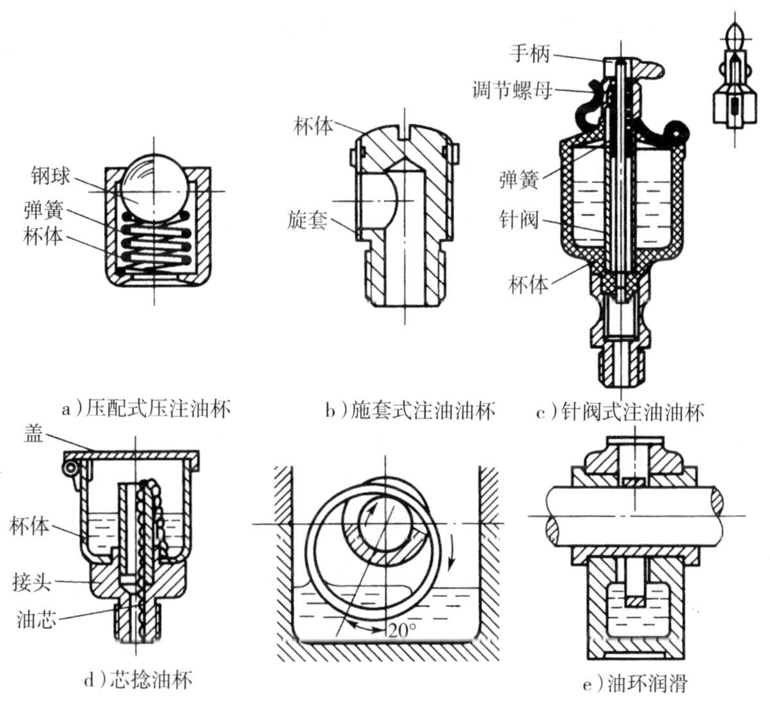

图 14－32　几种供油方法与装置

②连续式供油　连续供油润滑比较可靠，用于中、高速传动。

③飞溅润滑　利用转动件的转动使油飞溅到箱体内壁上，再通过油沟将油导入轴承中进行润滑。

④压力循环润滑　用一套可提供较高油压的循环油压系统对重要轴承进行强迫润滑的方法。

常用的几种供油装置见图 14－32。图 14－32c 所示为针阀式油杯，用手柄控制针阀运动，使油孔关闭或开启，用调节螺母控制供油量。图 14－32d 所示为芯捻油杯，利用纱线的毛细管作用把油引到轴承中。此方法油量不易控制。图 14－32e 所示为油环润滑，轴颈上的油环下部浸入油池，轴颈旋转时带动油环旋转，从而把油带入轴承。

（2）脂润滑

采用脂润滑时只能间歇供油。通常将图 14－33 所示的油杯装于轴承的非承压区，用油脂枪向杯内油孔压注油脂。

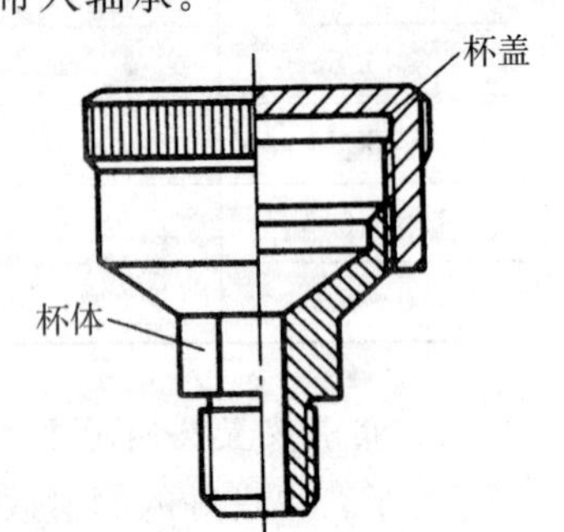

图 14－33　油杯

3. 润滑方式的选择

可根据以下经验公式计算出系数 K 值，通过查表 14－24 确定滑动轴承的润滑方法和润滑剂类型。

$$K=\sqrt{pv^3} \tag{14-18}$$

式中：p——轴颈上的平均压强，MPa，$p=F/(Ld)$（F 为轴承所受载荷，N；d 为轴颈直径，m；L 为轴瓦宽度，m）；

v——轴颈的圆周速度，m/s。

表 14－24　滑动轴承润滑方式的选择

K 值	≤1 900	>1 900～16 000	>16 000～30 000	>30 000
润滑方式	润滑脂润滑（可用甩杯）	润滑油滴油润滑（可用针阀油杯等）	飞溅式润滑（水或循环油冷却）	循环压力润滑

七、滚动轴承与滑动轴承的比较

轴承被广泛应用于现代机械中，轴承的类型很多且各有特点。设计机器时应根据具体的工作情况，结合各类轴承的特点和性能进行对比分析，选择一种既满足工作要求又经济实用的轴承。

表 14－25 列出了滚动轴承和滑动轴承性能及特点，可供选用轴承时参考。

表 14－25　列出了滚动轴承和滑动轴承性能的比较

性能	滑动轴承		滚动轴承
	非液体摩擦轴承	液体摩擦轴承	
摩擦特性	边界摩擦或混合摩擦	液体摩擦	滚动摩擦
一对轴承的效率 η	$\eta\approx0.97$	$\eta\approx0.995$	$\eta\approx0.99$
承载能力与转速的关系	随转速增高而降低	在一定转速下，随转速增高而增大	一般无关，但极高转速时承载能力降低

（续表）

性　能	滑动轴承		滚动轴承
	非液体摩擦轴承	液体摩擦轴承	
适应转速	低速	中、主高速	低、中速
承受冲击载荷能力	较高	高	不高
功率损失	较大	较小	较小
启动阻力	大	大	小
噪声	较小	极小	高速时较大
旋转精度	一般	较高	较高，预紧后更高
安装精度	剖分结构，容易装拆		安装精度要求高
	安装精度要求不高	安装精度要求高	
外廓尺寸　径向	小	小	大
外廓尺寸　轴向	较大	较大	中
润滑剂	油、脂或固体	润滑油	润滑油或润滑脂
润滑剂用量	较少	较多	中
维护	较简单	较复杂，油质要洁净	维护方便，润滑较简单
经济性	批量生产价格低	造价高	中

思考与练习

14－1　试述滑动轴承和滚动轴承各自的特点、实用的场合。

14－2　润滑剂的针入度、滴点是什么含义？

14－3　滚动轴承由哪几个基本部分组成？

14－4　简述滚动轴承上任一点受力的特点。

14－5　比较球轴承和圆锥滚子轴承的优缺点。

14－6　选择滚动轴承时，需要考虑哪些因数？

14－7　解释滚动轴承 6208、6306 及 7207C、30207 的含义。

14－8　说明滚动轴承的主要失效形式，产生这些失效形式的原因是什么？

14－9　说明滚动轴承的额定寿命、额定动载荷、当量动载荷、额定静载荷的意义。

14－10　为什么要进行轴的轴向调整？应如何调整？

14－11　什么要进行滚动轴承的静载荷强度计算？怎样计算？

14－12　选择滚动轴承配合的一般原则是什么？

14－13　保证滚动轴承支承部分刚度及同轴度的措施有哪些？

14－14　滑动轴承有哪几种类型？各有什么特点？

14－15　对轴瓦（或轴承衬）的材料有哪些基本要求？

14－16　有一 62307 轴承，在下列条件下工作：径向载荷 $F_r=4\ 000$N，轴向载荷承受 $F_a=1\ 000$N，转速 $n=400$r/min，工作中有轻微冲击，常温，要求预期使用寿命 $[L_h]=10\ 000$h，试校核该轴承的工作能力。

14－17　一对 7210C 角接触球轴承分别受径向载荷 $F_{r1}=8\ 000$N，$F_{r2}=5\ 200$N，轴向外载荷 F_A 的方

向如图所示。试求下列情况下各轴承的内部轴向力 F_S 和轴向载荷 F_a。(1) $F_A=2\,200$N; (2) $F_A=900$N; (3) $F_A=1\,120$N。

14-18 如图所示的一对轴承组合，已知 $F_{r1}=7\,500$N，$F_{r2}=15\,000$N，$F_A=3\,000$N，转速 $n=1\,470$r/min，轴承预期使用寿命 $[L_h]=8\,000$h，载荷平稳，温度正常。试问采用 30310 轴承是否适用？

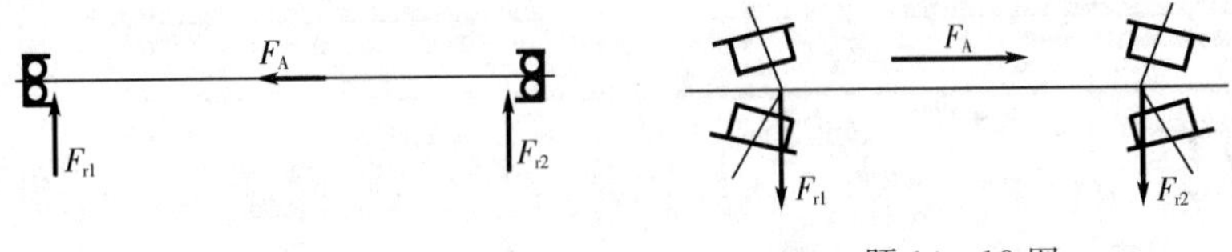

题 14-17 图　　　　题 14-18 图

14-19 锥齿轮轴系选用一对 30206/P6 圆锥轴承（如图所示）。已知轴的转速 n=640r/min，锥齿轮平均分度圆直径 $d_m=56.25$mm，作用于锥齿轮上的圆周力 $F_t=2\,260$N，径向力 $F_r=760$N，轴向力 $F_a=292$N。试求该对轴承的寿命。

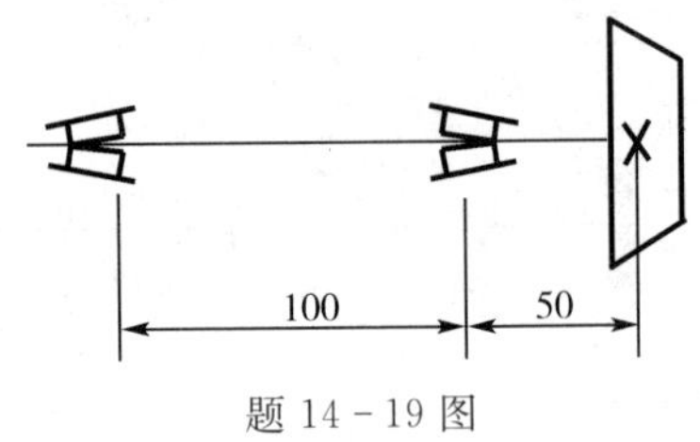

题 14-19 图

附表：

附表 14-1　常用向心轴承的径向基本额定动载荷 C_r 和径向额定静载荷 C_{or}　　kN

轴承内径 mm	深沟球轴承（60000 型）								圆柱滚子轴承（N0000 型、NF0000 型）							
	*(1)0		(0)2		(0)3		(0)4		10		(0)2		(0)3		(0)4	
	C_r	C_{or}	C_r	C_{or}	C_r	C_{or}	C_r	C_{or}	C_r	C_{or}	C_r	C_{or}	C_r	C_{or}	C_r	C_{or}
10	4.58	1.98	5.10	2.38	7.65	3.48										
12	5.10	2.38	6.28	3.05	9.72	5.08										
15	5.58	2.85	7.65	3.72	11.5	5.42					7.98	5.5				
17	6.00	3.25	9.58	4.78	13.5	5.58	22.5	10.8			9.12	7.0				
20	9.38	5.02	12.8	6.65	15.8	7.88	31.0	15.2	10.5	8.0	12.5	11.0	18.0	15.0		
25	10.0	5.85	14.0	7.88	22.2	11.5	38.2	19.2	11.0	10.2	14.2	12.8	25.5	22.5		
30	13.2	8.30	19.5	11.5	27.0	15.2	47.5	24.5			19.5	18.2	33.5	31.5	57.2	53.0
35	16.2	10.5	25.5	15.2	33.2	19.2	56.8	29.5			28.5	28.0	41.0	39.2	70.8	68.2
40	17.0	11.8	29.5	18.0	40.8	24.0	65.5	37.5	21.2	22.0	37.5	38.2	48.8	47.5	90.5	89.8
45	21.0	14.8	31.5	20.5	52.8	31.8	77.5	45.5			39.8	41.0	66.8	66.8	102	100
50	22.0	16.2	35.0	23.2	61.8	38.0	92.2	55.2	25.0	27.5	43.2	48.5	76.0	79.5	120	120
55	30.2	21.8	43.2	29.2	71.5	44.8	100	62.5	35.8	40.0	52.8	60.2	97.8	105	128	132
60	31.5	24.2	47.8	32.8	81.8	51.8	108	70.0	38.5	45.0	62.8	73.5	118	128	155	162

附表 14-2 常用角接触球轴承的径向基本额定动载荷 C_r 和径向额定静载荷 C_{or} kN

轴承内径 mm	70000C 型（α=15°）				70000AC 型（α=25°）				70000B 型（α=40°）			
	*(1)0		(0)2		(1)0		(0)2		(0)2		(0)3	
	C_r	C_{or}	C_r	C_{or}	C_r	C_{or}	C_r	C_{or}	C_r	C_{or}	C_r	C_{or}
10	4.92	2.25	5.82	2.95	4.75	2.12	5.58	2.82				
12	5.42	2.65	7.35	3.52	5.20	2.55	7.10	3.35				
15	6.25	3.42	8.68	4.62	5.95	3.25	8.35	4.40				
17	6.60	3.85	10.8	5.95	6.30	3.68	10.5	5.65				
20	10.5	6.08	14.5	8.22	10.0	5.78	14.0	7.82	14.0	7.85		
25	11.5	7.45	16.5	10.5	11.2	7.08	15.8	9.88	15.8	9.45	26.2	15.2
30	15.2	10.2	23.0	15.0	14.5	9.85	22.0	14.2	20.5	13.8	31.0	19.2
35	19.5	14.2	30.5	20.0	18.5	13.5	29.0	19.2	27.0	18.8	38.2	24.5
40	20.0	15.2	36.8	25.8	19.0	14.5	35.2	24.5	32.5	23.5	46.2	30.5
45	25.8	20.5	38.5	28.5	25.8	19.5	36.8	27.2	36.0	26.2	59.5	39.8
50	26.5	22.0	42.8	32.0	25.2	21.0	40.8	30.5	37.5	29.0	68.2	48.0
55	37.2	30.5	52.8	40.5	35.2	29.2	50.5	38.5	46.2	36.0	78.8	56.5
60	38.2	32.8	61.0	48.5	36.2	31.5	58.2	46.2	56.0	44.5	90.0	66.3

注：*尺寸系列代号括号中的数字通常省略。

附表 14-3 常用圆锥滚子轴承的径向基本额定动载荷 C_r 和径向额定静载荷 C_{or} kN

轴承代号	轴承内径 mm	C_r	C_{or}	α	轴承代号	轴承内径 mm	C_r	C_{or}	α
30203	17	20.8	21.8	12°57′10″	30303	17	28.2	27.2	10°45′29″
30204	20	28.2	30.5	12°57′10″	30304	20	33.0	33.2	11°18′36″
30205	25	32.2	37.0	14°02′10″	30305	25	46.8	48.0	11°18′36″
30206	30	43.2	50.5	14°02′10″	30306	30	59.0	63.0	11°51′35″
30207	35	54.2	63.5	14°02′10″	30307	35	75.2	82.5	11°51′35″
30208	40	63.0	74.0	14°02′10″	30308	40	90.8	108	12°57′10″
30209	45	67.8	83.5	15°06′34″	30309	45	108	130	12°57′10″
30210	50	73.2	92.0	15°06′34″	30310	50	130	158	12°57′10″
30211	55	90.8	115	15°06′34″	30311	55	152	188	12°57′10″
30212	60	102	130	15°06′34″	30312	60	170	210	12°57′10″

第十五章 其他常用零部件

第一节 联轴器

联轴器是用于轴与轴之间的联接，达到传递运动与动力目的的一种机械装置。联轴器对两轴的联接是固定的，必须在停车状态下将联轴器拆卸下来才能实现两轴的分离。

被联接的两轴不可避免地存在制造安装误差、各种变形、传动中的振动等不利因素的影响，这就要求联轴器能有一定的缓冲吸振能力，同时还要能补偿轴线间的各种偏移。

一般地，两轴之间的轴线位置偏移常表现为图 15－1 所示的几种情况。各类偏移常会在轴、轴承和联轴器中产生附加载荷，甚至产生剧烈振动。

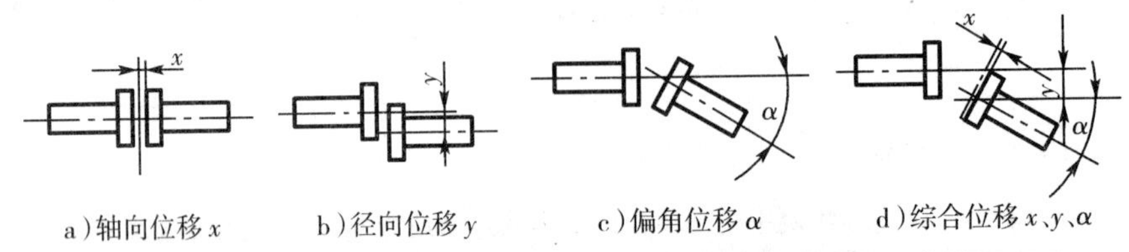

图 15－1　联轴器所连接两轴的偏移形式

根据联轴器补偿两轴偏移能力的不同可以把联轴器分成为刚性联轴器和挠性联轴器这两大类。多数情况下，刚性联轴器无法补偿两轴的偏移，只能用于两轴轴线重合良好的情况下。而挠性联轴器按照其补偿轴线偏移的原理又可分为无弹性元件联轴器（刚性可移式）和弹性联轴器这两类，前者内部虽然没有弹性元件，但它却能依靠内部工作元件之间的动联接来实现两轴轴线的偏移的补偿。

一、刚性联轴器

常用的刚性联轴器有套筒联轴器、夹壳联轴器和凸缘联轴器等。

1. 套筒联轴器

如图 15－2 所示。套筒联轴器利用公用套筒与键或销等零件将两轴联接起来。这种联轴器结构简单、无缓冲和吸收振动的能力、径向尺寸小、制造成本低，但其装拆时需要轴向移动被连接件，不方便。这类联轴器适合于两轴间同轴度高、工作载荷不大且较平稳，要求径向尺寸小的场合。

2. 夹壳联轴器

如图 15－3 所示的夹壳联轴器是由两半夹壳用螺栓联接起来的一种联轴器。实质上，它是套筒联轴器的一种变型，是将套筒做成剖分式，这样，联轴器装拆时无需轴向移动被

连接的部件。

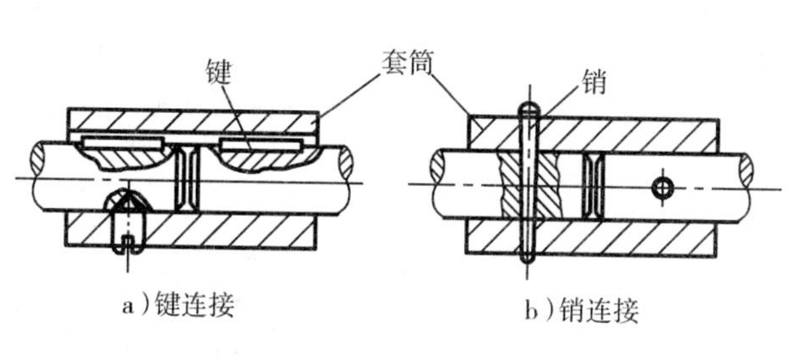

图 15－2　套筒联轴器

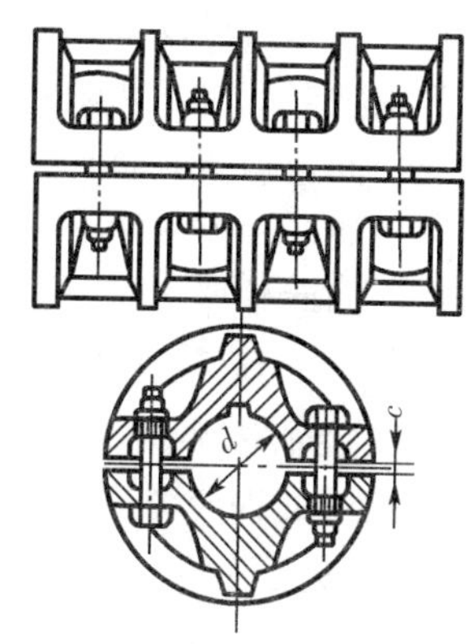

图 15－3　夹壳联轴器

3. 凸缘联轴器

这是固定式联轴器中应用最广泛的一类，其结构已经标准化，可参考 GB/T5843－1986。

如图 15－4 所示。凸缘联轴器的两半联轴器通过键与两边的轴分别相联，然后再用螺栓将两半联轴器联成一体。当采用普通螺栓联接时，两半联轴器的端部要分别做出凸缘和凹槽，两者配合，实现两轴的轴线对中，如图 15－4a 所示。这种情况下，依靠两半联轴器之间的摩擦来实现扭矩的传递。这种联轴器还可以采用受剪螺栓联接，如图 15－4b 所示。这种情况下轴的对中直接靠螺栓保证，传载也是靠螺栓光杆部分承受剪切与挤压来实现的。

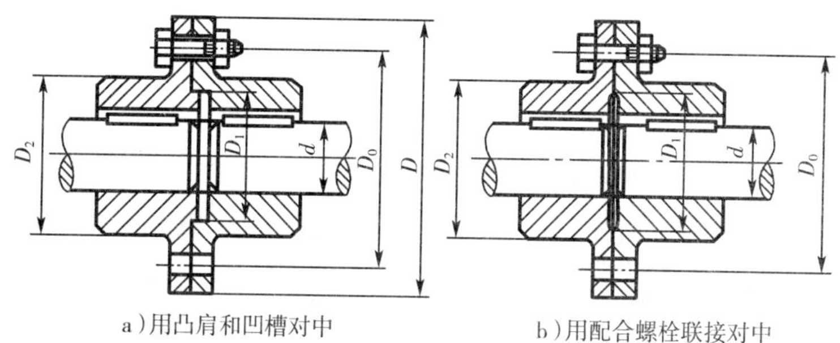

图 15－4　凸缘联轴器

凸缘联轴器具有结构简单，使用方便，能传递重载的优点，当然，这种联轴器也不具有缓冲吸振作用，安装时也必须严格对中。凸缘联轴器多用于被联接件刚性大、振动冲击小或低速重载的场合。

二、挠性联轴器

1. 刚性可移式联轴器

(1) 十字滑块联轴器

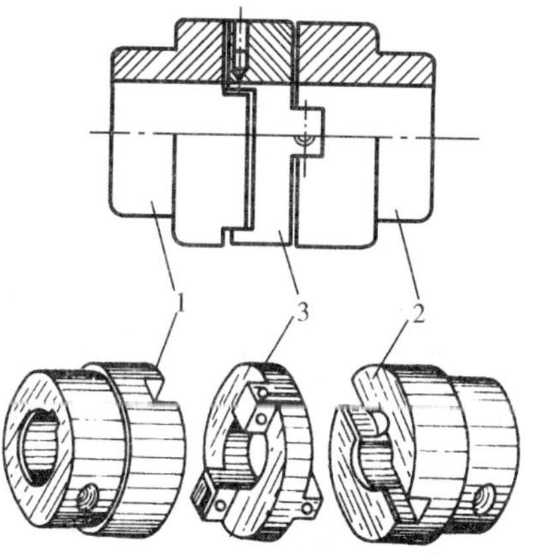

图 15－5　十字滑块联轴器

如图 15－5 所示。左右两端各有一个带凹槽的半联轴器 1 和 2，中间配套的有一个两面带凸牙的中间盘，中间盘上的凸牙设置在盘两面直径所在的位置上，且两面的凸牙相互垂直。凸牙与凹槽的宽

度相等，表面光滑，通过中间盘上的油孔可维持润滑，由于凸牙可以在凹槽中灵活滑动，所以，这种联轴器可以很好地补偿两轴之间的径向位移。

这种联轴器能保证两轴之间角速度的严格相等，但在有径向偏移时中间盘轴线将偏离两轴轴线，高速运转时将产生较大的离心力，凸牙与凹槽之间的滑动摩擦损耗也不可忽视。十字滑块联轴器多用于低速，被联接轴的刚性较大且无法克服径向偏移的场合。

(2) 万向联轴器

如图 15-6 所示。2 为十字销，1、3 分别是两个被联接轴端部的叉接头，构成万向联轴器时，十字销的四个端子分别装在叉形接头的销孔中，能够灵活转动。这样，当其中一轴的位置固定后，另一轴则可以在 45°以内偏移任意角 α。这一偏移角度在传动过程中可以随时改变，同时偏移角度 α 过大，将会降低传动效率。

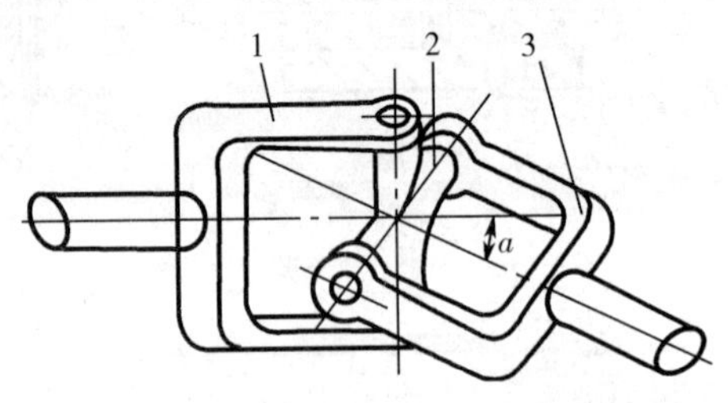

图 15-6 万向联轴器

单个使用这种联轴器虽然能够解决两轴间的角度偏移问题，但两轴的角速度不能同步，即当主动轴以匀角速度转动时，从动轴却作变角速度运转，从而引起动载荷，对传动不利。

实际应用中，为解决这一缺陷，常将这种联轴器成对使用，亦即由两个万向联轴器串联使用。如图 15-7 所示。当主动轴以等角速度转动时，带动中间轴作变角速度转动，再由变角速度的中间轴带动从动轴转动时，利用对应关系可知，从动轴将重新恢复为等角速度转动。

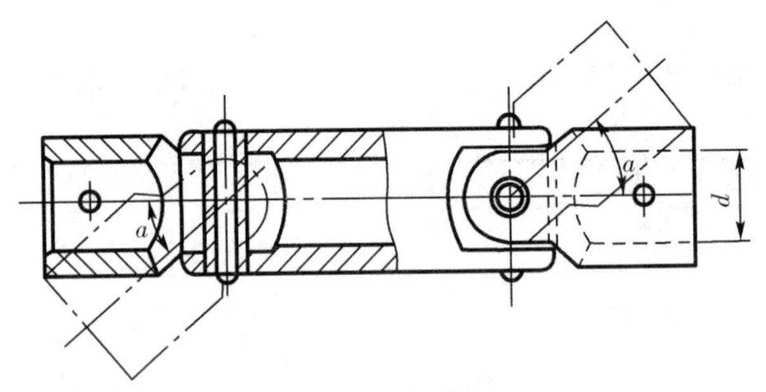

图 15-7 万向联轴器结构

当然，要实现以上主、从动轴等角速度是有条件的，它要求在安装使用万向联轴器时满足两个条件：一是主、从动轴与中间件的夹角 α 必须相等；二是中间轴两端的叉面必须处于同一平面上。

(3) 齿式联轴器

如图 15-8 所示。齿式联轴器有 5 个主要部件，左右两个套筒带有外齿，套筒的孔能与被联接的轴以键相联接，左右两个外壳内部开设有内齿，两个外壳用螺栓联成一体。齿式联轴器的结构已经标准化，具体参阅 ZB19012—1989。

内外齿是能够正确啮合的齿数相等的渐开线齿廓。如图 15-8b 所示，齿式联轴器的齿廓与一般齿轮齿廓有所不同，该对内外啮合的齿廓间预留有较大的齿侧间隙。外齿轮的齿顶被做成球形，同时，沿齿宽方向还将该齿做成鼓形齿，整个内外壳之间充满润滑油，

用密封件进行密封。不难看出，这种结构对于两轴线的径向、轴向、角度或综合位移都有很好的适应能力，如图 15－8c 所示。

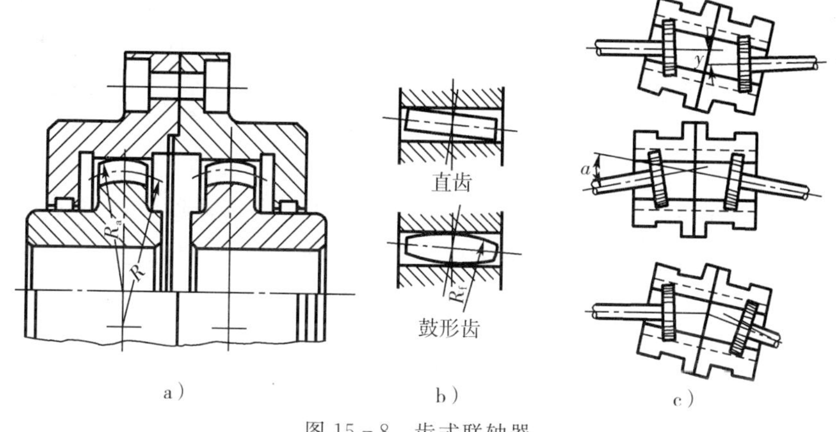

图 15－8　齿式联轴器

齿式联轴器的优点是能传递重载和高速传动，同时，能很好地进行综合位移的补偿。但其结构复杂，成本较高。

2. 弹性联轴器

（1）弹性柱销联轴器

如图 15－9 所示。这类联轴器的结构已经标准化（GB/T5014－1985）。

在两个半联轴器之间用尼龙等材料制成的柱销构成联接。为防止柱销脱落，在两端设有挡板。这种联轴器结构简单，有很好的缓冲吸振能力，能进行一定量的偏移补偿。这类联轴器多用于轴向窜动较严重，起动频繁，双向运转，转速较高的场合。

（2）弹性套柱销联轴器

如图 15－10 所示。这类联轴器的结构已经标准化（GB/T4323－1984）。这种联轴器与凸缘联轴器的结构相仿，只是螺栓孔较大，用以插入套有弹性套的柱销。这里的弹性套多用橡胶等柔性材料制成，所以，这种联轴器不仅可以补偿两轴线间的各类偏移，还能起到很好的缓冲作用。故这类联轴器多用于双向运转，起动频繁，转速较高，传载不大的场合。

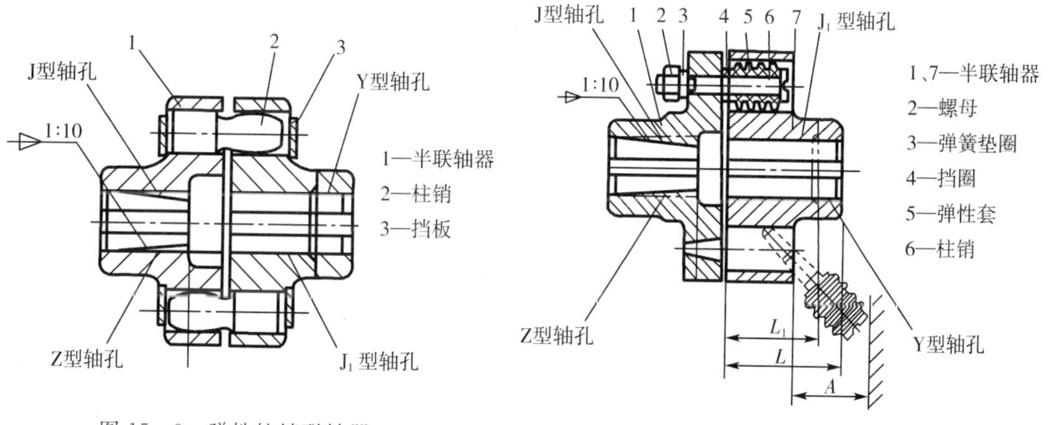

图 15－9　弹性柱销联轴器

图 15－10　弹性套柱销联轴器

三、联轴器的选择

联轴器的种类较多，所以，依据工作特点来合理选择联轴器的类型将十分重要。其次，联轴器的结构多数已经标准化或系列化，设计时可参考有关手册进行。一般是按所要联接的轴的直径或轴要传递的扭矩，以及轴的转速状况等因素来选定联轴器的具体尺寸规格。对于一些重要场合和特殊情况下使用的联轴器，可以适当安排易损件强度方面的校核。

在按工作扭矩查取联轴器型号的过程中，需要对机器的起动、制动、短时过载等因素进行考虑，通常是引入一个工作情况系数 K_A 来对机器的公称扭矩 T 予以修正，得到计算扭矩 T_c，然后，在手册中查取传载能力比 T_c 大的具体联轴器型号，即

$$T_c = K_A T \leqslant T_n \tag{15-1}$$

式中：K_A——工作情况系数，其值可查表 15-1；

T_n——该型号联轴器所能传递的额定扭矩。

表 15-1　工作情况系数 K_A

原动机特性	工作机械特性		
	扭矩变化小	中等冲击，扭矩变化中等	冲击载荷大，扭矩变化大
电动机、汽轮机	1.3～1.5	1.7～1.9	2.3～3.1
多缸内燃机	1.5～1.7	1.9～2.1	2.5～3.3
单、双缸内燃机	1.8～2.4	2.2～2.8	2.8～4.0

第二节　离合器

离合器可以实现在机器不停止运转情况下两轴的接入与分离。完成这一职能，要求这一装置要满足以下基本要求：一是接入和分离迅捷可靠，操作要方便；二是要能方便地进行调整和补偿，例如摩擦式离合器要能及时补偿磨损量以保持压紧力。

按传载原理分类，常用的离合器有啮合式、摩擦式和电磁式等类型。啮合式离合器能保证两轴的同步运转，但其接入和脱离只能在停车或低速下进行；摩擦式离合器可以在任意转速下接入或分离，同时，摩擦零件之间具有超载后打滑的功能，所以，这类离合器同时具有安全保护功能；电磁式离合器无需机械接触，可以很方便地实现控制。

离合器接入和分离都需要一定的驱动，常用驱动结构有机械力、气动力、液压动力、电磁力等。另有一类自动离合器是检测机器某些部位的力、扭矩、速度等的变化，一旦这些量达到调定值，离合器就发生动作。

离合器的选用与联轴器类似，一是要把握使用要求，合理选择离合器的类型；二是依据离合器所要传递的扭矩来确定具体型号。

下面介绍几类常用的离合器。

一、牙嵌离合器

如图 15－11a 所示。这种离合器由两个端面带牙的套筒半离合器和用于导向的对中环构成。半离合器 1 通过平键与其中一根轴周向固定，半离合器 2 则通过导键 3 装在另一根轴上，通过操纵杆拨动滑环，带动半离合器 2 在右轴上左右移动实现离合。离合器的牙型结构如图 15－11c 所示，不同的牙型结构可获得不同的使用性能。

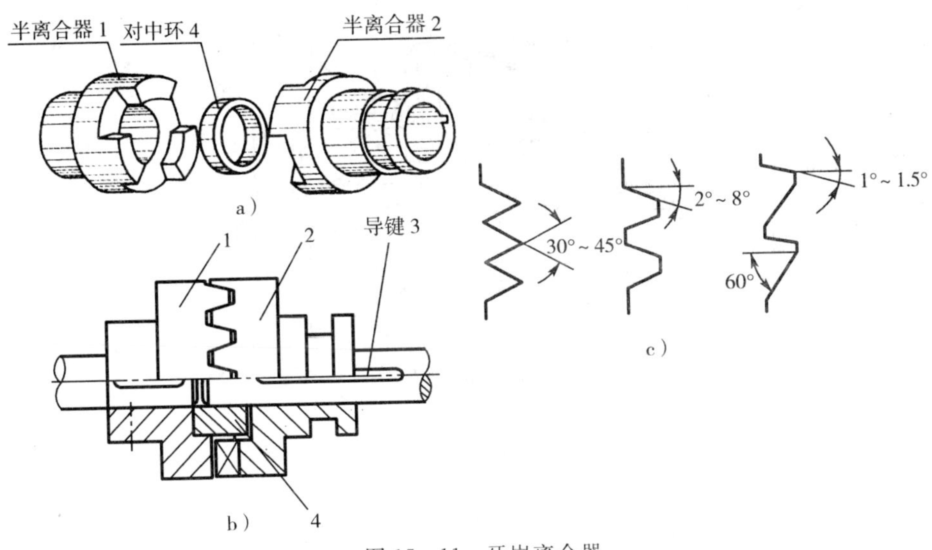

图 15－11　牙嵌离合器

牙嵌离合器的结构尺寸较为紧凑，常用于扭矩不大，停车离合或低速离合的场合。

二、摩擦离合器

1. 单圆盘摩擦离合器

如图 15－12 所示。主动摩擦盘装在主动轴上，通过轴环和键实现周向和轴向的定位与固定。从动摩擦盘装在从动轴上，与轴通过导键实现周向固定。左移并压紧滑环即可实现从动轴的接入，右移则实现脱离。为了能够传递更大的扭矩，常在接合面上加装耐压、耐磨、耐油和耐高温的专用的摩擦片，也可以将平面摩擦盘变形为圆锥面摩擦盘以增大摩擦力。

图 15－12　单片圆盘摩擦离合器

2. 多片摩擦离合器

如图 15－13a 所示。主动轴 1 与外壳 2 相联接，从动轴 10 与套筒 9 相联接。外壳内装有一组摩擦片 4，该片结构见图 15－13 b 所示，由于该片外缘上有方齿插入外壳 2 内同样大小的纵向凹槽内，并且它的内孔不与任何零件接触，所以它会随外壳一起回转。套筒 9 上装有另一组摩擦片 5，该片结构见图 15－13c 所示。它的外缘不与任何零件接触，该片内孔开有花键槽并与套筒上的花键相配合，所以，如果摩擦片 4 和摩擦片 5 叠合压紧，摩擦片 4 就能将主动轴 1 的旋转传递给套筒 9，同时也驱使从动轴 10 随同转动。反之，若摩擦片 4 和摩擦片 5 未被压紧，则主动轴的转动将不会传给从动轴。

图中位置表示杠杆 8 通过压紧板 3 将摩擦片 4、5 等压紧的状态，离合器处于接合状态，若将带有内锥面的滑环 7 向右移动，则杠杆 8 将在其下部弹簧片的驱使下绕铰接点作逆时针转动，离合器进入分离状态。很显然，如果把摩擦片做成图 15－13d 所示的形状，则离合器分离时将能自动弹开。图中圆螺母 6 可用来调整摩擦片被压紧后的松紧程度。

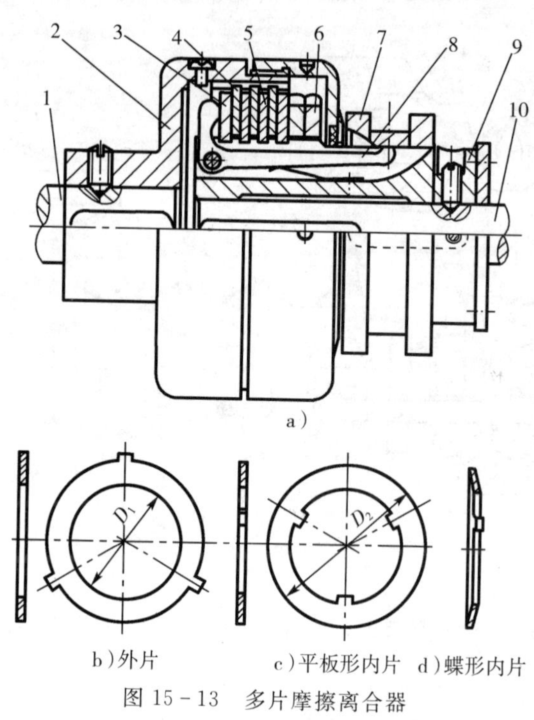

图 15－13　多片摩擦离合器

多片摩擦离合器在任何速度下都可以实现两轴的接合和分离，接合过程平稳无冲击，从动轴接入的过渡过程可调，最大传载扭矩可调，过载时可以打滑保护设备。其缺点是体积较大，摩擦发热较大。

三、超越离合器

这是一类定向离合器，它利用机器本身转速、转向的变化来控制两轴的离合，实现单向的扭矩传递。

如图 15－14 所示。若爪轮接在主动轴上随轴作顺时针回转，滚柱将滚往楔形空间的尺寸收缩部分，由于自锁效应，滚柱将紧紧楔紧在爪轮和套筒内壁之间，使得套筒随爪轮一同回转，套筒的另一端联接着从动轴，这样，两轴就会进入接合状态。反之，当爪轮逆时针回转时，滚柱进入楔形空间的大尺寸部位，离合器进入分离状态。可见，这种离合器只能传递单向扭矩。另外，如果爪轮和套筒同时接在两个原动轴上，当套筒从原动件处接受转速比爪轮上接受的转速更高时，并不会反过来带动主动轴以超过其原动件转速更高的转速进行回转。

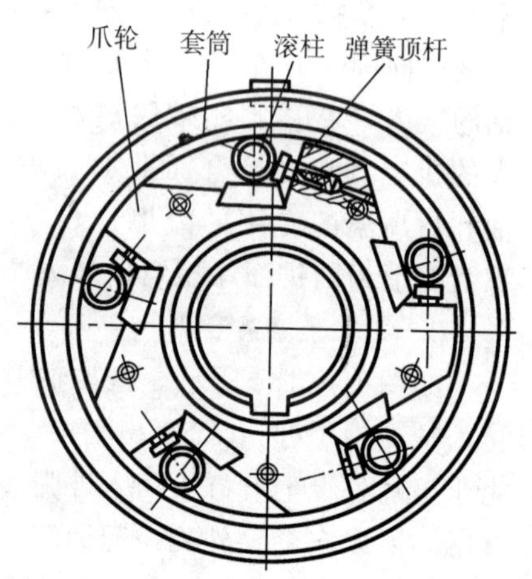

图 15－14　滚柱超越离合器

第三节　弹　　簧

一、弹簧的功用和类型

弹簧是机械工程上常用的弹性元件之一。它能够多次重复地随外载荷大小而作相应的弹性变形，卸载后，能立即恢复原状。一般地，弹簧的主要有以下功用：

（1）缓冲和吸振。例如各类车辆的减振弹簧等；

（2）控制机构的运动。例如凸轮机构中的复位弹簧，离合器中的控制弹簧等；

（3）储存能量。例如钟表中的发条弹簧等；

（4）测量力的大小。例如弹簧秤中使用的弹簧等。

弹簧的分类方式很多，种类也很多。按外形来分，有螺旋弹簧、碟形弹簧、环形弹簧、盘簧和板簧等。按承载方式的不同，弹簧可分为拉伸弹簧、压缩弹簧、扭转弹簧和弯曲弹簧等。常用弹簧的结构特点见表 15－2。

表 15－2　弹簧的结构类型及其应用特点

名称	结构简图	特点与应用
圆柱螺旋弹簧	F　F 拉簧 F　F 压簧	承受拉压作用。结构简单，刚度稳定，制造简便，应用最为广泛
圆锥形螺旋弹簧	F	承受压力作用。结构紧凑，稳定性好，防振能力强，刚度随载荷增大而增大。多用于重载和减振要求高的场合
圆柱形螺旋扭转弹簧		承受扭转作用。在各类装置中用于压紧、储能或传递扭矩

(续表)

名称	结构简图	特点与应用
碟形弹簧	F	承受压力作用。刚度大，缓冲吸振能力强，适用于载荷很大而弹簧轴向尺寸受限制的场合
环形弹簧		承受压力作用。能吸收较多的冲击能量，有很强的缓冲吸振能力。用于重型车辆或飞机起落架等需要强缓冲的场合
盘簧		承受扭矩作用。变形角大，储存能量大，轴向尺寸小。常用作钟表、仪器中的储能弹簧
板弹簧		承受弯曲作用。变形幅度大，缓冲吸振能力强。多用于车辆

二、弹簧的材料和制造简介

弹簧主要要求其材料具有很高的弹性极限和疲劳极限，同时，还要求有足够的冲击韧性、塑性和良好的热处理性能及工艺性能。根据这些要求，常选用热轧和冷拉碳素弹簧钢或合金钢来制造弹簧，例如 60、70、75、65Mn、60Si2MnA、50GrVA 等，特殊场合可选用有色金属或非金属材料来制造弹簧。

螺旋形弹簧的工艺过程大致是：卷绕、端部结构制作(压簧磨端面、拉簧和扭簧制作挂钩)、热处理、工艺试验。

弹簧的卷绕方法分为冷卷和热卷两种，簧丝直径较小(低于 8～10mm)时多在常温下冷卷成型，冷卷后经低温回火以消除内应力。簧丝较粗时，可先加热到 800℃以上的高

温，卷绕后再进行淬火和回火处理。重要的弹簧制成后最好安排强压处理或喷丸处理等工艺措施。

三、圆柱螺旋弹簧的结构参数和设计简介

如图 15－15 所示为最常用的圆柱形螺旋拉压弹簧的示意图。压簧两端各留 3/4～5/4 圈与邻圈并紧，称为死圈，不参与变形，死圈端部磨平以保证弹簧受力与其轴线重合。压簧未使用前各圈之间留有一定的间隙，即使达到最大载荷，也要保证还留有一定的间隙。拉簧在未受载前各圈之间应完全并紧。拉簧的两端应制作出各类挂钩结构以利使用。

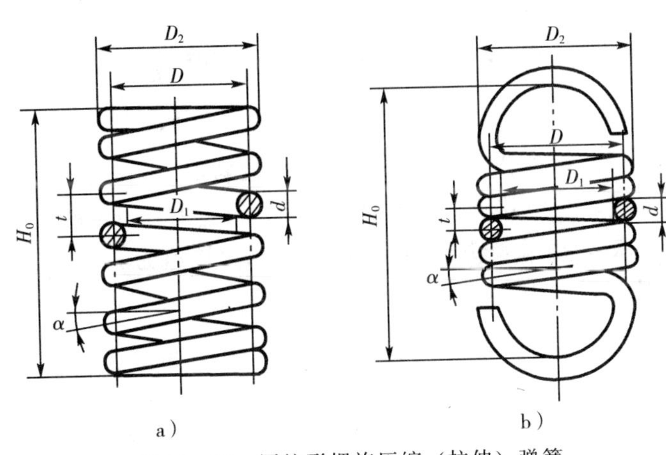

图 15－15　圆柱形螺旋压缩（拉伸）弹簧

a）圆柱形螺旋压缩弹簧　　b）圆柱形螺旋拉伸弹簧

弹簧的主要几何参数有：簧丝直径 d，簧圈直径（外径 D、内径 D_1 和中径 D_2），节距 P，螺旋升角 λ，弹簧的工作圈数 n，自由高度 H_0 等。具体计算办法参见有关手册。

反映弹簧性能的重要参数有：弹簧刚度 c（$c=F/\lambda$），弹簧指数（或称旋绕比）C（$C=D_2/d$，即簧圈中径与簧丝直径之比）等。

各类弹簧的计算各有不同，一般地，主要有以下内容（具体细节请参考其他专著）：

（1）选择材料。

（2）选择弹簧指数，进行强度计算，确定簧丝直径。

（3）进行刚度计算，确定弹簧圈数。

（4）几何参数计算。

（5）校核压簧的稳定性。

思考与练习

15－1　联轴器和离合器的功用有何区别？

15－2　联轴器有哪些种类？各有何特点？

15－3　某带式运输机通过联轴器与电动机相联接，电动机型号为 Y160M－4，功率 11kW，转速是 1 460r/min。试选择该联轴器与电动机之间的联轴器。

15－4　牙嵌离合器与摩擦式离合器的主要区别是什么？

15－5　弹簧有哪些用途？按外形来分，弹簧的种类有哪些？

15－6　弹簧的常用材料有哪些？常规制造工艺是怎样的？

第十六章 机械的平衡与调速

第一节　回转件的平衡

机械中绕轴线回转的构件称为回转件。回转件回转时，由于结构不对称、制造不准确、材质不均匀等原因，会使其质心偏离回转轴线，引起离心力系的合力、合力偶矩不等于零。例如质量为10kg，质心偏离回转轴线0.001m，转速为$n=3\,000$r/min的回转件，回转时引起的离心惯性力$\boldsymbol{F}$为

$$\boldsymbol{F}=m\boldsymbol{r}\omega^2=m\boldsymbol{r}\left(\frac{\pi n}{30}\right)^2=10\times0.001\times\left(\frac{\pi\times3\,000}{30}\right)^2\approx1\,000\text{ N}$$

离心力在回转件两端支座中引起附加动压力，加速轴承的磨损，还会引起振动，产生噪声，影响机械的效率和其使用寿命，因此必须采取措施，调整回转件的质量分布，使其离心力系的合力、合力偶矩为零，达到平衡。对于高速、精密机械，此工作更为重要。

一、静平衡

若一回转件其直径D长度l的比值$D/l\geqslant5$，即轴向尺寸较小的圆盘状回转件，如齿轮、带轮等，可以认为它们的质量分布在同一回转平面内。这类回转件的平衡属于静平衡问题。

如图16-1所示的回转件，各不平衡质量$\boldsymbol{m}_1$、$\boldsymbol{m}_2$、$\boldsymbol{m}_3$分布在同一回转平面内。各不平衡质量到回转中心的距离为$\boldsymbol{r}_1$、$\boldsymbol{r}_2$、$\boldsymbol{r}_3$。当回转件以等角速度$\boldsymbol{\omega}$回转时，各质量所产生的离心惯性力分别为

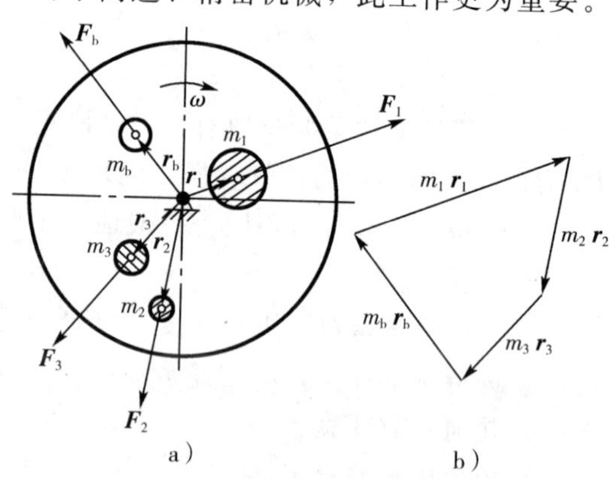

图16-1　回转件的静平衡分析

$$\boldsymbol{F}_1=m_1\boldsymbol{r}_1\boldsymbol{\omega}^2$$

$$\boldsymbol{F}_2=m_2\boldsymbol{r}_2\boldsymbol{\omega}^2$$

$$\boldsymbol{F}_3=m_3\boldsymbol{r}_3\boldsymbol{\omega}^2$$

这些离心惯性力构成平面汇交力系。

若该力系的合力$\sum\boldsymbol{F}_i$不为零，则处于静不平衡状态。欲使其平衡，只要在此平面内加上一个校正质量（或在其相反方向减去一个质量），使其产生的离心惯性力与原来不平

衡质量产生的离心惯性力的合力为零，构成平衡力系，此回转件即达到静平衡状态。其平衡条件为

$$\boldsymbol{F}_b+\boldsymbol{F}_1+\boldsymbol{F}_2+\boldsymbol{F}_3=0 \tag{16-1}$$

即

$$m_b\boldsymbol{r}_b\omega^2+m_1\boldsymbol{r}_1\omega^2+m_2\boldsymbol{r}_2\omega^2+m_3\boldsymbol{r}_3\omega^2=0$$

化简可得

$$m_b\boldsymbol{r}_b+m_1\boldsymbol{r}_1+m_2\boldsymbol{r}_2+m_3\boldsymbol{r}_3=0$$

式中：m_b——校正质量，kg；

m_1、m_2、m_3——不平衡质量，kg；

$\boldsymbol{r}_b$——校正质量的质心到回转中心的距离，m；

$\boldsymbol{r}_1$、$\boldsymbol{r}_2$、$\boldsymbol{r}_3$——不平衡质量的质心到回转中心的距离，m。

质量与质心到回转中心的距离的乘积称为质径积。故回转件静平衡条件为：不平衡质量和校正质量所产生的离心惯性力之和为零，或其质径积之和为零。

回转件的静平衡，就是确定不平衡质量的大小和方向，从而确定校正质量的质径积 $m_b\boldsymbol{r}_b$ 的大小和方向。图 16-1b 所示为图解法确定质径积 $m_b\boldsymbol{r}_b$ 的方法，其以一定比例尺按 $\boldsymbol{r}_1$、$\boldsymbol{r}_2$、$\boldsymbol{r}_3$ 的方向作向量代表质径积 $m_1\boldsymbol{r}_1$、$m_2\boldsymbol{r}_2$、$m_3\boldsymbol{r}_3$，最后的封闭向量即代表校正质量的质径积的大小和方向。$\boldsymbol{r}_b$ 的大小，可视结构情况而定，一般尽可能大些，以便使校正质量 m_b 小些。

二、动平衡

对于轴向尺寸较大的回转件 $D/l\leqslant5$，如内燃机的曲轴、机床主轴等，不能认为所有质量都分布在垂直于转轴轴线的某一个平面内，而应看作是在垂直于轴线的相互平行的几个平面内。

如图 16-2 所示的回转件，两个不平衡质量 $m_1=m_2$，$\boldsymbol{r}_1=\boldsymbol{r}_2$。虽然总质心 S 处在回转轴上，满足了静平衡条件 $m_1\boldsymbol{r}_1+m_2\boldsymbol{r}_2=0$。但由于两个不平衡质量不在同一个回转平面内，当其回转时，离心力 $\boldsymbol{F}_1$ 与 $\boldsymbol{F}_2$ 形成惯性力偶，仍使其处于不平衡状态。由于这种不平衡状态只有在回转时才能显示出来，故称为动不平衡。因此回转件的动平衡条件是：①回转件上各个质量的离心力系的合力等于零；②离心力所形成的合力偶矩等于零。

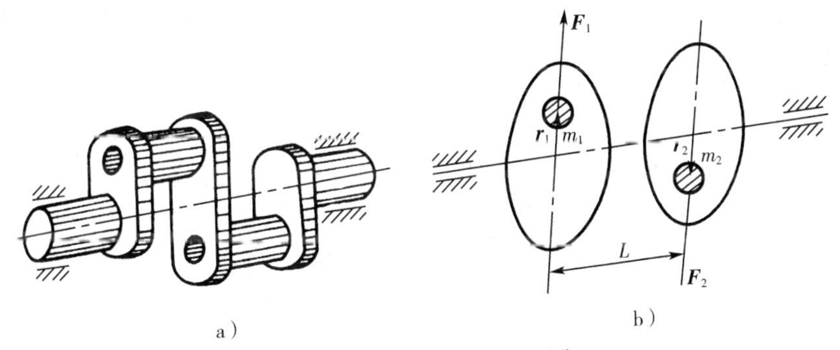

图 16-2　回转件的动不平衡

下面讨论各不平衡质量分布在若干个回转平面内的动平衡方法。

图 16－3a 所示的回转件，不平衡质量 m_1、m_2、m_3 分布在不同平面 1、2、3 内，它们所产生的离心力 $\boldsymbol{F}_1$、$\boldsymbol{F}_2$、$\boldsymbol{F}_3$ 组成一个空间力系（图 16－3b），利用理论力学的力分解原理，则根据结构情况，选择两个平行的校正平面 T'、T''，分别将各离心力分解到两个校正平面上，其大小为

$$\boldsymbol{F}_1{}'=\frac{l_1{}''}{l}\boldsymbol{F}_1 \qquad \boldsymbol{F}_1{}''=\frac{l_1{}'}{l}\boldsymbol{F}_1$$

$$\boldsymbol{F}_2{}'=\frac{l_2{}''}{l}\boldsymbol{F}_2 \qquad \boldsymbol{F}_2{}''=\frac{l_2{}'}{l}\boldsymbol{F}_2$$

$$\boldsymbol{F}_3{}'=\frac{l_3{}''}{l}\boldsymbol{F}_3 \qquad \boldsymbol{F}_3{}''=\frac{l_3{}'}{l}\boldsymbol{F}_3$$

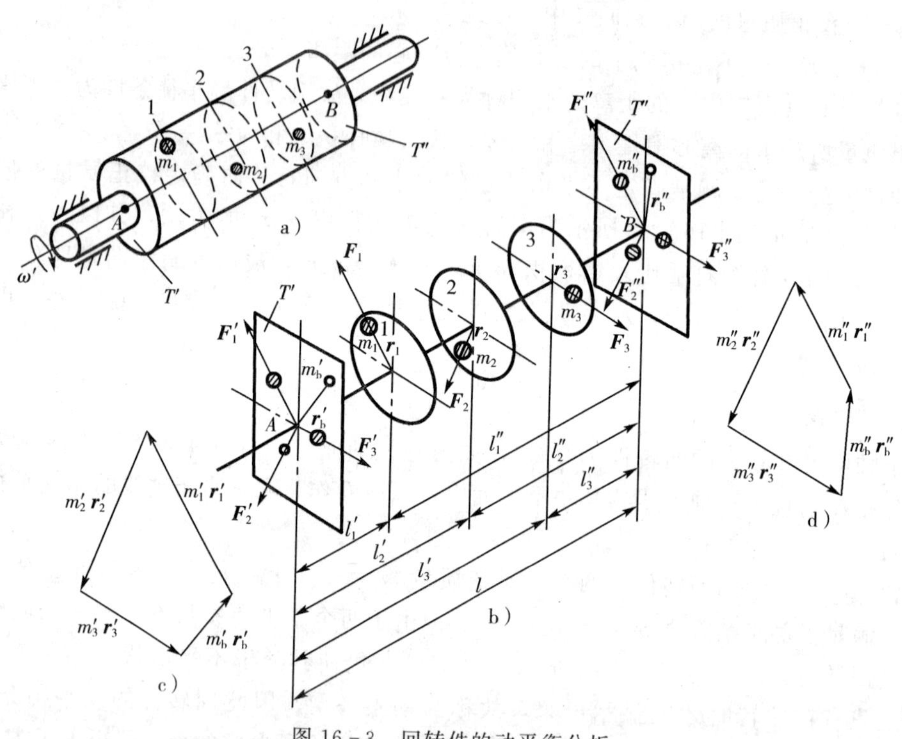

图 16－3　回转件的动平衡分析

原来的空间力系就转化为校正平面内的平面汇交力系，也就是将动平衡问题转化为静平衡的方法来处理。

若以质径积代之，上式可写成

$$m_1{}'\boldsymbol{r}_1{}'=\frac{l_1{}''}{l}m_1\boldsymbol{r}_1 \qquad m_1{}''\boldsymbol{r}_1{}''=\frac{l_1{}'}{l}m_1\boldsymbol{r}_1$$

$$m_2{}'\boldsymbol{r}_2{}'=\frac{l_2{}''}{l}m_2\boldsymbol{r}_2 \qquad m_2{}''\boldsymbol{r}_2{}''=\frac{l_2{}'}{l}m_2\boldsymbol{r}_2$$

$$m_3{}'\boldsymbol{r}_3{}'=\frac{l_3{}''}{l}m_3\boldsymbol{r}_3 \qquad m_3{}''\boldsymbol{r}_3{}''=\frac{l_3{}'}{l}m_3\boldsymbol{r}_3$$

一般取 $\boldsymbol{r}_1=\boldsymbol{r}_1{}'=\boldsymbol{r}_1{}''$、$\boldsymbol{r}_2=\boldsymbol{r}_2{}'=\boldsymbol{r}_2{}''$、$\boldsymbol{r}_3=\boldsymbol{r}_3{}'=\boldsymbol{r}_3{}''$，整理得

$$m_1{}'=\frac{l_1{}''}{l}m_1 \qquad m_1{}''=\frac{l_1{}'}{l}m_1$$

$$m_2{}'=\frac{l_2{}''}{l}m_2 \qquad m_2{}''=\frac{l_2{}'}{l}m_2$$

$$m_3{}'=\frac{l_3{}''}{l}m_3 \qquad m_3{}''=\frac{l_3{}'}{l}m_3$$

在校正平面 T' 内，加上校正质量，列其平衡方程为

$$m_b{}'\boldsymbol{r}'_b+m_1{}'\boldsymbol{r}_1+m_2{}'\boldsymbol{r}_2+m_3{}'\boldsymbol{r}_3=0 \tag{16-2}$$

按一定的比例尺作图如图 16－3c 所示，最后的封闭边代表质径积 $m_1{}'\boldsymbol{r}_b{}'$。选定 $\boldsymbol{r}_b{}'$后即可确定校正平面 T'的校正质量 $m_b{}'$。

同理在校正平面 T''内，加上校正质量，其平衡方程为

$$m_b{}''\boldsymbol{r}_b{}''+m_1{}''\boldsymbol{r}_1+m_2{}''\boldsymbol{r}_2+m_3{}''\boldsymbol{r}_3=0 \tag{16-3}$$

按一定的比例尺作图如图 16－3d 所示，最后的封闭边代表质径积 $m_b{}''\boldsymbol{r}_b{}''$，选定 $\boldsymbol{r}_b{}''$后即可确定校正平面 T''的校正质量 $m_b{}''$。

由于回转件的动平衡，需在两个校正平面内进行，所以回转件的动平衡称为双面平衡。

由于动平衡同时满足了静平衡的条件，所以达到动平衡的回转件也一定是静平衡的；但是达到静平衡的回转件则不一定是动平衡的。

由上述可知，任何回转件的不平衡质量，都可用选定的两个校正平面内相应的不平衡质量所代替，这就是动平衡实验法的理论基础。

三、回转件的平衡实验

回转件经过平衡计算并安装了所需要的平衡质量之后，只是在理论上达到了平衡，而实际上由于制造、安装误差和材质不均匀等原因，一般达不到设计要求，并且这种不平衡问题，只用计算的方法是难以彻底解决的，因此须借助于平衡实验的方法来解决，使其达到预定的平衡精度的要求。平衡实验也分为两种。

1. 回转件的静平衡实验

静平衡实验的实质是设法使回转件的质心与回转轴心重合。

静平衡实验一般在静平衡架上进行。如图 16－4 所示静平衡架，其主要部分为水平安装的两条互相平行的钢制刀口形（或圆柱形）导轨。当被测回转件的轴两端放在导轨上时，如果回转件质量不平衡，则其质心 c'必偏离轴线$\overline{OO}$而产生一个重力矩使回转件在导轨上滚动，直至质心 c'落在轴线的铅垂下方，回转件停止滚动。为使回转件平衡，可在过回转件轴心的铅垂线上方，试加一平衡质量，再重复实验，调整所加平衡质量的大小及位置，直至回转件以不同位置放在导轨上都能保持静止时，说明质心已落在了回转轴线上，这时回转件就达到了静平衡。

2. 回转件的动平衡实验

动平衡实验的实质是在任意选定的两个平衡平面内，分别加一适当的平衡质量，使回

转件达到平衡。

回转件的动平衡实验在动平衡实验机上进行。如图 16-5 所示为一电测动平衡实验机的原理示意图。它由驱动系统、试件支承系统和不平衡质量测量系统三个主要部分组成。其测试原理是：利用测振传感器将拾得的振动信号，通过电子线路加以处理放大，最后显示出不平衡质量质径积的大小和方位。

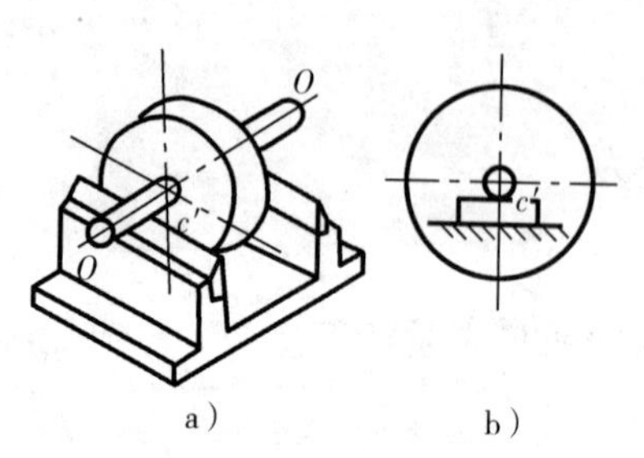

图 16-4　静平衡架示意图

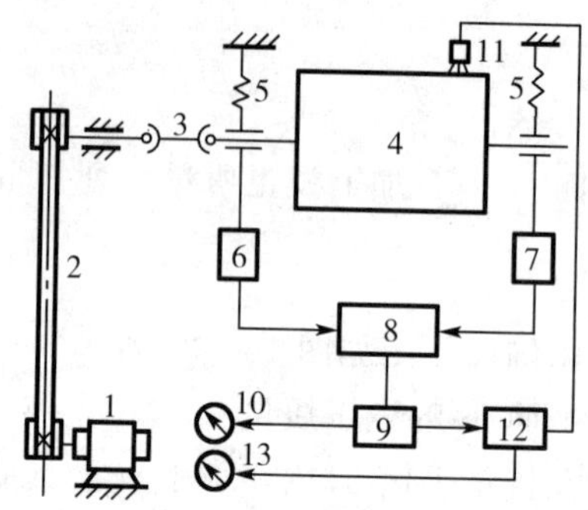

图 16-5　电测动平衡实验机原理示意图

其驱动系统采用变速电动机 1，经过带传动 2，借助万向联轴器 3 驱动试件（回转件 4）。试件的支承系统由支承座和弹簧 5 组成一个弹性系统，试件旋转时产生的不平衡惯性力使支承振动，支承系统保证支承按一定方向振动，以便传感器 6、7 拾取振动信号。振动信号经传感器输入到测量装置中的解算电路 8，经 8 处理后，将信号解算得到不平衡质径积的大小，经放大器 9 放大后指示在表头 10 上。不平衡量引起的振动相位的信号，则与光电头 11 采集的基准信号同时输入鉴相器 12 中进行比较处理，然后在表头 13 中指示出此不平衡质径积的相位。

第二节　机械速度波动的调节

一、机械速度波动的原因及类型

机械在外力作用下运转时，若每一瞬时驱动力所作的驱动功与各种阻力所作的阻力功相等，机械就能保持匀速运转。但是大多数机械运转时，其驱动功与阻力功并不总是相等的。驱动功大于阻力功的那部分称为盈功，驱动功小于阻力功的那部分称为亏功，盈功和亏功统称为盈亏功。由于外力对机械所作功的增减就是机械系统动能的增减，因此，盈亏功的出现必将引起机械动能的增减，使原动件的角速度发生变化，从而形成机械运转时速度的波动。

机械运动速度的波动必将在机构运动副中产生附加动压力，引起机械振动和噪声，影响零件的强度和寿命，降低机械的效率和工作精度。例如，机床主轴速度波动会降低零件的加工精度；发电机主轴速度波动会引起电压波动等。所以必须对机械运转速度的波动进行调节，以使其波动控制在允许的范围内。

当机械正常工作时，从机械起动到停止所经历的时间区域，称为机械运动的全过程。在机械运转的全过程中，机械依靠原动机发出的驱动力来克服阻力作功，并使整个机械系

统所具有的动能发生变化。

设机械系统中的驱动力和各种阻力在任一时间间隔内所作的驱动功和阻力功分别为 W_d、W_r，该系统在此时间间隔开始和结束时的动能分别为 E_1、E_2。由动能定理可知，在任一时间间隔内驱动功与阻力功之差等于该时间间隔内机械系统动能的增量，即

$$W_d - W_r = E_1 - E_2$$

机械运转的全过程一般分为三个阶段，如图 16－6 所示。

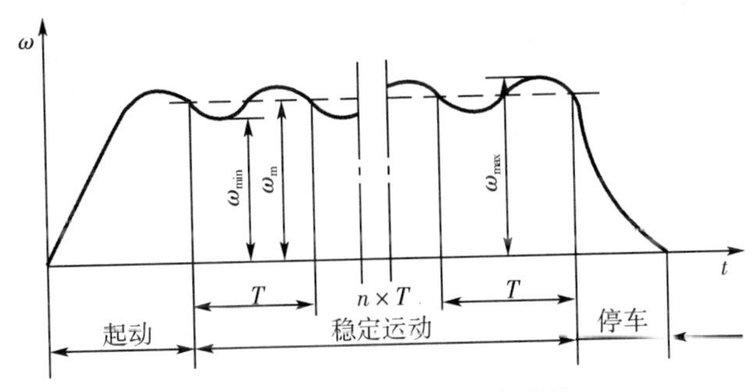

图 16－6 机械运转的全过程

1. 起动阶段

机械原动件从静止状态起动到开始稳定运转的过程称为起动阶段。起动阶段的特点是：①所用时间很短；②驱动功大于总阻力功，驱动功的剩余部分用来增加机械系统的动能；③系统的动能由零增加到 E_2。该阶段机械系统的功能关系为

$$W_d > W_r,\quad \Delta E = E_2 - E_1 = E_2 > 0$$

2. 稳定运转阶段

经过起动阶段后，机械系统将进入一个稳定的运转阶段，该阶段一般是机械的工作阶段。稳定运转阶段的特点是：①机械原动件的角速度保持不变（即原动件作等速稳定运转）或绕平均角速度 ω_m 作周期性波动（即原动件作周期变速稳定运转）；②驱动功等于总阻力功；③系统的动能增量为零。

有的机械（如鼓风机）在稳定运转阶段，由于其在任一时间间隔内的驱动功等于总阻力功，机械系统的动能增量为零，原动件将作等速稳定运转。而对于大多数机械在稳定运转阶段，其原动件的角速度并不是恒定不变的。主轴的速度从某一数值回复到原值的变化过程称为一个运动循环，其所需的时间 T 称为运动周期，如图 16－6 所示。对一个运动周期内的某一时间间隔而言，驱动功并不一定等于总阻力功，因此，机械系统的动能要发生变化，原动件的角速度也会发生波动。但在一个运动周期内，该机械系统的驱动力所作的驱动功等于总阻力功，即动能增量为零，原动件的角速度又回复到原值，此阶段原动件作周期性变速稳定运转，我们把这种速度波动称为周期性速度波动。

稳定运转阶段机械系统的功能关系为：$W_d = W_r$，$\Delta E = 0$。

3. 停车阶段

当撤除驱动力并开始停车时，机械系统的原动件从正常工作速度下降到零，且在系统所贮存的动能全部消耗完后完全停转。该阶段的特点是：①机械凭借稳定运转阶段所具有

的动能克服阻力作功；②机械系统的动能逐渐减少；③原动件的角速度逐渐下降。停车阶段机械系统的功能关系为：$W_d<W_r$，$\Delta E<0$。

如果驱动力或阻力无规律地变化，原动件的运转速度将出现随机的波动，这种速度波动称为非周期性速度波动，此时机械将处于不稳定运转状态。如驱动功在较长时间内总小于阻力功，则机械原动件的运转速度会持续下降，直至停车。相反若驱动功总大于阻力功，机械原动件的运转速度将不断上升，当其超过机械所允许的极限速度（即飞车）时，机械将不能正常工作。如用电量突然增减而汽轮发电机组供电量不变时，汽车各档位的变速等都会出现上述类似现象。由此可见，机械在较长时间内驱动功总大于（或小于）阻力功是导致其产生非周期性速度波动的原因。

二、机械速度波动的调节

1. 周期性速度波动的调节

周期性速度波动的调节方法就是在机械的转动构件上加装一个具有较大转动惯量且起贮存动能作用的飞轮。当 $W_d>W_r$ 时，飞轮将多余的能量以动能的形式贮存起来，以使机械原动件角速度上升的幅度减小；当 $W_d<W_r$ 时，飞轮将贮存的能量释放出来，从而弥补驱动功产生的能量不足，并使机械原动件角速度下降的幅度减小，这样达到调速的目的。只要适当设计飞轮的转动惯量即可把周期性的速度波动控制在机械允许的范围内。如冲压机、四冲程内燃机等加装飞轮就是这个原因。

周期性速度波动的评价参数主要有：平均角速度 ω_m 和不均匀系数 δ。

平均角速度 ω_m 是指一个运动周期内角速度的平均值。在工程上，常用最大角速度 ω_{max} 与最小角速度 ω_{min} 的算术平均值来近似计算，即

$$\omega_m=(\omega_{max}+\omega_{min})/2 \tag{16-4}$$

机械速度波动的相对程度，用不均匀系数 δ 来表示，即

$$\delta=(\omega_{max}-\omega_{min})/\omega_m \tag{16-5}$$

由上式可知，当 ω_m 一定时，若 δ 愈小，则（$\omega_{max}-\omega_{min}$）也愈小，机械运转愈平稳。各种机械许用不均匀系数 [δ] 是根据该机器工作要求来确定的。常用的机械运转不均匀系数的许用值 [δ] 见表 16-1。

表 16-1 常用的机械运转不均匀系数的许用值

机械名称	破碎机	冲床剪床	泵	农业机械	造纸机 织布机	减速器	交流发电机
[δ]	0.10～0.20	0.05～0.15	0.03～0.20	0.02～0.20	0.02～0.025	0.015～0.02	0.002～0.003

调节周期性速度波动的方法是在机械上安装一个较大转动惯量的回转构件—飞轮。飞轮相当于一个储能器，当驱动力矩所作的功大于阻力矩所作的功时，飞轮将多余的动能储存起来，使机械运转速度的增量减少；当驱动力矩所作的功小于阻力矩所作的功时，飞轮储存的能量释放出来，以防止机械速度过多地下降，从而达到调节速度的目的。

选择飞轮的基本问题是确定飞轮的转动惯量 J，使机械运转的不均匀系数 $\delta\leqslant$ [δ]。

在绝大多数的机械中，其他构件所具有的动能与飞轮相比，其值甚小，可忽略不计，故可把飞轮的动能看作整个机器的动能。我们通常把飞轮的最大动能 E_{max} 与最小动能 E_{min} 之差叫作飞轮最大盈亏功 W_{max}，即 $W_{max}=E_{max}-E_{min}$，根据理论力学知识

$$E_{max}=J\omega_{max}^2/2，E_{min}=J\omega_{min}^2/2$$

联立式(16－4)、(16－5)得

$$W_{max}=E_{max}-E_{min}=J\ (\omega_{max}^2-\omega_{min}^2)\ /2=J\omega_m^2\delta$$

即

$$J=W_{max}/\omega_m^2\delta \tag{16-6}$$

由上式可知：

(1) 当 J 和 ω_m 一定时，W_{max} 与 δ 成正比，即最大盈亏功越大，机械运转越不均匀。

(2) 当 W_{max} 与 ω_m 一定时，J 与 δ 成反比，即 J 越大，δ 越小。当 δ 很小时，δ 稍有减小，J 会增加很多。因此，在满足使用要求的前提下，不应过分追求机械运转的均匀性，否则会导致飞轮过于笨重，增加机器的重量和成本。

(3) 当 W_{max} 与 δ 一定时，J 与 ω_m^2 成反比。因此，为了减小飞轮的尺寸，宜将飞轮安装在高速轴上，以提高飞轮的角速度 ω_m，从而减小飞轮的尺寸和重量。选择飞轮时，ω_m 与 δ 可根据机械的具体工作要求来确定，而机械的最大盈亏功 W_{max} 可根据机械在工作中在一个工作循环中驱动力的功率变化曲线来确定。然后根据 J 的值计算出飞轮的具体结构尺寸。

2. 非周期性速度波动的调节

非周期性速度波动的波动周期长，若采用加装飞轮的方法来调节其速度波动，则会由于持续的增速和减速而使飞轮贮放的能量失去调节的能力，为此，必须采用调速器来进行调节。调节器是调节机械非周期性速度波动使之进入新的稳定运转状态的装置。

调速器一般用反馈控制的方法来实现非周期性速度波动的调节。它在机械速度升高时自动削减机械的能量，即减小驱动力所作的功；在机械速度下降时，增加输入机械的能量，即增大驱动功，这样使驱动功与阻力功随时保持新的平衡，以达到机械运转稳定。

调速器的种类很多，有纯机械式的(如汽车、拖拉机的发动机中的调速器)，也有电子控制的。图 16－7 所示为机械式离心调速器，当载荷突然变小时，动力机和工作机的转速升高，通过锥齿轮传动使调速器的转速也随之升高，这时重球 K 的速度随之升高，导致离心力增大而向外、向上飞出，带动 N 上升，通过一系列杆件使节流阀流量减小，从而减少动力机的燃油供应，迫使动力机功率下降，转速降低。反之亦然，从而保证机器运转速度的稳定，对非周期性速度波动起到调节作用。

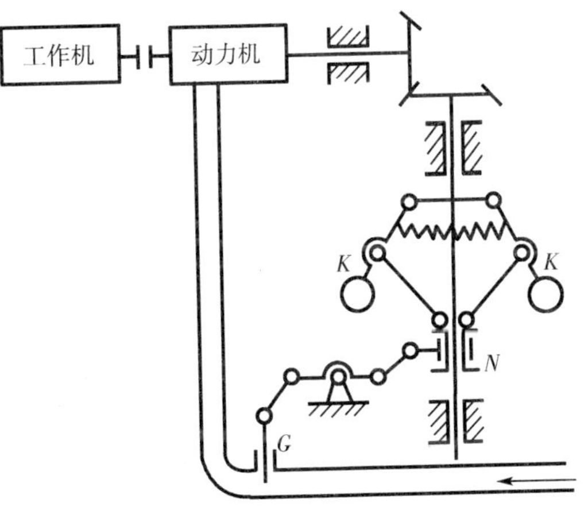

图 16－7　机械式离心调速器

思考与练习

16-1 什么叫静平衡？什么叫动平衡？各至少需要几个平衡校正面？

16-2 动平衡的转子一定是静平衡的，而静平衡的转子是否是动平衡的？为什么？机械产生速度波动的原因是什么？其有何危害？

16-3 何谓机械的周期性速度波动和非周期性速度波动？各用什么方法来进行调节？

16-4 在系统上安装飞轮以调节其周期性速度波动，飞轮应安装在高速轴上，为什么？能否通过增大飞轮的转动惯量来使作周期性稳定变速运转的机械达到等速运转的状态？

16-5 机械的平衡与调速都可以用来减轻其动载荷，但两者在本质上有何不同？

16-6 如图所示的盘形转子有三个偏心质量位于同一回转平面内，其大小和回转半径分别是 $m_1=20\text{kg}$，$m_2=30\text{kg}$，$m_3=20\text{kg}$，$\boldsymbol{r}_1=120\text{mm}$，$\boldsymbol{r}_2=100\text{mm}$，$\boldsymbol{r}_3=110\text{mm}$，其方位如图。若平衡质量 m_b 的回转半径 $\boldsymbol{r}_b=180\text{mm}$，试确定平衡质量的大小和方位。

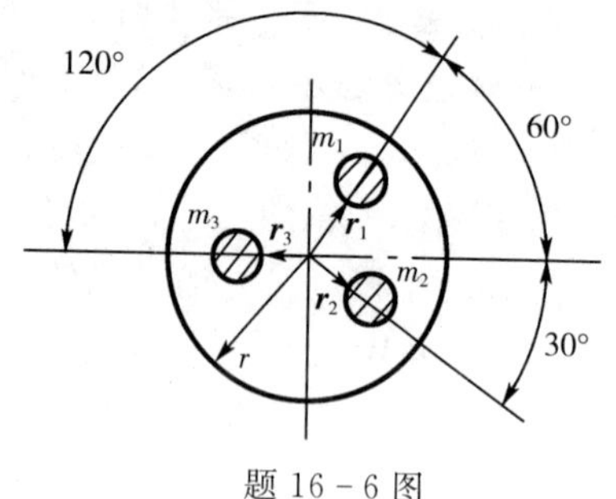

题 16-6 图

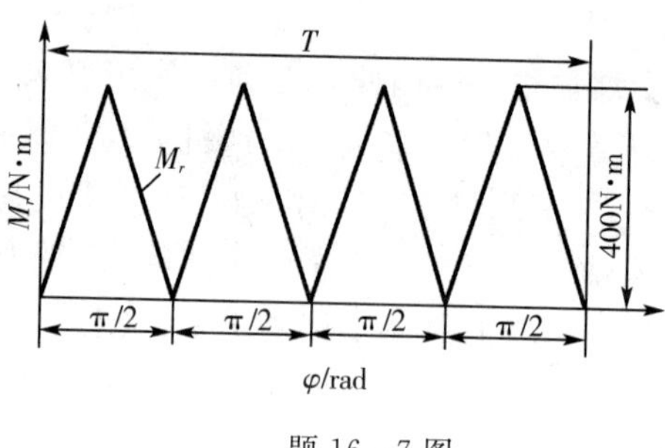

题 16-7 图

16-7 某机组主轴上作用的驱动力矩 M_d 为常数，它的一个运动循环中阻力矩的变化如图所示。已知 $\omega_m=25\text{rad/s}$，$\delta=0.04$。试确定：（1）主轴的最大角速度 ω_{max} 和最小角速度 ω_{min}；（2）最大盈亏功 W_{max}；（3）飞轮的转动惯量 J。

参考文献

[1] 陈立德主编．机械设计基础（第2版）．北京：高等教育出版社，2004
[2] 陈庭吉主编．机械设计基础．北京：机械工业出版社，2002
[3] 邱宣怀主编．机械设计（第4版）．北京：高等教育出版社，1997
[4] 徐灏主编．机械设计手册（第2版）．北京：机械工业出版社，2002
[5] 黄森彬主编．机械设计基础．北京：机械工业出版社，2001
[6] 徐锦康主编．机械设计．北京：高等教育出版社，2002
[7] 朴宝钧主编．机械设计基础（第2版）．北京：机械工业出版社，1999
[8] 邹慧君主编．机械原理课程设计手册．北京：高等教育出版社，1998
[9] 郭仁生主编．机械设计基础．北京：清华大学出版社，2001
[10] 王三民，诸文俊主编．机械原理与设计．北京：机械工业出版社，2001
[11] 成大先主编．机械设计手册（第4版）．北京：化学工业出版社，2002
[12] 石固欧主编．机械设计基础．北京：高等教育出版社，2003
[13] 柴鹏飞主编．机械设计基础．北京：机械工业出版社，2004
[14] 张春林等主编．机械创新设计．北京：机械工业出版社，2002